机　械　制　图

主编　李　林　段林海
参编　徐盛学　吴茂柿　黄　玲
　　　熊春花　张秀妹
审稿　田　凌　缪　华

机械工业出版社

本书根据高等院校高素质、应用型工程技术人才培养目标的要求，贯彻“以学生为中心”的教育教学理念，结合多年来机械制图课程教学改革和建设的成果及经验编写而成。本书由绘制平面图形，绘制成图要素，绘制截交线及相贯线，绘制组合体视图，绘制机件视图、剖视图、断面图，绘制标准件与常用件视图，识读和绘制零件图，绘制装配图共八个项目组成。每个项目均设计了教学目标，通过任务引入、分析，提出完成任务需学习的相关知识和任务实施步骤，并设置了任务小结和知识拓展，方便读者系统掌握知识，促进能力发展。

本书可作为应用型本科院校机械类、近机械类专业机械制图教材，也可供工程技术人员参考。

图书在版编目（CIP）数据

机械制图/李林，段林海主编. —北京：机械工业出版社，2018.8（2024.8重印）

ISBN 978-7-111-60106-7

Ⅰ.①机… Ⅱ.①李… ②段… Ⅲ.①机械制图-高等学校-教材 Ⅳ.①TH126

中国版本图书馆 CIP 数据核字（2018）第238193号

机械工业出版社（北京市百万庄大街22号 邮政编码100037）
策划编辑：王晓洁 责任编辑：王晓洁
责任校对：张 薇 责任印制：邓 博
北京盛通数码印刷有限公司印刷
2024年8月第1版第3次印刷
184mm×260mm · 18.5印张 · 511千字
标准书号：ISBN 978-7-111-60106-7
定价：49.80元

前言

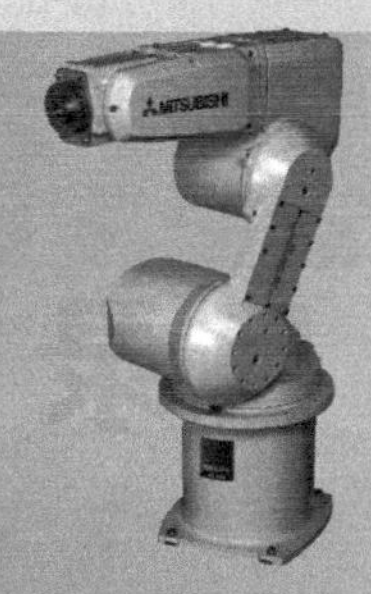

机械制图是高等学校工科类学生必须学习的一门技术基础课。本书贯彻“以学生为中心”的教育教学理念，总结了机械制图课程教学改革和建设的实践经验，主要特点有：

1. 全书采用项目化教学课程体系，以机械制图的能力形成为本位，将全书划分成八个项目，即：绘制平面图形，绘制成图要素，绘制截交线及相贯线，绘制组合体视图，绘制机件视图、剖视图、断面图，绘制标准件与常用件视图，识读和绘制零件图，绘制装配图。

2. 全书采用任务驱动模式编写，以任务为引领，提出完成任务所要具备的知识能力和动手能力，让学生在“学中做、做中学”。

3. 全书的任务编写与企业能力需求同步，并设计了手工绘图、MDS 绘图、SolidWorks 建模三种能力的培养目标，充分体现教学与企业需求对接。

本书是广东白云学院教学改革系列教材之一，由广东白云学院的缪华统筹，李林、段林海任主编，徐盛学、吴茂柿、黄玲、熊春花、张秀妹参加编写。其中，黄玲编写了项目一和项目三，李林编写了项目二和项目七，张秀妹编写了项目四，段林海编写了项目五和项目六，徐盛学编写了项目八，熊春花编写了全书的 SolidWorks 部分，吴茂柿编写了全书的 MDS 部分。全书由清华大学的田凌和广东白云学院的缪华审稿。

由于编写水平有限，本书难免存在不足和错误之处，恳请读者批评指正。

编　者

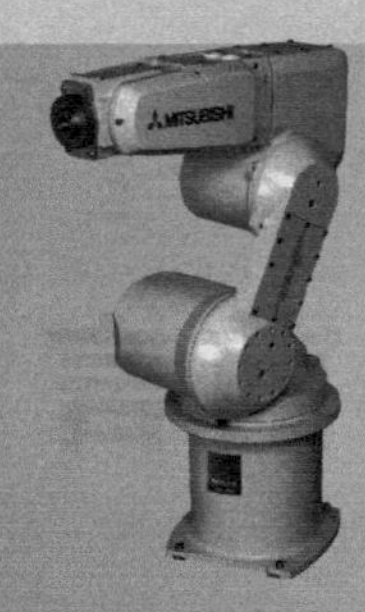

目录

项目一

绘制平面图形

工程图样是工程技术人员表达设计意图，以及指导产品加工、检测、安装、使用和维修的重要技术文件。为便于生产、管理和交流，国家标准在图样的画法、尺寸标注方面等做出了统一规定，是绘制和识读工程图样的准则和依据。本项目以绘制平面图形为引领，介绍国家标准对工程图样的有关规定、绘图工具（仪器）的正确使用、平面图形的画法、用 MDS 绘制平面图形和用 SolidWorks 进行平面图形的建模。

教学目标

1. 掌握国家标准中关于图纸幅面、格式、比例、字体和图线及 CAD 制图的有关规定。
2. 掌握尺寸标注要素的各项规定及标注方法。
3. 掌握绘制平面图形及尺寸标注方法。
4. 掌握用仪器和 MDS 软件绘制平面图形的方法和步骤。
5. 掌握 SolidWorks 平面图形的三维建模方法和步骤。

任务一　掌握国家标准“技术制图”与“机械制图”的有关规定

国家标准《技术制图》与《机械制图》有关规定主要有以下几种：

1）图纸幅面和标题栏（GB/T 14689—2008、GB/T 10609.1—2008）。

2）比例（GB/T 14690—1993）。

3）字体（GB/T 14691—1993）。

4）图线（GB/T 4457.4—2002、GB/T 17450—1998）。

5）尺寸注法（GB/T 4458.4—2003 、GB/T 16675.2—2002）。

6）机械工程 CAD 制图规则（GB/T 14665—2012）。

7）剖面符号（GB/T 17453—2005）。

任务引入

分析图 1-1 所示图形应用的国家标准。

任务分析

1）图纸幅面有几种？国家标准规定图幅含义是什么？

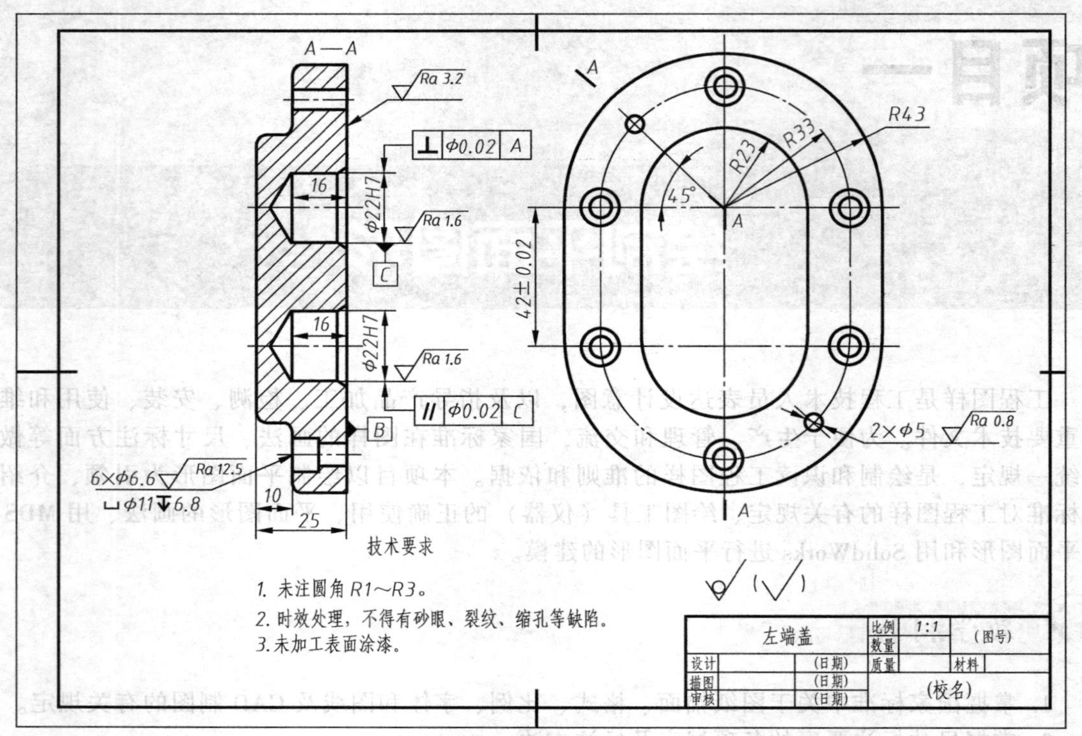

图 1-1 国家标准应用

2）制图比例的含义和常用比例是什么？

3）汉字采用何种字体？数字和字母采用什么体？

4）图线的线宽有几种？要注意什么事项？

5）尺寸标注的基本原则是什么？常见的尺寸如何标注？

一、图纸幅面（GB/T 14689—2008）和标题栏（GB/T 10609.1—2008）

1. 图纸幅面

图纸幅面简称图幅，是指图纸尺寸，幅面用图纸的短边×长边（*B*×*L*）表示。为了使图纸幅面统一，便于装订和保管，绘制技术图样时应采用表 1-1 中 A0~A4 这 5 种基本幅面。

表 1-1 图纸幅面

幅面代号	A0	A1	A2	A3	A4
尺寸 (*B*/mm)×(*L*/mm)	841×1189	594×841	420×594	297×420	210×297
c	10			5	
a	25				
e	20		10		

2. 图框格式

图样中的图框有内、外两框，指图纸上限定绘图区域的线框，在图纸上必须用粗实线画出图框线。图框格式分为不留装订边（图 1-2）和留装订边（图 1-3）两种，图中细实线为纸张边界，纸张边界绘图时不需要画出，尺寸见表 1-1。同一机器或部件的图样只能采用同一种格式。

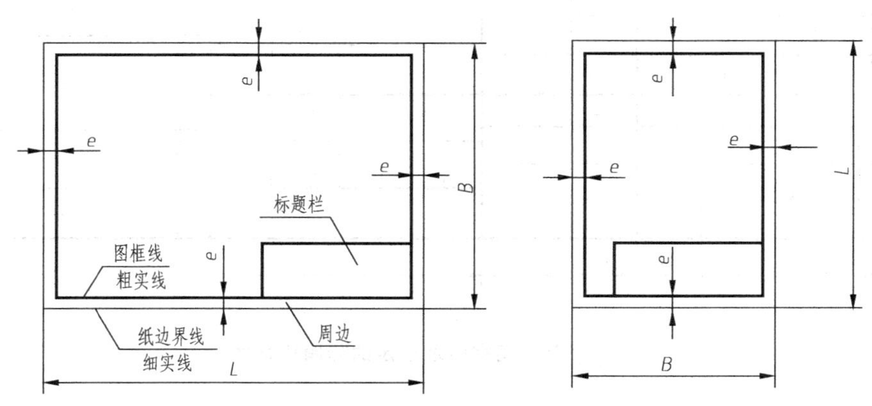

图 1-2　不留装订边的图框格式

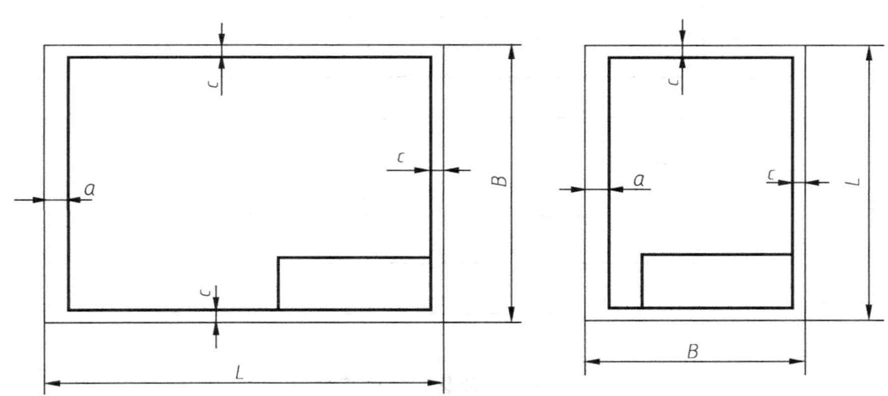

图 1-3　留装订边的图框格式

3. 标题栏

标题栏包含了一张图样的基本综合信息，是图样上的重要组成部分，位于图纸的右下角，如图 1-2 和图 1-3 所示。标题栏的格式及尺寸按国家标准规定绘制和填写，常见标题栏有两种格式：一种是国家标准规定的标题栏，另一种是学校制图作业中使用的简化标题栏，如图 1-4 和图 1-5 所示。

二、比例（GB/T 14690—1993）

图样图形与其实物相应要素的线性尺寸之比称为比例。由于各种实物的大小和结构复杂程度不同，绘图时从表 1-2 中规定的系列中选取适当比例。

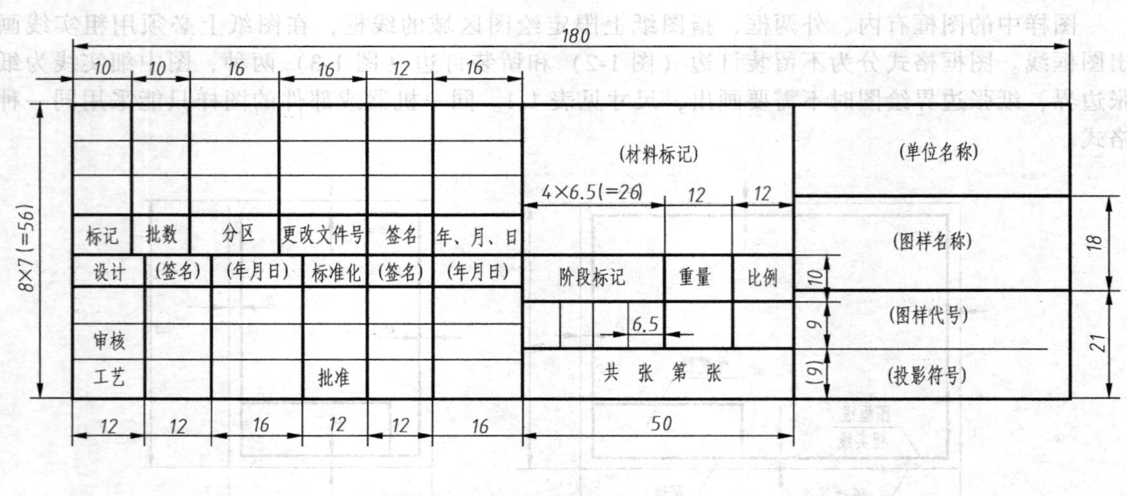

图 1-4 国家标准规定的标题栏格式

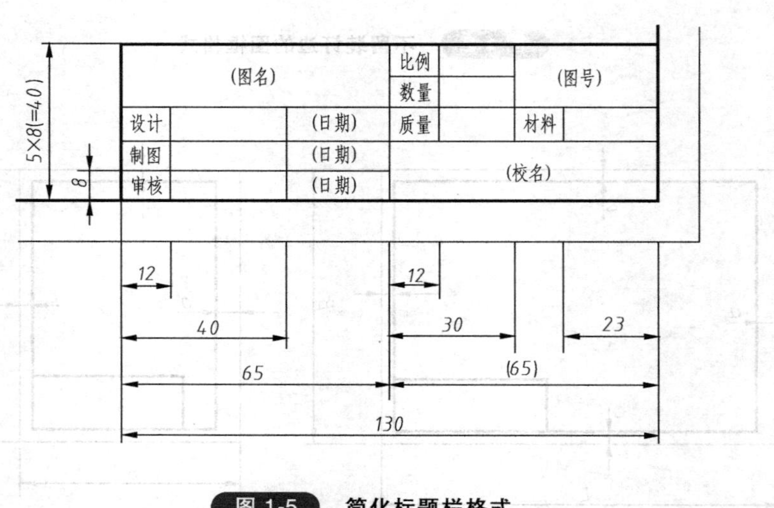

图 1-5 简化标题栏格式

表 1-2 比例

原值比例	1 : 1
缩小比例	(1 : 1.5) 1 : 2 (1 : 2.5) (1 : 3) (1 : 4) 1 : 5 (1 : 6) 1 : 1×10^n (1 : 1.5×10^n) 1 : 2×10^n (1 : 2.5×10^n) (1 : 3×10^n) (1 : 4×10^n) 1 : 5×10^n (1 : 6×10^n)
放大比例	2 : 1 (2.5 : 1) (4 : 1) 5 : 1 1×10^n : 1 2×10^n : 1 (2.5×10^n : 1) (4×10^n : 1) 5×10^n : 1

注：1. n 为正整数。

2. 括号内为允许选择的比例系列，其余为标准比例系列。

无论采用放大比例或缩小比例绘图，图样中标注的尺寸应为物体的实际大小，与绘图比例无关，如图 1-6 所示。绘制图样时，比例大小一般应注写在标题栏中的“比例”栏内。

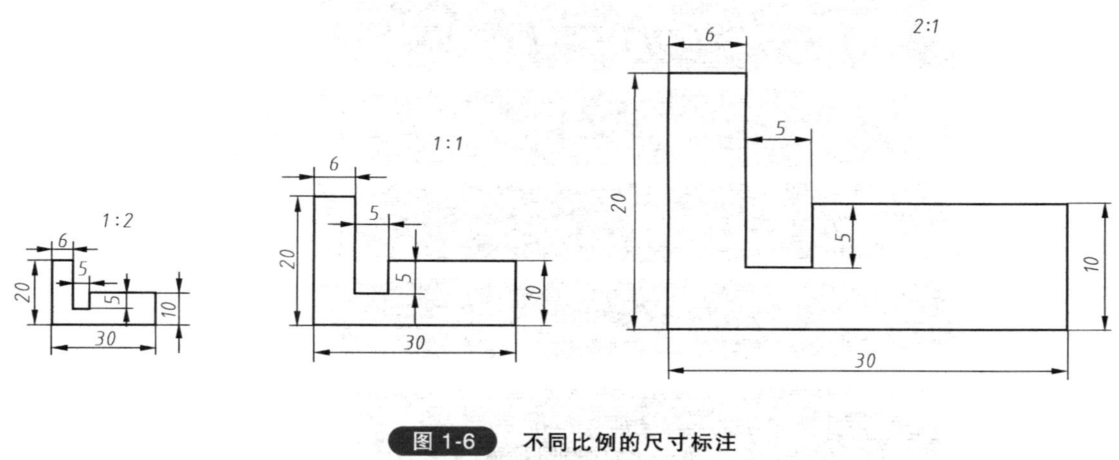

图 1-6　不同比例的尺寸标注

三、字体（GB/T 14691—1993）

图样中的字体包括汉字、数字和字母 3 种，书写时必须做到字体工整、笔画清楚、间隔均匀、排列整齐。字体的高度（用 h 表示）即为字号，共 8 种：1.8、2.5、3.5、5、7、10、14、20，其单位是 mm。

1. 汉字

汉字应写成长仿宋体，并采用国家正式公布的推行的简化汉字，其高度 h 通常不应小于 3.5mm，字宽为 $h/\sqrt{2}$，如图 1-7 所示。

10号字

字体工整笔画清楚间隔均匀排列整齐

7号字

横平竖直注意起落结构均匀填满方格

5号字

技术制图机械电子汽车航空船舶土木建筑矿山井坑港口纺织服装

3.5号字

螺纹齿轮端子接线飞行指导驾驶舱位挖填施工引水通风闸阀坝棉麻化纤

图 1-7　国家标准汉字

2. 数字和字母

数字和字母可写成斜体或直体，一般用斜体书写。当采用斜体时，字头向右倾斜，与水平基准线的夹角约为 75°（图 1-8），当用于表示指数、分数、极限偏差等的数字和字母时，一般应比基本字体小一号。需要注意的是，在同一张图样上，只允许选用一种形式的字体。

图 1-8 国家标准字母和数字

四、图线（GB/T 4457.4—2002）

1. 线型及其应用

工程图样是由不同的图线组成的，不同的图线代表着不同的含义，可以通过图线识别图样的结构特征，见表 1-3。

表 1-3 线型及其应用

图线名称	线型	线宽	主要用途
细实线		0.5*d*	过渡线、尺寸线、尺寸界线、指引线和基准线、剖面线、重合剖面的轮廓线等
波浪线		0.5*d*	断裂处边界线、视图和剖视图的分界线。在一张图样上，一般只采用其中一种
双折线			
粗实线		*d*	可见棱边线、可见轮廓线、可见相贯线等
细虚线	1 4	0.5*d*	不可见棱边线、不可见轮廓线等
粗虚线		*d*	允许表面处理的表示线
细点画线	15 3	0.5*d*	轴线、对称中心线等
粗点画线		*d*	限定范围表示线（例如：限定测量、热处理表面的范围）
细双点画线	15 5	0.5*d*	相邻辅助零件的轮廓线、可动零件极限位置的轮廓线、成形前轮廓线、剖切面前的结构轮廓线、轨迹线、中断线等

图线的线宽有粗、细两种，它们之间的比例为 2∶1，设粗线宽度为 d，d 共分为 7 种：0.25mm、0.35mm、0.5mm、0.7mm、1mm、1.4mm、2mm。绘图时，根据图样的类型、尺寸、比例和缩微复制的要求选择 d 的大小，优先选用 0.5mm 和 0.7mm。

2. 图线的画法及其注意事项

1）在同一图样中，同类图线的宽度应基本一致。虚线、点画线及双点画线的线段长度和间隔应大致相同。点画线和双点画线的首尾两端应以线段开始和结束。

2）当点画线、虚线和其他图线相交时，都应以画相交，不应在间隔空白处相交。

3）在较小的图形上绘制虚线、点画线或双点画线困难时，可用细实线代替。

4）当虚线在粗实线的延长线上时，在分界的延长处要留出空隙；当虚线与圆相切时，相切的延长处应留有间隙。

5）绘制点画线时，点画线应超出图形轮廓线 2~3mm。

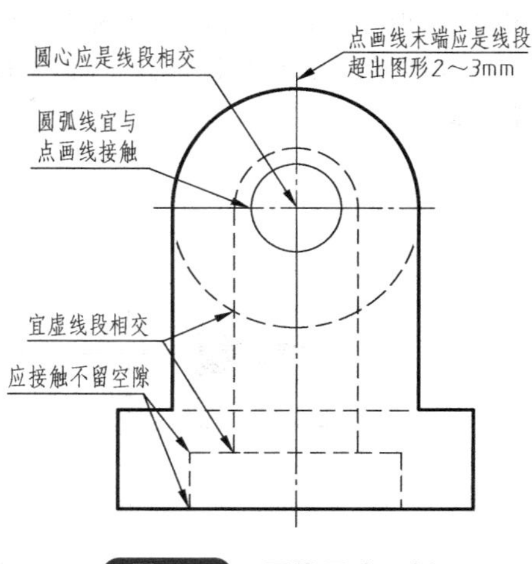

图 1-9　图线画法示例

图线的示例画法如图 1-9 所示。

五、尺寸标注（GB/T 4458.4—2003）

1. 尺寸标注的基本规则

1）机件的真实大小应以图样上所标注的尺寸数值为依据，与绘图比例和准确度无关。

2）图样中的尺寸以 mm 为单位时，不需要标注单位代号或名称，若采用其他单位，则必须注明相应的单位代号。

3）图样中标注的尺寸应为零件的最后完工尺寸，否则应另加说明。

4）机件的每一个尺寸一般只标注一次，应标注在该结构最清晰的特征视图上。

2. 尺寸标注的组成要素

一个完整的尺寸一般由尺寸界线、尺寸线和尺寸数字组成，通常称为尺寸三要素，如图 1-10 所示。

（1）尺寸界线　尺寸界线表示尺寸的度量范围，用细实线绘制，并应由轮廓线、轴线或对称中心线处引出，也可利用这些线代替。尺寸界线一般与尺寸线垂直并超出尺寸线 2~3mm，必要时允许倾斜，如图 1-11 所示。

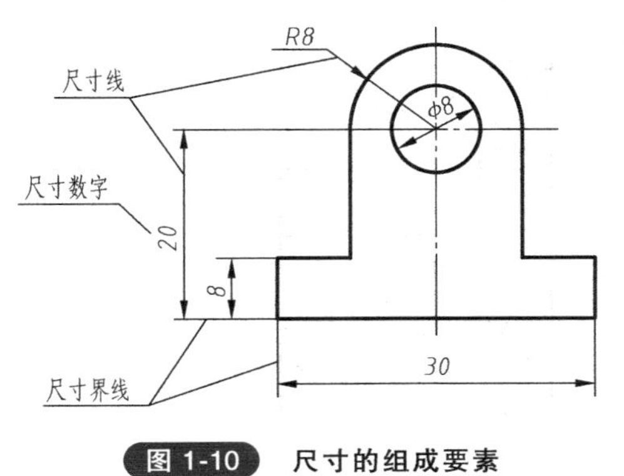

图 1-10　尺寸的组成要素

图 1-11　尺寸界线

(2) 尺寸线和箭头　尺寸线用细实线绘制在两尺寸界线之间，不能用其他图线代替，也不能与其他图线重合或画在其延长线上。线性尺寸的尺寸线必须与所标注的线段平行，尺寸线与轮廓线相距 5~7mm。当有几条相互平行的尺寸线时，大尺寸要标注在小尺寸外边，两平行尺寸线间隔不小于 7mm，且图样上所有平行尺寸线间隔应大致保持一致。

尺寸线的终端有两种形式，如图 1-12 所示。一般用箭头表示，同一图样上只能采用一种终端形式。

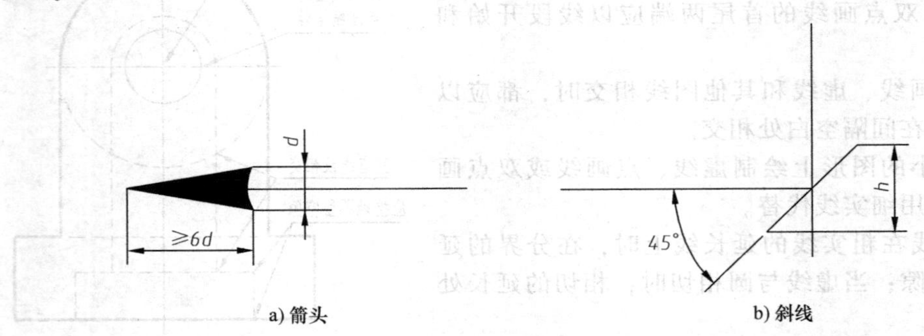

图 1-12　尺寸线终端

(3) 尺寸数字和符号　尺寸数字一般标注在尺寸线的上方，也可以标注在尺寸线的中断处。尺寸数字按国家标准要求书写，即水平方向字头向上，铅垂方向字头向左，倾斜方向字头保持向上的趋势，如图 1-13 左图所示。尽量避免在图 1-13 所示 30°范围内标注，若无法避免，可按图 1-13右图形式标注。尺寸数字不可被任何图线所通过，若无法避免，则必须将图线断开，如图 1-14 所示。

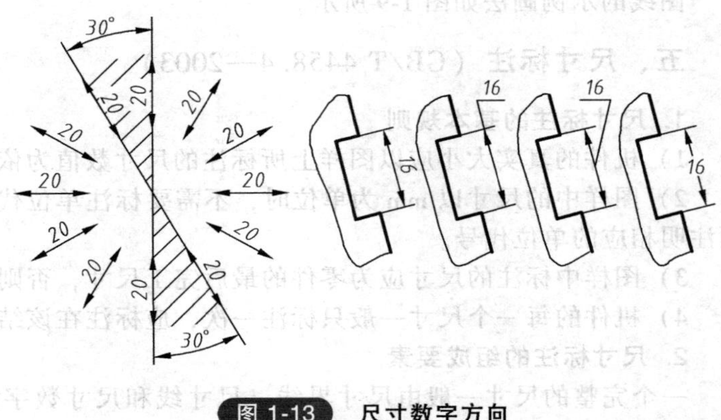

图 1-13　尺寸数字方向

尺寸标注时，往往在尺寸数字前面添加各种符号和缩写词来表达不同的含义，图 1-14 中 $\phi35$ 表示直径为 35mm，各种符号和缩写词的含义见表 1-4。

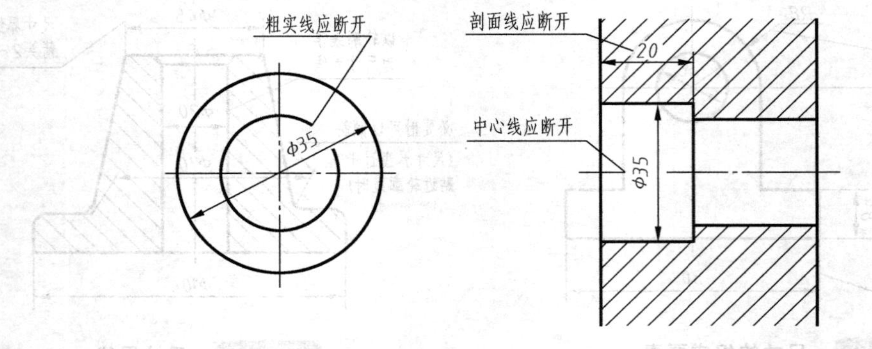

图 1-14　尺寸数字不能被任何图线通过

表 1-4　尺寸标注中常用的符号和缩写词

名　称	符号或缩写词	名　称	符号或缩写词
直径	ϕ	斜度	∠
半径	R	正方形	□
球	S	深度	↧
厚度	t	沉孔或锪平	⌴
45°倒角	C	埋头孔	⌵
均布	EQS	弧长	⌒

3. 常见的尺寸标注方法

（1）半径和直径尺寸标注　半圆或小于半圆的圆弧一般标注半径尺寸，尺寸线从圆心出发，箭头指向圆弧，且尺寸数字前需注写半径符号“R”，如图 1-15a 所示；当圆弧半径过大或无法标出圆心位置时，圆弧半径的标注方法如图 1-15b 所示。

圆或大于半圆的圆弧需标注直径尺寸。标注直径尺寸时，尺寸数字前需要加注符号“ϕ”，如图 1-15c 所示。标注球体的半径或者直径尺寸时，应在尺寸数字前面加注符号“SR”或者“$S\phi$”。

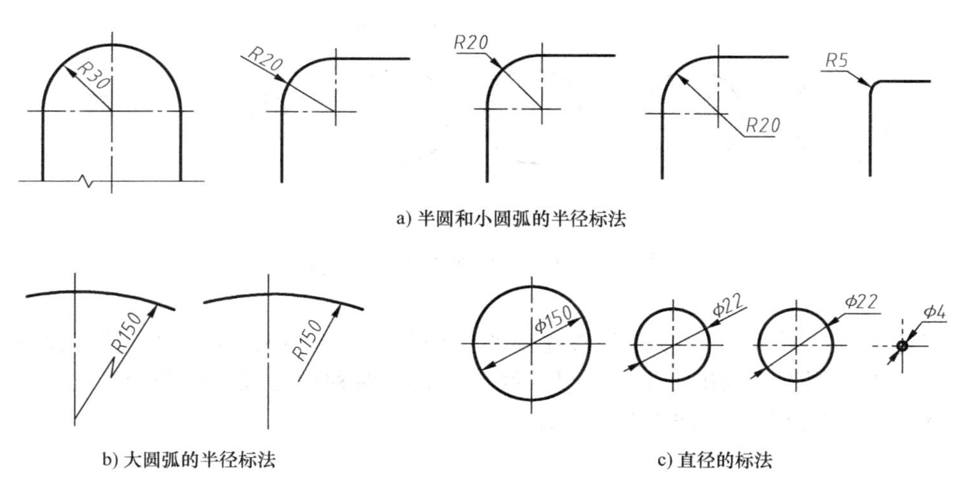

a) 半圆和小圆弧的半径标法

b) 大圆弧的半径标法

c) 直径的标法

图 1-15　半径和直径尺寸标注

（2）角度尺寸标注　标注角度时，角的两条边或两条边的延长线可作为尺寸界线，尺寸线应化成圆弧，圆心是角的顶点，角度数字一律水平注写。一般情况下，角度数字注写在尺寸线的中断处，也可引出标注，如图 1-16 所示。

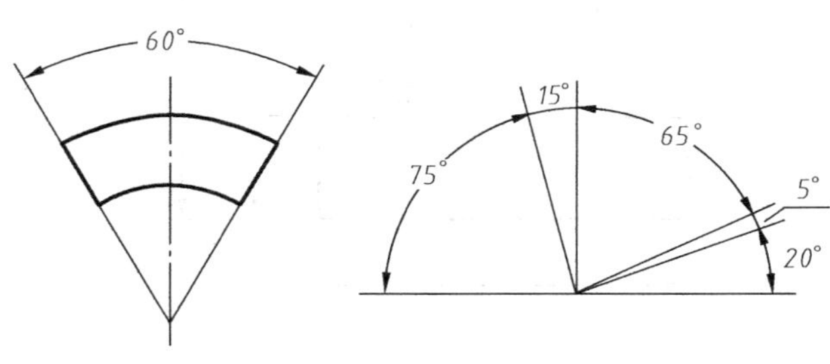

图 1-16　角度尺寸标注

（3）狭小部位的尺寸标注　当没有足够的空间画出尺寸线两端的箭头

时，尺寸线的箭头可外移；标注一连串小尺寸时，可用圆点或斜线代替中间的箭头；当没有足够的空间注写尺寸数字时，尺寸数字可写在尺寸线的外边或引出标注，如图 1-17 所示。图形上直径较小的圆或圆弧的标注方法，如图 1-18 所示。小圆弧半径的尺寸线，不论其是否画到圆心，其方向必须通过圆心。

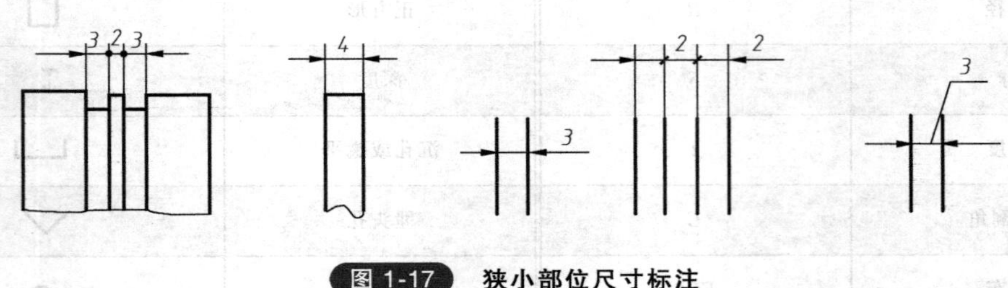

图 1-17　狭小部位尺寸标注

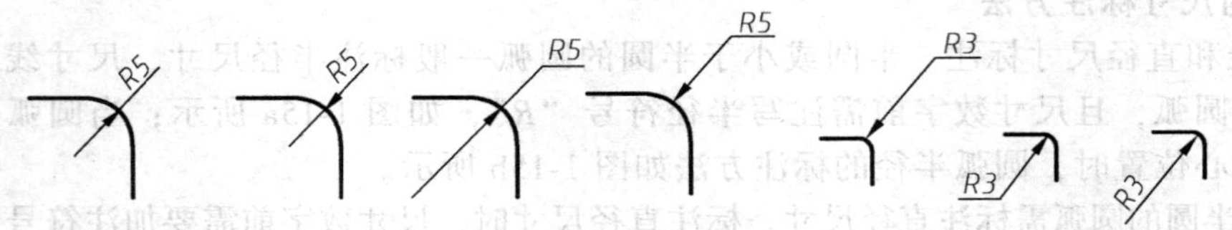

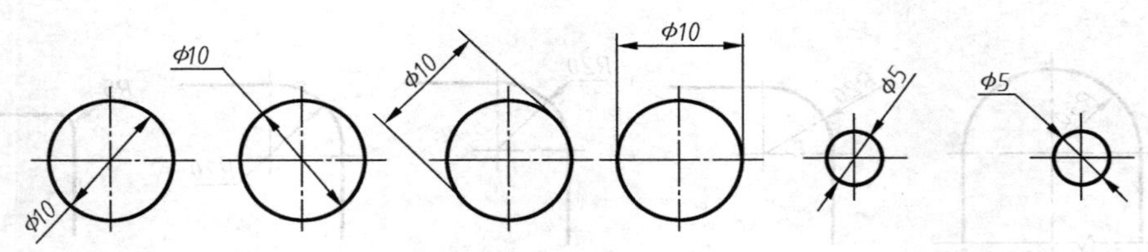

图 1-18　小尺寸圆和圆弧的标注方法

（4）对称图形的尺寸标注　当分布在中心线两侧的图形完全相同时，其标注方法如图 1-19a所示。当对称图形只画出一半时，尺寸线应略超过对称中心线或断裂处的边界线，此时仅在尺寸线的一端画箭头，如图 1-19b 所示。

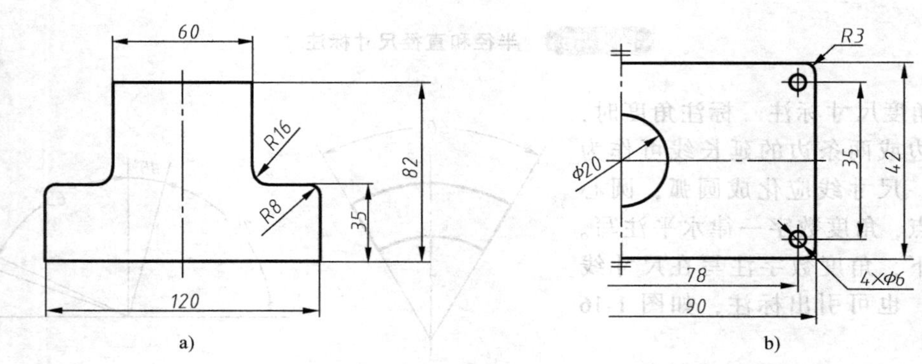

图 1-19　对称图形的尺寸标注

六、机械工程 CAD 制图规则（GB/T 14665—2012）

CAD 制图按照表 1-5 中提供的图层、线型和颜色绘制，相同类型的线型应采用同一个图层。

表 1-5　分层标识与颜色表

图层标识号	线型名称	线型颜色
01	粗实线	绿色
02	细实线、波浪线、双折线	白色
03	粗虚线	（未规定）
04	细虚线	黄色
05	细点画线	红色
06	粗点画线	棕色
07	双点画线	粉色

任务实施

图 1-1 所示的图样所应用的国家标准内容有：

1）图纸幅面采用留有装订边的图框格式，方便图样文件装订成册，长期保管。

2）标题栏采用学校使用的简化标题栏，方便学生完成制图作业。

3）图样的比例采用最常用的 1∶1，图形和实物一样大，方便看图。

4）图中用到的粗实线线宽为 0.5mm，表示物体的轮廓线，尺寸线、点画线、剖面线是细线，线宽是粗实线的一半。

5）汉字采用仿宋体，尺寸注法符合国家标准规定。

任务二　绘制拉楔图形

任务引入

绘制图 1-20 所示的拉楔图形。

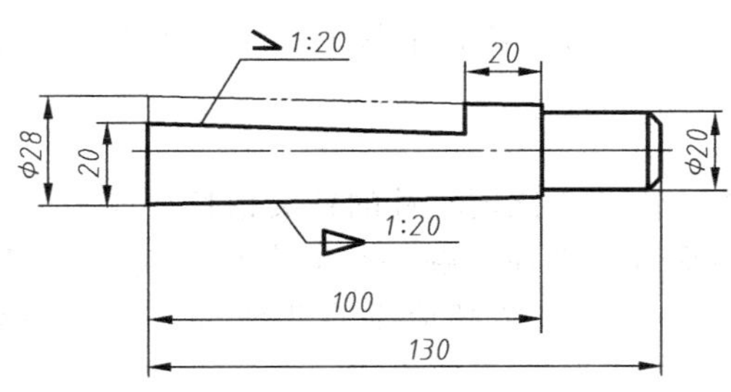

图 1-20　拉楔图形

任务分析

1）斜度和锥度的定义是什么？

2）如何绘制斜度和锥度？

3）斜度和锥度的标注形式是什么？

相关知识

一、常用尺规绘图工具与仪器的正确使用

尺规绘图是指用铅笔、图板、丁字尺、三角板、圆规、分规等绘图工具及仪器来绘制图样，正确使用绘图工具和仪器，是保证图面质量、提高绘图速度的前提。

1. 图板和丁字尺

（1）图板　图板应板面光滑、边框平直，其规格有 A0 号（1200mm×900mm）、A1 号（900mm×600mm）、A2 号（600mm×400mm）等，以适用于不同幅面的图纸，绘图时用胶带将图纸贴于图板上，如图 1-21 所示。

（2）丁字尺　丁字尺由尺头和尺身组成，与图板配合使用，如图 1-21 所示。绘图时，尺头内侧贴紧图板左导边上下推动，与之垂直的尺身工作边用于画水平线。

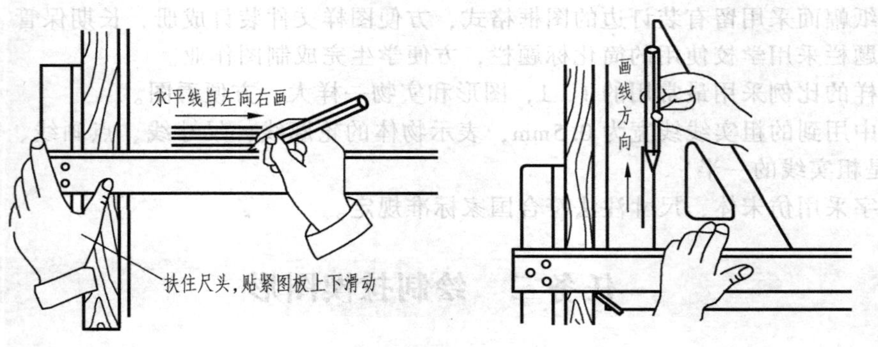

图 1-21　图板、丁字尺的用法

2. 三角板

一副三角板有 45°和 30°、60°各一块，常与丁字尺配合使用，可以方便地画出各种特殊角度的直线，如图 1-22 所示。

3. 圆规和分规

圆规使用前要调整针尖，铅芯要比定心针的针尖稍长，如图 1-23a 所示，画圆时，针尖准确放于圆心处，铅芯尽可能垂直于纸面，顺一个方向均匀转动圆规，并使圆规向转动方向倾斜。画大圆时应装加长杆，针尖和铅芯都应垂直于纸面，一手按住针尖，另一手转动铅芯转角。

分规的结构与圆规相近，只是两脚都是钢针。分规的用途是用来量取或截取长度、等分线段或圆弧。为度量准确，分规的两个针尖应平齐，如图 1-23b 所示。

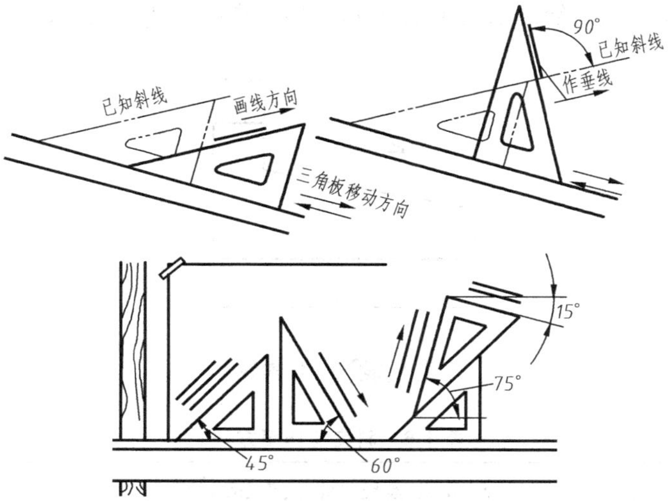

图 1-22　三角板的使用方法

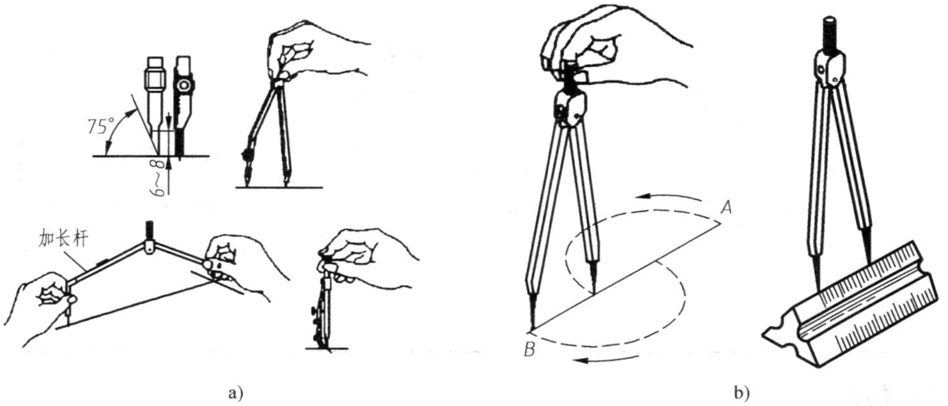

a)　　b)

图 1-23　圆规和分规的使用方法

二、斜度与锥度的画法

1. 斜度的画法

（1）斜度的概念及标注　斜度是指一直线（或平面）对另一直线或（平面）的倾斜程度。其大小用它们之间的夹角正切来表示。斜度为 $\tan\alpha = H/L$，习惯上把比例的前项化为 1 而写成 1：n的形式。斜度符号的画法及标注斜度如图 1-24 所示，符号斜线的方向与倾斜方向一致 。

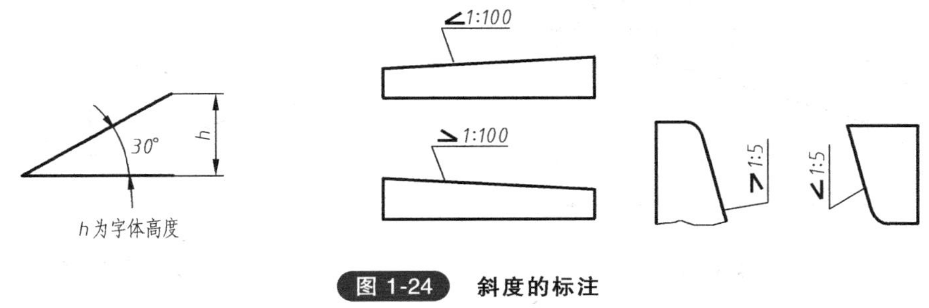

图 1-24　斜度的标注

（2）斜度的作图方法　绘制如图 1-25 所示图形，作图方法见表 1-6。

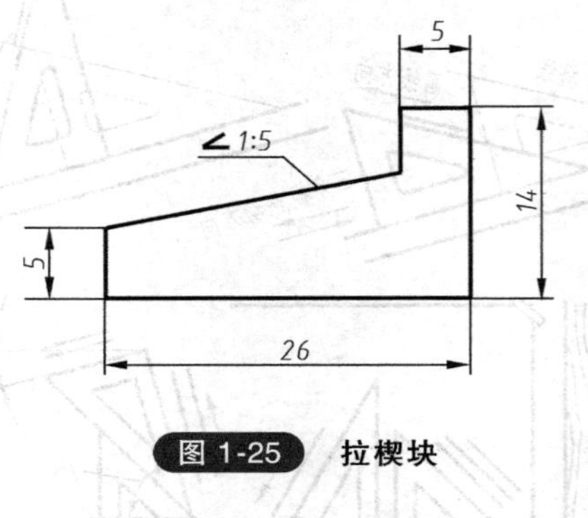

图 1-25　拉楔块

表 1-6　斜度的作图方法

1. 由已知尺寸作出横、竖轮廓线	2. 将 AC 线段五等分，作 BC⊥AB，取 BC 为一等份	3. 连接 AC 即为 1∶5 的斜度线

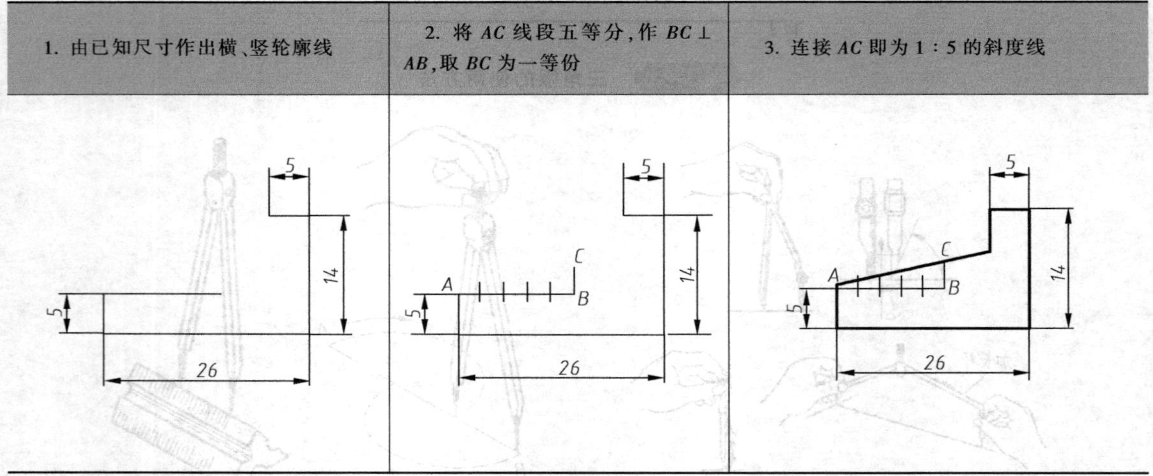

2. 锥度的画法

（1）锥度的概念及标注　锥度是指正圆锥的底面直径与锥体高度之比，如果是锥台，则为上、下两底圆的直径差与锥台高度之比，如图 1-26 所示。

$$\text{锥度}=D/L=(D-d)/l=2\tan(\alpha/2)$$

锥度符号的画法如图 1-27 所示。标注锥度符号时，符号方向应与锥度方向一致，如图 1-28所示。

（2）锥度的作图方法　绘制如图 1-29 所示图形，作图方法见表 1-7。

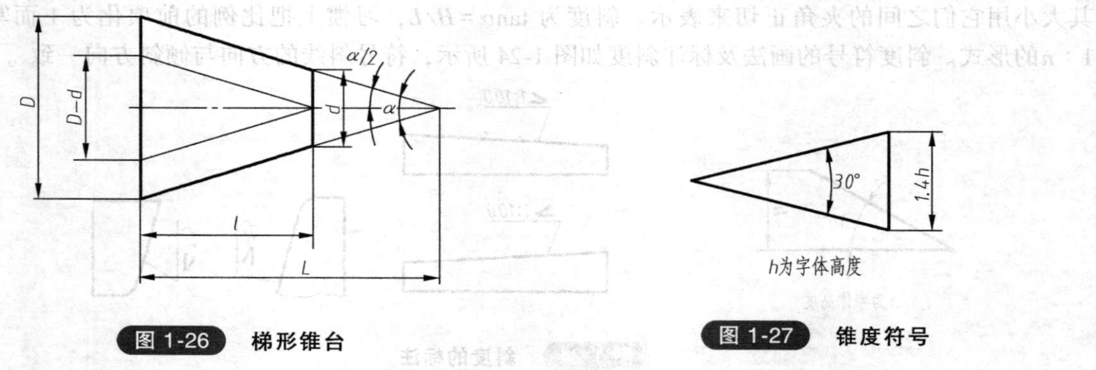

图 1-26　梯形锥台

图 1-27　锥度符号

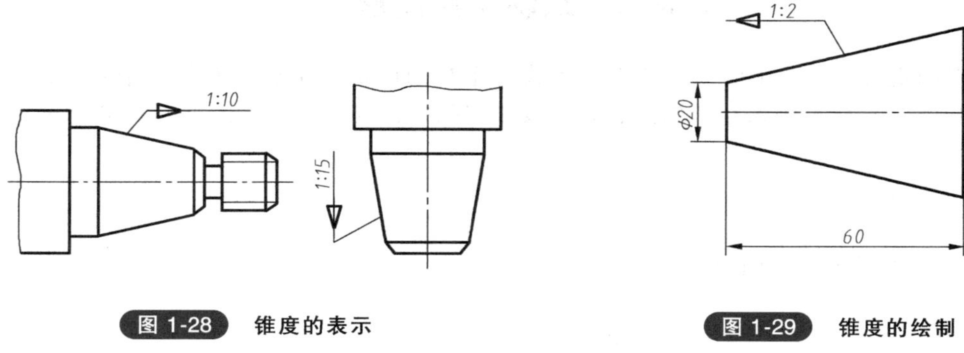

图 1-28　锥度的表示

图 1-29　锥度的绘制

表 1-7　锥度的作图方法

1. 作基准线，作已知线段 EF = 20mm，截取长度 60mm	2. 从 A 向右以任意长度截取二等份，得 B，过 B 作 $CD \perp AB$，取 CD 为一等份	3. 连接 AC、AD，即为 1∶2 的锥度线。过 E、F 分别作 AC、AD 的平行线

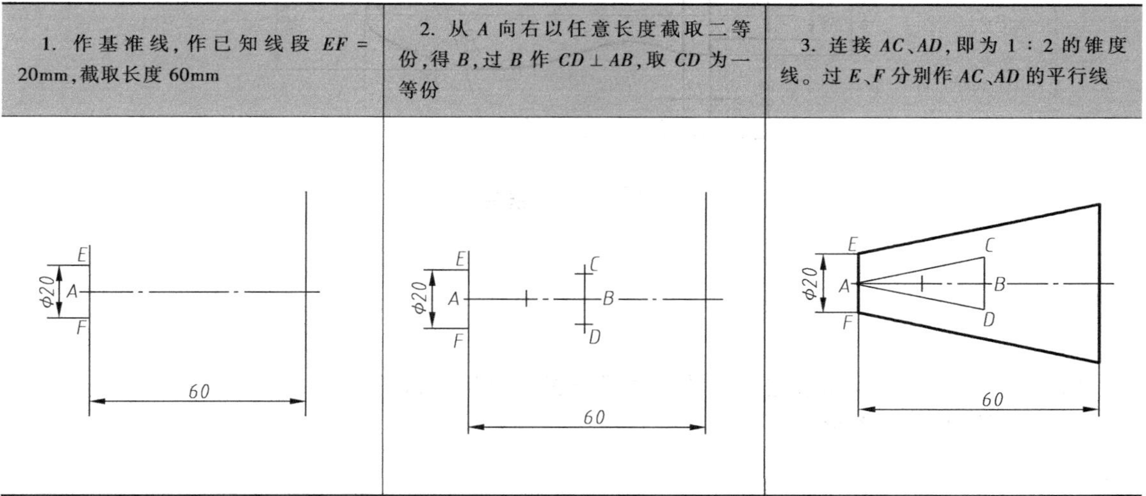

任务实施

绘制图 1-20 拉楔图形的步骤：

1）画水平作图基准线和 ϕ28mm 圆柱左端面，并以此作为度量长度和高度方向的尺寸起点。

2）画右端 ϕ20mm 长 30mm 的圆柱。

3）画大端直径 ϕ28mm、长 100mm、锥度为 1∶20 的圆锥面。

4）画已知高度尺寸为 20mm、斜度为 1∶20 的斜面。

5）检查加深图线。

任务小结

1）斜度在图样中的表示法：通常以 1∶n 的形式标注，并在数值前加注斜度符号。

2）锥度在图样中的表示法：通常以 1∶n 的形式标注，并在数值前加注锥度符号。

3）斜度和锥度的绘制方法：采用等分线段法。

任务三　绘制平面图形

平面图形的定义：一个平面图形常由一个或多个封闭图形所组成，而每一个封闭图形一般又由若干线段（直线、圆弧）所组成，相邻线段彼此相交或相切连接，如图 1-30 所示。

任务引入

绘制图 1-30 所示的手柄图形。

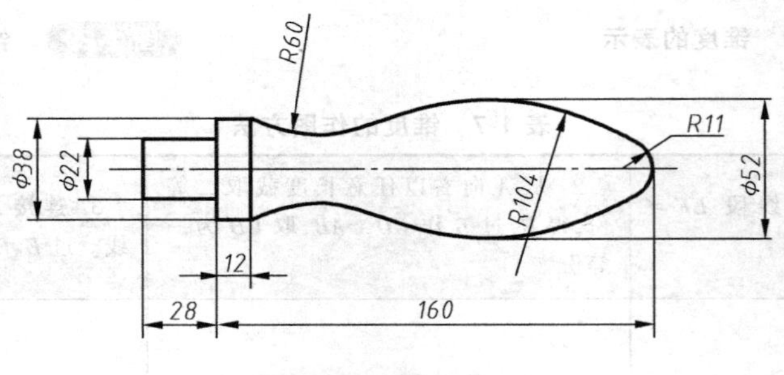

图 1-30　手柄图形

任务分析

1）为什么要对平面图形进行尺寸和线段分析？分析的目的是什么？
2）如何绘制平面图形？

相关知识

一、圆弧连接

圆弧连接是指用圆弧光滑连接已知直线或曲线的作图过程。圆弧连接的实质就是要保证连接圆弧与被连接的已知直线或曲线相切，只有相切，才能实现光滑连接。为确保连接光滑，在画连接圆弧前，其作图的关键应准确找出连接圆弧的圆心和连接点（即切点）。

1. 用圆弧光滑连接两条直线

用圆弧连接两直线，用半径为 *R* 的圆弧连接两已知直线，如图 1-31 所示。其作图步骤为：

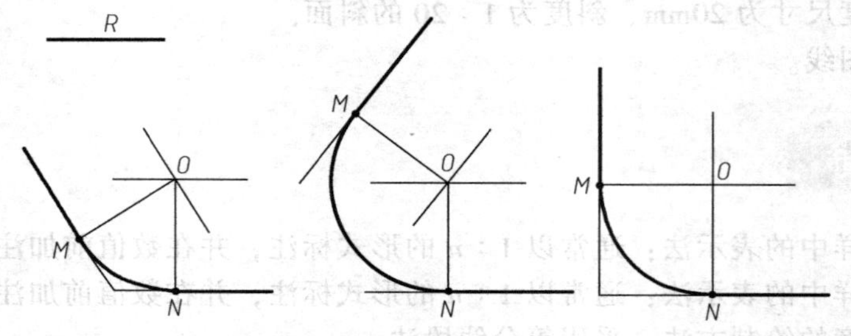

图 1-31　用已知圆弧连接两直线

1）作两条辅助线分别与已知两直线平行且相距 R，辅助线的交点 O 即为连接圆弧的圆心。

2）由交点 O 分别向两已知直线作垂线，垂足即为切点。

3）以点 O 为圆心，R 为半径画连接圆弧。

2. 用圆弧连接两圆弧（外切）

用半径为 R 的圆弧连接两已知圆弧（外切），如图 1-32 所示。其作图步骤为：

1）以 O_1 为圆心，R_1+R 为半径画圆弧。

2）以 O_2 为圆心，R_2+R 为半径画圆弧，两圆弧交于点 O_3。

3）分别连接 O_1O_3、O_2O_3，求得两个切点 C_1、C_2。

4）以 O_3 为圆心，R 为半径画连接圆弧。

3. 用圆弧连接两圆弧（内切）

用半径为 R 的圆弧连接两已知圆弧（内切），如图 1-33 所示。其作图步骤为：

1）以 O_1 为圆心，$R-R_1$ 为半径画圆弧。

2）以 O_2 为圆心，$R-R_2$ 为半径画圆弧，两圆弧交于点 O_3。

3）分别连接 O_3O_1、O_3O_2，求得两个切点 C_1、C_2。

4）以 O_3 为圆心，R 为半径画连接圆弧。

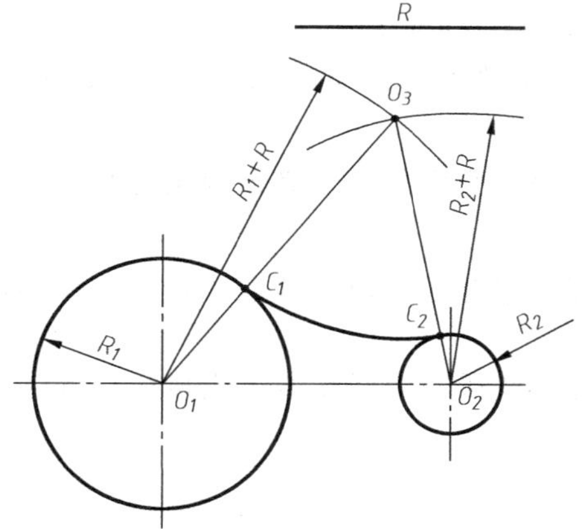

图 1-32 用已知圆弧连接两圆弧（外切）

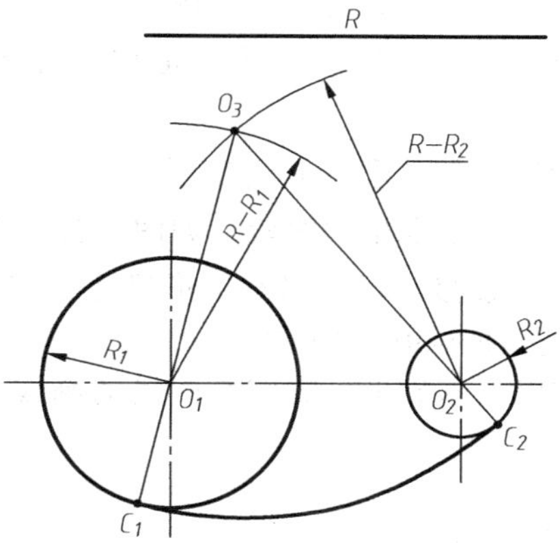

图 1-33 用已知圆弧连接两圆弧（内切）

4. 用圆弧连接圆弧和直线

用半径为 R 的圆弧连接已知圆弧和直线，如图 1-34 所示。其作图步骤为：

1）以 O_1 为圆心，R_1+R 为半径作圆弧。

2）作与已知直线相平行且相距为 R 的直线与所作圆弧交于点 O。

3）连接 O_1O，求得与已知圆弧的切点 C_1。

4）由 O 向已知直线作垂线，求得与已知直线的切点 C_2；

5）以 O 为圆心，R 为半径画连接圆弧。

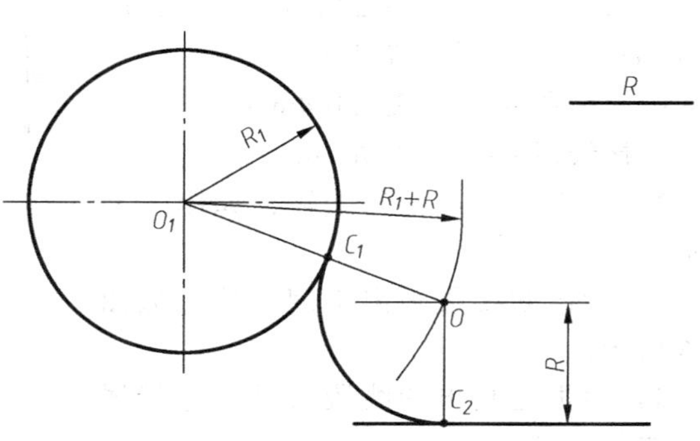

图 1-34 用已知圆弧连接圆弧与直线

二、平面图形的尺寸分析与线段分析

绘制平面图形最主要的问题是正确画出组成平面图形的各条线段，这就需要用相应的尺寸来确定各条线段的位置和它们的大小。画图时，只有通过分析尺寸的性质，才能明确各线段间的连接关系，才能明确该平面图形应从何处着手以及按什么顺序作图。

1. 平面图形的尺寸分析

平面图形中的尺寸按其作用可分为定形尺寸和定位尺寸。

(1) 定形尺寸　确定图形中各部分的形状和大小的尺寸。

(2) 定位尺寸　确定图形中各部分之间相对位置的尺寸，如图 1-30 所示的（160-11）mm 是 *R*11mm 圆弧的定位尺寸。

标注尺寸时，必须先选好尺寸基准作为标注尺寸的起点，通常以图形的对称中心线、回转体的轴线或某一轮廓线（较大的底面、端面、侧面等的投影）作为标注尺寸的起点，这个起点叫作尺寸基准。

2. 平面图形的线段分析

平面图形中的线段通常按所给定的尺寸分为已知线段、中间线段、连接线段三种。

(1) 已知线段　定形、定位尺寸齐全，可直接绘出的线段，如图 1-30 中的 ϕ38mm 和 28mm 等。

(2) 中间线段　具有定形尺寸和一个定位尺寸，另一个定位尺寸必须根据与相邻已知线段的几何关系求出的线段。如图 1-30 中的 *R*104mm。

(3) 连接线段　只有定形尺寸，其位置必须依靠两端相邻的已知线段求出，才能画出的线段，如图 1-30 中的 *R*60mm。

在以上基础上，确定其图线的画线顺序：按照已知线段、中间线段、连接线段的顺序依次画出。

任务实施

绘制 1-30 所示的手柄图形的作图步骤：

1) 平面图形的尺寸与线段分析。

已知线段——ϕ22mm × 28mm、ϕ38mm×12mm、圆弧 *R*11mm

中间线段——圆弧 *R*104mm

连接线段——圆弧 *R*60mm

2) 画中心线及已知线段，如图 1-35 所示。

3) 由已知线段画出中间线段，如图 1-36 所示。

4) 根据已画出的线段再画出连接线段，如图 1-37 所示。

5) 检查加深，如图 1-38 所示。

6) 标注尺寸、填写标题栏，完成全图。

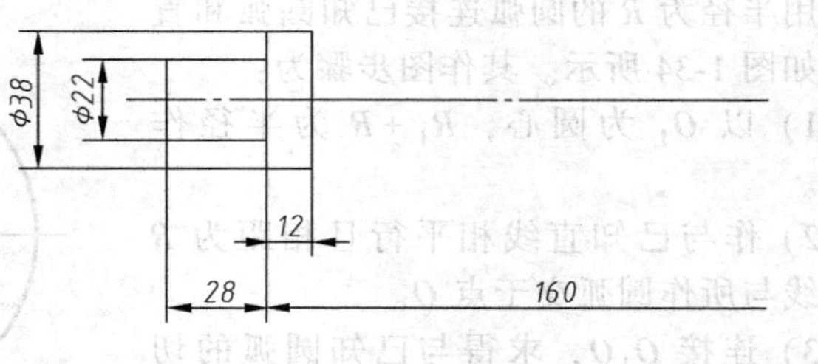

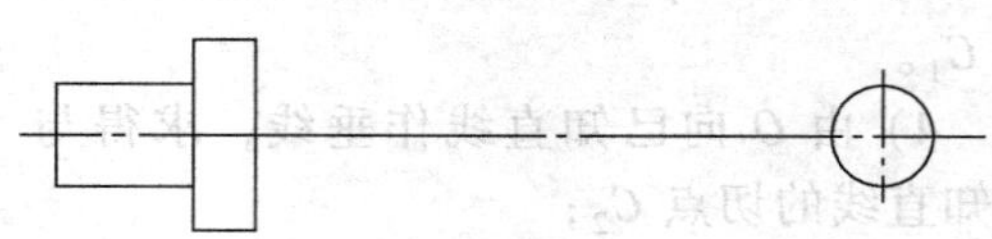

图 1-35　画中心线及已知线段

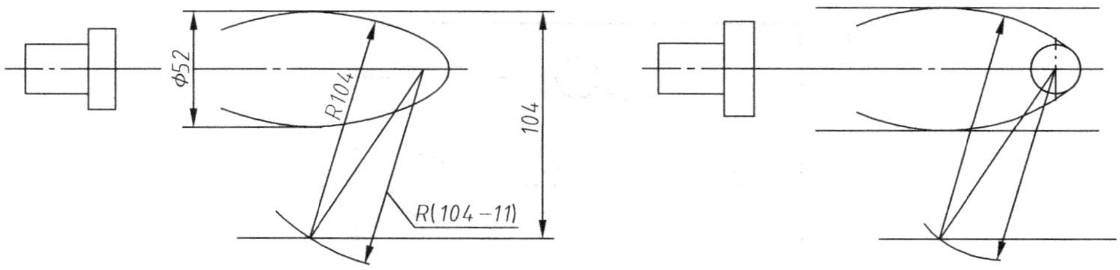

图 1-36　由已知线段画出中间线段

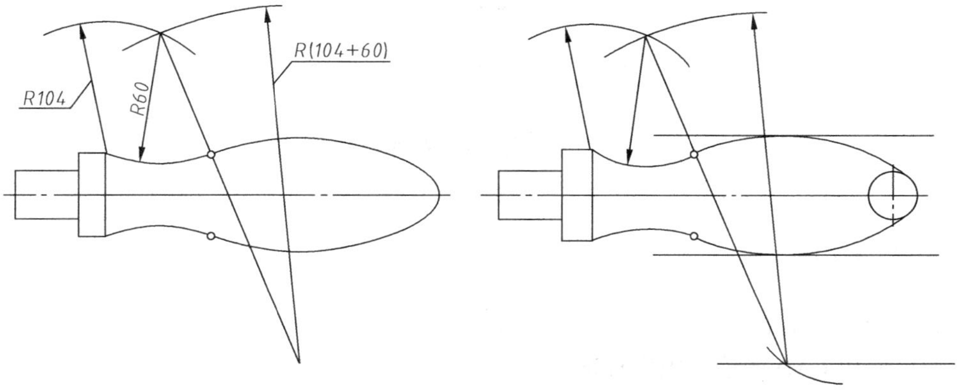

图 1-37　根据已画出的线段再画出连接线段

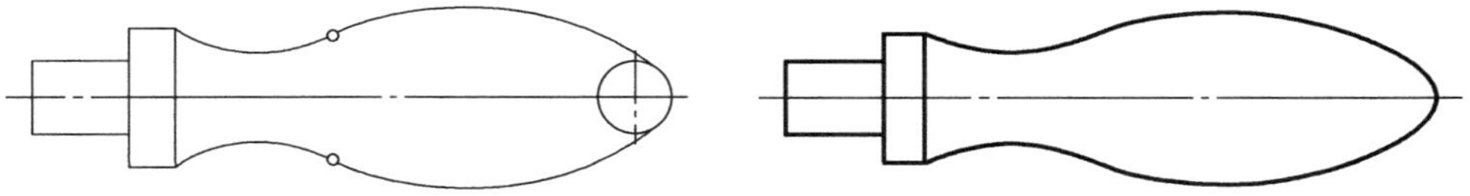

图 1-38　检查加深

任务小结

1）对平面图形进行尺寸和线段分析的目的是明确各线段的性质，明确平面图形的绘制方法。

2）平面图形的绘制方法是：通过尺寸分析确定各线段的连接关系，通过线段分析确定绘图顺序，先画已知线段，再画中间线段，最后画连接线段。

任务四　MDS 绘制简单图形

任务引入

已知孔板如图 1-39 所示，请用 MDS 完成绘制（比例为 1∶2）。

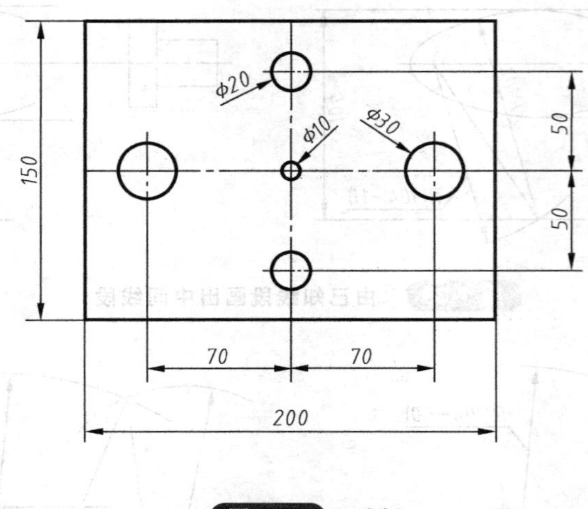

图 1-39 孔板

任务分析

1）MDS 是什么软件？

2）如何使用 CAD 的绘图国家标准？

3）什么是目标捕捉？如何使用捕捉命令？

4）MDS 的数据输入方式有哪些？如何使用 MDS 的相对坐标和极坐标精确绘制简单工程图？

相关知识

一、了解 MDS 软件

MDS 绘图软件是国产的 CAD 绘图软件，由北京清软英泰信息技术有限公司和国家企业信息化应用支撑软件工程技术研究中心共同开发，能与 AutoCAD 全兼容，提供典型零件的参数化设计以及全部标准件库等，能有效提高绘图效率，是一款容易掌握的计算机绘图软件。MDS7.5 可以在 Windows2000、WindowsXP、Windows2003、Windows2007 等环境中运行，将 MDS7.5 安装在具有以上环境的计算机中运行即可。

二、认识 MDS 绘图界面

1. 选择向导

初次启动 MDS7.5 系统后，进入 MDS“向导”对话框界面，如图 1-40 所示。该界面有四个选项：“使用向导”“使用模板”“缺省设置”和“打开文件”，另有“简介”告知用户如何使用向导对话框。如果用户想以最快速度进入绘图界面，则可以选择“缺省设置”中的“快速启动”，单击“确定”后进入绘图界面。用户还可以选择“使用模板”中的已定制好的相应的模板文件，进入绘图界面。

MDS“向导”对话框的右下角有个可选项目：“下次启动时显示”，用户若不想每次启动 MDS 都看到这个“向导”对话框时，可以将“下次启动时显示”一栏的“√”取消，则下次

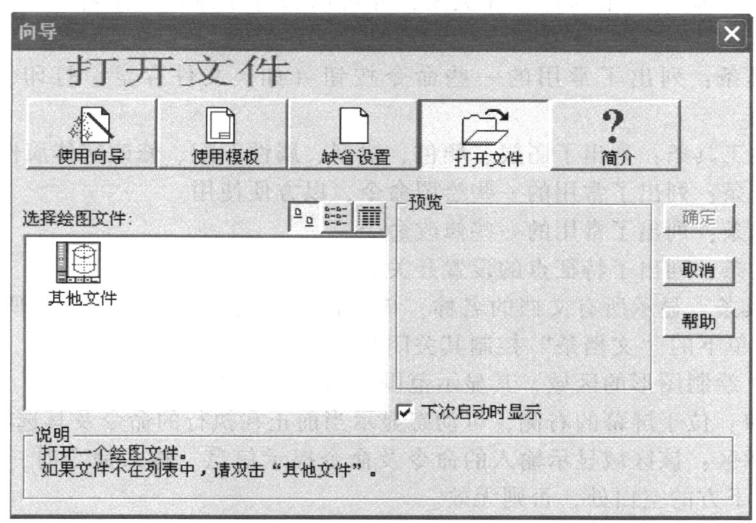

图 1-40　“向导”对话框

启动时将不再显示该对话框；取消后若想再次显示该对话框，可使用“工具”菜单下的“环境设置”命令，将“启动时显示向导对话框”一栏选中，则下次启动系统时将出现“向导”对话框。

2. 绘图界面

进入绘图界面后，如图 1-41 所示。整个界面分为八个区域：标题栏、下拉菜单、工具条、文档工具条、绘图区、屏幕菜单、命令提示区、状态条。

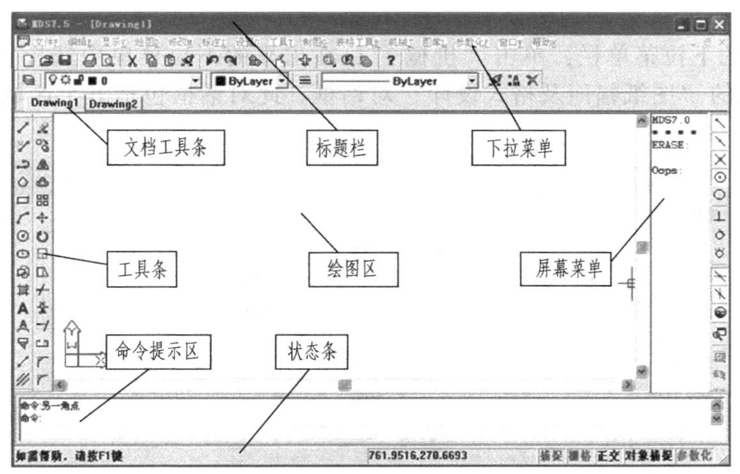

图 1-41　绘图界面

1）标题栏：在标题栏左端显示当前图形文件的名称，如果未命名，则显示“Drawing1”；标题栏右端显示 Windows 的最大化、最小化和关闭按钮。

2）下拉菜单：该栏列出了系统的菜单命令，可以用鼠标从中选择执行。

3）工具条：图面上共列出了五个常用的工具条，可以通过下拉菜单的“工具”菜单中的

“工具条”选项来控制工具条的打开和关闭，并可以通过鼠标左键按着不动将其拖动到任何位置。

① 标准工具条：列出了常用的一些命令按钮（如：文件存盘、打印、图形显示、帮助等）。

② 对象属性工具条：列出了图层、颜色、线型、属性匹配、修改实体属性命令的按钮。

③ 绘图工具条：列出了常用的一些绘图命令，以方便使用。

④ 修改工具条：列出了常用的一些修改命令。

⑤ 导航工具条：列出了特征点的设置开关。

4）文档工具条：显示所有文档的名称，单击该条上的名称可以切换到所需的文档界面。可用“工具”菜单下的“文档条”控制其关闭与打开。

5）绘图区：绘制图形的区域，其显示范围可通过 LIMITS 命令来设置。

6）屏幕菜单：位于屏幕的右侧，可动态显示当前正在执行的命令及其选项。

7）命令提示区：该区域显示输入的命令及命令提示信息。输入命令时，应写在“命令”或“尺寸标注”下方的空白处，否则无效。

8）状态条：动态显示所选工具条的内容、坐标值及一些工具的开关显示。

9）图形窗口和文本窗口：MDS 将整个屏幕作为窗口，并设置了图形和文本两个窗口。图形窗口和文本窗口通过 F2 键进行切换。系统启动后进入的界面是图形窗口，按 F2 键，切入文本窗口，可以在文本窗口中查阅操作记录，再按 F2 键，返回图形窗口。

三、按国家标准绘图

MDS 提供国家标准的图幅、标题栏和线型，用户可以按以下操作进行选择：

1. 图框和标题栏的选择以及相关参数的设置

MDS 的数据库中存储了国家标准规定的图幅、标题栏等，只要按需要选择并设置相关参数即可。

在绘图界面的下拉菜单栏，单击“机械 J”，在出来的下拉菜单中选择“画图框”，将弹出如图 1-42 所示的“图纸幅面及格式设计”对话框，此对话框包括五个区域，按需选择并设置相关参数即可。

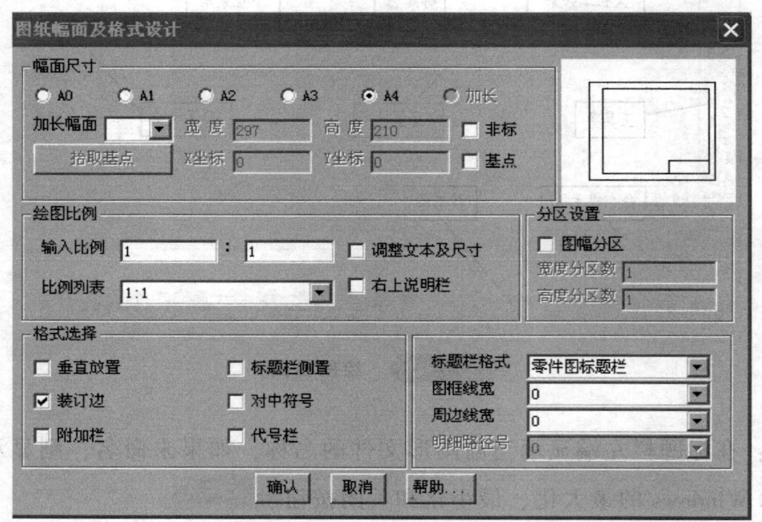

图 1-42 “图纸幅面及格式设计”对话框

具体操作如下：

1）在“幅面尺寸”区域设置图幅。根据需要，操作鼠标左键点取 A0、A1、A2、A3、A4 中其中一个前面的空白圆圈，当圆圈中出现黑点时，表示选中了对应的图幅。

2）在“绘图比例”区域设置绘图的比例。

3）在“格式选择”区域，标题栏格式可以在下拉菜单中选取“零件图标题栏”或“装配图标题栏”。

上述设置完毕后，单击“确认”，对话框关闭，在绘图区域将出现设置的图框及标题栏，如图 1-43 所示。

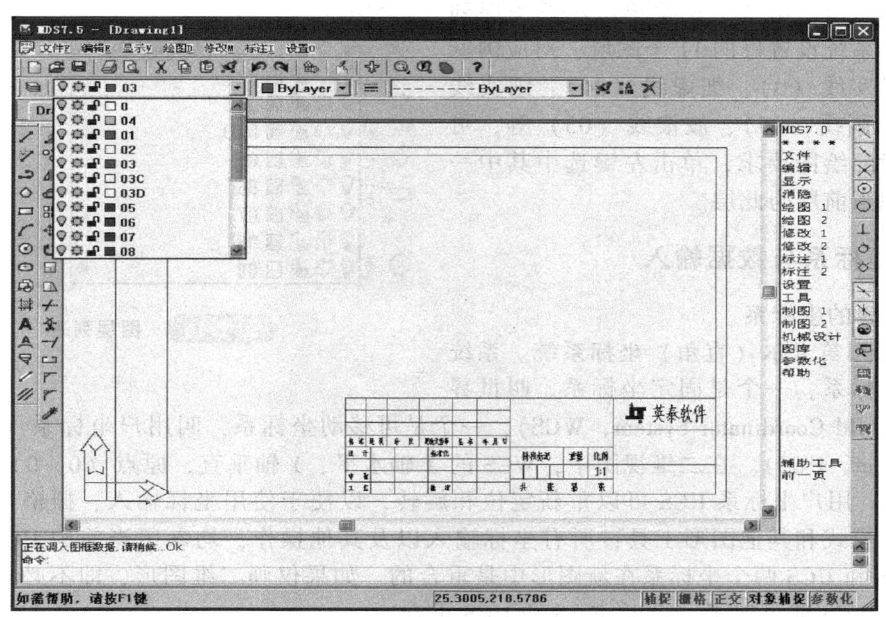

图 1-43　A4 图幅设置结果

2. 图层的选择

（1）图层的含义　图层可以看作是透明的一张纸，每一层上只可设定一种线型、一种颜色和一种线宽，在绘图中，相同特征的线型相当于放在同一个图层中，所以一张图可看作由多张透明的图层纸重叠而成。当需要修改图形中某类线型的线宽或颜色，或隐藏/显示它时，都可以通过修改图层实现，修改后，这张图中所有相同的线型就一次性地修改完成。图层的使用，方便修改和管理，从而提高绘图速度。

（2）图层的性质

1）一个图形文件中可以创建任意多个图层，每个图层上的实体数量没有限制。

2）每个图层都有一个图层名，图层名最多由 31 个字符组成，这些字符可以由字母、数字和符号或它们的组合而成。“0”层是 MDS 固有的图层。

3）每个图层首先被设定固定的颜色、线型和线宽。若当前图形颜色、线型和线宽适用“BYLAYER”绘图，图形实体自动采用当前图层中设定的颜色、线型和线宽。

4）只能在当前层上绘图，所以在绘图时首先要确认当前层。

5）图层可以被打开和关闭。被关闭的图层上的图形既不能显示，也不能打印输出，但仍然参与显示运算。合理关闭一些图形，可以使绘图或看图时显得更加清楚。

6）图层可以被冻结或解冻。被冻结的图层上的图形既不能显示，也不能打印输出，且不参与显示运算。合理冻结一些图层，可以加快图形重新生成时的速度。

7）图层可以锁定和解锁。锁定图层不影响其上图形的显示状况，锁定层上可以绘制图形，但是不能对锁定层上的图形进行编辑。通过锁定图层可以防止对这些图层上的图形产生误操作。

（3）图层列表

在MDS系统中，如果用户选择了系统设置好的图框，图框显示在绘图区域的同时，用户会发现系统也已经自动设置好了图层，如图1-44所示，鼠标左键单击图层工具栏第二框右侧黑色倒三角形，出现下拉菜单所示的图层列表，显示了系统设置好的11个图层，对应国家标准中的粗实线（0）、细虚线（04）、细实线（01）、细点画线（05）、波浪线（03）等，可以满足一般的绘图要求，单击左键选中其中一个图层，则当前层为此层。

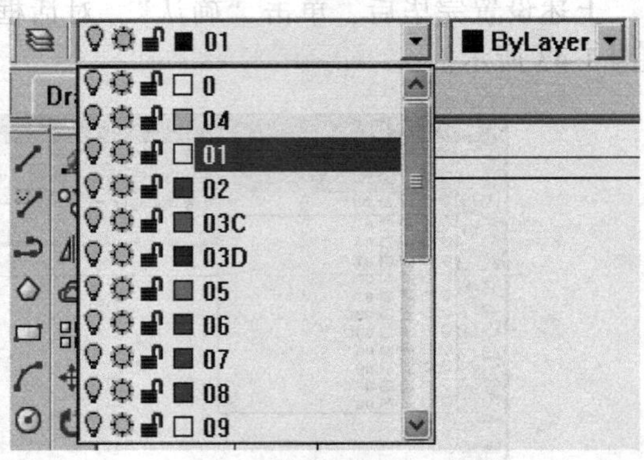

图1-44 图层列表

四、坐标系与数据输入

1. MDS的坐标系

MDS常用笛卡尔（直角）坐标系统。系统内有两个坐标系，一个是固定坐标系，叫世界坐标系（World Coordinator System，WCS），一个是可移动坐标系，叫用户坐标系（User Coordinator System，UCS）。在二维视图中，WCS的X轴水平，Y轴垂直，原点（0，0）为X轴和Y轴的交点。用户坐标系UCS可以重新定位和旋转，以便于使用坐标输入、栅格显示、栅格捕捉、正交模式和其他图形工具；所有坐标输入以及其他操作，均参照当前的UCS。默认情况下，WCS和UCS两个坐标系在新图形中是重合的。如果仅画二维图形，即不必移动和旋转UCS，使用WCS就可以了（此时WCS和UCS重合）。

2. 数据的输入

数据的输入主要包括点的输入、角度的输入以及移动量的输入。

1）点的输入。点的坐标输入包括以下方式：

① 绝对坐标：用键盘以“x，y”的形式直接输入目标点的坐标，此坐标是目标点相对当前坐标系原点的坐标。比如，在系统提示“指定点：”时，键盘输入“10，20”，再在键盘上单击Enter键，表示目标点在当前坐标系中的坐标为“10，20”。

② 相对坐标：相对坐标指的是目标点相对于当前点的坐标，而不是相对于坐标系原点的坐标。输入方法为在输入值前面加上“@”，如“@10.20”，表示目标点为距离当前点在X轴方向前进10、Y轴方向前进20的点。

③ 相对极坐标：用“@d<a”表示。其中“@”表示相对坐标，“d”表示距离，是指当前点到目标点的连线的长度；“a”表示角度，是上述连线的向量与水平正向的夹角。

④ 使用十字光标：在绘图区内，十字光标具有定点功能。移动十字光标到适当位置，然后单击左键，十字光标点处的坐标就自动输入。

2）角度的输入。角度的输入默认以度为单位，以X轴正向为正0°，以逆时针方向为正、顺时针方向为负，在系统提示“角度：”后，可直接输入角度值。

五、常用系统功能键

F1：获得在线帮助。

F2：切换图形窗口和文本窗口显示。

F3：动态导航开关。当导航工具条都为关闭时，可以设置导航点和导航线。

F4：以当前光标的中心位置为中心进行一次放大/缩小，可在其他命令中随时调用。

F5：在智能画线（LL）命令中选择基点。

F7：打开/关闭网络。

F8：打开/关闭正交。

F9；打开/关闭网格显示。

F10：打开/关闭状态条的显示。

F12：打开/关闭坐标显示。

ESC：取消正在执行的命令或退出对话框选项。

六、捕捉模式的应用

绘图过程中经常要用到一些几何特征点，比如圆心、线段的中点、端点等，定位这些几何特征点可以使用 MDS 提供的目标捕捉方式，无须输入坐标值，只要移动鼠标就能使光标快速定位到这些几何特征点上，就会大大提高绘图速度。MDS 共有 10 种目标捕捉方式，用于捕捉实体上的几何特征点。目标捕捉在使用中有两种方式，分别是临时捕捉目标方式和自动捕捉目标方式。

（一）临时目标捕捉方式

临时目标捕捉方式，是在绘图过程中根据需要，用鼠标点取或输入捕捉命令的方法定位几何特征点的一种目标捕捉方式。

1. 鼠标点取方法

1）调出对象捕捉工具条：单击“工具 T”→“工具条…Toolbor”，弹出来“工具条”对话框，如图 1-45所示，在“对象捕捉”左边的方框单击左键，方框中出现“√”，同时“对象捕捉”工具条（图 1-46）出现在屏幕上；关闭“工具条”对话框，返回绘图界面，光标移至对象捕捉工具条的边框上，左键点住将工具条拖至合适的位置，放开。

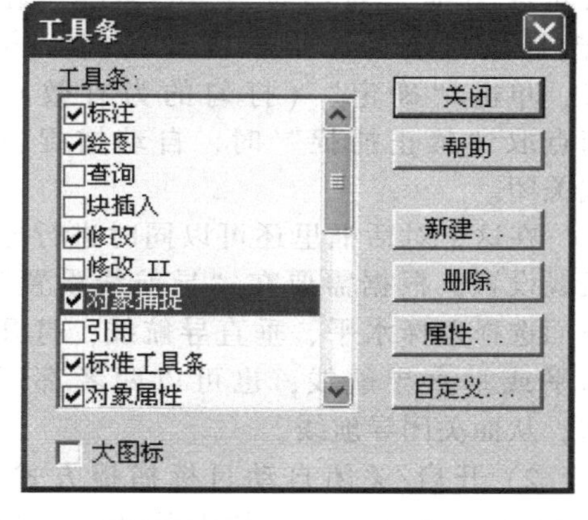

图 1-45　“工具条”对话框

2）使用临时目标捕捉方式：每次使用时，鼠标左键单击选取图 1-46“对象捕捉”工具条中表示对应特征点的图标，然后移动光标至绘图区域需要捕捉的特征点附近，当特征点上显示小图标时，单击鼠标左键，目标点即被选中。

图 1-46　“对象捕捉”工具条

2. 键盘输入捕捉命令

在绘图过程中，也可以直接在键盘中输入对象捕捉命令，然后根据系统提示进行对应操作。在图 1-46 所示工具条中，由左至右特征点图标对应的对象捕捉命令名分别为：

ENDpoint：捕捉线或弧的端点。

MIDpoint：捕捉线或弧的中点。

INTersec：捕捉线、弧等的相交点。

CENter：捕捉圆或圆弧的圆心。

QUAdrant：捕捉四分圆，即 0°、90°、180°、270°的圆周点。

TANgent：捕捉圆或圆弧上的某一点，当与其他点连接时，形成此圆上的一条切线。

PERpend：捕捉从该对象到最后一点形成一条垂线。

INTsert：捕捉插入点，常用于块 BLOCK。

NODE：捕捉一个点实体 POINT。

NEArest：捕捉实体上与捕捉目标框最接近的点。

Quick：迅速捕捉目标点，必须配合其他捕捉模式使用。

NONE：取消永久捕捉特定点模式。

（二）自动目标捕捉方式

自动目标捕捉方式，是人为地预先将某些特征点设置为系统自动捕捉的一种捕捉方式。设置为自动捕捉后，在绘图过程中当光标移动到这些特征点附近时，特征点上将显示红色小图标，表示该特征点被系统自动捕捉。具体设定操作如下：

1）设定自动捕捉方式：左键单击选取下拉菜单“设置 O”，在出来的下拉菜单中点取“捕捉方式…DDOSNAP”，弹出来“运行对象捕捉”对话框（图 1-47），在“选择设置下面”点取需要的捕捉方式，单击“确定”（打勾的为有效）。当点取“禁止捕捉”时，自动捕捉方式关闭。

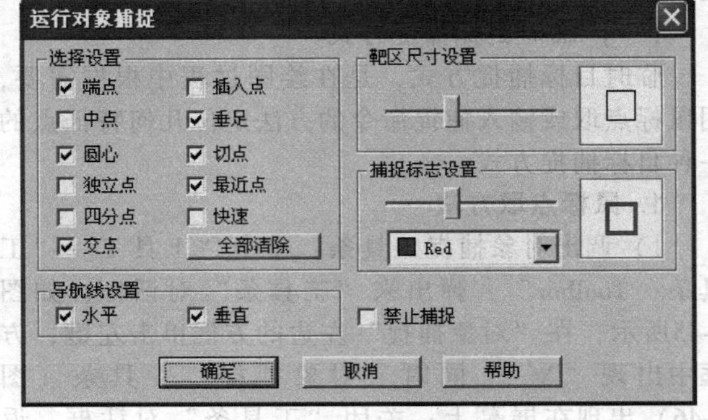

图 1-47 “运行对象捕捉”对话框

在这个对话框里还可以同时进行导航线设置，根据需要在“导航线设置”下面选择选择水平、垂直导航线，打开水平或垂直导航线；也可以两者都不选，从而关闭导航线。

2）开启/关闭自动目标捕捉方式：按 F3 键，或单击状态栏上的“目标捕捉”图标，即可进入或解除目标捕捉。或者打开上述的“运行对象捕捉”对话框，单击“禁止捕捉”，也可以打开或关闭自动目标捕捉。

自动捕捉方式的几点使用说明：

1）在自动目标捕捉方式的设置中，不要全部方式都打勾，因为这样在绘图时由于可选点太多，反而影响用户所需要点的选择速度。

2）移动光标到捕捉点附近、当靶区捕捉到捕捉点时，便会在该点出现一个带颜色的图标，提示用户不需再移动靶区，直接点取该点就可以了。

3）捕捉圆心时，将光标移至圆或者圆弧——不是圆心，小图标将出现在圆心处，左键点取即可。

七、线宽的设置

MDS 初始设置中所有图线宽度都默认为一个相同的数值 0.1mm，在绘制完全部图样内容后，必须按以下操作进行线宽设置，不同的图层才能显示和打印不同的线宽：

左键击下拉菜单“设置”→移动鼠标，在展开的菜单中左键单击“改变线宽”——根据需要选择“指定实体”“指定层在”“指定颜色”之一进行设置，一般选择“指定层”——移动鼠标至绘图区域，左键单击要改变线宽的图层中的任一图线，比如要改变实线层线宽为0.3mm，即点取某一条实线——在任务提示区，根据任务提示键盘输入线宽，比如输入“0.3”，单击Enter键完成设置。此时实线层的全部实线均显示为“0.3”的宽度。

八、图样的存盘

1）对一个旧文件进行重新修改编辑后，点开下拉菜单中的“文件”，在下拉列表中可选择“文件存盘”或“赋名存盘”进行存盘。两种存盘命令的区别是：如果在下拉列表中点“文件存盘”，新文件将保存到电脑中旧文件所在的位置，新文件覆盖旧文件；如果选择“赋名存盘”，则弹出来“保存文件为”对话框，可以在对话框中重新指定存盘位置或重取文件名再存盘，新文件不会覆盖旧文件。

2）如果是新建一张新图，“文件存盘”或“赋名存盘”均可使用，使用时均需指定存盘位置和文件名。

任务实施

绘图步骤如下：

（1）选择图框　如上节所述，在机械下拉菜单中选择“画图框”，在画图框对话框中单击选取A4，比例设置为1∶2，标题栏选零件图标题，单击“确定”，返回绘图界面。

（2）填写标题栏　MDS的标题栏，用户可以采取不同的方式处理。最简单的方法，是直接将图幅中自带的国标格式的标题栏（是一个整体的块）用EXPLODE命令分解，然后根据需要修改其中的文字，比如将单位名称栏中的“清华英泰”及其图标删掉，填上本单位的名称。填写此标题栏时，直接用文字输入TEXT命令，在标题栏的空白处写入相应的内容，比如名字、材料、图号等。

（3）绘制图形　下面分别介绍使用相对坐标和相对极坐标两种数据输入方法的绘制过程（图1-48）。

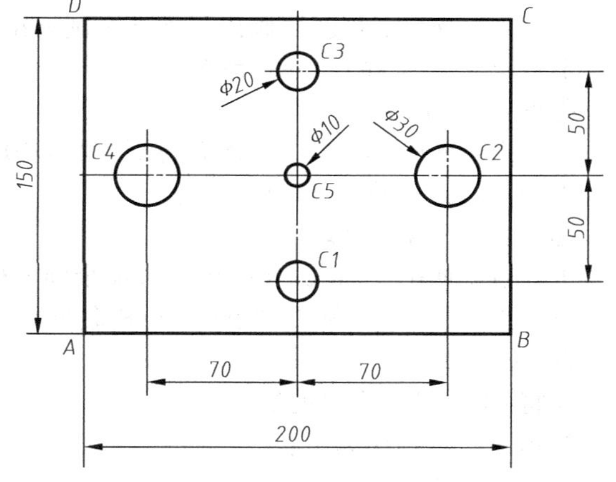

图1-48　绘制“孔板”图形

首先必须保证输入法是在英文状态下。

1）用相对坐标画图形

① 画矩形*ABCD*。

先将01层设置为当前层，然后输入画“LINE”（直线）命令。

提示区提示顺序如下：

命令：LINE↙（输入画“LINE”命令）

起点：（将光标移动到图幅中合适位置，单击鼠标左键确定此位置为*A*点）

下一点：@200，0↙（画出矩形*ABCD*的*AB*段）

下一点：@0，150↙（画出矩形*ABCD*的*BC*段）

下一点：@−200，0↙（画出矩形*ABCD*的*CD*段）

下一点：@0，-150↙（或者输入“C↙”）（画出矩形 *ABCD* 的 *DA* 段）

② 画矩形的水平、垂直对称中心线。

将 05 层设置为当前层，然后输入画“LINE”（直线）命令。

提示区提示顺序如下：

命令：↙（单击键盘 Enter 键，重复 LINE 命令）

起点：MIDPOINT↙

Of（移动光标到 *DA* 线段的中点附近，当光标变成红色三角形时单击鼠标左键，中点被捕捉）

下一点：@200，0↙（画出矩形 *ABCD* 的水平对称中心线）

下一点：↙（重复 LINE 命令）

起点：MIDPOINT

Of（移动光标到 *AB* 线段的中点附近，当光标变成红色三角形时单击鼠标左键，中点被捕捉）

下一点：@0，150↙（画出矩形 *ABCD* 的垂直对称中心线）

下一点：↙（重复 LINE 命令）

起点：@14，-25↙

下一点：@-28，0↙（画出上面那个圆 ϕ20mm 的水平中心线）

下一点：↙（重复 LINE 命令）

起点：@0，-100↙

下一点：@28，0↙（画出下面那个圆 ϕ20mm 的水平中心线）

下一点：↙（重复 LINE 命令）

起点：@56，31↙

下一点：@0，38↙（画出右边那个圆 ϕ30mm 的垂直中心线）

下一点：↙（重复 LINE 命令）

起点：@-140，0↙

下一点：@0，-38↙（画出左边那个圆 ϕ30mm 的垂直中心线）

下一点：（单击鼠标右键退出 LINE 命令）

③ 画各圆。

先将 01 层设置为当前层。

提示区提示顺序如下：

命令：CIRCLE↙

三点(3P)/两点(2P)/相切,相切,半径(TTR)/<圆心>：INTERSEC↙

Of(移动光标到对称中心线交点附近，当光标变成红色三角形时单击鼠标左键，交点被捕捉)

直径(D)/<半径> <0>：5↙(画 *C*5)

命令：↙

三点(3P)/两点(2P)/相切,相切,半径(TTR)/<圆心>：@70,0↙

直径(D)/<半径> <5>：15↙(画 *C*2)

命令：↙

三点(3P)/两点(2P)/相切,相切,半径(TTR)/<圆心>：@-140,0↙

直径(D)/<半径> <15>：↙(画 *C*4)

命令：↙

三点(3P)/两点(2P)/相切,相切,半径(TTR)/<圆心>：@70,50↙

直径(D)/<半径> <15>：10↙(画 *C*3)

命令:↙

三点(3P)/两点(2P)/相切,相切,半径(TTR)/<圆心>：@0,-100↙

直径(D)/<半径> <10>:↙(画 *C*1)

2）用极坐标画孔板

① 画矩形 *ABCD*。

先将 01 层设置为当前层，提示区提示顺序如下：

命令：LINE↙

起点：（将光标移动到图幅中合适位置，单击鼠标左键确定此位置为 *A* 点）

下一点：@200<0（画出矩形 *ABCD* 的 *AB* 段）

下一点：@150<90（画出矩形 *ABCD* 的 *BC* 段）

下一点：@200<180（或@-200<0）（画出矩形 *ABCD* 的 *CD* 段）

下一点：@150<270（或@-150<90）（画出矩形 *ABCD* 的 *DA* 段）

② 画矩形的水平、垂直对称中心线。

将 05 层设置为当前层

命令：LINE↙

起点：MIDPOINT↙

Of（移动光标到 *DA* 线段的中点附近，当光标变成红色三角形时单击鼠标左键，中点被捕捉）

下一点：@200<0↙（画出矩形 *ABCD* 的水平对称中心线）

下一点：↙（重复 LINE 命令）

起点：MIDPOINT↙

Of（移动光标到 *AB* 线段的中点附近，当光标变成红色三角形时单击鼠标左键，中点被捕捉）

下一点：@150<90↙（画出矩形 *ABCD* 的垂直对称中心线）

下一点：↙（重复 LINE 命令）

起点：@14，-25↙

下一点：@-28<0↙（画出上面那个圆 ϕ20mm 的水平中心线）

下一点：↙（重复 LINE 命令）

起点：@0，-100↙

下一点：@28<0↙（画出下面那个圆 ϕ20mm 的水平中心线）

下一点：↙（重复 LINE 命令）

起点：@56，31↙

下一点：@38<90↙（画出右边那个圆 ϕ30mm 的垂直中心线）

下一点：↙（重复 LINE 命令）

起点：@-140，0↙

下一点：@-38<90↙（画出左边那个圆 ϕ30mm 的垂直中心线）

下一点：（单击鼠标右键退出 LINE 命令）

③ 画各圆：命令的输入步骤和显示跟用相对坐标的一样，不再重复。

任务小结

1）MDS 是一款能与 AutoCAD 兼容的计算机绘图软件，提供典型零件的参数化设计以及全部标准件库等，能有效提高绘图效率。

2）MDS 提供了国标规定的图幅、标题栏、图层、线型等，绘图时选择操作即可。

3）标题栏是一个块，必须使用 EXPLODE（分解）命令，才能修改其中的文字和填写标题栏，填写标题栏时，直接用文字输入 TEXT（命令）输入文字。

4）数据输入方法包括相对坐标输入法和相对极坐标输入法，画图时可根据需要进行切换。

5）在绘图中使用目标捕捉命令能快速定位各几何特征点，目标捕捉有自动捕捉和临时捕捉，绘图时可根据需要切换使用。

6）图样全部完成后，要进行线宽的设置，显示和打印出来的不同图线才能有所区别。

7）绘图过程中注意养成经常进行文件存盘的操作习惯，防止意外关机时文件新修改内容没有被保存。

任务五　MDS 绘制吊钩图形

任务引入

用 MDS 按尺寸绘制图 1-49 所示吊钩。

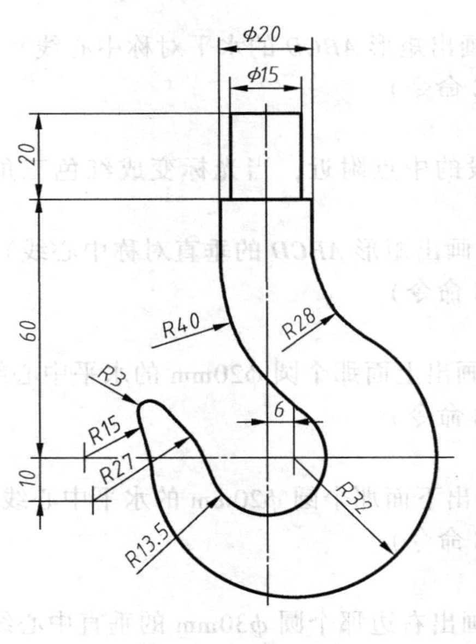

图 1-49　吊钩

任务分析

1）如何使用 MDS 的绘图命令完成吊钩中直线与直线连接、直线与圆弧连接、圆弧与圆弧连接的绘制？

2）如何设置尺寸标注模式和尺寸精度？如何使用尺寸标注命令标注尺寸？

任务实施

一、绘图步骤

1）新建文件，图框选择 A4，标题栏选择“零件图”，比例设为 1：1。

2）炸开标题栏，填写标题栏。

3）画已知线段：用 LINE 命令画直线、用 CIRCLE 命令画圆，画出如图 1-50 所示已知线段，具体如下：

打开对象捕捉和直线导航，打开正交。

画各中心线：将当前层设为 05 层。

命令：LINE ↙

起点：（在合适位置单击左键确定水平中心线起点）

下一点：@ 87，0 ↙

下一点：↙↙（重复 LINE 命令）

起点：@ -36，3 ↙

下一点：@ 0，-6 ↙

下一点：↙↙（重复 LINE 命令）

起点：@ -47，3 ↙

下一点：@ 0，-6 ↙

下一点：↙↙（重复 LINE 命令）

起点：@ 41，-33 ↙

下一点：@ 0，120 ↙

下一点：↙↙（重复 LINE 命令）

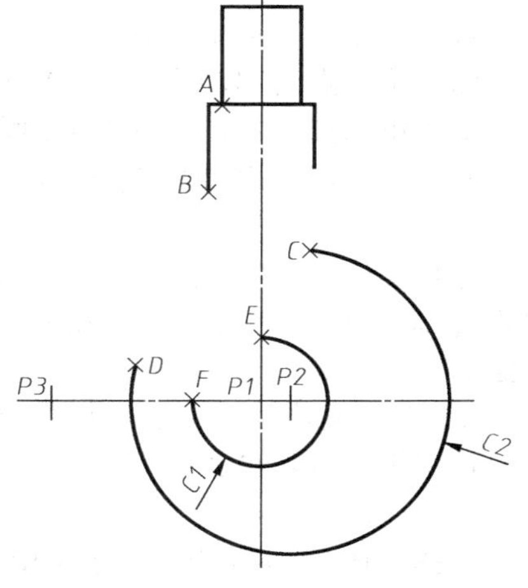

图 1-50　画各中心线及已知线段

画各已知线段：

起点：@ 7.5，-24 ↙（以 *A* 点为起点画圆柱 ϕ15mm）

下一点：@ 0，20 ↙

下一点：@ 15，0 ↙

下一点：↙↙（重复 LINE 命令）

起点：@ -17.5，-7 ↙（以 *B* 点为起点画圆柱 ϕ20mm）

下一点：@ 0，17 ↙

下一点：@ 20，0 ↙

下一点：@ 0，-17 ↙

下一点：↙

命令：CIRCLE ↙

三点(3P)/两点(2P)/相切,相切,半径(TTR)/<圆心>：INT ↙

Of（移动光标至 *P*1 附近，光标在 *P*1 点上变成红色 X 时单击左键确定）

直径(D)/<半径> <0>：32 ↙（以 *P*1 点为圆点画圆 *C*2，半径为 *R*32mm）

命令：↙

三点(3P)/两点(2P)/相切,相切,半径(TTR)/<圆心>：INT ↙

Of（移动光标至 *P*1 附近，光标在 *P*2 点上变成红色 X 时单击左键确定）

直径(D)/<半径> <32>：13.5 ↙（以 *P*2 点为圆点画圆 *C*1，半径为 *R*13.5mm）

下面，用 BREAK 命令按逆时针走向删除圆的一部分，以保证用 FILLET 命令进行圆弧连接时，能自动删除连接的多余部分线段。

命令：BREAK↙

选择实体：(移动光标至 C2 圆上面，单击左键选择 C2 圆)

找到 1 个

输入第二点（敲 F 后输入第一点） F↙

输入第一点（移动光标至 C2 圆 C 点，单击左键选择 C 点）

输入第二点（移动光标至 C2 圆 D 点，单击左键选择 D 点）

命令：↙

选择实体：(移动光标至 C1 圆上面，单击左键选择 C1 圆)

找到 1 个

输入第二点（敲 F 后输入第一点） F↙

输入第一点（移动光标至 C1 圆 E 点，单击左键选择 E 点）

输入第二点（移动光标至 C1 圆 F 点，单击左键选择 F 点）

画中间线段：用 COPY、FILLET 命令画图 1-51 所示的中间线段。

命令：COPY↙

选择实体：(移动光标至水平中心线 P2P3 上面，单击左键选择水平中心线 P2P3，然后单击右键确定)

<基点或偏移距离>/多次复制(M)：↙

位移第二点：15↙

命令：↙

选择实体：(移动光标至水平中心线 P2P3 上面，单击左键选择水平中心线 P2P3，然后单击右键确定)

<基点或偏移距离>/多次复制(M)：↙

位移第二点：17↙

命令：FILLET↙

(剪切<T>方式)当前圆角半径=<3>

多义线(P)/半径(R)/剪切(T)<选择第一个实体>：r↙

输入倒角半径 <3> 27↙

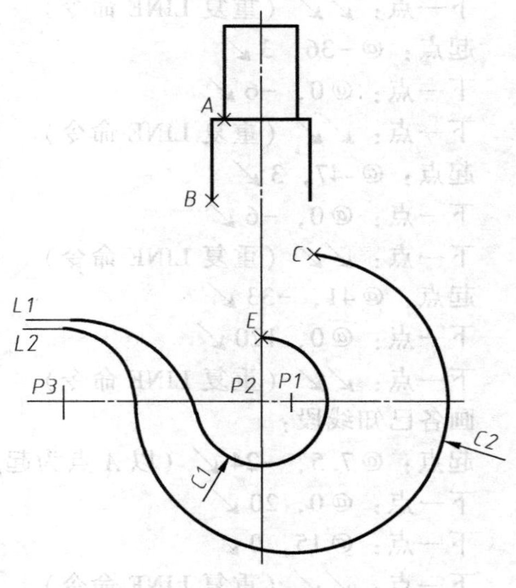

图 1-51 绘制已知线段和中间线段

命令：↙

fillet (剪切<T>方式)当前圆角半径=<27>

多义线(P)/半径(R)/剪切(T)<选择第一个实体>：(移动光标至 C1 圆弧左下部，单击左键选择 C1 圆弧)

找到 1 个

选择第二个实体：(移动光标至直线 L1 左端，单击左键选择 L1 直线)

命令：↙

(剪切<T>方式)当前圆角半径=<27>

多义线(P)/半径(R)/剪切(T)<选择第一个实体>：R↙

输入倒角半径 <27> 15↙

多义线(P)/半径(R)/剪切(T)<选择第一个实体>：(移动光标至 C2 圆弧左下部，单击左键选择 C2 圆弧)

找到 1 个

选择第二个实体：（移动光标至直线 *L*2 左端，单击左键选择 *L*2 直线）

找到 1 个

画连接线段：运用 FILLET 命令画连接线段，画法与上同。最后用 DELETE 命令删除辅助直线 *L*1、*L*2，如图 1-52 所示。

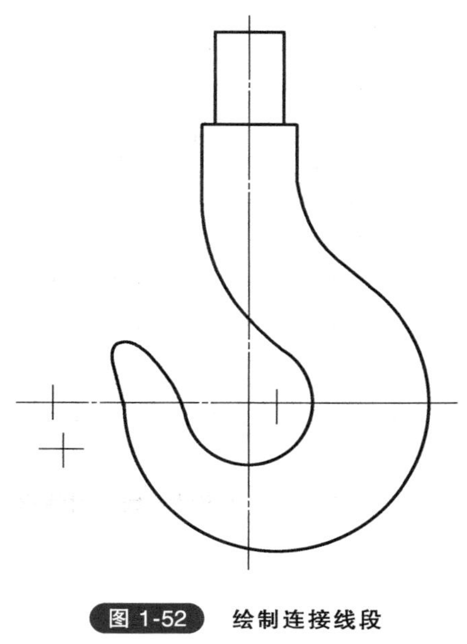

图 1-52　绘制连接线段

二、MDS 标注吊钩图形尺寸

在标注尺寸之前，可以根据实际需要设置尺寸标注模式和尺寸精度。

1. 标注模式设置

键盘输入命令行：DDIM，或者鼠标左键单击：标注工具栏：[icon]，或者单击标注下拉菜单——标注模式（DDIM）都可以弹出来如图 1-53 所示，“尺寸标注模式与尺寸标注变量”对话框，利用对话框中的“尺寸标注模式列表”框和“尺寸标注模式”编辑框，可以保存和恢复尺寸标注模式。

可在尺寸标注模式列表框内选择当前尺寸标注模式的名字，也可以在尺寸标注模式编辑框内输入要保存的尺寸标注模式的名字，输入名字按“确认”后会作为新建的标注模式加入到“尺寸标注模式列表”框中。当要修改当前尺寸标注模式相关变量时，在“尺寸标注变量”框选择相关项目进行更改。在每个对话框中对某个尺寸标注模式进行设置时，只有用“确认”按钮才能被 MDS 接受，若用户想取消某个对话框中的设置变化，可以用“取消”按钮退出该对话框即可。

尺寸标注变量包括 7 个变量，点开后分别跳出如图 1-54～1-60 所示的对话框，用户可以根据需要进行各相关内容的修改。

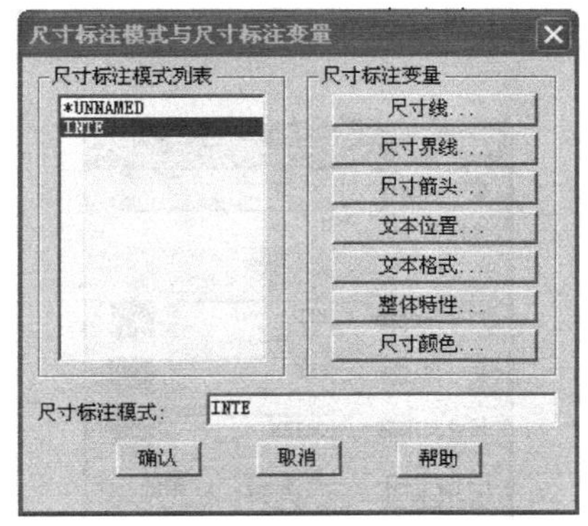

图 1-53　“尺寸标注模式与尺寸标注变量”对话框

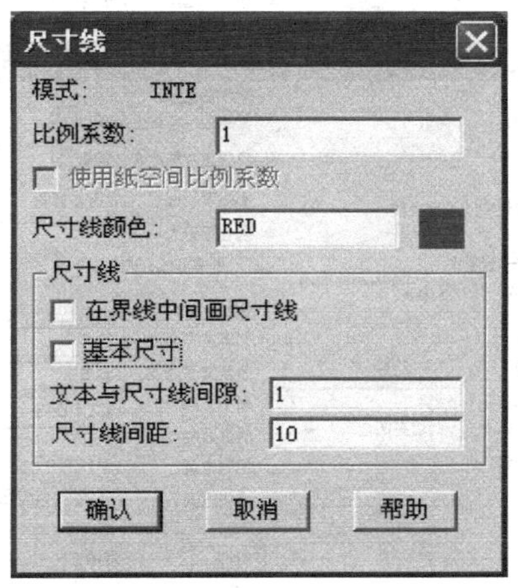

图 1-54　“尺寸线”对话框

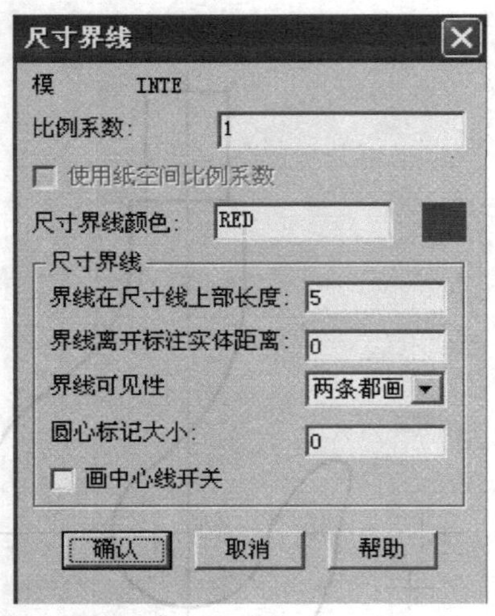

图 1-55 “尺寸界线”对话框

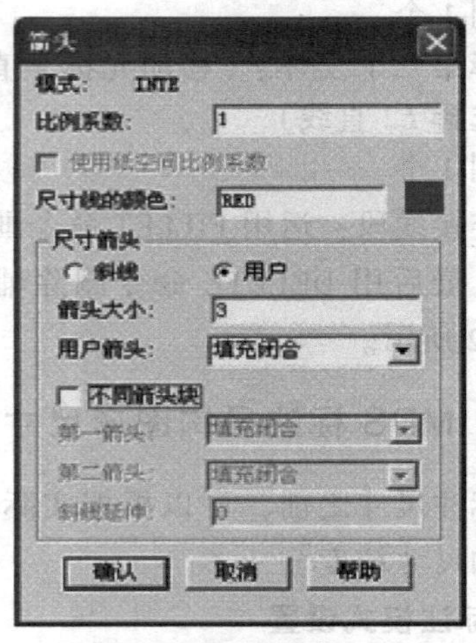

图 1-56 “箭头”对话框

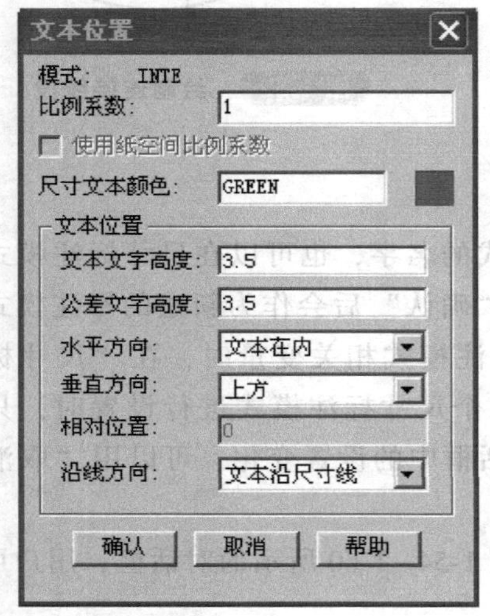

图 1-57 “文本位置”对话框

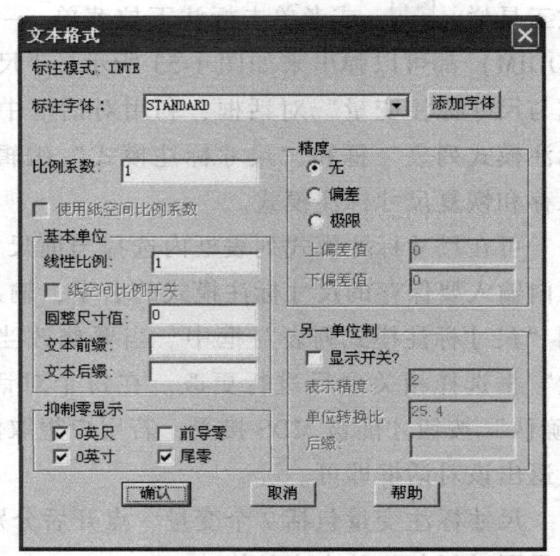

图 1-58 “文本格式”对话框

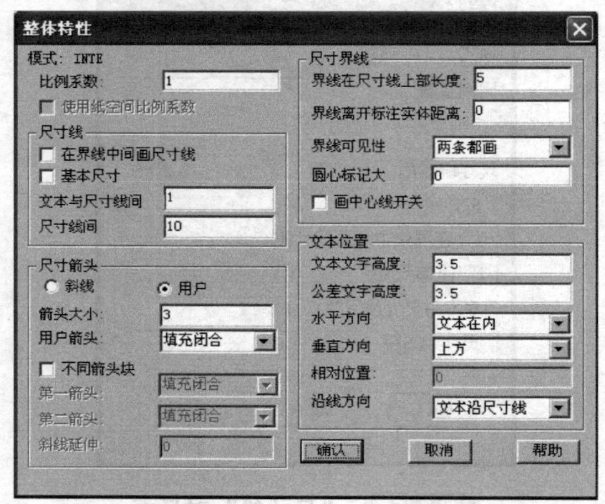

图 1-59 “整体特性”对话框

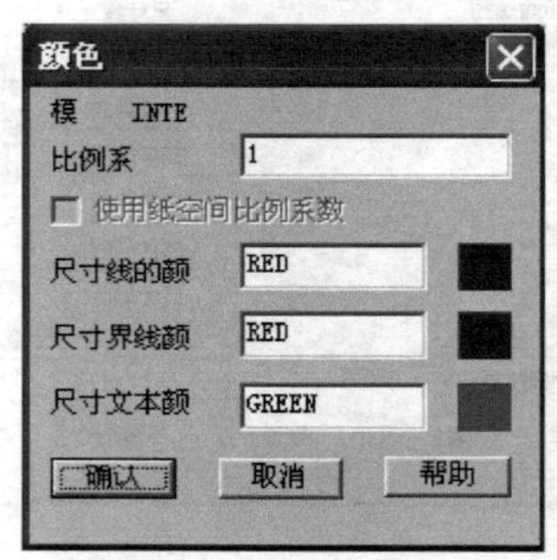

图 1-60 “颜色”对话框

2. 尺寸精度的设置

尺寸精度的设置可以通过以下方式实现：

（1）键盘输入 UNITS 命令　文本窗口出现如下提示：

数值表示法（用十进制为 15.5 的实例说明）

1）科学计数法：1.55E+01。

2）十进制：15.50。

3）英尺、英寸（小数）表示法：1′-3.50″。

4）英尺、英寸（分数）表示法：1-31/2″。

5）带分数：15 1/2。

在英尺、英寸表示法中，上述格式均可做测量单位。

请选择 1~5<缺省值>：

对于格式 1、2 或 3，提示是：

十进制小数位数（0~8）<缺省值>：

输入所要求的数字，或按 RETURN 键来使用缺省值。

对于格式 4（建筑），提示是：

显示的最小分式的分母（1、2、4、8、16、32 或 64）：<default>

应输入指示值之一，或者按 RETURN 来使用缺省值。

接着，系统提示输入角度格式和精度。

角度的度量制（用十进制度数为 45.0000 的实例说明）

① 十进制度数：45.0000。

② 度/分/秒：45d0′0″。

③ 梯度：50.0000g。

④ 弧度：0.7854r。

⑤ 测地单位：N45d0′00″E。

请选择（1~5）<缺省值>：

角度的小数位数（0~8）<0>：2

系统提示输入角度 0°的方向：

0°方向：

东 3 点钟 = 0°

北 12 点钟 = 90°

西 9 点钟 = 180°

南 6 点钟 = 270°

请输入 0°方向 <0d0′>：

角度 0 的缺省方向为东（右边）或 3 点钟方向。

按顺时针方向度量角吗？<Y>：输入 Y 或 N，或按 Enter 键。

（2）键盘输入 DDUNITS 命令　弹出来如图 1-61 所示的“单位控制”对话框，对对话框中的各个选项进行设置。

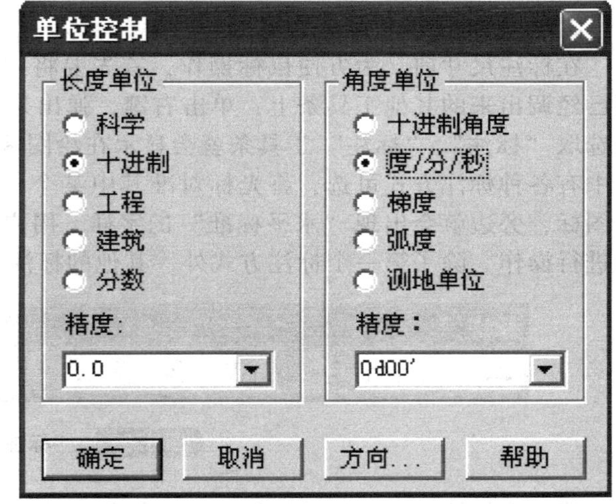

图 1-61　“单位控制”对话框

在“长度单位”下面：

显示并设置当前测量单位格式。“工

程”和“建筑”格式产生“英尺-英寸”显示并且认为每个绘图单位代表 1in（1in = 0.0254m）。其他格式可以描述任何现实世界单位。

精度：

设置并显示当前单位格式的精度。可通过在“精度”列表中选择不同的值来设置不同的精度。在“角度单位”下面显示并设置当前角度格式。精度：设置并显示当前角度格式的精度。可通过在“精度”列表中选择不同的值来设置不同的精度。MDS 对不同的角度测量使用以下约定：度显示为十进制数，梯度显示为数后跟一个小写 g 后缀，弧度显示为数后跟一个小写 r 后缀。度/分/秒/格式使用 d 指度,′指分,″指秒，例如：123d45′56.7″勘测单位使用方向角表示角度，它用 N 和 S 表示南和北，用度/分/秒表示角度离正南或正北偏东西向多少，而 E 和 W 分别表示东和西，例如：N 45d0′0″E 角度始终是小于 90°的，并且使用度/分/秒格式显示。如果角度是正南、正北、正西或正东，则只显示代表方向的字母。在对话框的最下面一行“确定 取消 方向 帮助”中单击“方向”：弹出来图 1-62 的“方向控制“对话框，0°方向：设置 0°方向。这些选项影响角度的输入和显示格式及极坐标、球坐标和柱坐标的输入。方向角（例如 TEXT 中的基线倾斜角）依赖于选中的零方向角。在 MDS 中，0°角方向是相对于用户坐标系 X 轴的方向。通过“顺时针”或“逆时针”选项来控制对象的旋转角度的正向，不同的选择影响角度的输入和显示格式。点选“逆时针”：设置逆角度方向为逆时针；点选“顺时针”：设置逆角度方向为顺时针；一般 MDS 绘图选择“逆时针”为正角度。

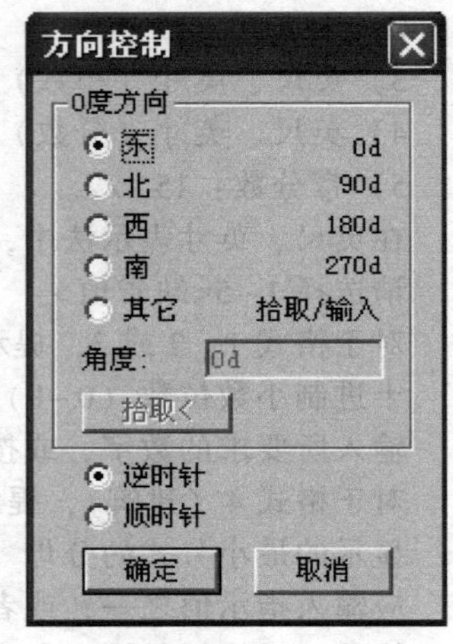

图 1-62 “方向控制”对话框

以上为尺寸标注模式和尺寸精度的介绍。

以吊钩为例，标注尺寸前，设置标注变量操作如下：选择“标注”菜单下的“标注模式 DDim”，系统弹出“尺寸弹出模式与尺寸变量”对话框，选择“文本位置”选项。在“垂直方向”的选择项中选择“上方”，在“沿线方向”的选择项中选择“文本沿尺寸沿线”，单击“确认”返回“尺寸弹出模式与尺寸变量”对话框，选择“文本格式”选项，系统进入“文本格式”对话框，将“比例系数”设定为“1”，“尾零”选项打开。

3. 智能标注尺寸命令介绍

在标注尺寸前，为方便鼠标操作，首先要将“标注”工具条调出来，操作如下：光标移到已经调出来的其他工具条上，单击右键，弹出来“工具条”对话框，在对话框的列表中单击选取“标注”，“标注”工具条就会显示在绘图区域框的上方。如图 1-63 所示，在这个工具条中有各种标注方式可选，将光标对准其中某个，就会在旁边出现文字说明，比如对准第三个图标，旁边就会出现“水平标准”的字样，用户可以按照需要单击左键选择，按照系统提示进行操作。除了第一个标注方式外，其他的标注方式都只能标注一个方向的尺寸。

图 1-63 “标注”工具条

第一个标注方式叫智能标注尺寸，智能标注尺寸是应用最广泛的标注方式，有以下特点：

1）可以标注直线、斜线、圆、圆弧、角度等实体的尺寸。

2）在标注尺寸的同时可以对部分尺寸要素进行下列编辑：

① 可以将尺寸文本的位置调整到中间位置。

② 可以调整尺寸文本的位置，使尺寸文本在尺寸线上来回移动，到适当的位置再定位。

③ 当文本移动到尺寸界线之外时，尺寸线亦随之延长。

④ 可以控制尺寸线的方向为“沿线”“水平”或者“垂直”。

下面以图 1-64 所示吊钩的尺寸为例，说明尺寸标注的应用。

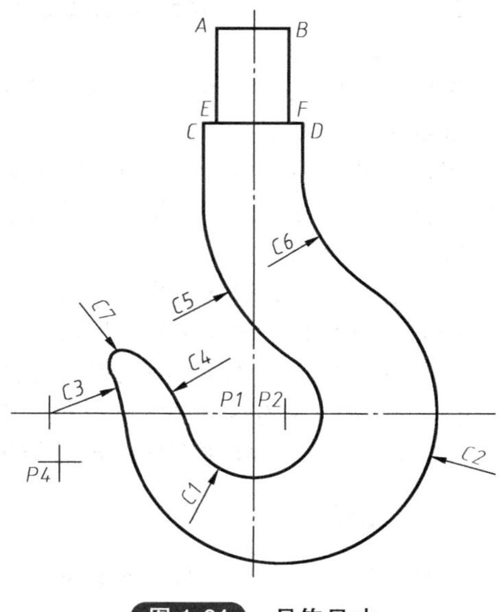

图 1-64　吊钩尺寸

（1）标注 CD 所在已知圆柱的尺寸　包括圆柱端面 *CD* 所在的定位尺寸 60mm 和圆柱的定形尺寸 ϕ20mm：

1）标注定位尺寸，系统提示及输入清单如下：

命令：NDIM ↙

选取第一个点或实体（移动光标至 *CD* 中点，单击左键选取 *CD* 的中点）

选取第二个点或实体（移动光标至圆心 *P*1，单击左键选取 *P*1 点）

定位尺寸线[沿线(A)/水平(H)/垂直(V)/文本居中(C)/文本移动(M)/比例(S)/公差(O)]：C

（文本位置在尺寸线的中间。若想随意拖动文本位置输入“M”）

定位尺寸线[沿线(A)/水平(H)/垂直(V)/文本居中(C)/文本移动(M)/比例(S)/公差(O)]：(向左移动鼠标拖动尺寸线至合适的位置，单击左键确定)

尺寸文本 <60>：(默认是 60，单击右键确认为 60。需要时，也可以在此输入实际尺寸)。

2)标注定形尺寸，系统提示及输入清单如下：

命令：↙

选取第一个点或实体(移动光标至直线 *CD* 上，单击左键选取直线 *CD*。此处注意要避免将光标停留在特征点附近)

选取第二个点或实体↙

定位尺寸线[沿线(A)/水平(H)/垂直(V)/文本居中(C)/文本移动(M)/比例(S)/公差(O)]：C ↙

定位尺寸线[沿线(A)/水平(H)/垂直(V)/文本居中(C)/文本移动(M)/比例(S)/公差(O)]：(向上移动鼠标拖动尺寸线至合适的位置，单击左键确定)

尺寸文本 <20>：%%c20 ↙（MDS 中输入“%%c”，显示直径符号“ϕ”）

（2）标注 AB 所在已知圆柱的尺寸　包括圆柱的定位尺寸 20mm 和圆柱的定形尺寸 ϕ15mm，操作过程参考（1）。

（3）标注已知圆弧 *C*2 的定形、定位尺寸

1）标注定位尺寸，系统提示及输入清单如下：

命令：↙

选取第一个点或实体（移动光标至 *P*1 点上，单击左键选取 *P*1 点）

选取第二个点或实体（移动光标至 *P*2 点上，单击左键选取 *P*2 点）

定位尺寸线[沿线(A)/水平(H)/垂直(V)/文本居中(C)/文本移动(M)/比例(S)/公差(O)]：C ↙

定位尺寸线[沿线(A)/水平(H)/垂直(V)/文本居中(C)/文本移动(M)/比例(S)/公差(O)]:(向上移动鼠标拖动尺寸线至合适的位置,单击左键确定)

尺寸文本 <6>: ↙

2）标注定形尺寸，系统提示及输入清单如下：

命令：↙

选取第一个点或实体（移动光标至圆弧 *C*2 上，单击左键选取圆弧 *C*2。）

选取第二个点或实体↙

定位尺寸线[沿线(A)/水平(H)/垂直(V)/文本居中(C)/文本移动(M)/比例(S)/公差(O)]:(拖动尺寸线至合适的位置,单击左键确定)

尺寸文本 <32>: ↙

(4) 标注已知圆弧 *C*1 的定形尺寸　操作过程参考 (3)。

(5) 标注中间圆弧 *C*3 的定形尺寸　操作过程参考 (3)。

(6) 标注中间圆弧 *C*4 的定形、定位尺寸　操作过程参考 (3)。

(7) 分别标注连接圆弧 *C*5、*C*6、*C*7 的定形尺寸　操作过程参考 (3)。

至此吊钩的尺寸标注完毕，最后结果如图 1-49 所示。

三、线宽设置

根据不同图层要求进行线宽设置。一般只需设置 01 层的线宽，其他层均用默认线宽。

任务小结

1）使用 MDS 的 LINE（画直线）命令、CIRCLE（画圆）命令、BREAK（打断）命令、COPY（复制）命令、FILLET（倒圆角）命令、DELETE（删除）命令可完成直线与直线连接、直线与圆弧连接、圆弧与圆弧连接的绘制。

2）在进行尺寸标注前，要先进行尺寸标注模式、尺寸标注变量及尺寸精度的选择或设置。

3）在 MDS 中，尺寸标注模式与尺寸标注变量的选择和设置通过调出对应的对话框进行操作。

4）尺寸精度的设置通过键盘输入 DDUNITS 命令，在弹出来的“单位控制”对话框中进行设置。

任务六　SolidWorks 绘制手柄草图

任务引入

绘制图 1-65 所示手柄草图。

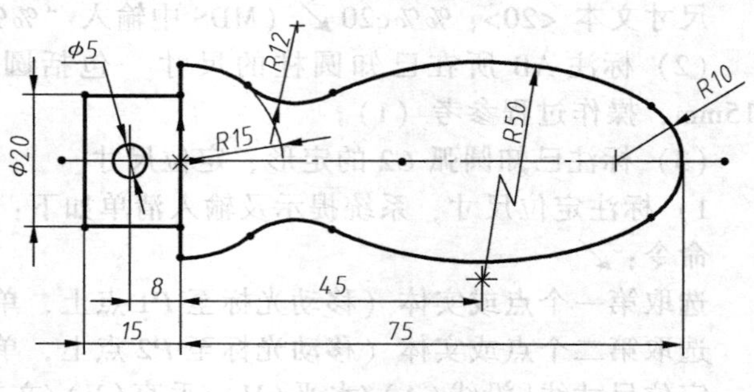

图 1-65　手柄草图

任务分析

1）SolidWorks 平面草图绘制的思路是什么？

2）草图位置与参考基准的关系是

什么？

3）尺寸约束与几何约束是什么？

相关知识

一、SolidWorks 基础知识

SolidWorks 是由美国 SolidWorks 公司推出的功能强大的三维机械设计软件系统。SolidWorks 2012 主要功能模块包含零件模块、装配模块、工程图模块等。其中零件模块能够进行实体建模、曲面建模、模具设计、钣金设计和焊件设计等工作；装配模块能够将多个零部件组合起来生成装配体，并且能够在装配模块中设计和修改零部件；工程图模块可以从零件或装配体的三维模型自动生成工程图，包括各个视图及尺寸的标注等。

1. SolidWorks 的操作界面

（1）启动软件　依次选择“开始”→“所有程序”→“SolidWorks 2012”→“SolidWorks 2012 x64 Edition”。

（2）新建文件　单击“新建”图标，在弹出的“新建 SolidWorks 文件”对话框，单击“零件”“装配体”或“工程图”按钮，再单击“确定”，可以新建一个 SolidWorks 的“零件”“装配体”或“工程图”文件。单击“高级”按钮进入可选择模板的高级用户界面。

（3）SolidWorks 的零件工作界面　选择“零件”模块后，进入如图 1-66 所示工作界面。

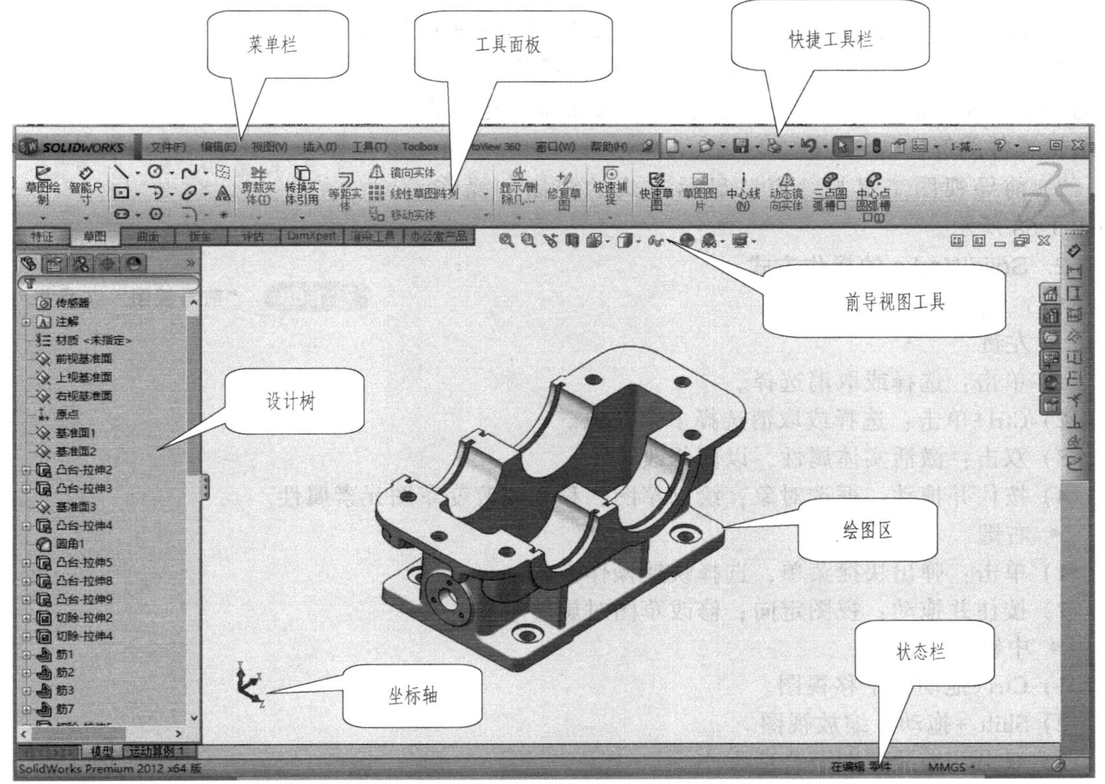

图 1-66　SolidWorks 零件工作界面

1）菜单栏：通过鼠标左键单击访问，包含 SolidWorks 所有命令。

2）快捷工具栏：包含最基本的操作命令。

3）工具面板：包括“草图”“特征”“曲面”“钣金”等不同子面板。不同子面板对应的特征选项不同，如图 1-67 所示为特征子面板对应的特征选项。

图 1-67 特征工具面板

4）设计树：SolidWorks 中一个独特的部分，它可视地显示零件或装配体中的所有特征。一个特征创建好以后，就加入到特征管理设计树中，因此特征管理设计树代表了建模的时间序列。通过特征管理设计树，可以进行如下操作。

- 选择对象
- 更改特征生成顺序
- 查看父子关系
- 压缩与解除压缩特征或装配体中的零件
- 提供编辑项目的快捷方式

5）绘图区：进行零件设计、装配和出工程图的主要操作窗口。

6）状态栏：当前命令的功能介绍及正在操作对象所处的状态，如当前光标处的坐标值、正在编辑草图还是正在编辑零件图等。

7）前导视图工具栏：窗口显示方式的控制和操作，如图 1-68 所示。

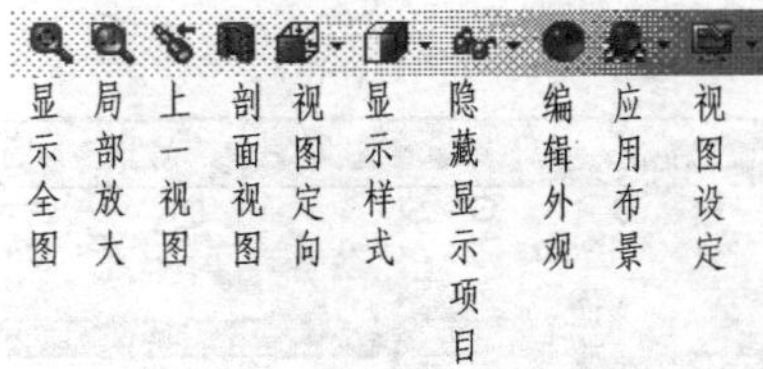

图 1-68 “前导视图”工具栏

2. SolidWorks 的操作方式

（1）鼠标的操作方式

- 左键

1）单击：选择或取消选择。

2）Ctrl+单击：选择或取消选择多个对象。

3）双击：激活实体属性，以便修改。

4）按住并拖动：框选对象；绘制草图；移动或改变草图元素属性。

- 右键

1）单击：弹出快捷菜单，选择快捷操作方式。

2）按住并拖动：视图定向；修改草图时旋转草图。

- 中键

1）Ctrl+拖动：平移视图。

2）Shift +拖动：缩放视图。

3）双击：缩放视图至合适大小。

4）滚动：放大或缩小模型。

5）中键置于模型上，按下滚轮并拖动：翻转模型。

（2）常用快捷键

表 1-8　SolidWorks 常用快捷键

功能	快捷键	功能	快捷键
屏幕缩小	Z	视图定向	空格键
屏幕放大	Shift+Z	重新计算模型	Ctrl+B
屏幕重绘	Ctrl+R	复原	Ctrl+Z
平移	Ctrl+方向键	剪切	Ctrl+X
旋转	水平/竖直方向键	复制	Ctrl+C
自转	Alt+左或右方向键	粘贴	Ctrl+V
放弃操作	Esc	删除	Del
前视	Ctrl+1	右视	Ctrl+4
上视	Ctrl+5	整屏显示全图	F

二、草图基础

三维实体模型在某个截面上的二维轮廓称为草图。一个完整的草图包括几何形状、几何关系和尺寸标注等信息，草图绘制是 SolidWorks 进行三维建模的基础。

1. 草图的进入与退出

1）草图的进入。

2）图 1-69 所示为草图工具面板。选择“草图绘制”工具，即可进入草图绘制界面。

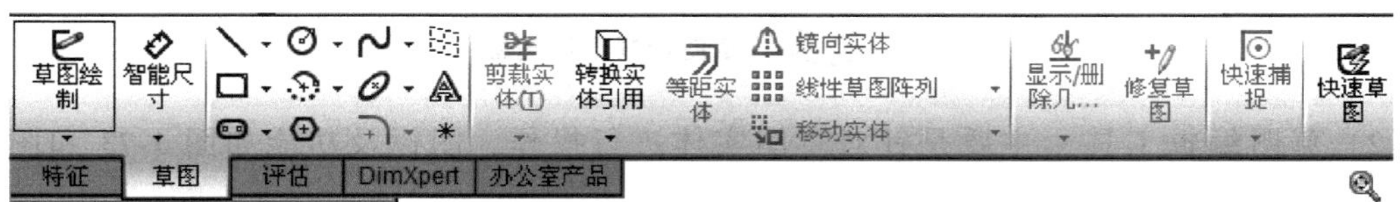

图 1-69　草图工具面板

3）进入草图以后，可用下述方法之一退出草图：

- 单击绘图区右上角的图标
- 按下 Esc 键
- 单击鼠标右键，从快捷菜单中选择“退出草图”命令

2. 坐标系及基准面

（1）坐标系　进入 SolidWorks 零件模块以后，在绘图区域的中间会出现坐标原点，其三个箭头分别对应于空间的 X、Y、Z 坐标方向。在该窗口左边的设计树中则显示出前视、上视、右视三个基准面以及原点等项内容。

（2）基准面　绘制草图之前，必须先指定绘图基准面，绘图基准面有三种形式：

1）指定任一默认基准面作为草图绘图平面。系统默认的三个基准面如图 1-70 所示：上视

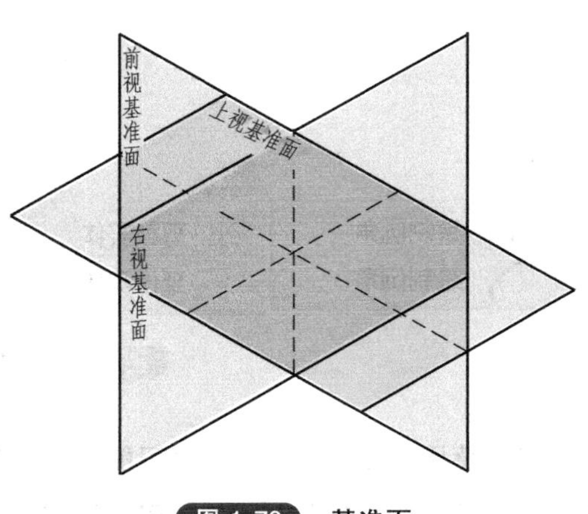

图 1-70　基准面

基准面、前视基准面、右视基准面，可以作为草图绘制的基准面。上视基准面用于确定上、下的方位；前视基准面用于确定前、后的方位；右视基准面用于确定左、右的方位。

在设计树中用左键或右键单击选择基准面，在弹出的面板中选择图标，可以设置基准面的显示和隐藏。

2）指定已有模型上的任一平面作为草图绘制平面。

3）创建一个新的基准面。

3. 草图工具

草图工具栏的主要命令如下：

（1）草图绘制工具　包括直线、圆、圆弧、样条曲线等，图标及功能如图 1-71 和图 1-72 所示。

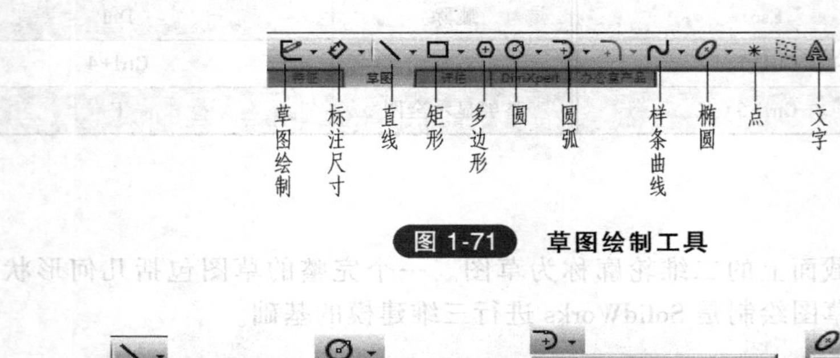

图 1-71　草图绘制工具

直线
中心线
圆
周边圆
圆心/起/终点画弧
切线弧
3 点圆弧
椭圆
部分椭圆
抛物线

图 1-72　草图绘制下拉图标

（2）草图编辑工具　主要是针对草图实体进行操作，图标及功能如图 1-73 和图 1-74 所示。

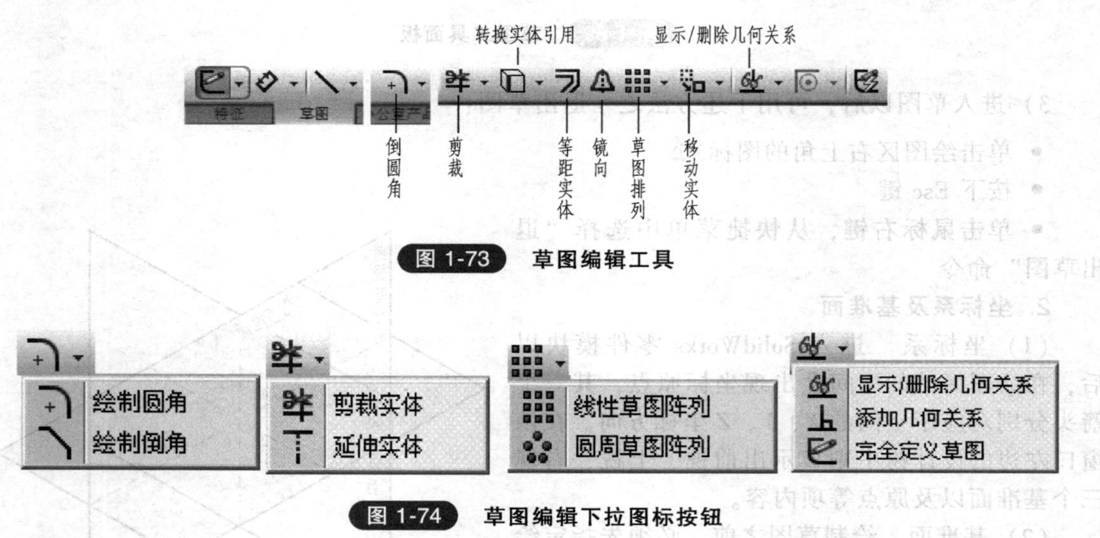

图 1-73　草图编辑工具

图 1-74　草图编辑下拉图标按钮

（3）草图关系工具　“智能尺寸”工具用于标注各种控制尺寸，为一个或多个实体生成尺寸；“几何关系”工具用于控制带关系的实体的大小、位置或相对的几何关系。

1）尺寸标注：草图的尺寸标注常用“智能尺寸”工具，选择一个或多个实体创建如图1-75所示线性尺寸、直径、半径、角度等。双击尺寸，可以进行尺寸修改，如图1-76所示。

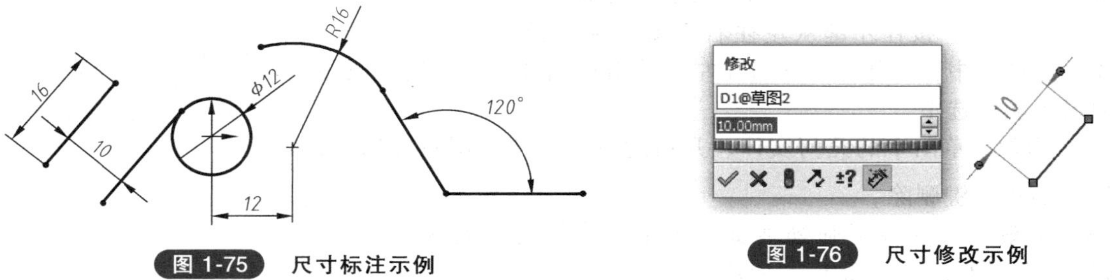

图1-75　尺寸标注示例

图1-76　尺寸修改示例

2）几何关系：“几何关系”用于一个或多个草图实体几何元素的几何关系的控制，几何关系的类型见表1-9。

表1-9　几何约束关系

几何关系	要选择的实体	所产生的几何关系
水平(H) 或 竖直(V)	一条或多条直线、两个或多个点	直线会变成水平或竖直直线（由当前草图的空间定义），而点会水平或竖直对齐
固定(F)	任何实体	实体的大小和位置被固定
相切(A)	一圆弧、椭圆或样条曲线以及一直线或圆弧	两个项目保持相切
共线(L)	两条或多条直线	项目位于同一条无限长的直线上
垂直(U)	两条直线	两条直线相互垂直
平行(E)	两条或多条直线 3D草图中一条直线和一基准面（或平面）	项目相互平行直线平行于所选基准面
全等(R)	两个或多个圆弧	项目会共用相同的圆心和半径
合并(G)	两个草图点或端点	两个点合并成一个点
对称(S)	一条中心线和两个点、直线、圆弧或椭圆	项目保持与中心线相等距离，并位于一条与中心线垂直的直线上
交叉	两条直线和一个点	点保持于直线的交叉点处
重合(D)	一个点和一直线、圆弧或椭圆	点位于直线、圆弧或椭圆上
同心(N)	两个或多个圆弧，一个点和一个圆弧	圆弧共用同一圆心
中点(M)	两条直线或一个点和一直线	点保持位于线段的中点
相等(Q)	两条或多条直线，两个或多个圆弧	直线长度或圆弧半径保持相等
穿透(P)	一个草图点和一个基准轴、边线、直线或样条曲线	草图点与基准轴、边线或曲线在草图基准面上穿透的位置重合，穿透几何关系用于使用引导线扫描中
相等曲率	两条样条曲线	曲率半径和向量（方向）在两条样条曲线之间相符

4. **草图编辑**

(1) 选取实体

- 单一选取：左键单击对象。
- 多重选取：按住 Ctrl 键，左键单击多个对象。
- 框选实体：按住左键从左往右拖动出现选择框，完全被框住的对象才能被选中；按住左键从右往左拖动出现选择框，与选择框相交的对象也能被选中。

(2) 删除　草图中的几何实体、几何约束、尺寸等用左键选中，然后用 Delete 键删除。

(3) 剪裁　命令包括强劲剪裁、边角、剪裁到最近端等方式。"剪裁"命令控制面板如图 1-77 所示。

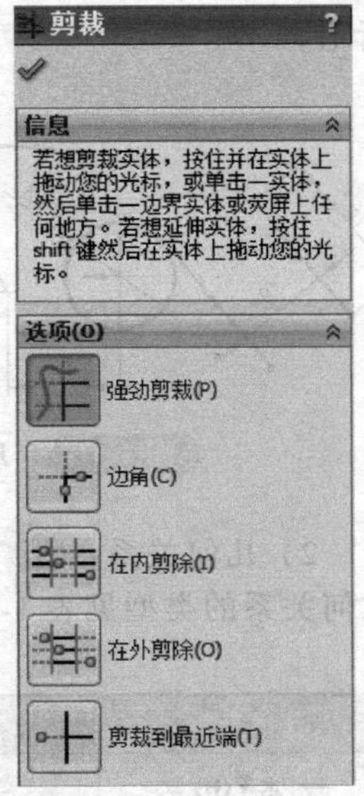

图 1-77　剪裁

1) 强劲剪裁：按下鼠标左键并移动光标，使其通过删除的线段，只要是该轨迹通过的线段，都可被删除，如图 1-78b 所示。

2) 边角：用于保留选择的几何实体，剪裁结合体虚拟交点以外的其他部分，如图 1-78c 所示。如果所选的两个实体之间不可能有几何上的自然交叉，则剪裁操作无效。

3) 剪裁到最近端：用于将所选的实体剪裁到最近的交点，如图 1-78d 所示。单击左键选取实体端点，移动鼠标可延伸实体。

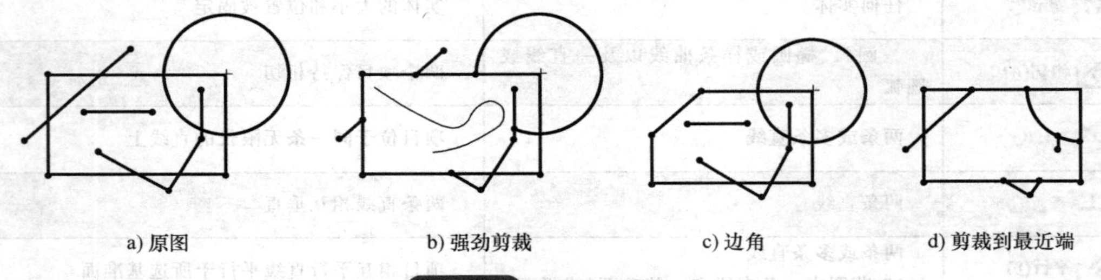

图 1-78　常用剪裁方法

5. **镜向**[⊖]

镜向实体 命令用来镜向预先存在的草图实体。

SolidWorks 会在每一对相应的草图点（直线的端点、圆弧的圆心等）之间应用一对称关系。如果更改被镜向的实体，则其镜向图像也会随之更改如图 1-79 所示。镜像点指的是镜向的对称中心线。

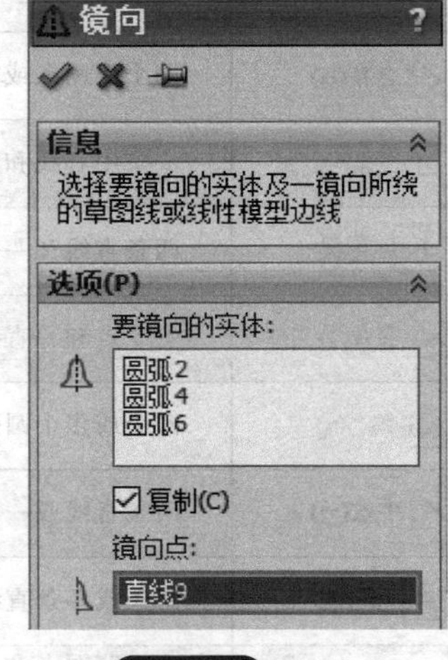

图 1-79　镜向

三、草图绘制思路

1) 分析草图结构，明确线段约束，确定作图顺序。

2) 确定好草图与原点的关系。

3) 先绘制草图元素，然后设置几何关系，最后标注尺寸。

⊖ 应为"镜像"，此处为与软件统一，故使用"镜向"。

任务实施

步骤 1：创建新零件。

单击“新建”图标，在弹出的“新建 SolidWorks 文件”对话框中可以选择“零件”→“确定”。

步骤 2：设置基准面为显示。

选择“前视基准面”“上视基准面”和“右视基准面”然后单击右键，在弹出的面板中选择图标，可以设置基准面的显示和隐藏，如图 1-80 所示。

图 1-80　基准面设置

步骤 3：进入草图绘制环境。

选择“前视基准面”绘制草图。单击“前视基准面”，在弹出的面板中选择按钮，系统进入草图绘制环境，如图 1-81 所示。

注意：按以上方法进入草图绘制环境后，所选择的绘图基准面会自动转到和屏幕平行，以便进行二维草图绘制。如果绘图基准面没有和屏幕平行，可以选择视图定向工具面板的“正向于”命令使之和屏幕平行。

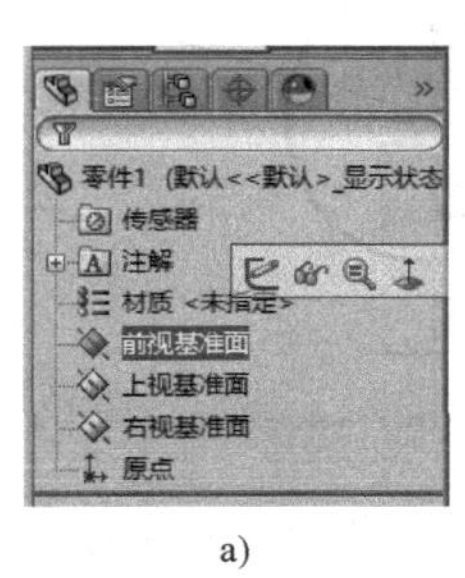

a)

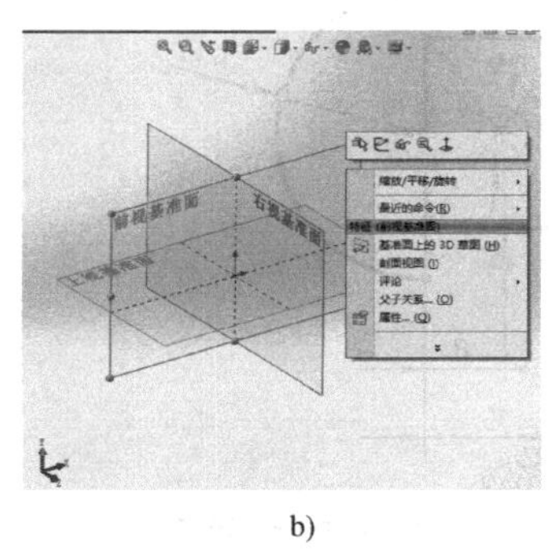
b)

图 1-81　草图进入方法

步骤 4：绘制草图。

（1）绘制左侧矩形　选择 中心矩形 命令，在绘图区绘制图 1-82 所示的矩形，并标注尺寸。注意：ϕ20mm 的直径符号需要在尺寸属性面板中添加，如图 1-83 所示。

（2）绘制 ϕ5mm 圆　选择 圆(C) 命令，在绘图区绘制图 1-84 所示的圆，并标注尺寸。注意：ϕ5mm 的尺寸属性面板如图 1-85 所示。

（3）绘制右侧 R15mm 圆弧　使用 圆心/起/终点画弧(A) 命令，绘制图 1-86 所示圆弧，圆心与原点重合。

（4）绘制右侧 R10mm 圆弧　使用 圆心/起/终点画弧(A) 命令，绘制图 1-87 所示圆弧，圆心与上视基准面重合。

注意：75mm 的定位尺寸选择圆弧和矩形右侧直线进行标注，并在尺寸属性面板中按图 1-88所示进行设定。

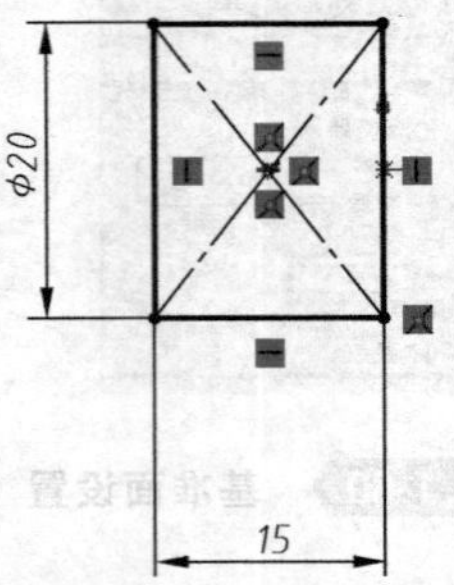

图 1-82 绘制矩形

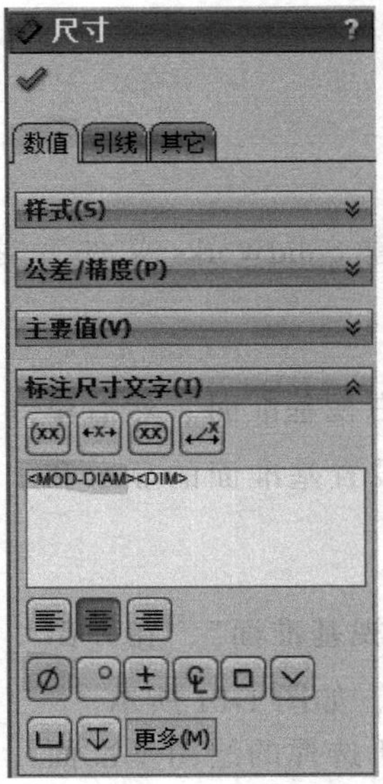

图 1-83 尺寸属性面板

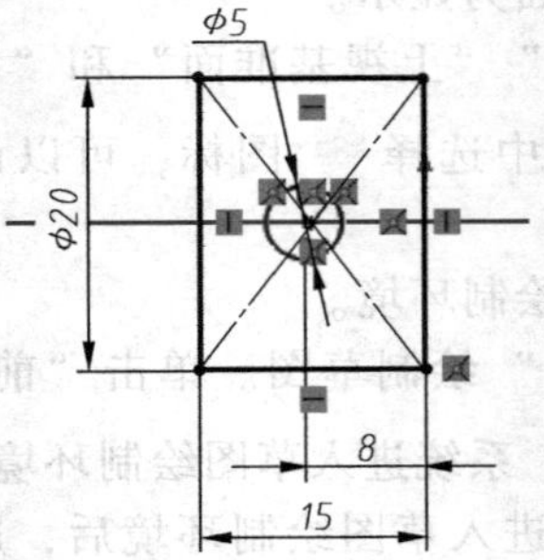

图 1-84 绘制 ϕ5mm 圆

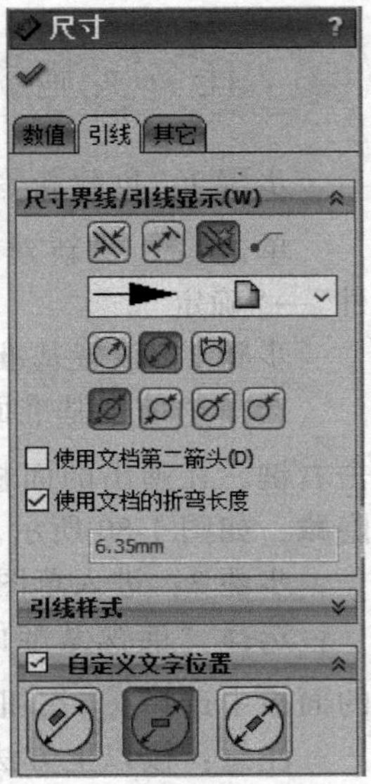

图 1-85 尺寸属性面板

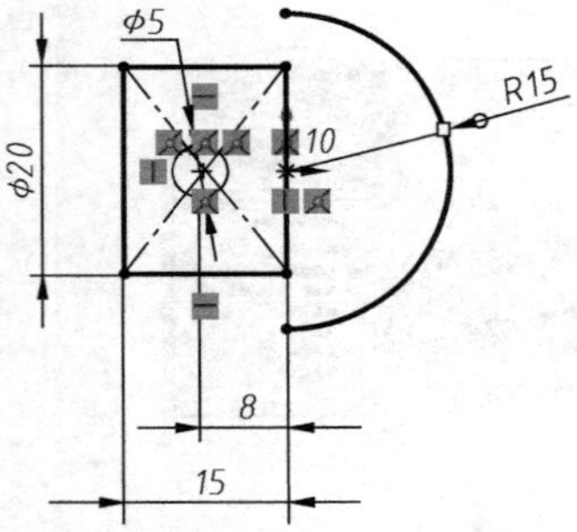

图 1-86 绘制 R15mm 圆弧

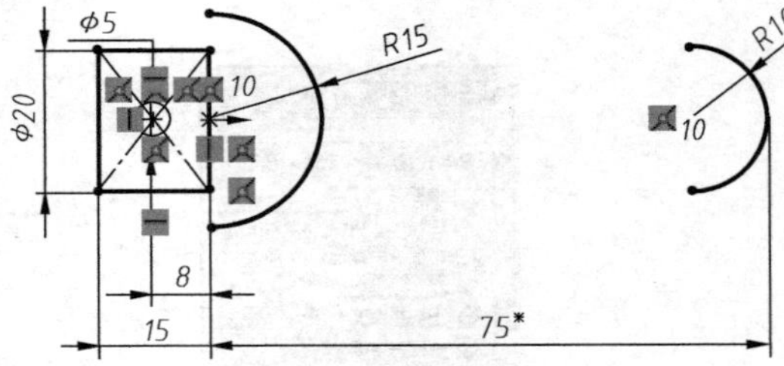

图 1-87 绘制 R10mm 圆弧

（5）绘制 R50mm 圆弧　使用 圆心/起/终点画弧(A) 命令，绘制图 1-89 所示圆弧并标注尺寸。

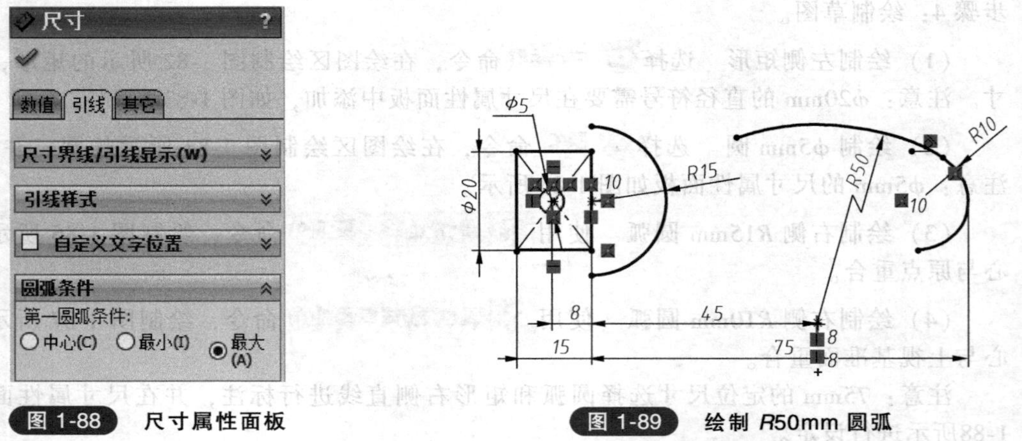

图 1-88 尺寸属性面板　　图 1-89 绘制 R50mm 圆弧

（6）绘制 R12mm 圆弧　使用圆角(F)命令，绘制图 1-90 所示圆弧。

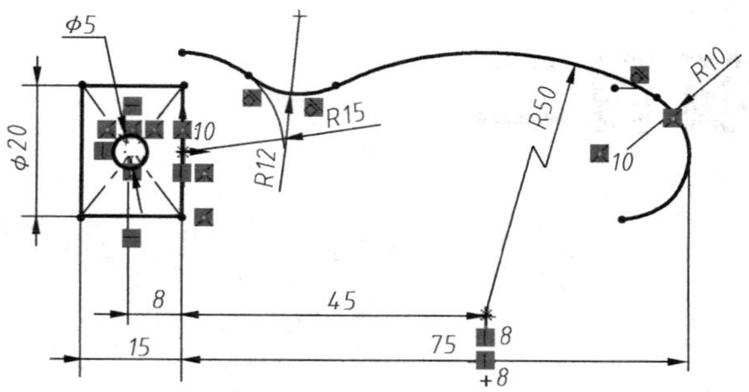

（7）绘制对称结构

1）绘制一条中心线：使用中心线命令，按图 1-91 所示绘制水平中心线。

2）镜向实体：使用镜向实体命令完成图 1-91 所示上下对称结构的绘制。

（8）编辑草图

1）使用剪裁工具，选择“剪裁到最近端”方式，完成右侧 R10mm 圆弧的剪裁。

图 1-90　绘制 R12mm 圆弧

2）使用延伸工具，完成左侧直线与 R15mm 圆弧的连接。

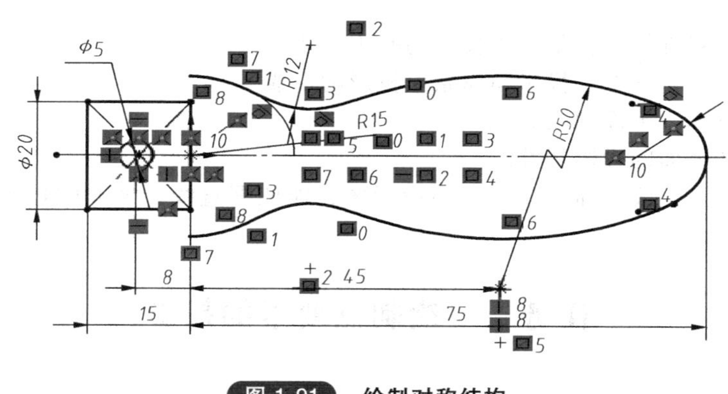

图 1-91　绘制对称结构

注意：草图的状态。

- 欠定义——几何元素为蓝色：草图元素定义不充分。
- 完整定义——几何元素为黑色：草图元素具有完整的信息。
- 过定义——几何元素为红色：草图元素有重复的尺寸或相互冲突的几何关系。

步骤 5：保存文件。

选择保存命令，在弹出的对话框选择文件的保存路径，在“文件名”文本框中输入“手柄—草图”，单击“保存”按钮，完成文件的保存操作。

任务小结

1）根据草图的特点，合理的设置绘图的顺序，有助于提高绘图效率。一般先绘制已知线段，然后再绘制中间线段，最后绘制连接线段。

2）根据草图结构的特点，分析主次、对称、圆弧等关系，合理设置草图位置与参照基准之间的关系。

3）草图绘制通常先画几何实体，然后设置几何关系，最后标注尺寸，如 R50mm 圆弧的绘制过程。

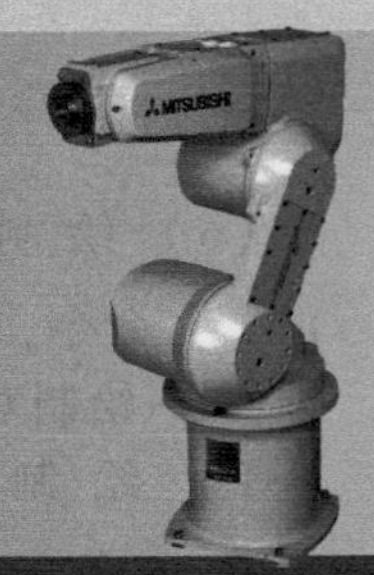

项目二

绘制成图要素

任何物体的表面都是由点、线、面基本要素构成的，学习点、线、面要素的投影形成过程和掌握其投影规律，可为学好后面的知识打下初步的绘图基础。

教学目标

1. 了解投影的基础知识，掌握正投影的基本性质。
2. 掌握空间几何要素在三投影面体系中投影的形成。
3. 掌握点、直线、平面的投影规律。
4. 掌握直线和平面的投影特性。
5. 能熟练绘制点、线、面要素的三面投影图，能依据直线、平面的投影特性指导绘图和验证图形的正确性。

任务一　绘制点要素的投影

任务引入

如图 2-1 所示，已知空间点 S（15，7，12），求作它的三面投影图。

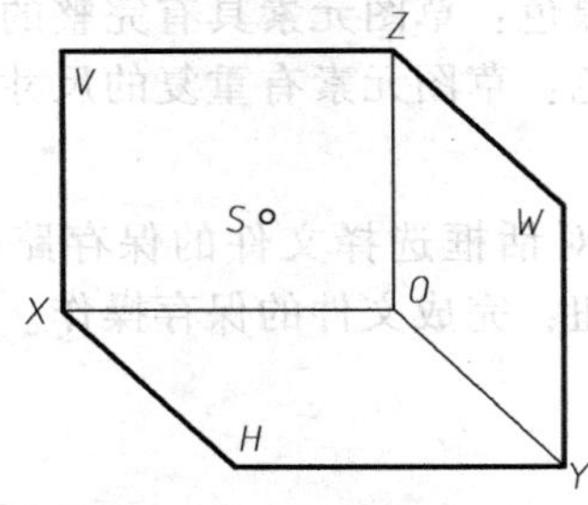

图 2-1　根据 S 点坐标作投影图

任务分析

1）三投影面体系的组成是什么？
2）如何绘制点的三面投影？

3）归纳点的投影规律。

一、正投影的基本特性

投射线相互平行，且垂直于投影面，称为正投影法，如图 2-2 所示。因正投影法简单，便于绘图，所以在“工程制图”中的图样均采用正投影法获取。

1. 真实性

当线段和平面图形平行于投影面时，其投影反映实长或实形，如图 2-3a 所示。

2. 积聚性

当线段或平面图形垂直于投影面时，其投影积聚成点或直线，如图 2-3b 所示。

3. 类似性

当直线或平面图形倾斜于投影面时，直线的投影变短，平面的投影是原图形的类似形，如图 2-3c 所示。

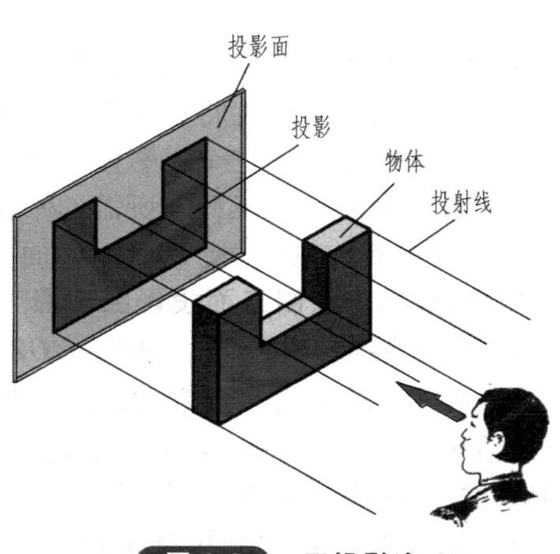

图 2-2 正投影法

a) 真实性

b) 积聚性

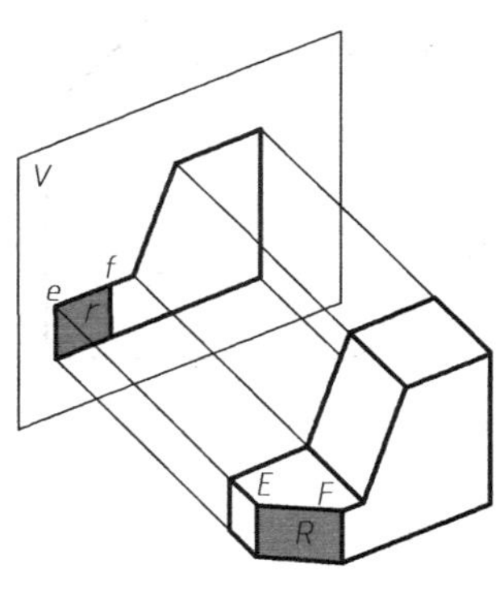

c) 类似性

图 2-3 正投影法基本特性

二、三投影面体系的建立

要绘制点的投影，必须事先建立三投影面体系。三投影面体系由三个互相垂直的投影面组成，如图 2-4 所示。

三个投影面分别为：正立投影面，简称正面，用 *V* 表示；水平投影面，简称水平面，用 *H* 表示；侧立投影面，简称侧面，用 *W* 表示。

相互垂直的投影面之间的交线称为投影轴，它们分别是：*OX* 轴（简称 *X* 轴），是 *V* 面与 *H* 面的交线，它代表长度方向；*OY* 轴（简称 *Y* 轴），是 *H* 面与 *W* 面的交线，它

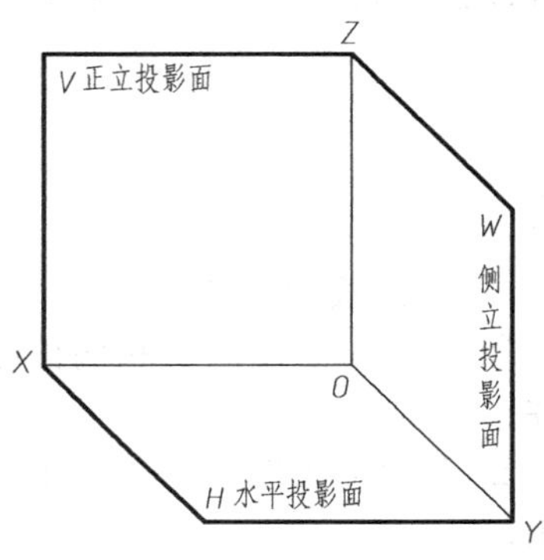

图 2-4 三投影面体系

代表宽度方向；*OZ* 轴（简称 *Z* 轴），是 *V* 面与 *W* 面的交线，它代表高度方向。

三根投影轴相互垂直，其交点 *O* 称为原点。

任务实施

已知空间点 *S*（15，7，12），用投影法和坐标法绘制它的三面投影图，步骤如图 2-5 所示。

1. 投影法绘制三面投影图步骤

1）按空间点 *S* 数据将点 *S* 置于三投影面体系中不动，如图 2-5a 所示。

2）分别将点 *S* 向三个投影面作垂线，垂足 *s*、*s′*、*s″*即为点 *A* 的三面投影。

3）将立体图转成工程上所需的平面图。令 *V* 面不动，*H* 面绕 *OX* 轴向下旋转 90°，*W* 面绕 *OZ* 轴向右旋转 90°，使 *H* 面、*W* 面与 *V* 面共面，得点的三面投影，如图 2-5b、c 所示。

2. 用坐标法绘制三面投影图步骤

1）作投影轴 *OX*、OY_H、OY_W、*OZ*。

2）在 *OX* 轴上向左量取 15mm 作垂线。沿垂线向上取 12mm 得空间点的正面投影 *s′*（15，12）。沿垂线向下取 7mm 得空间点的水平投影 *s*（15，7）；过 *s′*作一条超过 *OZ* 轴的垂线，超过部分取 7mm 得空间点的侧面投影 *s″*（7，12），如图 2-5c 所示。

3）也可根据 *s*、*s′*利用宽相等的联系折线求出第三投影 *s″*。

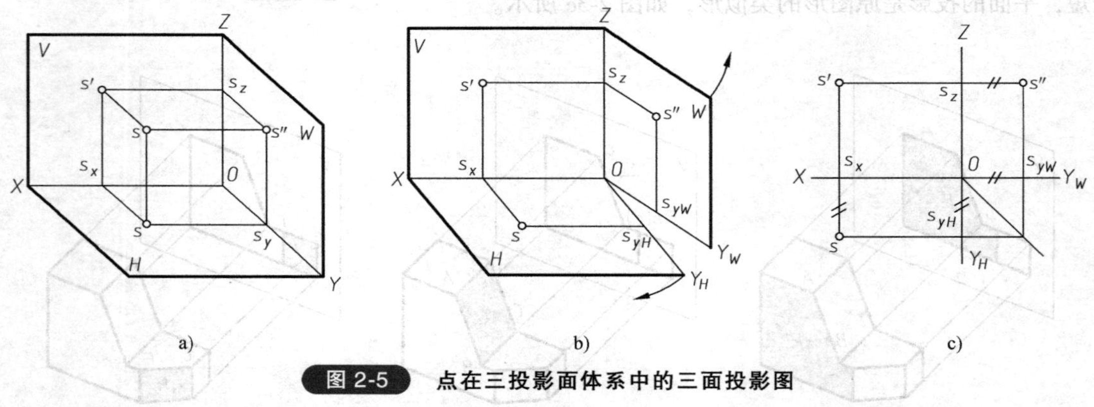

图 2-5 点在三投影面体系中的三面投影图

4）空间点及投影标记：空间点用大写字母表示，例如 *A*、*B*、*C* 等；点的水平投影（*H* 面投影）用相应的小写字母标记，如 *a*、*b*、*c* 等；点的正面投影（*V* 面投影）用相应的小写字母标记，如 *a′*、*b′*、*c′*等；点的侧面投影（*W* 面投影）用相应的小写字母标记，如 *a″*、*b″*、*c″*等。

任务小结

1）点的投影规律

① 点的正面投影 *s′*和侧面投影 *s″*的连线垂直于 *OZ* 轴，均反映空间点的 *Z* 坐标，即高平齐。

② 点的正面投影 *s′*和水平投影 *s* 的连线垂直于 *OX* 轴，均反映空间点的 *X* 坐标，即长对正。

③ 点的水平投影 *s* 和侧面投影 *s″*均反映空间点的 *Y* 坐标，即宽相等。图 2-5c 所示的一条

45°斜线，是水平投影 s 和侧面投影 s''宽相等的联系折线。

2）点的任意两个投影均反映空间点的三个坐标。所以，已知点的两个投影，依据点的投影规律，能迅速绘制点的第三个投影。

知识拓展一　绘制特殊位置点的三面投影图

绘制图 2-6a 所示特殊位置点的三面投影图。

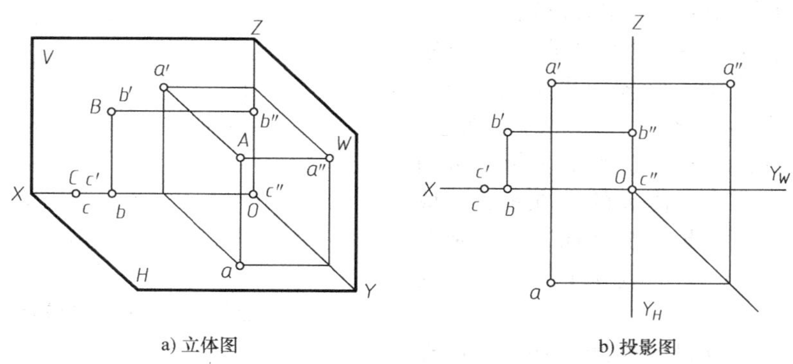

a) 立体图　　b) 投影图

图 2-6　特殊位置点的三面投影图

特殊位置点是指空间点位于任一投影面上或任一投影轴上的点。

1. 绘制投影面上的点

空间点 B 位于 V 面上（Y 坐标为 0），正面投影 b'与空间点 B 重合，另外两个投影 b 和 b''位于相应投影轴上，如图 2-6b 所示。

2. 绘制投影轴上的点

空间点 C 位于 X 轴上（Y、Z 坐标为 0），水平投影 c 和正面投影 c'都与空间点 C 重合，另外一个投影 c''与原点重合，如图 2-6b 所示。

知识拓展二　绘制重影点的投影

如果空间两点某两个坐标值相等，它们在某一投影面上的投影会重合在一起，该两点称为对该投影面的重影点。按要求绘制图 2-7 所示重影点的投影。

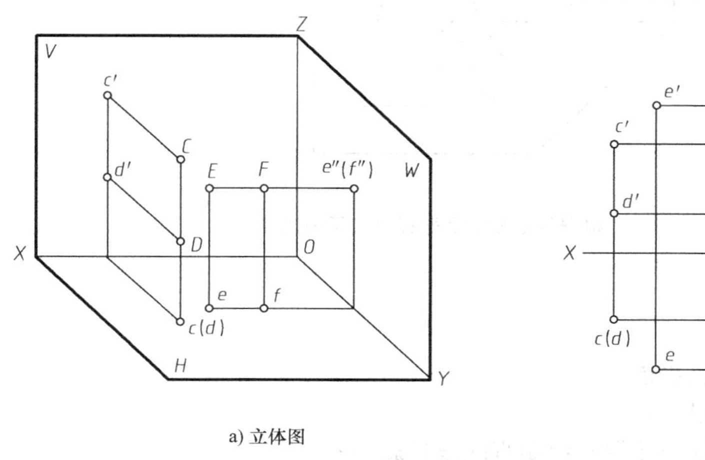

a) 立体图　　b) 投影图

图 2-7　重影点的投影

绘制重影点的投影图，重点是判别重影点的可见性时，可根据“前遮后，左遮右，上遮下”的原则进行，并规定不可见的投影加括号表示。如图 2-7b 所示，*C* 点和 *D* 点在水平投影面上的投影发生重合，应绘制成 *c*（*d*）；*E* 点和 *F* 点在侧面投影面上的投影发生重合，应绘制成 *e*″（*f*″）。

知识拓展三　判断两点的相对位置

判断图 2-8 所示的两点相对位置。

两点相对位置是指空间两点上下、左右、前后的位置关系。比较两点的 *X* 坐标，可判断两点的左右关系，*X* 值大的点在左，*X* 值小的点在右；比较两点的 *Y* 坐标，可判断两点的前后关系，*Y* 值大的点在前，*Y* 值小的点在后；比较两点的 *Z* 坐标，可判别两点的上下关系，*Z* 值大的点在上，*Z* 值小的点在下。

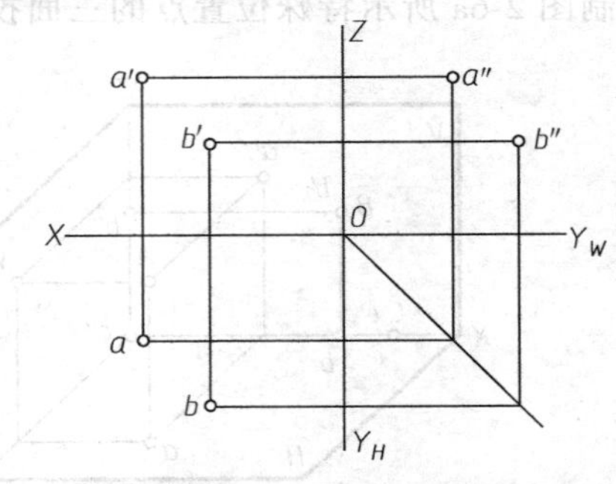

图 2-8　两点相对位置的投影

依据两点相对位置的判断方法，*A* 点在 *B* 点的左、后、上方。

任务二　绘制直线要素的投影

根据图 2-9 所示直线段的立体图，绘制直线段的三面投影图，并判断直线段的名称。

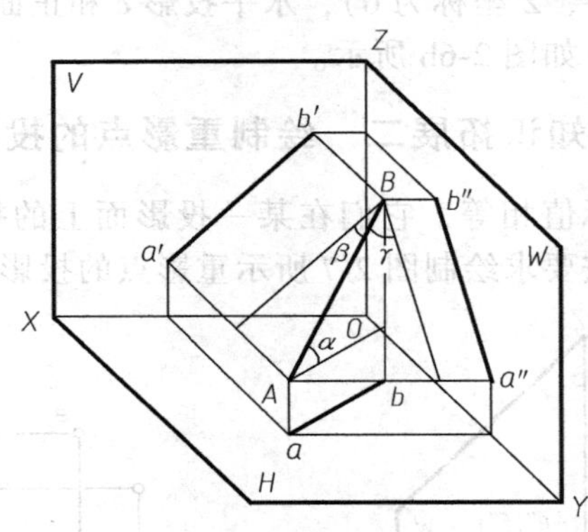

图 2-9　根据直线段 *AB* 坐标画三面投影图

任务分析

1）如何绘制直线的三面投影面？

2）如何判断空间直线的投影特性？

3）应用直线的投影特性如何读取和绘制直线段投影图？

4）如何在视图上判断直线的名称？

任务实施

绘制直线段的三面投影图步骤：

1）绘制投影轴。

2）绘制空间直线段两端点 *A*、*B* 的三面投影，如图 2-10a 所示。

3）将各端点的同面投影用粗实线连接得到 ab、$a'b'$ 、$a''b''$，即为直线段 *AB* 的三面投影，如图 2-10b 所示。

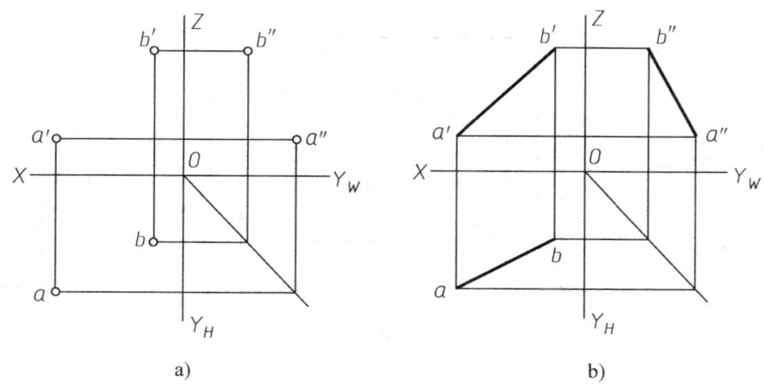

图 2-10　绘直线的三面投影图

4）判断空间直线段 *AB* 的名称。该直线与三个投影面都倾斜，倾斜角度称为直线与投影面的倾角，直线对投影面 *H*、*V*、*W* 的倾角分别用 α、β、γ 表示，如图 2-9 所示。该直线称一般位置直线。一般位置直线的投影特性为：三个投影为倾斜线，均小于实长；各投影与投影轴的夹角不反映直线对投影面的夹角。

知识拓展　判断图形中直线的名称

任务引入

确定如图 2-11 所示图形中直线的名称。

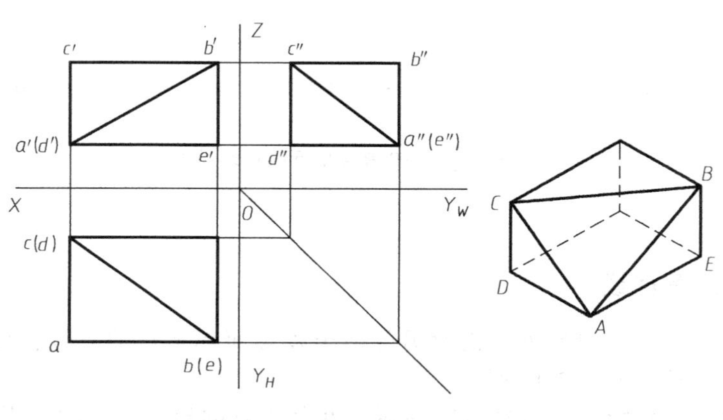

图 2-11　标出图形中直线的名称

一、投影面平行线

空间直线平行于一个投影面，而对另外两个投影面都倾斜的直线，称为投影面平行线。因三投影面体系中有三个投影面，所以投影面平行线有三种，如图 2-12 所示。

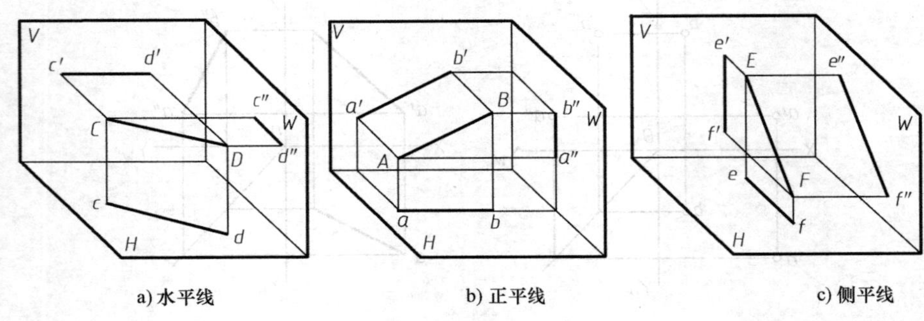

图 2-12 投影面平行线的立体图

投影面平行线投影特性，如图 2-13 所示。在其平行的投影面上的投影反映实长，且投影与投影轴的夹角分别反映直线对另两个投影面的夹角；另外两个投影面上的投影分别平行于相应的投影轴，且长度比空间直线短。

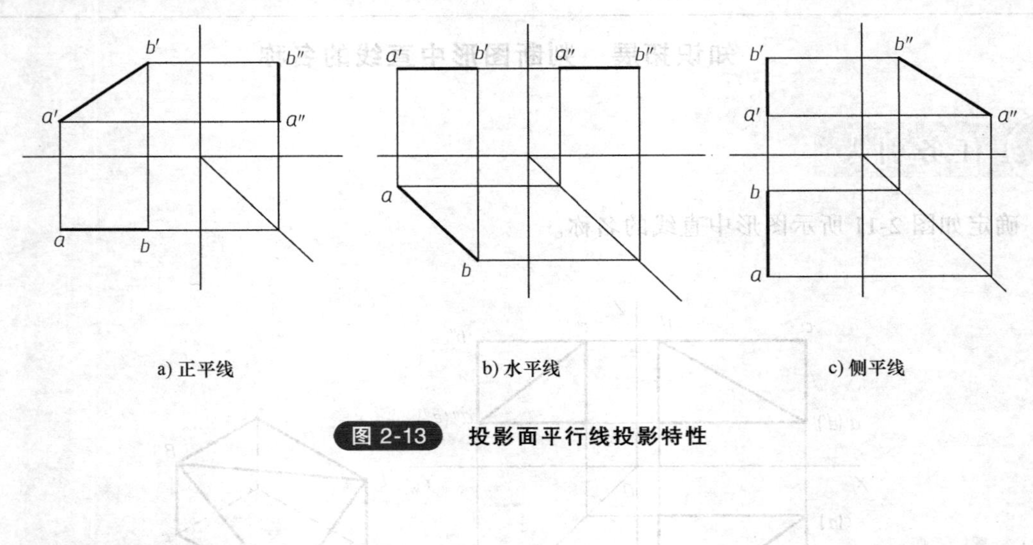

图 2-13 投影面平行线投影特性

二、投影面垂直线

空间直线垂直于一个投影面，而对另外两个投影面都平行的直线，称投影面垂直线。投影面垂直线有三种，如图 2-14 所示。

投影面垂直线投影特性，如图 2-15 所示。在其垂直的投影面上的投影积聚为一点；另外两个投影面上的投影反映空间线段的实长，且分别垂直于相应的投影轴。

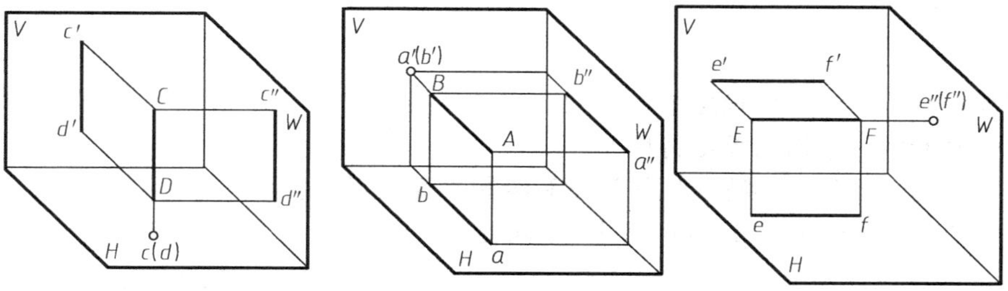

a) 铅垂线　　b) 正垂线　　c) 侧垂线

图 2-14　投影面垂直线的立体图

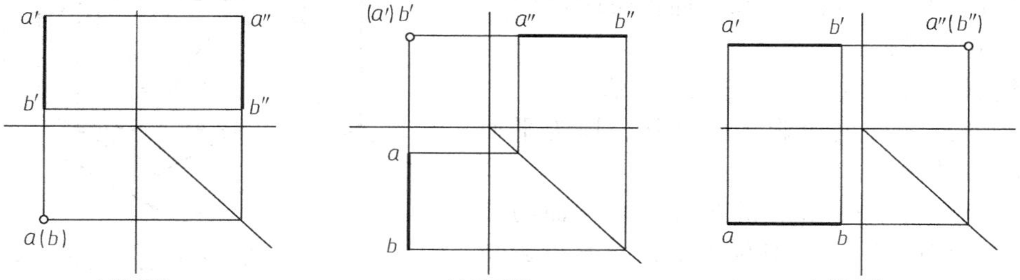

a) 铅垂线　　b) 正垂线　　c) 侧垂线

图 2-15　投影面垂直线投影特性

任务实施

依据投影面平行线和投影面垂直线的投影特性，判定图 2-11 直线的名称为：*AB* 为正平线，*BC* 为水平线，*CA* 为侧平线，*AD* 为正垂线，*BE* 为铅垂线，*AE* 为侧垂线。

任务小结

1）直线的投影规律：

直线正面投影和水平投影的连线垂直于 *OX* 轴，即正面投影和水平投影长对正。

直线正面投影和侧面投影的连线垂直于 *OZ* 轴，即正面投影和侧面投影高平齐。

直线的水平投影到 *OX* 轴和距离等于其侧面投影到 *OZ* 轴的距离，即水平投影和侧面投影宽相等。

2）直线一旦放进三投影面体系进行投射，该空间直线便有了名称，即一般位置直线、投影面平行线、投影面垂直线。直线名称是“工程制图”的语言之一。

3）已知直线的两面投影图，应用直线的投影特性，便能知道第三面投影图的形状。

4）直线的投影特性是绘制和识读直线投影图的理论依据。

任务三　绘制平面要素的投影

任务引入

根据图 2-16 所示平面的立体图，绘制平面的三面投影图，并判断平面的名称。

任务分析

1）如何绘制平面的三面投影图？

2）如何判断空间平面的投影特性？

3）应用空间平面的投影特性如何识读和绘制平面投影图？

4）如何在视图上标出平面的投影并确定名称？

任务实施

绘制如图 2-16 所示的平面三面投影图步骤：

1）绘制投影轴。

2）绘制空间平面各顶点的三面投影。

3）将各点的同面投影依次连接，即为平面图形的投影，如图 2-17 所示。

4）判断空间平面 *ABC* 的名称。该平面与三个投影面都倾斜，称为一般位置平面。其投影特性：平面与三个投影面都倾斜，三个投影为类似形；各投影不反映平面对投影面倾角的大小。

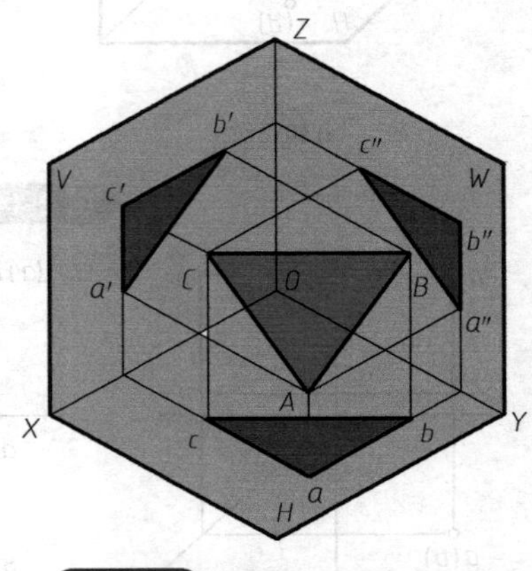

图 2-16 绘平面三面投影图

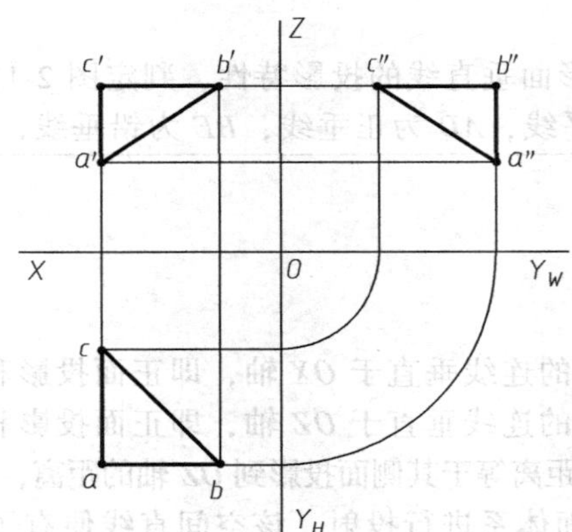

图 2-17 绘制平面的三视图

知识拓展 在视图上标出平面并回答名称

任务引入

根据平面的投影特性，在图 2-18 所示视图上标平面并回答名称。

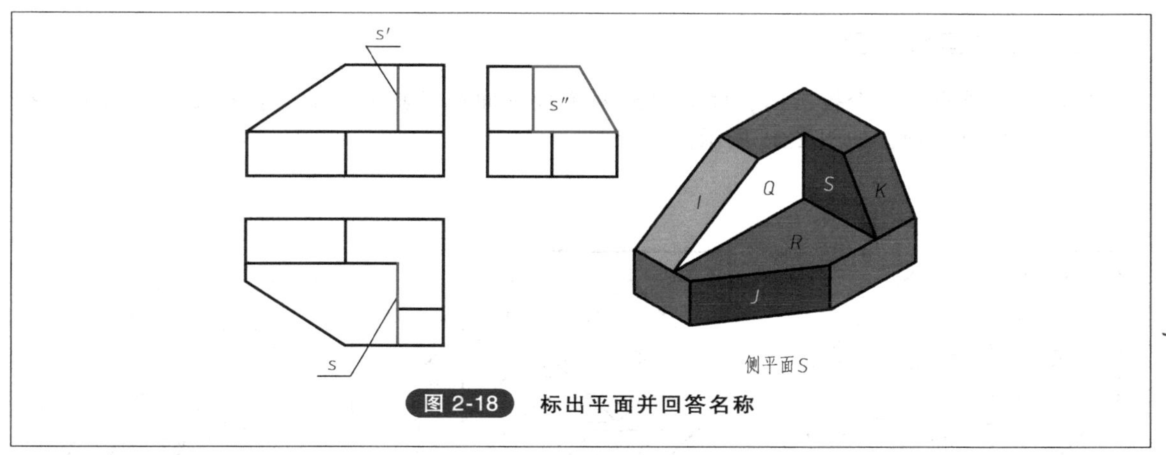

图 2-18　标出平面并回答名称

一、投影面平行面

空间平面平行于一个投影面，而对另外两个投影面都垂直的平面，称投影面平行面。因三投影面体系中有三个投影面，所以投影面平行面有三种，如图 2-19 所示。

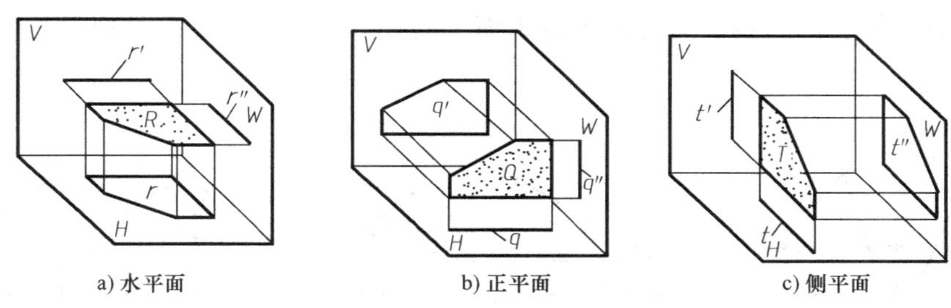

a) 水平面　　b) 正平面　　c) 侧平面

图 2-19　投影面平行面的立体图

投影面平行面投影特性，如图 2-20 所示。在其平行的投影面上的投影反映平面实形；另外两个投影面上的投影积聚为直线，且平行于相应的投影轴。

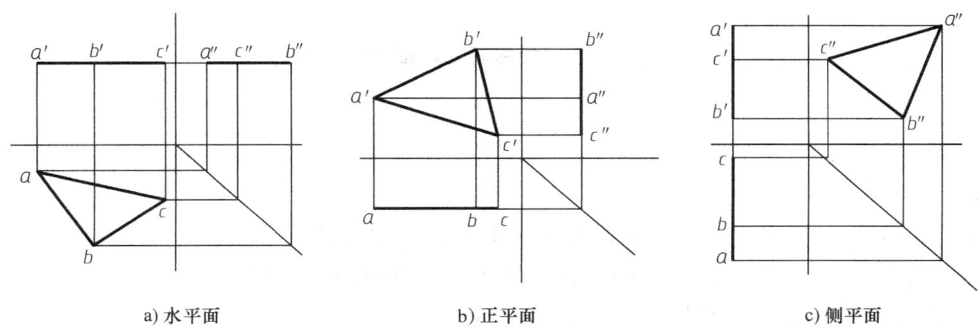

a) 水平面　　b) 正平面　　c) 侧平面

图 2-20　投影面平行面的投影特性

二、投影面垂直面

空间平面垂直于一个投影面，而对另外两个投影面都倾斜的平面，称投影面垂直面。投影面垂直面也有三种，如图 2-21 所示。

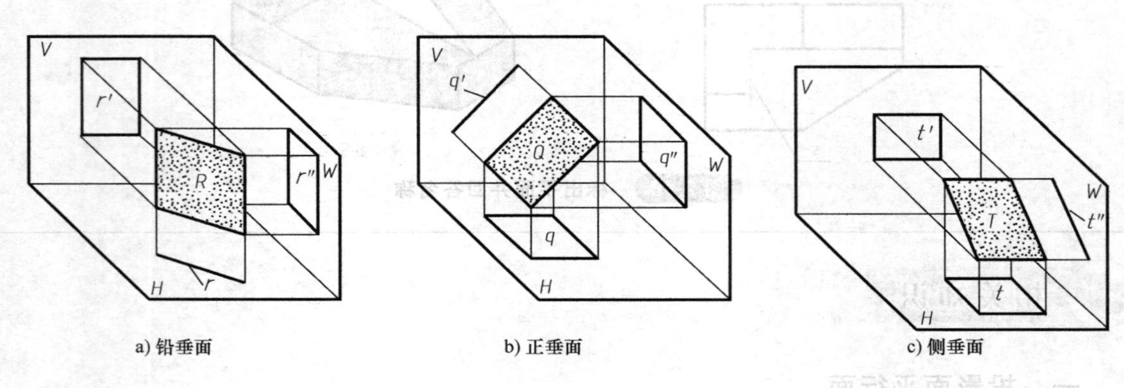

图 2-21 投影面垂直面的立体图

投影面垂直面的投影特性，如图 2-22 所示。在其垂直的投影面上的投影积聚成与该投影面内的两根投影轴倾斜的直线；另外两个投影面上的投影为空间平面的类似形。

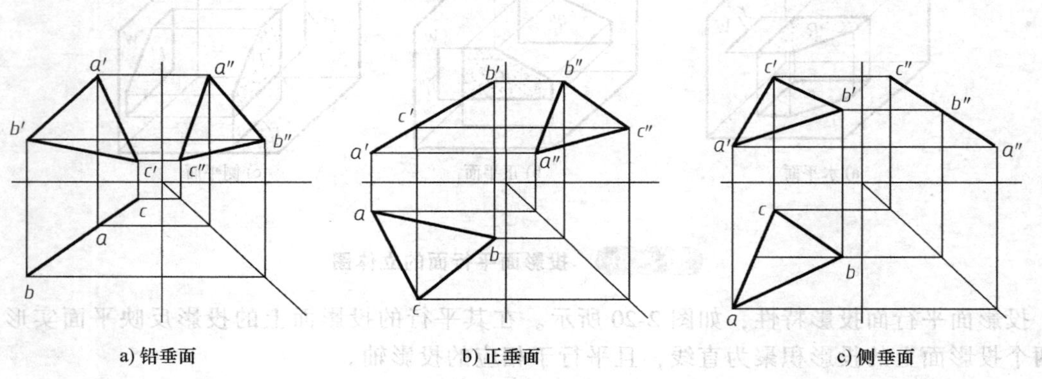

图 2-22 投影面垂直面的投影特性

任务实施

在图 2-18 所示投影图上标上平面并回答名称，绘图步骤如下：

1）根据立体图上指出的 S 平面，在三视图中找到对应的投影。

2）在对应的投影上分别标上小写 s、s'和 s''。

3）用平面的投影特性分析 S 平面的三面投影图，得出 S 平面的名称是侧平面。

4）其他平面的标出和名称如图 2-23 所示。

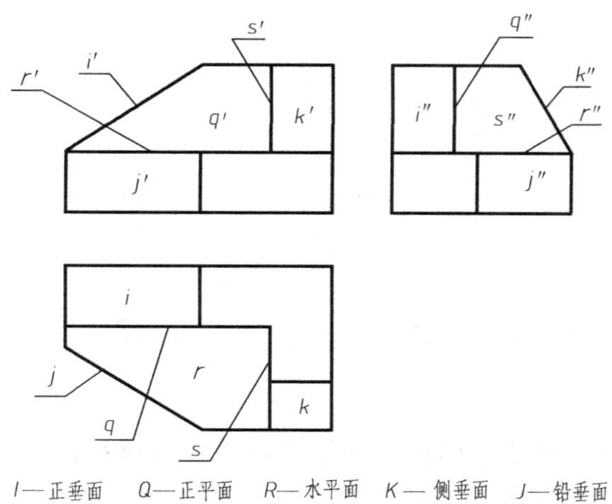

I—正垂面　Q—正平面　R—水平面　K—侧垂面　J—铅垂面

图 2-23　标平面的投影名称

任务小结

1）平面的投影规律：正面投影和水平投影长对正；正面投影和侧面投影高平齐；水平投影和侧面投影宽相等。

2）在三投影面体系中，平面按其与投影面的相对位置可分为：一般位置平面、投影面平行面和投影面垂直面。投影面平行面和投影面垂直面统称为特殊位置平面。

3）平面名称是“工程制图”语言之一。

4）已知平面的两面投影图，应用平面的投影特性，便能知道第三面投影图的形状。

5）平面的投影特性是绘制和识读平面投影图的理论依据。

项目三

绘制截交线及相贯线

常见基本体包括棱柱、棱锥、圆柱、圆锥和球等。本项目介绍常见基本体三视图的画法及其表面取点、截交线和相贯线的画法、MDS 切割体和相贯体画法、SolidWorks 切割体和相贯体的三维建模。

教学目标

1. 掌握基本体三视图的画法。
2. 掌握常见基本体表面取点的作图方法。
3. 熟悉不同立体截交线的性质、形状和投影，掌握切割体及截交线的绘制方法。
4. 熟悉常见相贯线的形状，掌握相贯体及相贯线的绘制方法。
5. 掌握 MDS 绘制基本体、切割体、相贯体的方法和步骤。
6. 掌握 SolidWorks 基本体、切割体、相贯体的建模方法和步骤。

任务一　绘制平面立体及其截交线

基本体分为平面立体和曲面立体。其中平面立体是指表面均为平面的基本体。常见的平面立体有棱柱、棱锥、棱台等。本任务以平面立体切割体为引领，在掌握绘制三视图的基础上，介绍平面立体的视图绘制、表面找点及截交线的绘制方法。

分任务一　绘制六棱柱截交线

任务引入

已知六棱柱被正垂面切割（见图 3-1），补画左视图及绘制截交线。

任务分析

1）如何绘制六棱柱的三视图？

2）如何在棱柱表面上找点？

3）如何绘制六棱柱被正垂面切割后所产生的截交线？

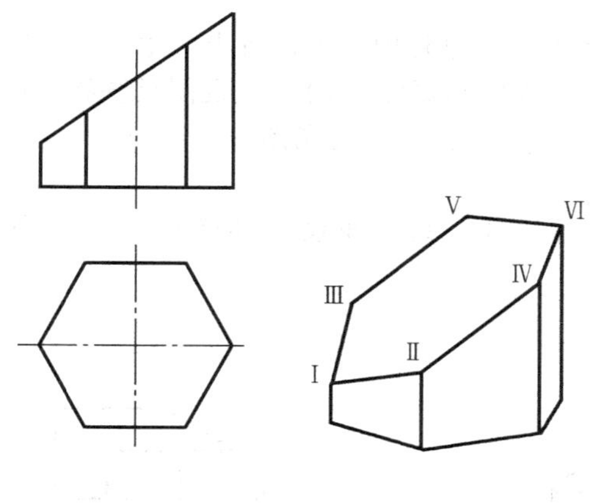

图 3-1　六棱柱切割体

一、绘制三视图

1. 三视图的形成

如图 3-2 所示，将物体正放在三投影面体系中，按正投影法向正面、水平面和侧面作投影，即可分别得到主视图、俯视图和左视图。

主视图——由前向后投射，在正面上所得的视图。

俯视图——由上向下投射，在水平面上所得的视图。

左视图——由左向右投射，在侧面上所得的视图。

绘图时，不必绘制投影面和投影轴，只需画出三视图，如图 3-3 所示。

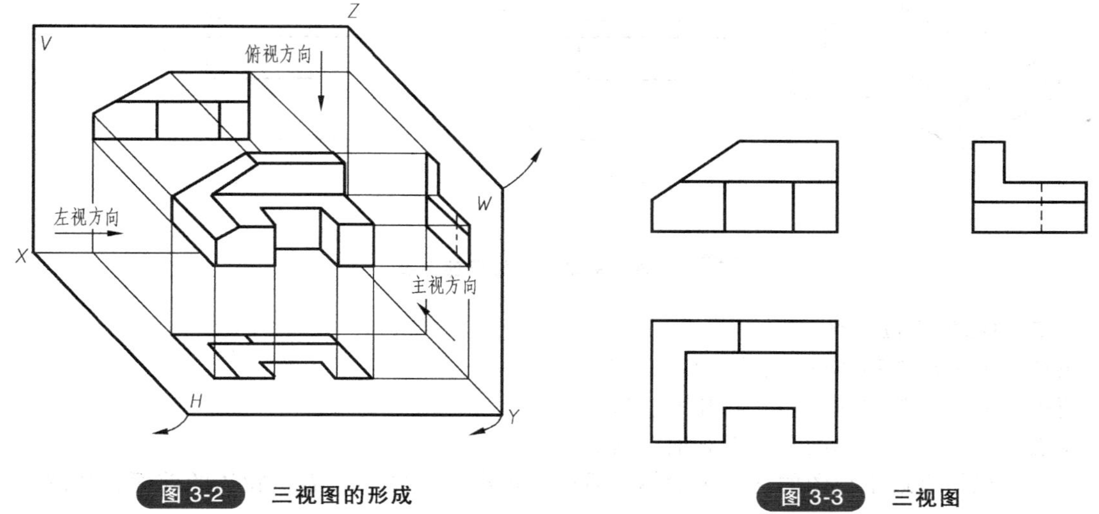

图 3-2　三视图的形成

图 3-3　三视图

2. 三视图投影规律

如图 3-4 所示，从三视图的形成过程中，可以看出：主视图反映物体的长度（X）和高度（Z）；俯视图反映物体的长度（X）和宽度（Y）；左视图反映物体的高度（Z）和宽度（Y）。

由此可归纳出三视图的投影规律：主、俯视图——长对正；主、左视图——高平齐；俯、左视图——宽相等。

无论是整个物体或物体的局部，其三面投影都必须符合三视图的投影规律，如图 3-5 所示。

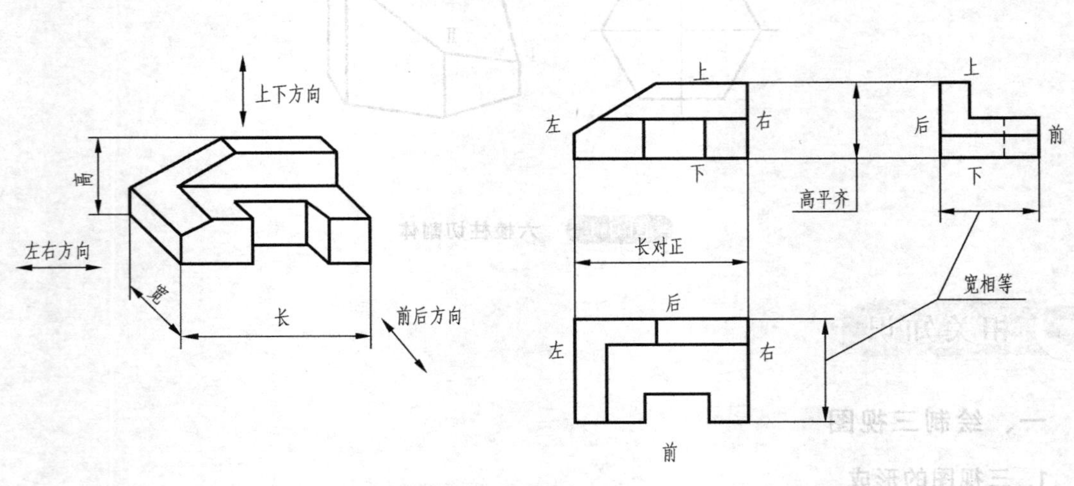

图 3-4 三视图的对应关系

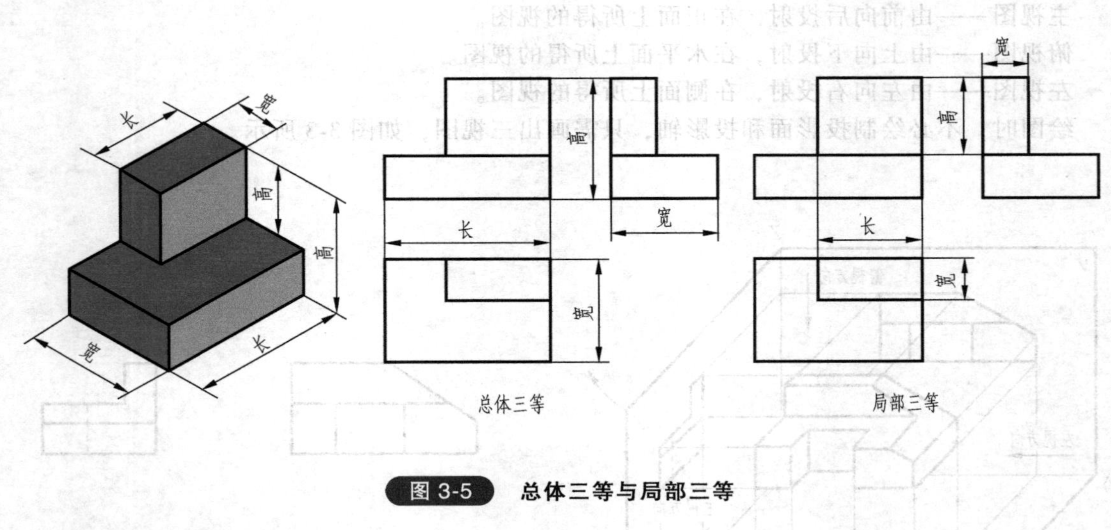

图 3-5 总体三等与局部三等

3. 三视图的方位关系

主视图——反映物体的上、下和左、右。

俯视图——反映物体的左、右和前、后。

左视图——反映物体的上、下和前、后。

俯、左视图靠近主视图的均表示物体的后面，远离主视图的均表示物体的前面，如图 3-4 所示。

二、绘制棱柱视图及表面找点

以六棱柱为例，介绍棱柱的视图画法、投影分析及表面上找点的方法。

1. 绘制六棱柱的视图

1）先画出三个视图的作图基准线。

2）画出反映形状特征的俯视图，即画一个圆并圆内六等分，连接各等分点得俯视图，然后按照“长对正”的投影规律及正六边形的高度画出主视图。

3）根据“高平齐、宽相等”的投影规律画出左视图，如图 3-6 所示。

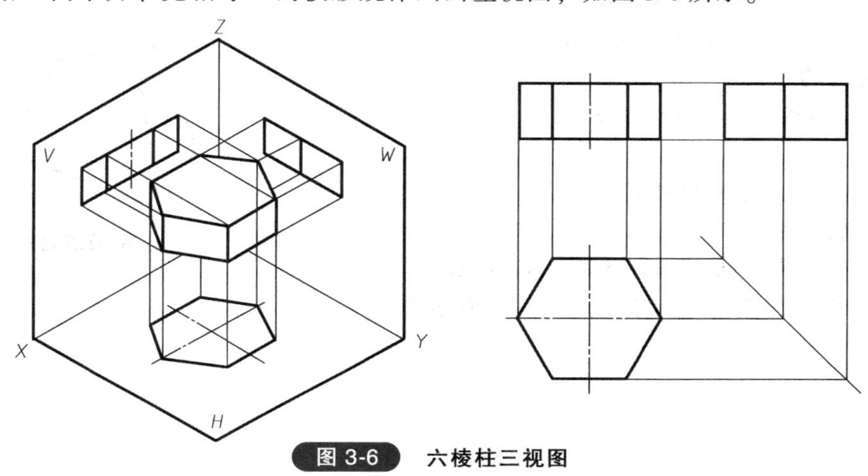

图 3-6　六棱柱三视图

2. 六棱柱的投影分析

顶面和底面为水平面，俯视图反映实形；前面和后面为正平面，主视图反映实形；左右四个棱面为铅垂面，主、左视图为类似形。

3. 棱柱表面上找点

由于棱柱的表面都是平面，所以在棱柱的表面上取点与在平面上取点的方法相同。点的可见性规定：若点所在平面的投影可见，点的投影也可见；若平面的投影积聚为直线，则点的投影可见。求作棱柱表面上点的投影时，应先确定该点在棱柱的哪个表面上，然后利用棱柱面的积聚性来求点的投影。

例如，如图 3-7 所示，已知六棱柱主视图上的 *M* 点，求作它的俯视和左视投影。

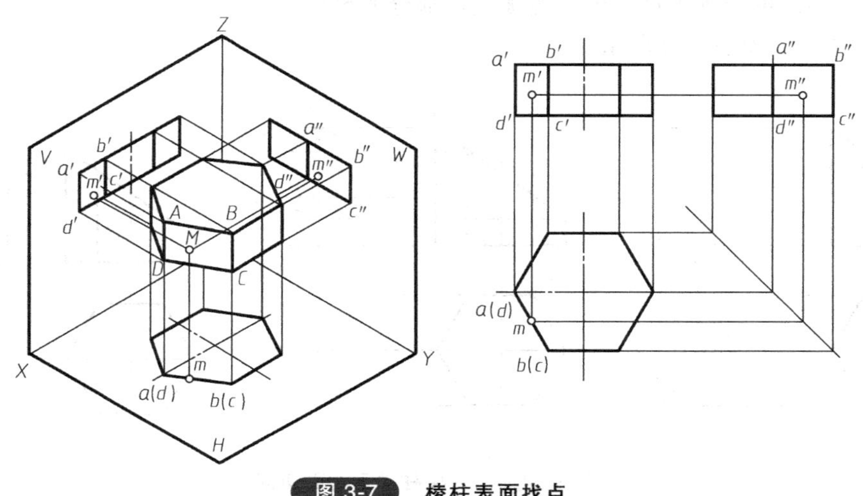

图 3-7　棱柱表面找点

由于点 M 的主视投影 m' 可见，该点位于正六棱柱的左前棱面上，该棱面是铅垂面，利用棱柱面的积聚性可直接求出俯视投影 m，根据 M 点的主视投影和俯视投影，采用主、左“高平齐”和俯、左宽相等”的投影规律求出其左视投影 m''。

三、截交线的基本概念

用一个平面切割立体，平面与立体表面所形成的交线称为截交线，用来截切立体的平面称为截平面，立体被截切后的断面称为截断面，如图 3-8 所示。

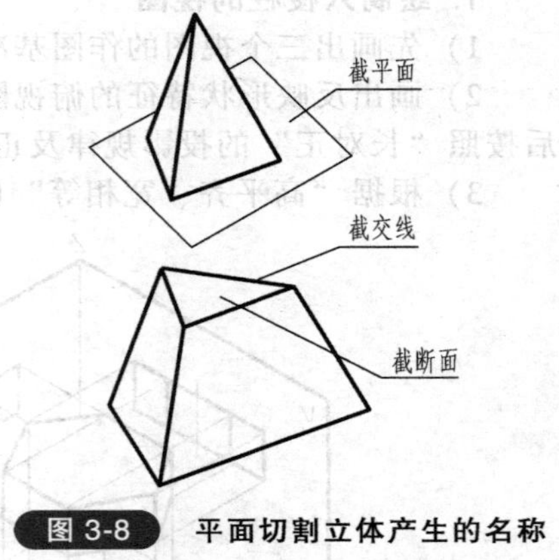

图 3-8 平面切割立体产生的名称

截交线的形状和截交线的性质如下：

1. 截交线的形状

截交线的形状取决于两个因素：

1）立体的形状。

2）截平面与立体的相对位置。

2. 截交线的性质

1）截交线是截平面和立体表面的共有线。

2）平面立体的截交线一般是封闭的平面多边形。

任务实施

绘制图 3-1 所示棱柱截割体的作图步骤：

1）分析。六棱柱被正垂面截割，截平面与六棱柱的六个棱面相交，所以截交线是一个六边形的封闭线框，六边形的顶点为各棱边与正垂面的交点。截交线在主视图上的投影积聚为一条直线，俯视投影与棱柱的俯视投影重合，在左视图上的投影是一个类似六边形的线框。

2）首先绘制未被截割的正六棱柱左视图。

3）在主视图上标出截交线与六棱柱各棱边的交点 1′、2′、3′、4′、5′、6′，按照“长对正”投影规律，对应到俯视图上的 1、2、3、4、5、6 点上，根据“高平齐、宽相等”投影规律，得到这些交点在左视图上的投影点 1″、2″、3″、4″、5″、6″，最后用直线顺次连接各交点。

4）检查并判别可见性，六棱柱最右侧棱边的投影在左视图中被截断面挡住，因此在左视的截断面位置要用虚线画出最右侧棱边被挡住部分的投影。

5）完成全图，如图 3-9 所示。

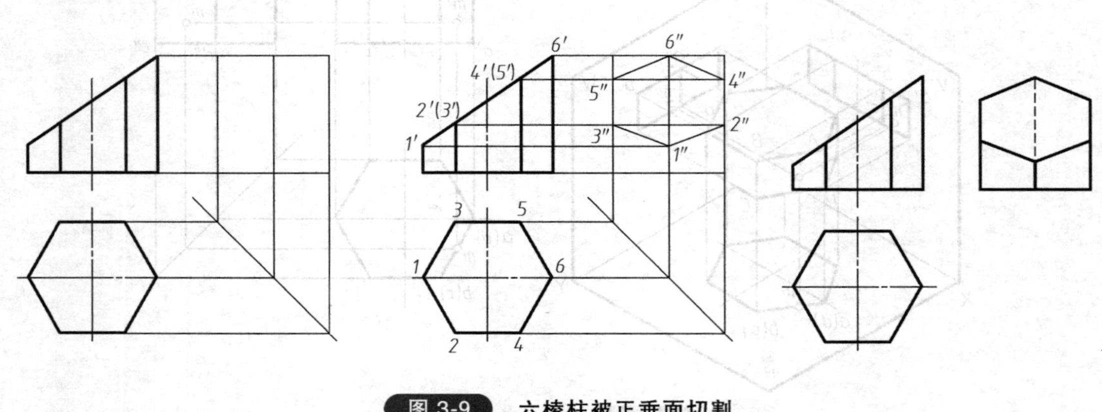

图 3-9 六棱柱被正垂面切割

任务小结

1）绘制棱柱三视图时，首先要画好三个视图的作图基准线，再画反映形状特征的多边形视图，最后按照“三等”关系画其余两个视图。

2）分析被截立体和截平面之间的相对位置，明确截交线的形状。

3）表面取点，因棱柱的投影有积聚性，棱柱上的点可直接求得。

4）绘制截交线，在截交线投影有积聚性的视图上标出所要找的点，最后再求出其他两个视图上的相应点，依次连接各点完成截交线的绘制。

分任务二　绘制棱锥的截交线

任务引入

如图 3-10 所示，四棱锥被一个水平面和一个正垂面切割，补全视图并绘制截交线。

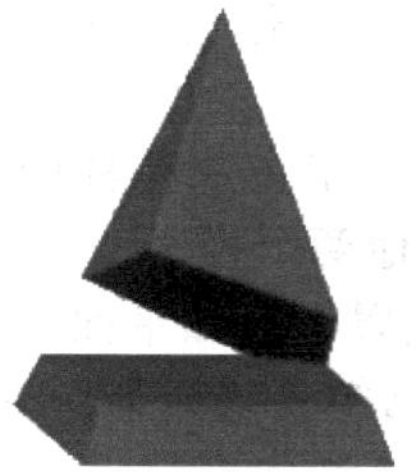

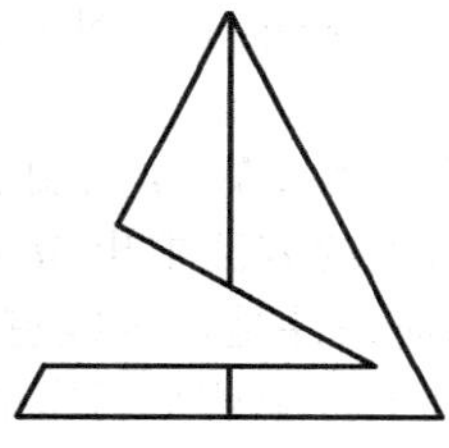

图 3-10　棱锥切割体

任务分析

1）如何绘制四棱锥的三视图？

2）如何在棱锥表面上找点？

3）如何绘制四棱锥被水平面和正垂面切割后所产生的截交线？

相关知识

以三棱锥为例介绍棱锥的视图绘制、投影分析和表面上找点的方法。

1. 绘制三棱锥视图

1）首先绘制棱锥三个视图的作图基准线。

2）画出反映主要形状特征的俯视图，即画一个圆并作圆内三等分，连接各等分点得俯视图，然后按照“长对正”的投影规律及棱锥高度画出主视图。

3）根据“高平齐、宽相等”的投影规律画出左视图，如图 3-11 所示。

2. 三棱锥的投影分析

正三棱锥的底面为水平面，在俯视图中反映实形。左、右棱面是一般位置平面，主、左视图为类似形。后侧棱面为侧垂面，在左视图中积聚为一条斜线。

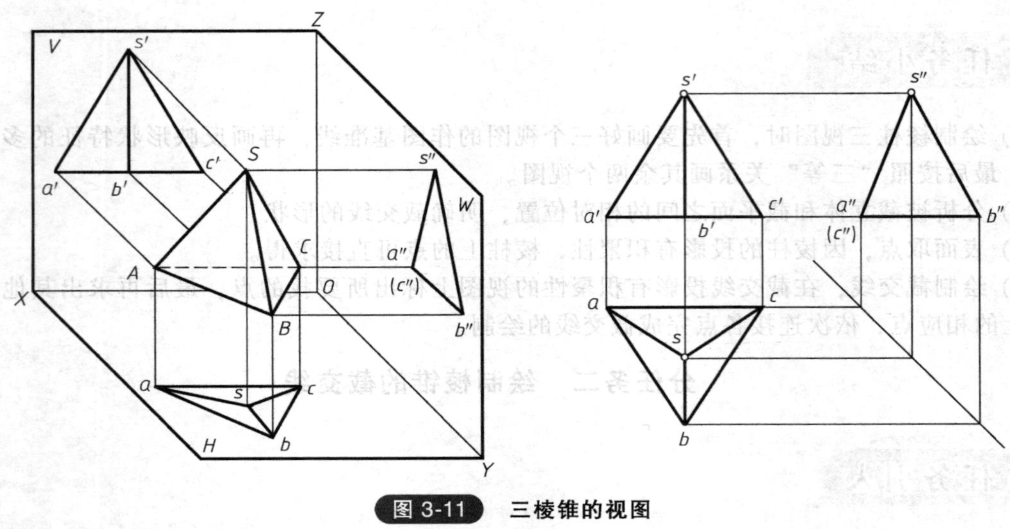

图 3-11　三棱锥的视图

3. 三棱锥表面上找点

如图 3-12 所示，已知正三棱锥主视图上的 *m′*点，求作它的俯视和左视投影。

步骤如下：

1）分析。由于点 *M* 的主视投影 *m′*可见，该点位于正三棱柱的左棱面上，该棱面是一般位置平面，可利用平面上取点的方法求出 *M* 点的其他两个投影。

2）平面上取直线的几何条件是该直线有两个点属于已知平面，如图 3-12 所示；或该直线过已知平面上的一个点，且平行于该平面内的一条已知直线，如图 3-13 所示。

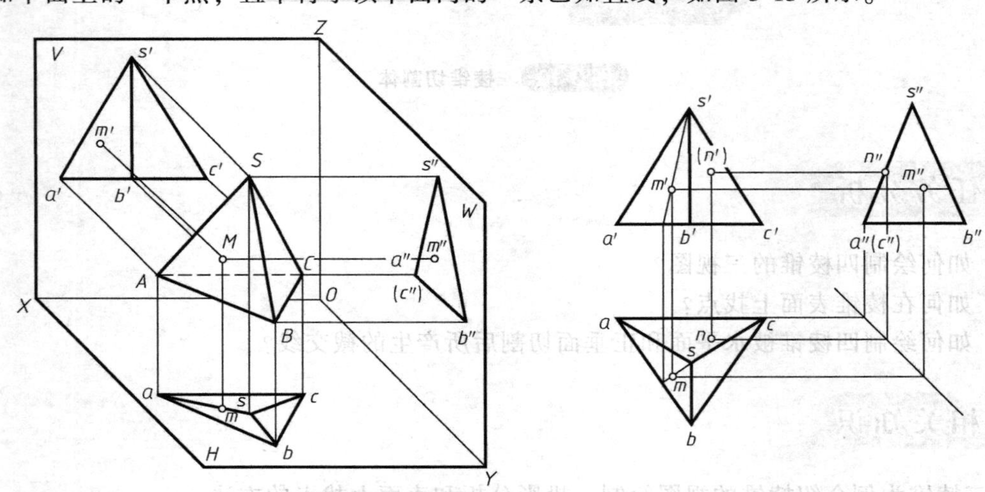

图 3-12　辅助线过平面上两个已知点

3）在平面内取点的几何条件，过点作一条该平面的直线，则点的投影一定落在该直线的同面投影上。

4）在 *a′b′c′*平面上过已知的顶点 *s′*和待求的 *m′*点作一条辅助线，辅助线与底面相交一点，如图 3-12 所示。

5）绘出辅助线的水平投影，根据点在线上，点的投影必在其同名投影上的投影原理，利用“长对正”的投影规律求得 *M* 点的俯视投影 *m*。

6）利用“高平齐，宽相等”的规律求得左视投影 *m″*。

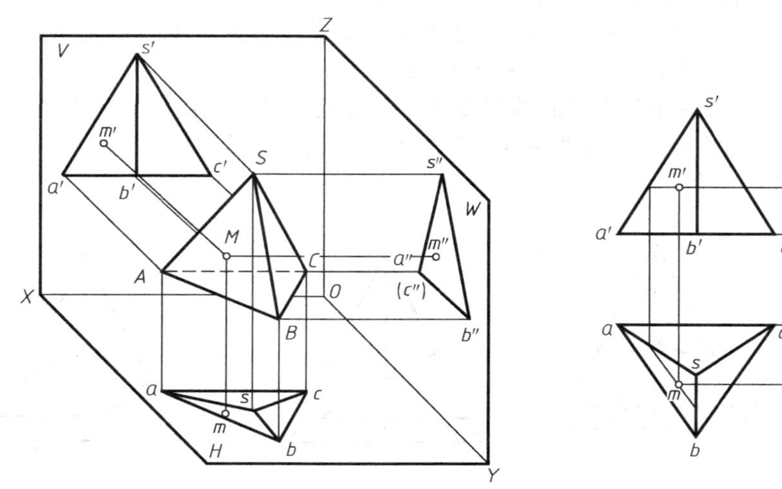

图 3-13　辅助线平行于该平面内的一条已知直线

任务实施

图 3-10 所示图形的作图步骤：

1）分析。四棱锥被一个水平面和正垂面切割，产生两条截交线，水平面的截交线在主视图和左视图上积聚为一条直线，俯视图上为五边形的封闭线框反映实形；正垂面的截交线：在主视图上积聚为一直线，在俯视图和左视图上为类似五边形线框。

2）首先绘制未被切割的四棱锥三视图。

3）绘制截交线的主视图。

4）绘制水平面的截交线，在主视图的截交线上标出 1′、2′、3′、4′、5′点，采用在平面内过点作平行线的方法，求得俯视图上的 1、2、3、4、5 点，利用“高平齐，宽相等”的规律求得左视图上的投影点 1″、2″、3″、4″、5″，如图 3-14 所示。

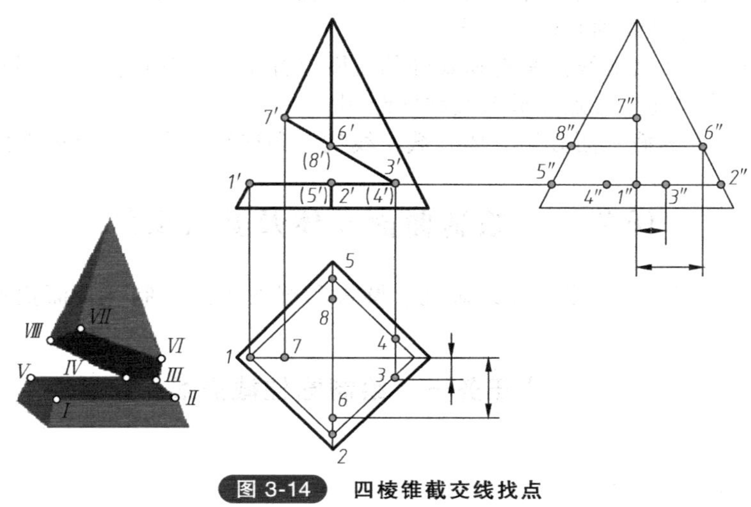

图 3-14　四棱锥截交线找点

5）依次用直线连接各点，完成水平面截交线的绘制，如图 3-15 所示。

6）绘制正垂面的截交线：在主视图的截交线上标出 6′、7′、8′点，利用点在棱线上，点的投影必在棱线的同名投影上的几何原理，运用投影规律直接找到俯、主视图上的对应点，依次连接各点完成正垂面截交线的绘制，如图 3-15 所示。

7）检查并判别可见性：水平面和正垂面的截交线相交处是一条正垂线，在俯视图上被棱锥挡住看不见，画成虚线；右则棱线左视被棱锥挡住看不见，画成虚线。

8）完成全图，如图 3-16 所示。

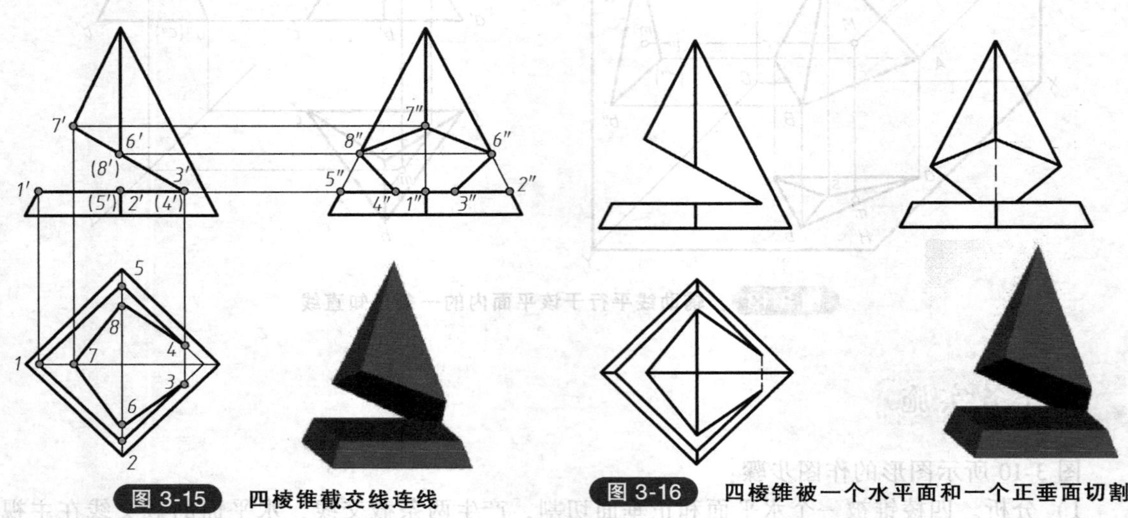

图 3-15　四棱锥截交线连线　　图 3-16　四棱锥被一个水平面和一个正垂面切割

1）绘制棱锥三视图时，先画好三个视图的作图基准线，再画反映形状特征的多边形视图，然后按照”三等”关系画其余两个视图。

2）分析截平面的相对位置，明确截交线的形状。

3）表面上取点：在截交线的特征视图上确定要找的点，棱线上的点可直接求得，一般点利用过点在平面上作辅助线的几何原理求得。

4）绘制截交线，在截交线投影有积聚性的视图上标出所要找的点，最后再求出其他两个视图上的相应点，依次连接各点完成截交线的绘制。

5）若有两个以上的截平面截切立体，截交线找点和连线顺序按各自截平面进行。

任务二　绘制曲面立体及其截交线

本任务以圆柱切割体为引领，介绍圆柱、圆锥和球的视图绘制、表面找点及截交线的绘制方法。

分任务一　绘制圆柱截交线

任务引入

绘制如图 3-17 所示圆柱切割体的三视图及截交线。

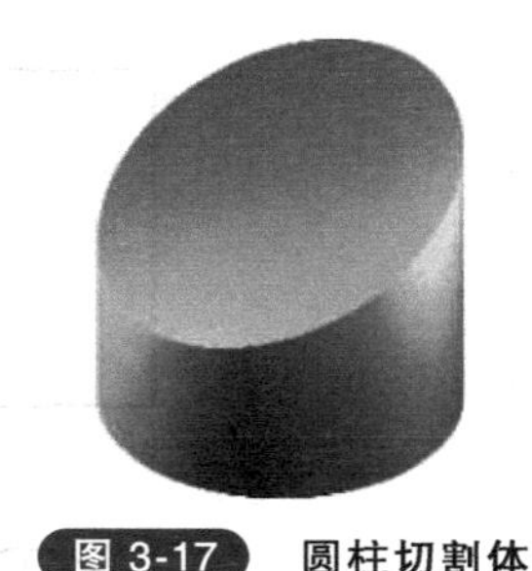

图 3-17　圆柱切割体

1）如何绘制圆柱的三视图？
2）如何在圆柱表面上找点？
3）如何绘制圆柱被正垂面切割后所产生的截交线？

相关知识

一、绘制圆柱的视图

1）绘制图柱的作图基准线。
2）先画反映形状特征的俯视图圆，然后按照“长对正”的投影规律及圆柱的高度画出主视图。
3）根据“高平齐、宽相等”的投影规律画出左视图，如图 3-18 所示。

二、圆柱的投影分析

顶面、底面的水平投影重合为一个圆，正面投影和侧面投影分别重影为两条直线；圆柱最左、最右的两条转向轮廓线主视图画成粗实线，左视图的位置在轴线处；圆柱最前、最后两条转向轮廓线左视图画成粗实线，主视图的位置在轴线处。

三、圆柱的表面上找点

例如，已知圆柱面上 *M* 点和 *N* 点的主视投影，求俯视和左视投影（图 3-19）。

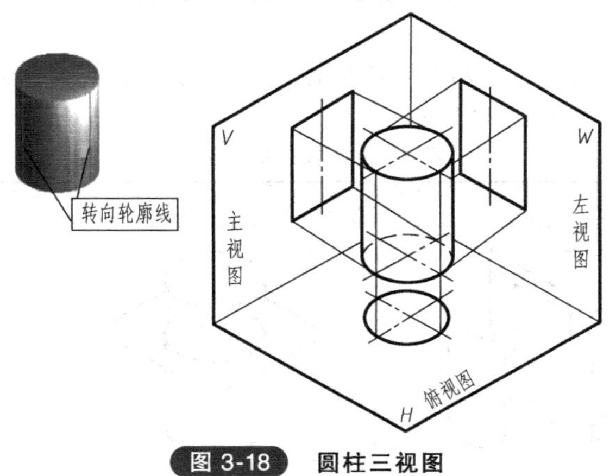

图 3-18　圆柱三视图

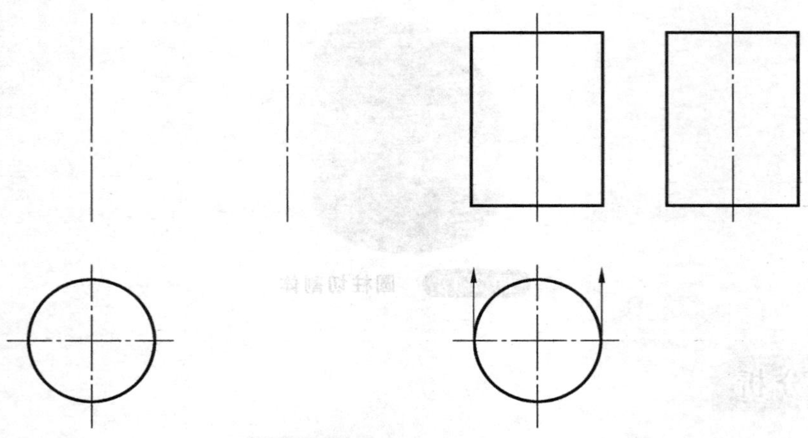

图 3-18　圆柱三视图（续）

1）分析 M 点在圆柱的后、左半部面上，主视投影不可见，故加括号表示。

2）由于圆柱的俯视投影有积聚性，可以利用投影规律直接求出点 M 和点 N 的俯视投影。

3）根据“高平齐、宽相等”的投影规律，求出点 M 和点 N 的左视投影。

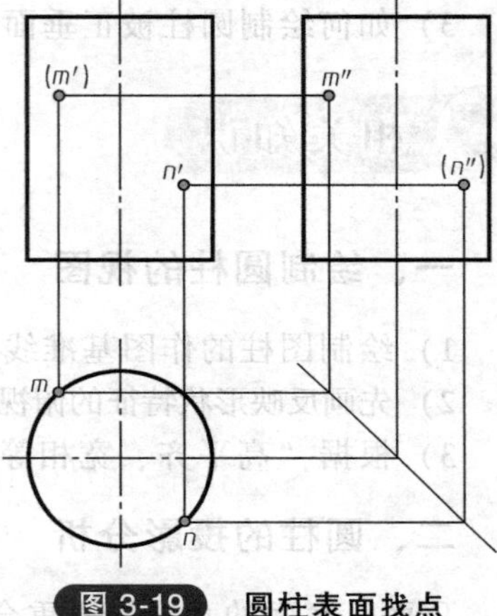

图 3-19　圆柱表面找点

任务实施

根据图 3-19 所示的作图步骤，得到图 3-17 所示圆柱切割体三视图及截交线的作图步骤：

1）分析圆柱的截交线：截平面与圆柱相切时，根据截平面与圆柱面轴线相对位置的不同，截交线有三种情况（见表 3-1）。本任务中的截平面与圆柱轴线倾斜，截交线是椭圆。

2）绘出完整圆柱的三视图。

3）求特殊点：从截交线的主视投影出发，确定截交线的最高、最低、最前、最后点 1′、2′、3′、4′的投影，这四个点均在转向轮廓线上，按“高平齐”可直接求得左视图相应点的投影 1″、2″、3″、4″，按“长对正”可直接求得俯视图相应点的投影 1、2、3、4，如图 3-20 所示。

4）求一般点：在主视截交线投影上定出前后对称的四个点 5′、6′、7′、8′，按照圆柱投影的积聚性可直接求得，如图 3-20 所示。

表 3-1　圆柱体的截交线

截平面的位置	与轴平行	与轴垂直	与轴相交
轴测图			

（续）

截平面的位置	与轴平行	与轴垂直	与轴相交
投影	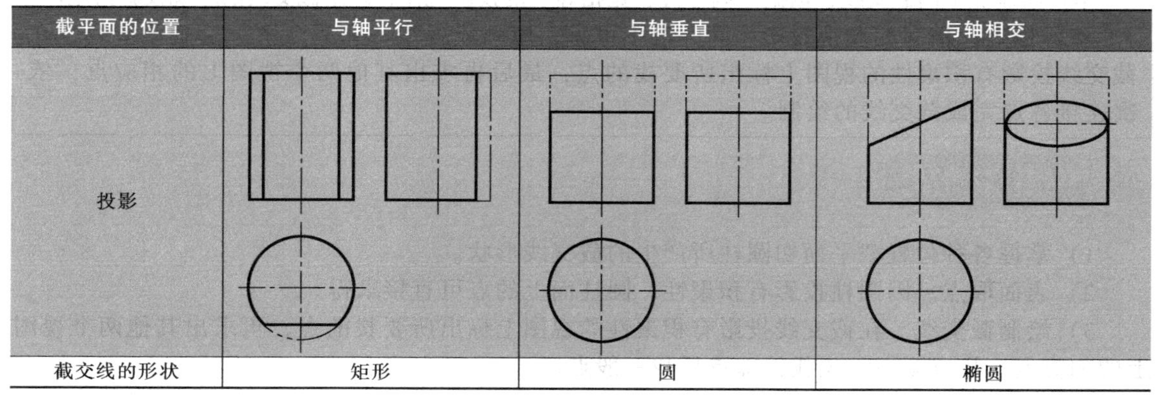		
截交线的形状	矩形	圆	椭圆

5）依次将各点光滑连接，完成全图。

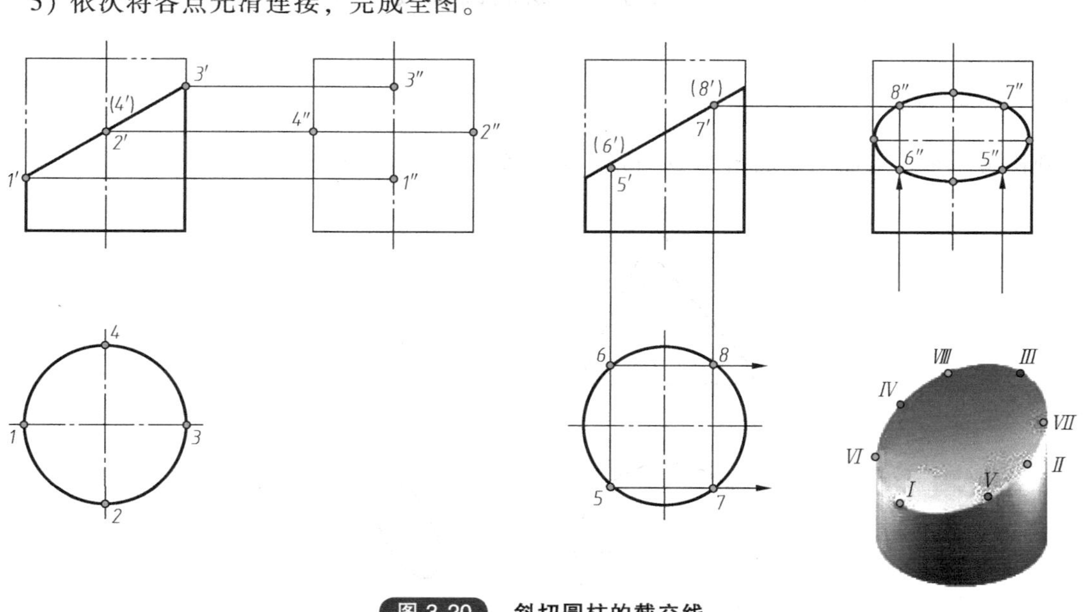

图 3-20　斜切圆柱的截交线

知识拓展

绘制如图 3-21 所示的圆柱开槽的截交线。

图 3-21 所示图形的作图步骤：

1）分析。方槽是由一个水平面和两个侧平面切除，水平面与圆柱的轴线垂直，截交线是圆弧；侧平面与圆柱轴线平行，截交线是矩形。

2）作出完整圆柱的三视图，在主视图上画出方槽。

3）绘制水平面的截交线，依据主视、俯视“长对正”投影规律，画出俯视图上的两条直线，再依据“高平齐、宽相等”的投影规律，画出截交线的左视投影为直线。

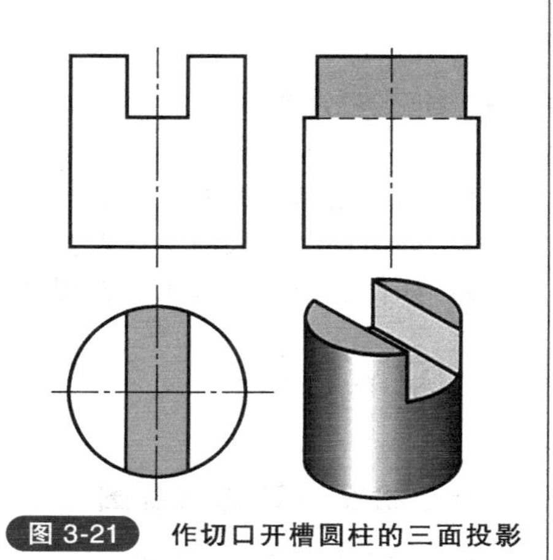

图 3-21　作切口开槽圆柱的三面投影

4）绘制侧平面截交线，依据“高平齐、宽相等”的投影规律，画出截交线的左视投影为矩形。

5）检查，槽底的左视投影中间一段不可见，应画成虚线，完成全图。绘制截交线，在截交线投影有积聚性的视图上标出所要找的点，最后再求出其他两个视图上的相应点，依次连接各点完成截交线的绘制。

任务小结

1）掌握各种位置截平面切圆柱所产生的截交线形状。

2）表面取点。因圆柱投影有积聚性，圆柱面上的点可直接求得。

3）绘制截交线。在截交线投影有积聚性的视图上标出所要找的点，再求出其他两个视图上的相应点，找点顺序：先找特殊点后找一般点。

分任务二　绘制圆锥截交线

任务引入

圆锥被一个正垂面切割如图 3-22 所示，补画左视图并绘制截交线。

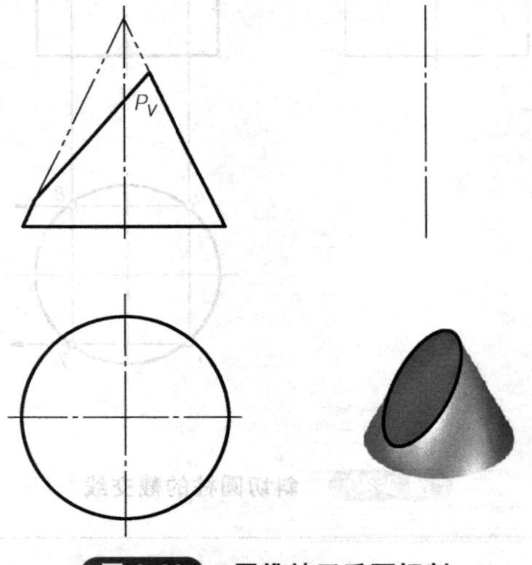

图 3-22　圆锥被正垂面切割

任务分析

1）如何绘制圆锥的三视图？

2）如何在圆锥表面上找点？

3）如何绘制圆锥被正垂面切割后所产生的截交线？

相关知识

一、绘制圆锥的三视图

1）绘制图锥的作图基线。

2）先画反映形状特征的俯视图圆，然后按照“长对正”的投影规律及圆锥的高度画出主视图。

3）根据“高平齐、宽相等”的投影规律画出左视图，如图 3-23 所示。

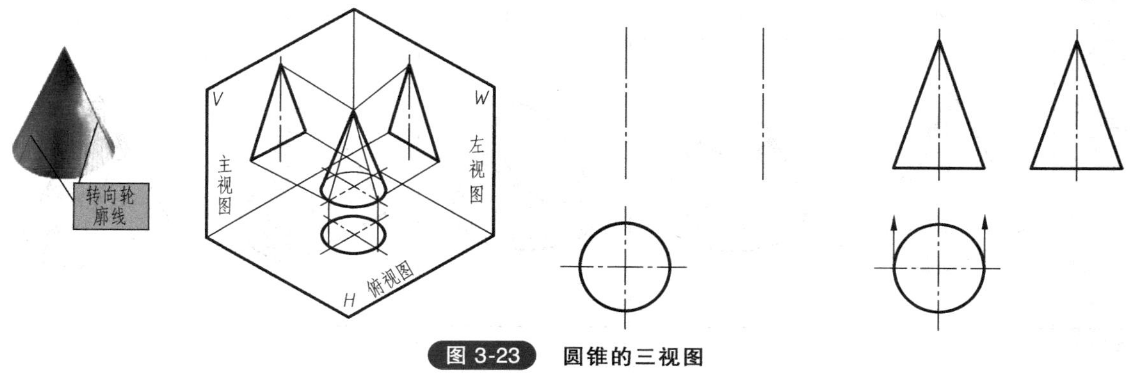

图 3-23　圆锥的三视图

二、圆锥的投影分析

圆锥在俯视图上投影为圆，是底边圆反映实形的投影，也是圆锥面的投影。主视图是等腰三角形，圆锥最左、最右的两条转向轮廓线在主视图上画成粗实线，左视图的位置在轴线处；圆锥最前、最后的两条转向轮廓线在左视图上画成粗实线，主视图的位置在轴线处。

三、圆锥表面找点

由于圆锥面的三个投影均没有积聚性，所以在圆锥面上取点要借助于辅助圆法，如图 3-24 所示，过已知点 *A*，在圆锥面上作垂直于圆锥轴线的辅助圆，该圆的正面投影积聚成一直线，水平投影为圆，点 *A* 在辅助圆上，点 *A* 的水平投影必在辅助圆的同名投影上。

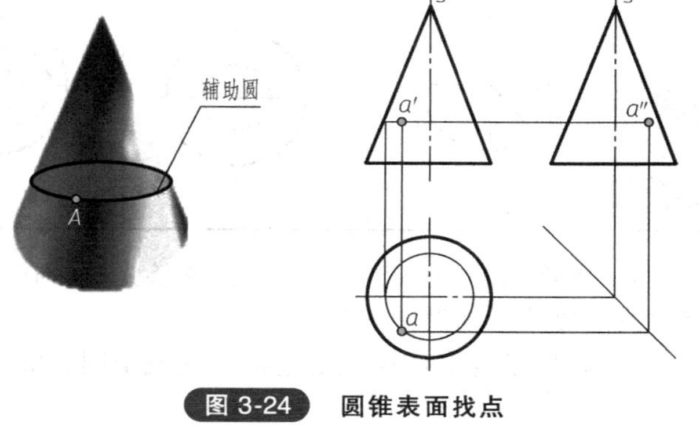

图 3-24　圆锥表面找点

任务实施

1）分析圆锥的截交线：平面与圆锥相交时，根据截平面与圆锥面轴线相对位置的不同，交线有五种情况（见表 3-2）。本任务中的截平面与圆柱轴线倾斜，截交线是椭圆。其正面投影积聚成一条直线。由于圆锥前后对称，所以截平面与圆锥的截交线也前后对称，椭圆的长轴是截平面与圆锥的转向轮廓线的交点连线，短轴则是通过长轴中点的正垂线。

2）补画未被切割圆锥左视图。

3）求特殊位置点：从主视图上截交线有积聚的投影出发，确定出截交线最低、最上点 1′、4′和转向轮廓线上的点 2′、3′，由于这些点都在转向轮廓线上，可利用投影规律直接求得，如图 3-25a 所示。

4）求椭圆的中心点：因椭圆的长、短轴垂直平分，在主视截交线的中点标出 5′和（6′）点，虽然该两点是椭圆的最前、最后的特殊点，但要通过辅助圆法求得，如图 3-25b 所示。

表 3-2　圆锥截交线

截平面位置	过锥顶	垂直于轴线	不过锥顶，与所有素材相交	不过锥顶，平行于某条素线	不过锥顶，平行或倾斜于轴线
截交线	直线	圆	椭圆	抛物线	双曲线
轴测图					
投影图					

5）求椭圆的一般点：为使椭圆连接光滑，在特殊点之间再找两个一般位置点，一般位置点的找法要通过辅助圆法来完成。

6）将所求各点依次光滑连接，完成全图，如图 3-25c 所示。

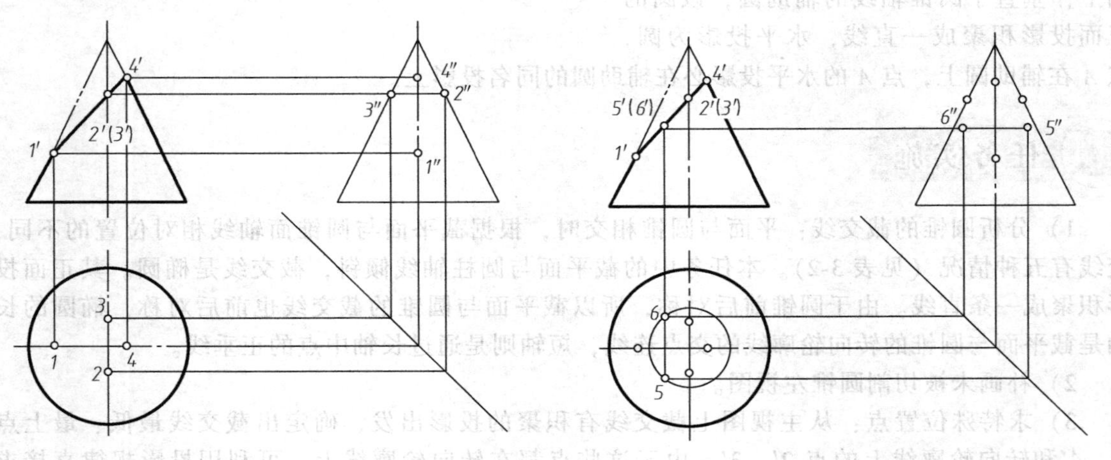

图 3-25　圆锥被正垂面切割的截交线画法

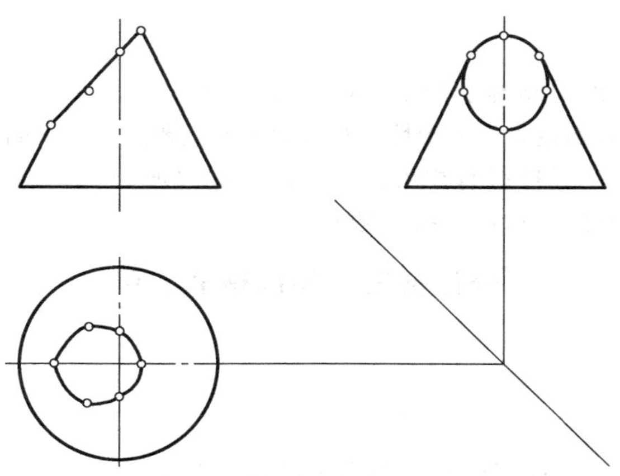

c) 光滑连接,完成全图

图 3-25　圆锥被正垂面切割的截交线画法（续）

知识拓展

圆锥被正平面切割后的截交线，如图 3-26 所示。

绘制圆锥被正平面切割后的截交线作图步骤：

1）分析。由于截平面平行于圆锥的两条素线，所以截交线是双曲线，在主视图上截交线反映实形，左视图上积聚成一条直线。

2）求特殊点：从左视图出发，在圆锥的底圆上确定截交线的最高点 1″和最低点 2″，依据“高平齐”求得主视图上 1′、2′；最左点 3″是双曲线的最高点，在左视上作辅助圆与双曲线相切，半径最小所求点最左，依据“高平齐”求得主视图上双曲线的最左点 3′。

3）求一般点：从左视出发，在最高、最低点之间确定 4″和 5″两个一般点，通过辅助圆法求得主视图上 4′和 5′点。

4）依次光滑连接，完成全图，如图 3-27 所示。

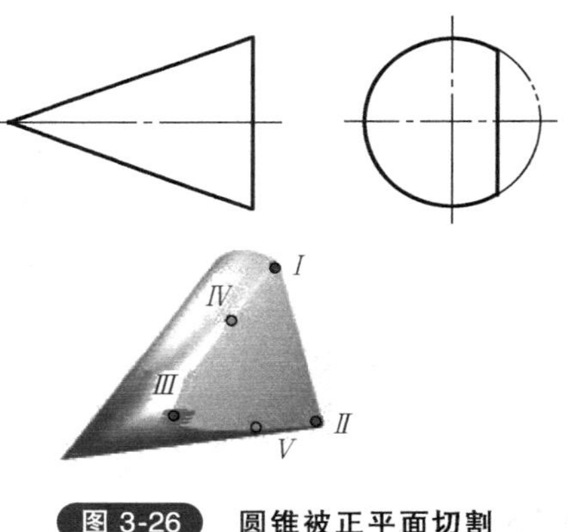

图 3-26　圆锥被正平面切割

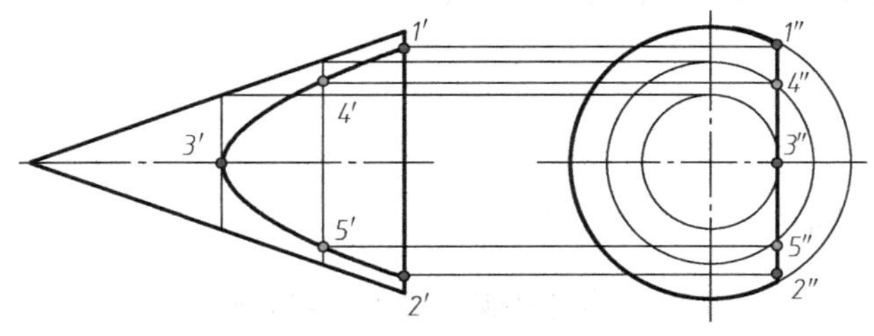

图 3-27　圆锥被正平面切割的截交线

任务小结

1）掌握各种位置截平面切圆锥所产生的截交线形状。

2）表面取点：因圆锥表面投影无积聚性，圆锥面上的点要过点在平面上作辅助圆法求得。

3）绘制截交线：在截交线投影有积聚性的视图上标出所要找的点，再求出其他两个视图上的相应点。找点顺序：先找特殊点后找一般点。

分任务三　绘制球截交线

任务引入

图 3-28 所示的球被一个正垂面切割，补全视图并绘制截交线。

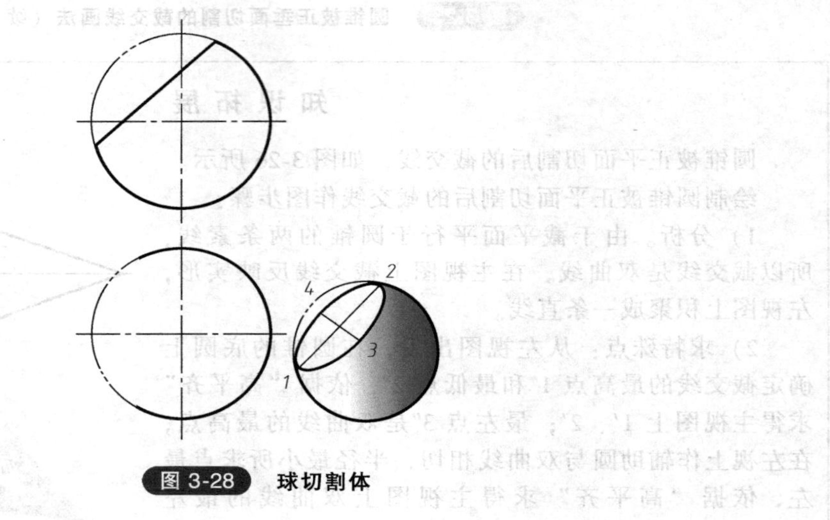

图 3-28　球切割体

任务分析

1）如何绘制球的三视图？
2）如何在球表面上找点？
3）如何绘制球被正垂面切割后所产生的截交线？

相关知识

一、绘制球的视图

绘制球的作图基线，三个投影是等径的圆，如图 3-29 所示。

二、球的投影分析

球在主视图上的圆是前半球和后半球的转向轮廓圆投影，俯视图位置在水平中心线上，左视图位置在垂直中心线上；球在俯视图上的圆是上半球和下半球的转向轮廓圆投影，主视图位置和左视图位置都在水平中心线上；球在左视图上的圆是左半球和右半球的转向轮廓圆投影，主视图和左视图位置在垂直中心线上。

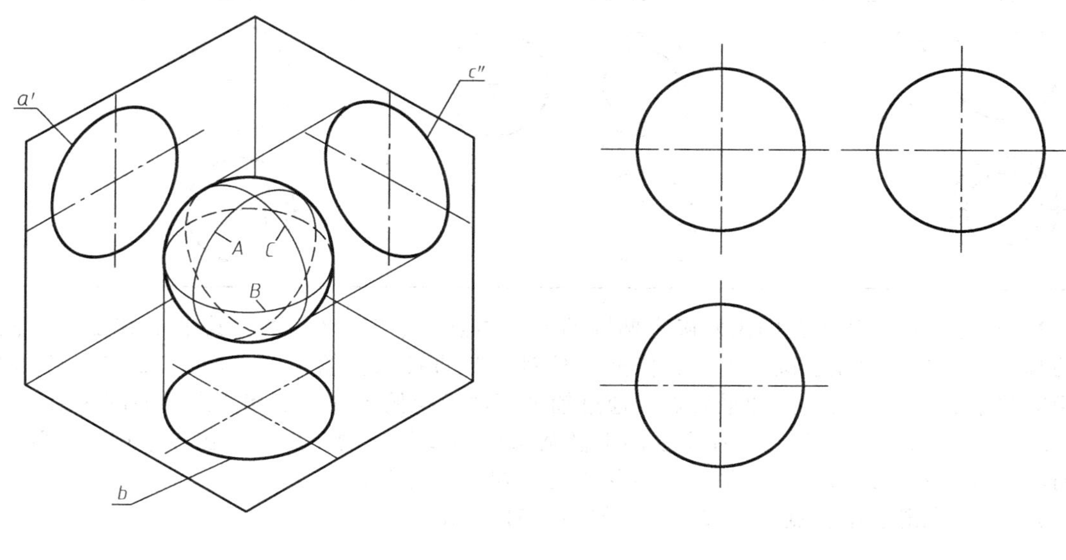

图 3-29　球的三视图

三、表面上找点

在球的表面上找点，采用辅助圆法来完成，如图 3-30 所示。

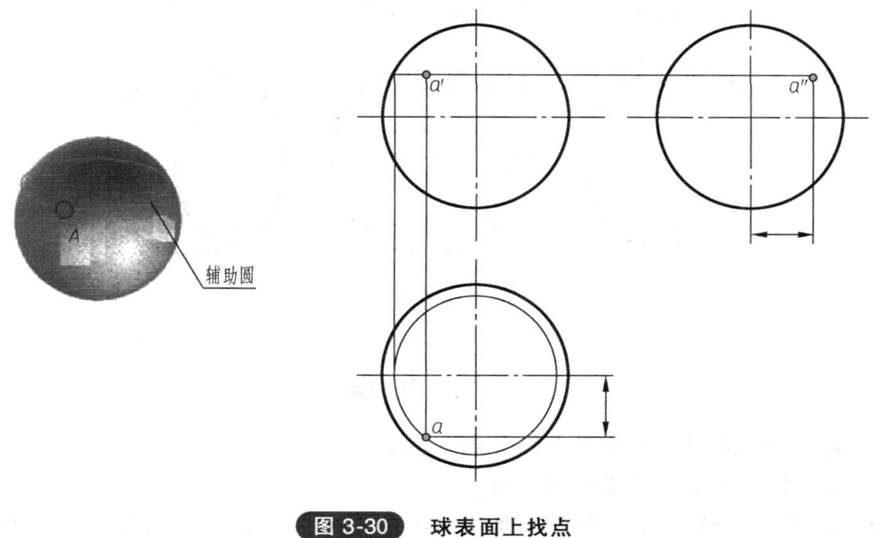

图 3-30　球表面上找点

任务实施

图 3-28 所示球的截交线作图步骤：

1）分析球的截交线，当截平面与球轴线平行时截交线为圆，当截平面与球轴线倾斜时截交线为椭圆（见表 3-3）。本任务中的截平面与球轴线倾斜，截交线是椭圆。

表 3-3　圆球体的截交线

截平面与轴线平行	截平面与轴线平行	截平面与轴线倾斜

2）求特殊点。从主视图出发确定椭圆的四个顶点 1′、2′、3′、4′，其中 1′和 2′是椭圆长轴的端点，也是转向轮廓圆上的点，依据“长对正”直接求得俯视图上的 1、2 点；3′、4′点是椭圆的中点，也是最前点和最后点，通过辅助圆法求得俯视图上 3 和 4 点，如图 3-31 所示。

3）求转向轮廓线上的点。在主视图上椭圆与中心线相交的交点处标出 5′、6′，这两点是转向轮廓线上的点，依据“高平齐”直接求得俯视图上的点 5、6。

4）依次光滑连接各点，完成全图，如图 3-31 所示。

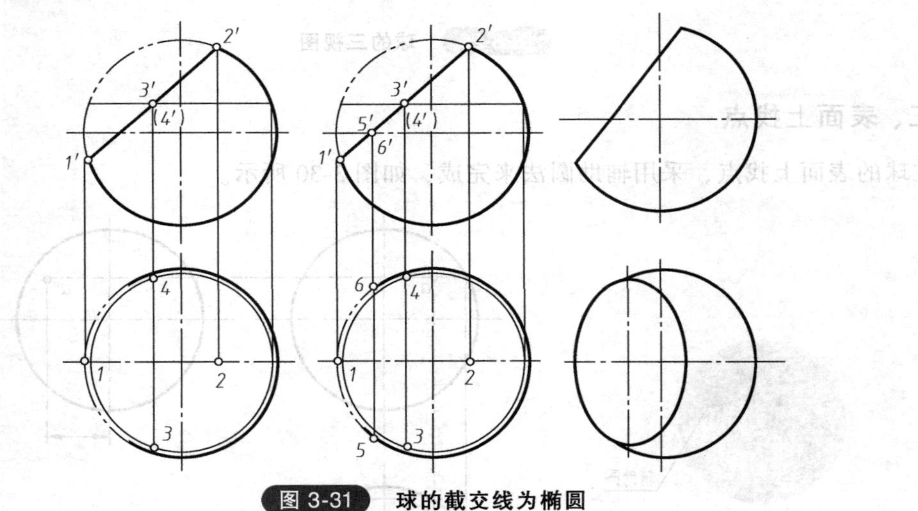

图 3-31　球的截交线为椭圆

知 识 拓 展

绘制开槽半圆球的三视图及截交线（图 3-32）。

开槽半圆球的视图及截交线作图步骤：

1）分析。半球方槽是由一个水平面和两个侧平面切除，水平面与半球的水平轴线平行，截交线是圆弧；侧平面与半球垂直轴线平行，截交线也是圆弧。

2）作出半球的左视图。

3）绘制水平面的截交线，取圆弧半径 R_2，如图 3-33 所示。

4）绘制侧平面截交线，取圆弧半径 R_1，如图 3-33 所示。

5）检查并判别可见性，槽底的左视投影中间一段不可见，应画成虚线。

6）完成全图，如图 3-33 所示。

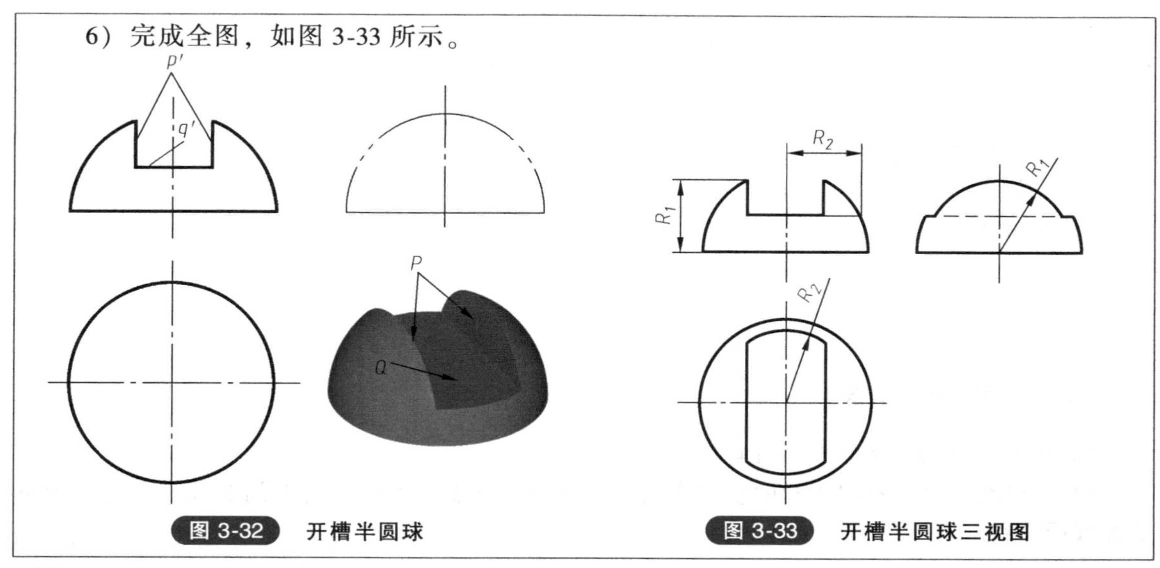

图 3-32　开槽半圆球

图 3-33　开槽半圆球三视图

任务小结

1）掌握各种位置截平面切球所产生的截交线形状。

2）表面取点。因球表面投影无积聚性，球面上的点要过点作辅助圆法求得。

3）绘制截交线，在截交线投影有积聚性的视图上标出所要找的点，再求出其他两个视图上的相应点。找点顺序：先找特殊点后找一般点。

任务三　绘制圆锥与圆柱相交的相贯线

两曲面立体相交其表面自然形成的交线称相贯线，如图 3-34 所示。

任务引入

绘制如图 3-35 所示的圆锥与圆柱相交的相贯线。

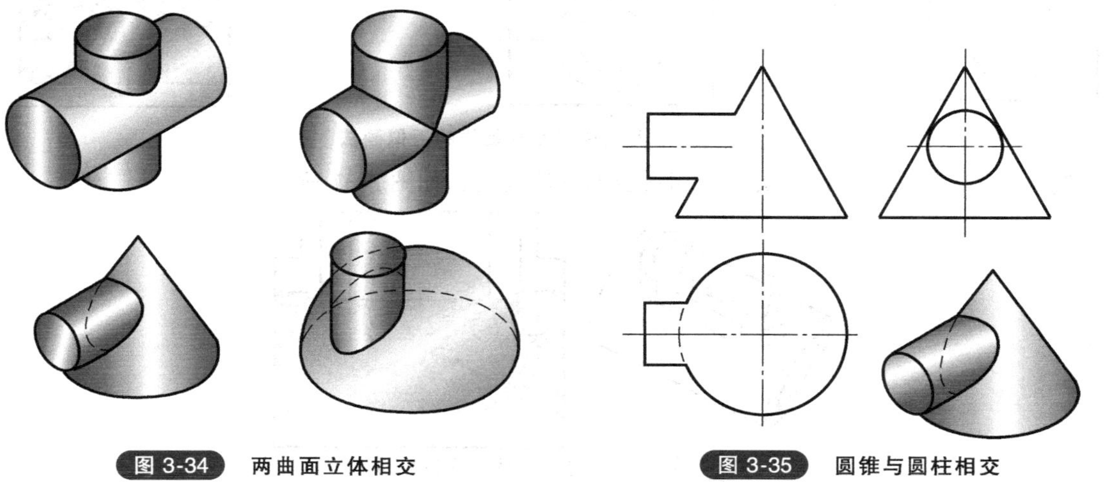

图 3-34　两曲面立体相交

图 3-35　圆锥与圆柱相交

任务分析

1）掌握相贯线的性质。
2）掌握截平面的选择原则。
3）掌握相贯线的作图步骤。

相关知识

一、相贯线的性质

1）相贯线为相交体的表面所共有。

2）相贯线一般为封闭光滑的空间曲线，特殊情况可能为不封闭的空间曲线，也可能为平面曲线或直线。

二、两圆柱正交相贯线画法

1）分析：两圆柱的轴线垂直相交，相贯线为封闭的空间曲线，如图3-36所示。相贯线的俯视图与小圆柱的水平投影重合，为一个圆；相贯线的左视图和大圆柱的左视图重合，为一段圆弧；相贯线的主视图为封闭的空间曲线，且前后对称。由此可见，在两圆柱正交的相贯线三视图中，只有非圆的视图要画相贯线。

2）相贯线的画法：以两圆柱相交的轮廓线交点为圆心，以两圆柱中较大圆柱的半径为圆弧半径画弧，与小圆柱的轴线相交，其交点就是绘制相贯线的圆心，半径是大圆柱的半径，如图3-36所示。

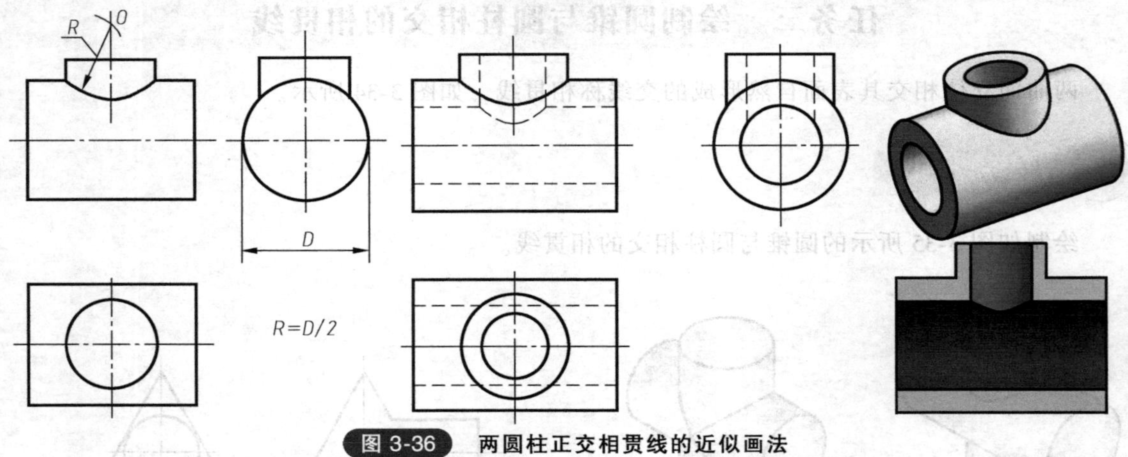

图3-36 两圆柱正交相贯线的近似画法

3）不完整圆柱与圆柱相贯，其相贯线的画法同上，如图3-37所示。

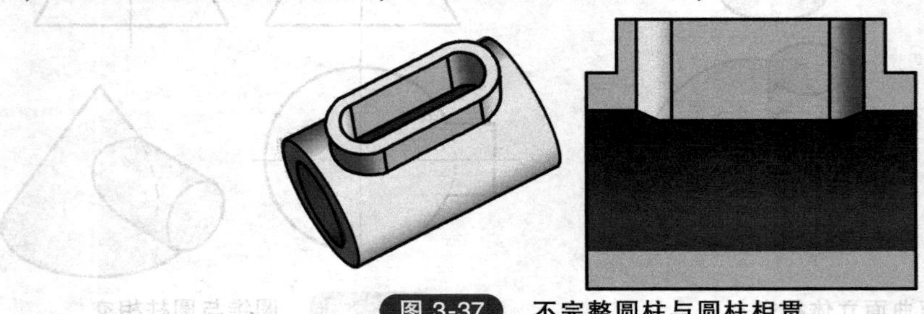

图3-37 不完整圆柱与圆柱相贯

4）两圆柱等径，其相贯线为椭圆，它在与两轴线平行的投影面上的投影积聚为直线段，如图 3-38 所示。

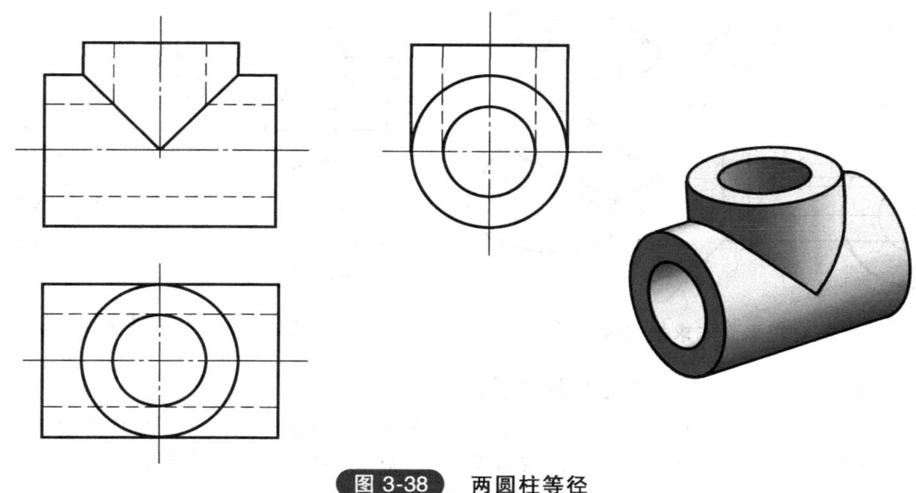

图 3-38　两圆柱等径

三、两曲面立体同轴的相贯线画法

当两曲面立体同轴时，其相贯线为垂直于轴线的圆，该圆在与轴线平行的投影面上的投影为一直线段，如图 3-39 所示。

任务实施

根据三面共点的原理，用一假想平面（即辅助平面）截切两回转面。得到两条截交线，求两截交线的共有点即为相贯线上的点，从而画出相贯线投影。

绘制圆锥与圆柱相交的相贯线步骤如下：

（1）分析　圆锥与圆柱正交，相贯线为前后对称的空间曲线。由于圆柱轴线垂直于 *W* 面，相贯线的左视投影与圆柱面的积聚投影重合为圆，需求相贯线的主视和俯视投影。由于圆锥台轴线为铅垂线，应选择水平面作辅助截平面。

（2）辅助平面法的选择原则

1）选在两回转面的相交范围内。

2）它与回转面的截交线应是圆或直线。

（3）求特殊点　在主视投影上，两圆柱轮廓线相交的交点是相贯线的最高、最低点。依据“长对正”投影规律可直接求出俯视图上的点；相贯线的最前点 *B* 和最后点 *D* 要用辅助截平面法求得，如图 3-40 所示。

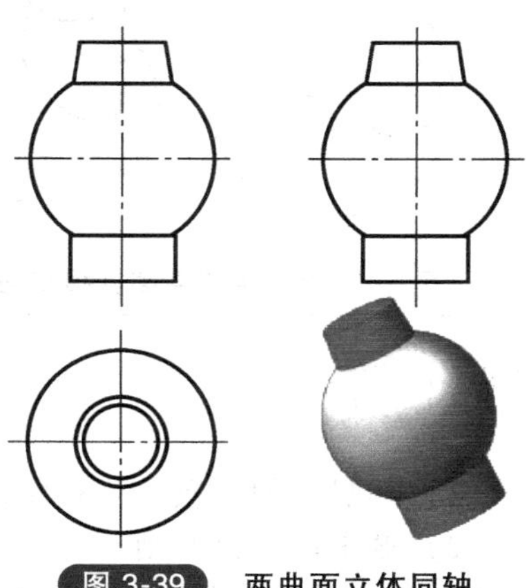

图 3-39　两曲面立体同轴

（4）求一般点　在最高和最前点之间再作一个辅助截平面求得一般点。

（5）判别可见线　依次光滑连接，完成全图，如图 3-41 所示。

知 识 拓 展

绘制半球与圆柱相交的相贯线如图 3-42 所示。

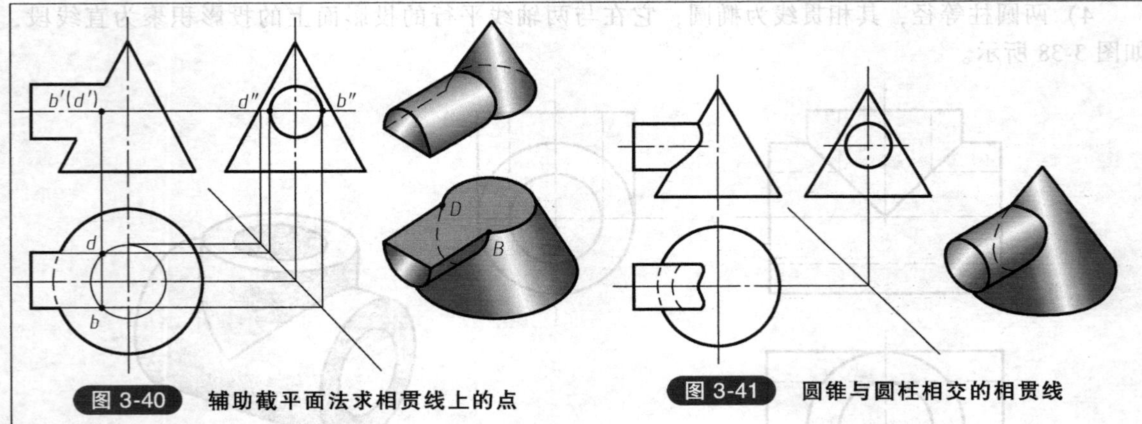

图 3-40 辅助截平面法求相贯线上的点

图 3-41 圆锥与圆柱相交的相贯线

绘制半球与圆柱相交的相贯线步骤如下：

1）分析。半球与圆柱正交，相贯线为前后对称的空间曲线。由于圆柱轴线垂直于 H 面，相贯线的俯视图与圆柱的俯视投影重合为圆，需求相贯线的主视和左视投影。

2）求特殊点。在主视投影上，两圆柱轮廓线相交的交点是相贯线的最高、最低点。依据“长对正”投影规律可直接求出俯视图上的点；相贯线的最前点和最后点要用辅助截平面法求得。

3）求一般点。在最高和最前点之间再作一个辅助截平面求得一般点，如图 3-43 所示。

4）判别可见线。依次光滑连接，完成全图。

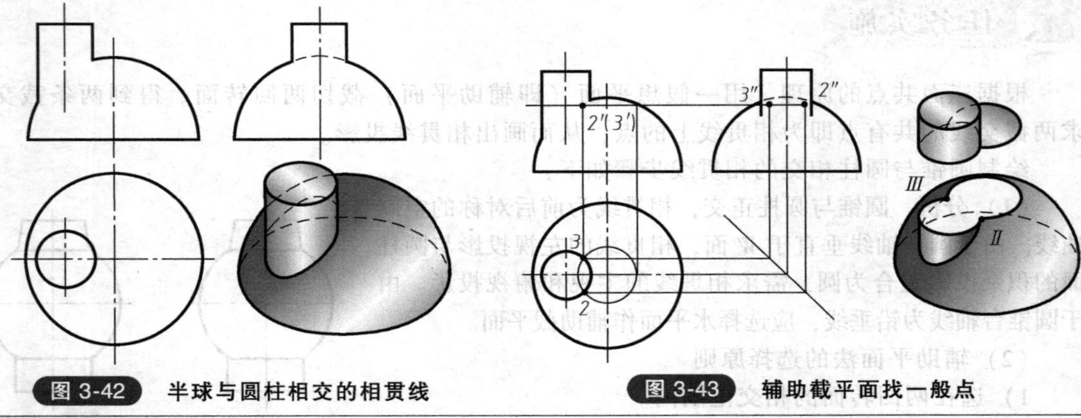

图 3-42 半球与圆柱相交的相贯线

图 3-43 辅助截平面找一般点

任务小结

（1）相贯线的性质　公有性；封闭性。

（2）截平面选择原则

1）选在两回转面的相交范围内。

2）它与回转面的截交线应是圆或直线。

（3）相贯线的作图步骤

1）分析已知条件明确相贯线的形状。

2）求特殊点投影。

3）求一般点的投影。

4）光滑连接各点。

任务四　MDS 绘制圆柱与圆锥的相贯线

任务引入

如图 3-44 所示，圆锥与圆柱正交，补画正面投影、水平投影中的相贯线投影。

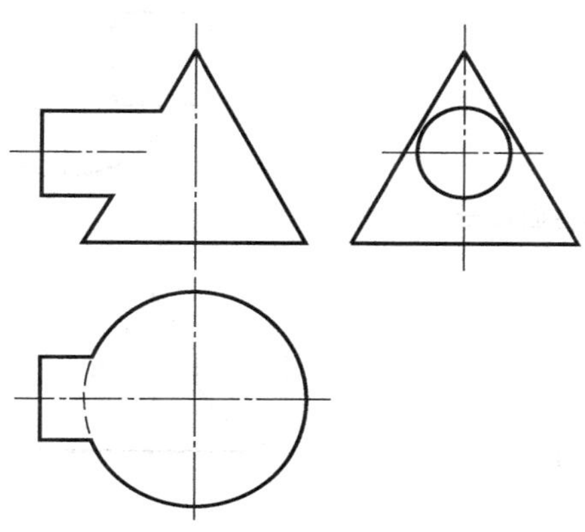

图 3-44　圆锥与圆柱正交图例

任务分析

在 MDS 中如何画样条曲线？

任务实施

首先，按照投影关系，用作辅助线的方法求特殊点（最高、最底、最前、最后点）和一般点；然后，用 SPLINE 样条曲线命令连接各点；最后整理，去除多余的辅助线。具体操作步骤如下：

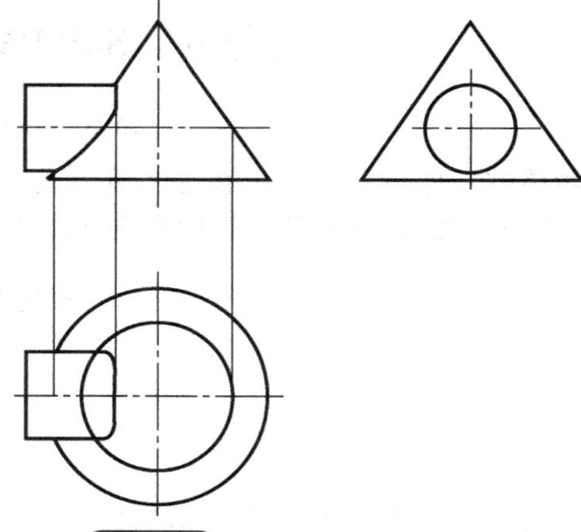

图 3-45　求特殊点的各面投影

1）当前层设为 15 层。依次输入 LINE 命令、CIRCLE 命令、EXTEND 延长等命令，根据投影关系，作各辅助线及辅助圆，得到特殊点（最高、最底、最前、最后点）的各面投影，结果如图 3-45 所示。

2）求一般点：关闭 15 层，设置当前层为 16 层，用辅助截平面找一般点，如图 3-46 所示。

3）打开 15 层，输入 SPLINE（样条曲线）命令，根据提示光滑连接各点，如图 3-47 所示。

4）关闭 15 层和 16 层，进入 04 层，补全相贯线与圆锥底面虚线，如图 3-48 所示。

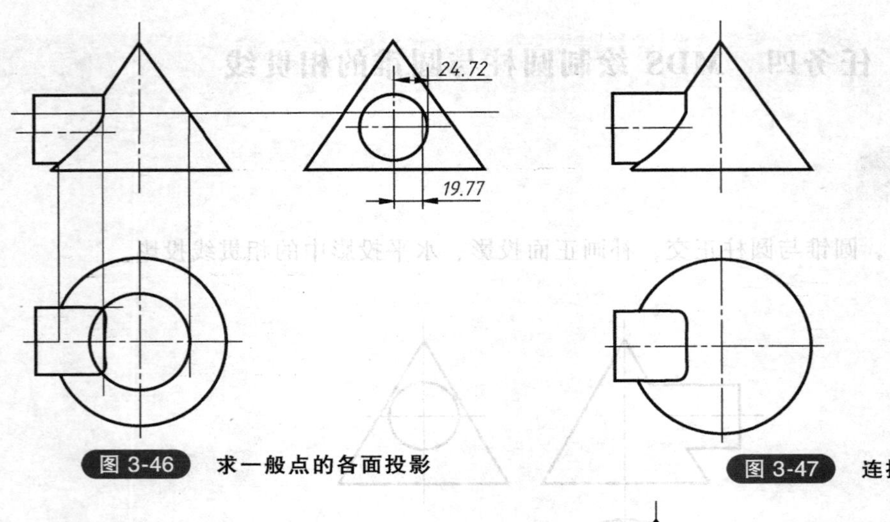

图 3-46 求一般点的各面投影

图 3-47 连接各点

任务小结

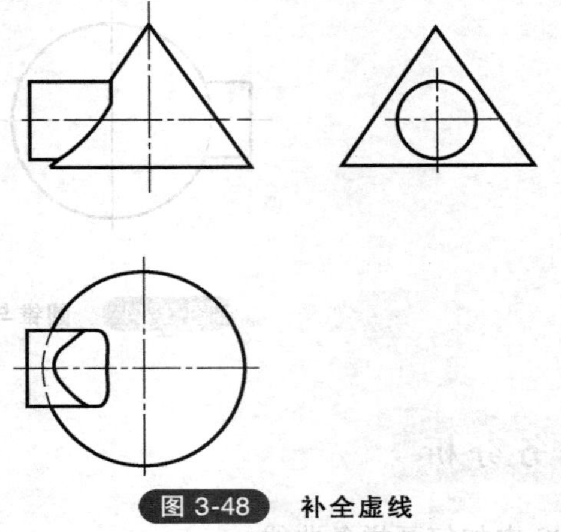

图 3-48 补全虚线

1）用 LINE 命令绘制三角形，先要确定三角形的三个顶点。

2）用 ELLIPSE 命令画椭圆，需先确定椭圆中心及长轴或短轴的端点。

3）用 SPLINE（样条曲线）命令可以连接多点，绘制出圆滑曲线；样条曲线的起点、终点的切点方向要掌握好。

任务五　SolidWorks 立体、相贯体建模

SolidWorks 软件中常用的“拉伸”和“旋转”特征工具，不仅可以快速建立常用柱体和回转体的立体模型，还能够通过切除或增加材料的方法，创建切割体和相贯体的模型。建模的思路和方法有助于理解视图和立体的关系，加强空间想象能力和设计思想表达能力的培养。

分任务一　切割体建模

任务引入

建立图 3-49 所示六棱柱切割体模型。

任务分析

1）SolidWorks 创建切割体建模的思路是什么？

2）草图与创建实体特征有什么关系？

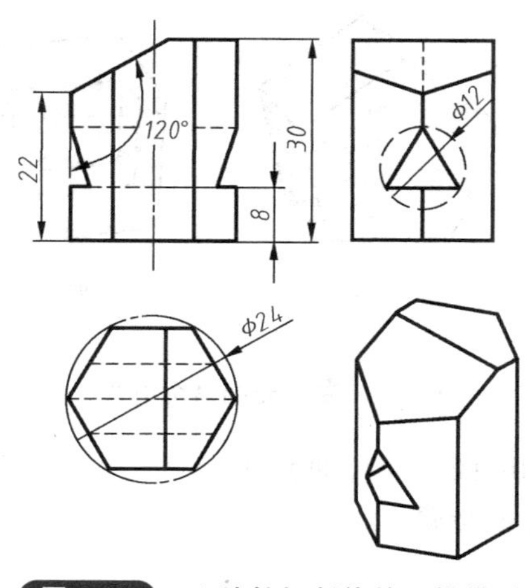

图 3-49　六棱柱切割体的三维模型

相关知识

一、SolidWorks 参数化造型主要技术特点

(1) 基于特征　将某些具有代表性的几何形状定义为特征，并将其所有尺寸存为可调参数，进而形成实体，以此为基础来构造更复杂的几何形体。

(2) 全关系　将形状和尺寸联合起来考虑，通过尺寸关系来实现对几何形状的控制。

(3) 尺寸驱动　通过编辑尺寸数值来驱动几何形状的改变尺寸标注就不再是“注释”，而是驱动用的“参数”了。

(4) 全相关　尺寸参数的修改导致其他相关模块中的相关尺寸得以全部更新。

二、术语

(1) 特征　在建模过程中的所有切除、凸台、基准面、草图都被称为特征。

(2) 基准面　平坦且无限大的平面，在屏幕上显示有边界，可用来创建草图。

(3) 凸台　草图形成的实体。模型中关键的第一个特征通常都是凸台。

(4) 切除　与凸台相反，用于在模型上去除材料。

(5) 设计意图　特征之间的关联和创建的顺序思路。

三、拉伸特征

“拉伸”就是把一个草图沿垂直方向伸长，伸长的方向可以是单向或双向的。按照拉伸特征形成的形状以及对零件产生的作用，可以将拉伸特征分为实体或薄壁拉伸、凸台/基体拉伸、切除拉伸、曲面拉伸，如图 3-50 所示。

- 单击“特征”工具栏上的“拉伸凸台/基体”按钮，或选择下拉菜单“插入”→“凸台/基体”→“拉伸”命令，可以实现图 3-50a 和 b 的拉伸特征。

- 单击“特征”工具栏上的“拉伸切除”按钮，或选择下拉菜单“插入”→“切除”→“拉伸”命令，可以实现图 3-50c 的拉伸切除特征。

- 单击“曲面”工具栏上的“拉伸曲面”按钮，或选择下拉菜单“插入”→“曲面”→

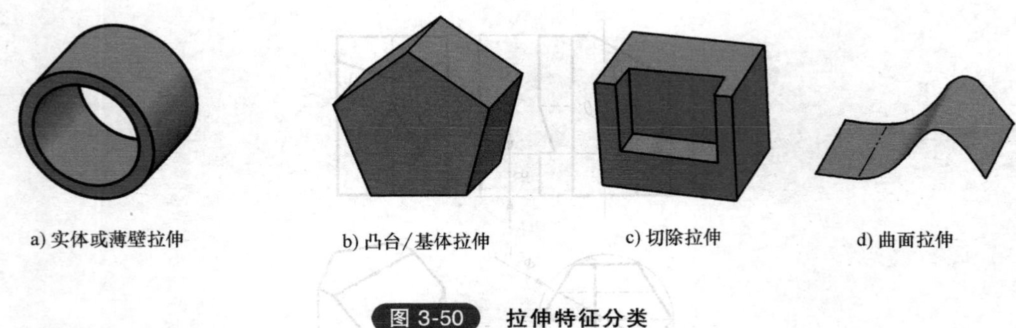

图 3-50 拉伸特征分类

“拉伸”命令，可以实现图 3-50d 的曲面拉伸特征。

1. 建立“拉伸”特征的主要步骤

1）生成草图。

2）单击拉伸工具之一。

3）出现“拉伸”属性管理器，如图 3-51 所示，设定以下选项，然后单击“确定”。

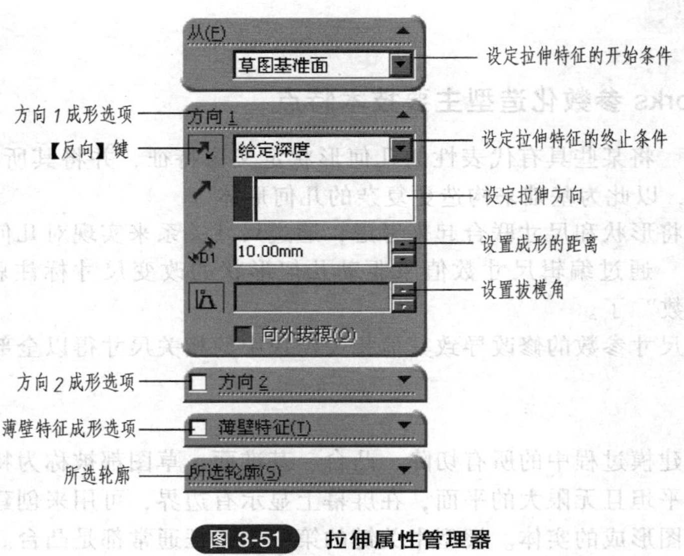

图 3-51 拉伸属性管理器

2. 拉伸特征的选项

（1）拉伸方向　在图形区域中选择方向向量拉伸草图。

（2）设定拉伸特征的开始条件　拉伸特征有 4 种不同形式的开始类型，如图 3-52 所示。

1）“草图基准面”从草图所在的基准面开始拉伸。

2）“曲面/面/基准面”从这些实体之一开始拉伸。

3）“顶点”从选择的顶点开始拉伸。

4）“等距”从与当前草图基准面等距的基准面上开始拉伸。在“输入等距值”中设定等距距离。

（3）设定拉伸特征的终止条件　设定拉伸特征的终止条件，拉伸特征有 7 种不同形式的终止类型，如图 3-53 所示。

1）“给定深度”从草图的基准面拉伸特征到指定的距离。

2）“完全贯穿”从草图的基准面拉伸特征直到贯穿所有现有的几何体。

3）“成形到顶点”从草图的基准面拉伸特征到一个与草图基准面平行，且穿过指定顶点的平面。

4）“成形到下一面”从草图的基准面拉伸特征到相邻的下一面。

5）“成形到一面”从草图的基准面拉伸特征到一个要拉伸到的面或基准面。

6）“到离指定面指定的距离”从草图的基准面拉伸特征到一个面或基准面指定距离平移处。

7）“两侧对称”从草图的基准面开始，沿正、负两个方向拉伸特征。

（4）反向　以与预览中所示方向相反的方向延伸特征。

（5）拔模　单击“拔模开/关”按钮，设定拔模角度，如图 3-54 所示。

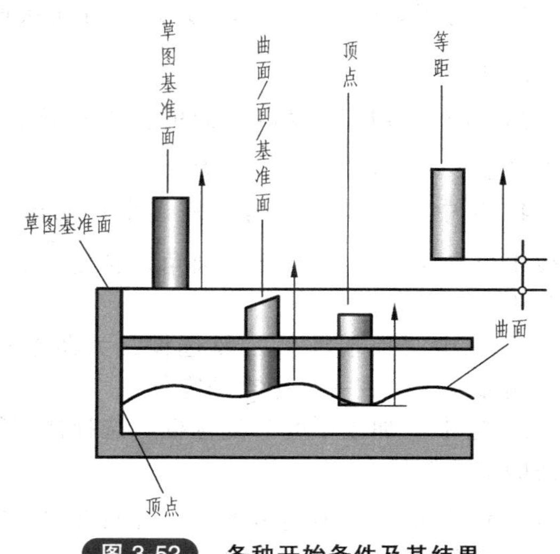

图 3-52　各种开始条件及其结果

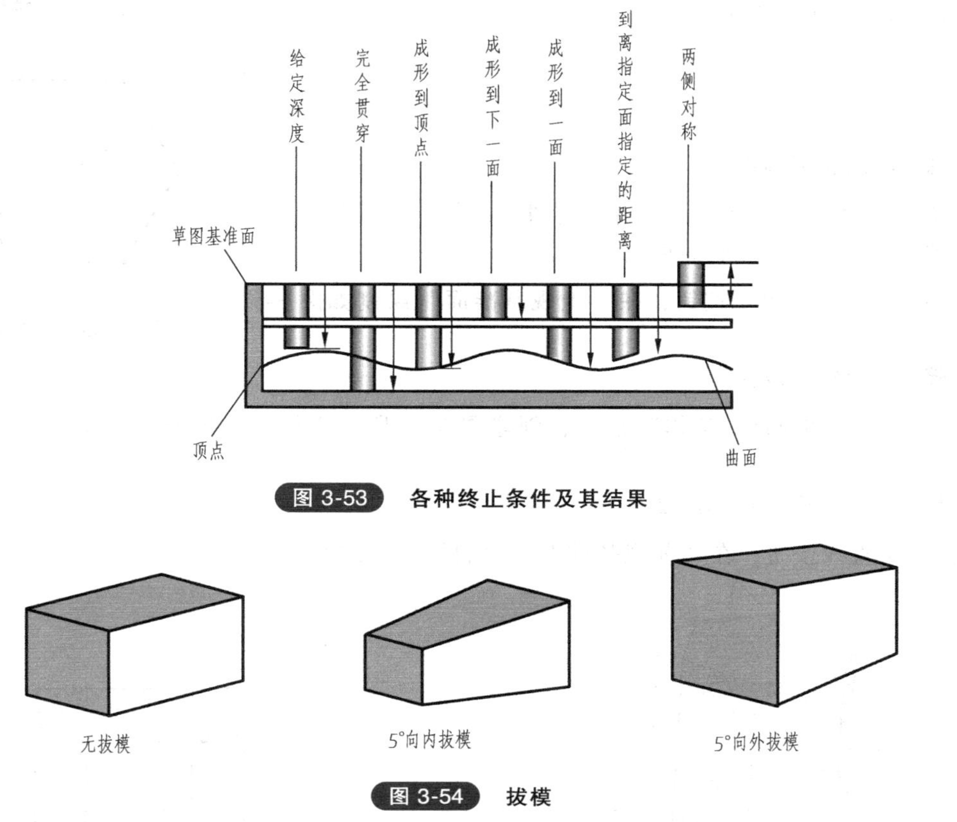

图 3-53　各种终止条件及其结果

图 3-54　拔模

（6）反侧切除　移除轮廓外的所有材质。默认情况下，材料从轮廓内部移除，如图 3-55 所示。

（7）选中“薄壁特征”复选框　则拉伸得到的是薄壁体，在薄壁特征中，可以选择薄壁特征厚度对于草图的方向类型。

1）“单向”设定从草图以一个方向（向外）拉伸的“厚度”。

2）“两侧对称”设定同时以两个方向从草图拉伸的“厚度”。

3）“两个方向”设定不同的拉伸厚度，“方向1厚度”和“方向2厚度”。

4）选中“自动加圆角”复选框，在每一个具有直线相交夹角的边线上生成圆角。指定“圆角半径”设定圆角的内半径。

5）选中“顶端加盖”复选框，为薄壁特征拉伸的顶端加盖，生成一个中空的零件。

6）选中“加盖厚度”复选框，选择薄壁特征从拉伸端到草图基准面的加盖厚度。

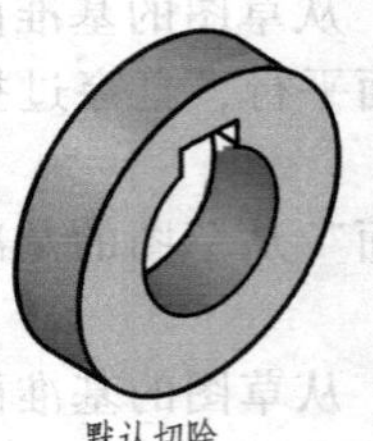

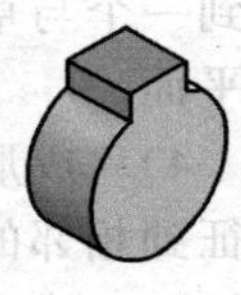

图 3-55 反侧切除

（8）单击“所选轮廓” 允许使用部分草图来生成拉伸特征。在图形区域中选择草图轮廓和模型边线。图3-56所示圆和方形在同一个草图中绘制。

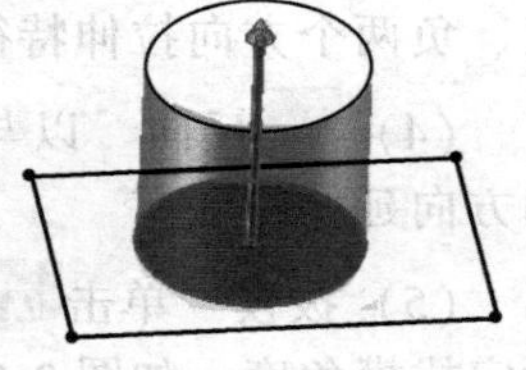

图 3-56 选择轮廓

说明：若想从草图基准面以双向拉伸，在“方向1”和“方向2”中设定属性管理器选项。

任务实施

步骤1：创建新零件。

点击“新建”图标，选择“零件”→单击“确定”。

步骤2：绘制六棱柱底面草图。

使用“多边形”按钮，在“上视基准面”绘制如图3-57所示草图。

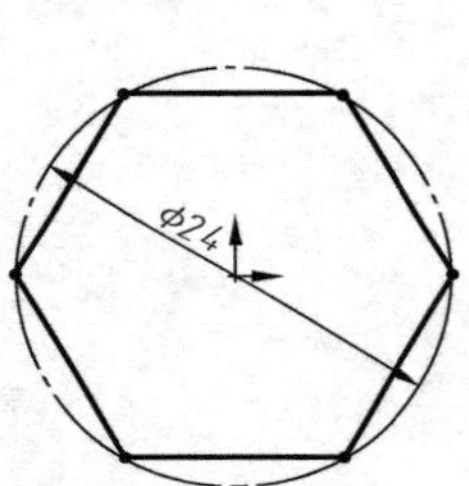

图 3-57 草图1

步骤3：创建六棱柱。

单击“拉伸凸台/基体”按钮，创建图3-58所示六棱柱。拉伸“深度”设为30mm，方向朝上。

步骤4：绘制切除用草图2。

使用直线按钮，在“前视基准面”绘制如图3-59所示草图。

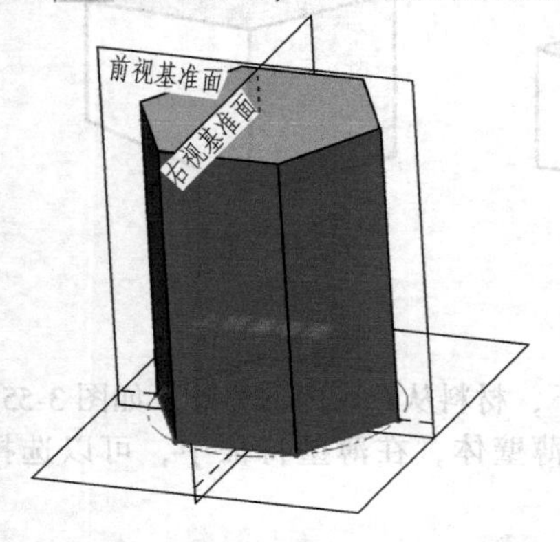

图 3-58 六棱柱

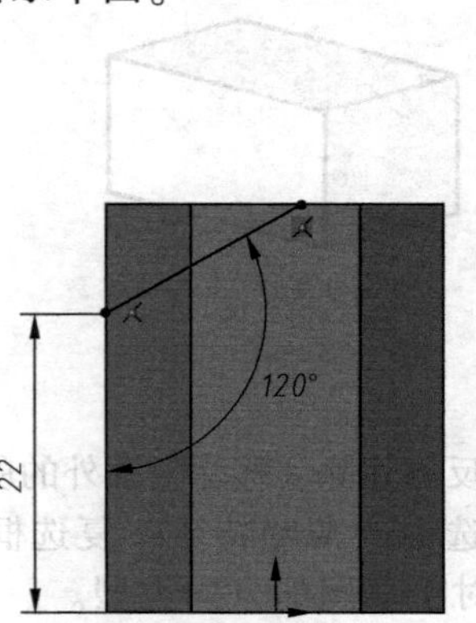

图 3-59 草图2

步骤 5：六棱柱截切 1。

单击“拉伸切除”按钮，按图 3-60 所示进行六棱柱截切。拉伸方向 1“终止条件”设为“完全贯穿”；拉伸方向 2“终止条件”设为“完全贯穿”。

步骤 6：绘制切除用草图 3。

单击“直线”按钮，在“右视基准面”绘制如图 3-61 所示草图。

步骤 7：六棱柱截切 2。

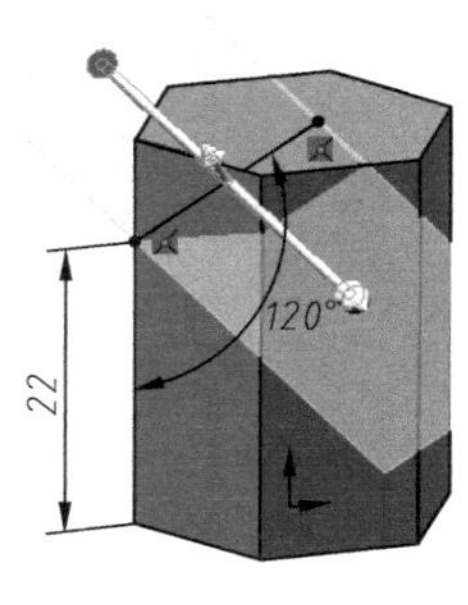

图 3-60　切除 1

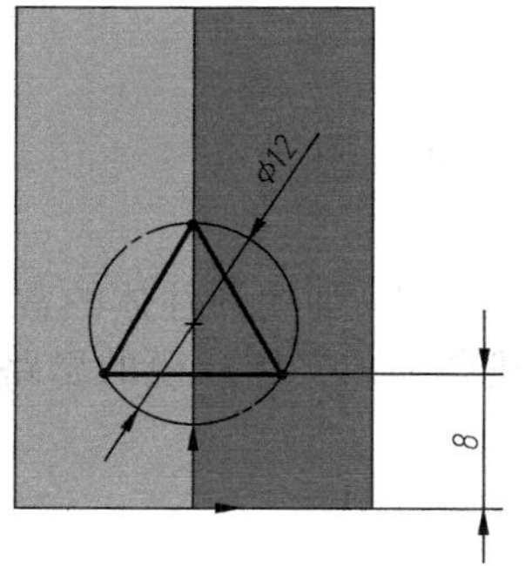

图 3-61　草图 3

单击“拉伸切除”按钮，按图 3-62 所示进行六棱柱截切。拉伸“终止条件”设为“两侧对称”，“深度”设为 25mm。

步骤 8：保存文件。

选择保存命令，在“文件名”文本框中输入“六棱柱截切”，单击“保存”按钮，完成文件的保存操作。

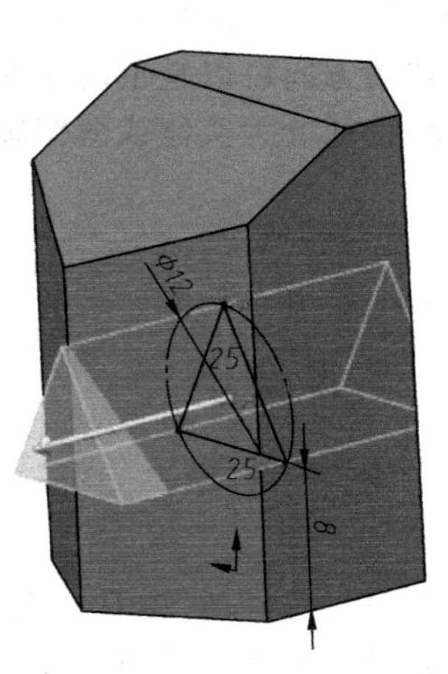

图 3-62　切除 2

任务小结

1）切割体建模过程中，第一个特征必须是凸台实体，然后才可以使用切除操作。

2）切割属于去除材料的操作，草图必须能够将待分割的实体完全分开成两个或两个以上的部分；草绘平面设置在符合特征创建方向的基准面或平面上。

分任务二　相贯体建模

任务引入

建立图 3-63 所示圆柱和圆锥相贯的三维模型。

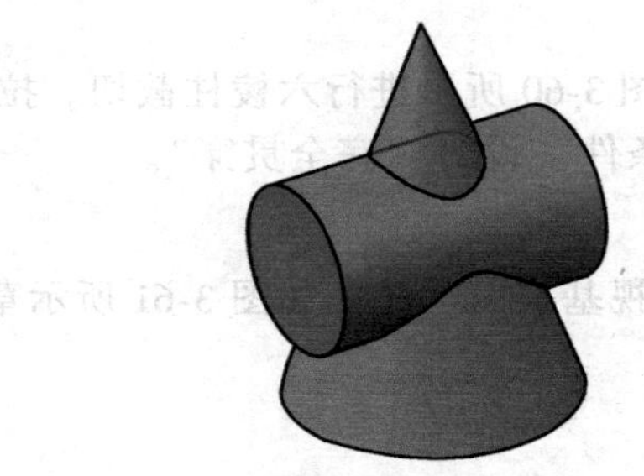

图 3-63 圆锥与圆柱相贯

任务分析

1）SolidWorks 创建圆柱体的常用方法有哪些？
2）简述叠加式实体建模的思路及位置关系。

相关知识

旋转特征起源于机加工中的车削加工，大多数轴盘类零件可以使用旋转特征来建立。

一、旋转特征的分类

“旋转”特征是通过绕中心线旋转一个或多个轮廓来添加或移除材料，适合于构造回转体。旋转的方向可以是单向或双向的。按照旋转特征形成的形状以及对零件产生的作用，可以将旋转特征分为实体或薄壁旋转、凸台/基体旋转、切除旋转、曲面旋转，如图 3-64 所示。

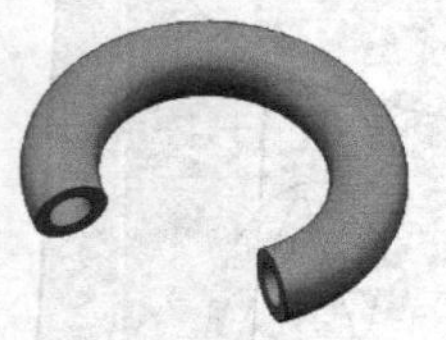

a) 实体或薄壁旋转

b) 凸台/基体旋转

c) 切除旋转

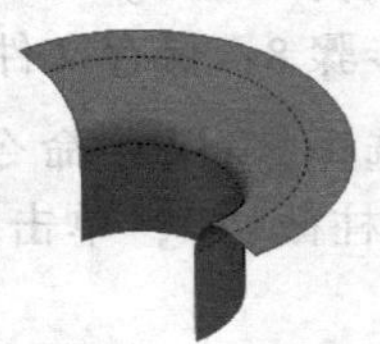

d) 曲面旋转

图 3-64 拉伸特征分类

• 单击“特征”工具栏上的“旋转凸台/基体”按钮，或选择下拉菜单“插入”→“凸台/基体”→“旋转”命令，可以实现图 3-64a、b 的拉伸特征。

• 单击“特征”工具栏上的“旋转切除”按钮，或选择下拉菜单“插入”→“切除”→“旋转”命令，可以实现图 3-64c 的旋转切除特征。

• 单击“曲面”工具栏上的“旋转曲面”按钮，或选择下拉菜单“插入“→“曲面”→“旋转”命令，可以实现图 3-64d 的旋转曲面特征。

二、建立“旋转”特征的主要步骤

1）生成草图。
2）单击旋转工具之一。
3）出现“旋转”属性管理器，如图 3-65 所示，设定以下选项，然后单击“确定”。

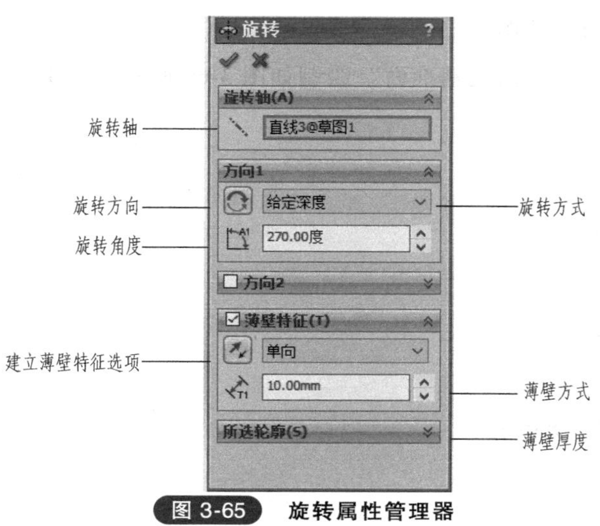

图 3-65 旋转属性管理器

三、旋转特征的选项

根据旋转特征的类型设定属性管理器选项。

1. 旋转参数

(1)“旋转轴” 选择一特征旋转所绕的轴。根据所生成的旋转特征的类型，此可能为中心线、直线或一边线。

(2)“旋转类型” 从草图基准面定义旋转方向。单击 “反向”按钮来反转旋转方向。

- “单向”从草图以单一方向生成旋转。
- “两侧对称”对称的从草图基准面以顺时针和逆时针方向生成旋转。
- “双向”从草图基准面以顺时针和逆时针方向生成旋转。说明：两个方向的角度总和不能超过360°。

(3)“角度” 定义旋转角度。默认的角度为360°。角度以顺时针从所选草图测量。

2. 薄壁特征

“类型”定义厚度的方向。选择以下选项之一：

1)“单向”从草图以单一方向添加薄壁特征。单击 “反向”按钮来反转薄壁特征添加的方向。

2)“两侧对称”通过使用草图为中心，在草图两侧均等应用薄壁特征。

3)“双向”在草图两侧添加薄壁特征。 “方向 1 厚度”从草图向外添加薄壁体积。 “方向 2 厚度”从草图向内添加薄壁体积。

3. 所选轮廓

当使用多轮廓生成旋转时使用此选项。

“所选轮廓”在图形区域中选择轮廓来生成旋转。

任务实施

步骤 1：创建新零件。

单击 “新建”图标，选择“零件”→单击“确定”。

步骤 2：绘制圆锥所需草图。

使用直线按钮，在“前视基准面”绘制如图 3-66 所示草图 1。

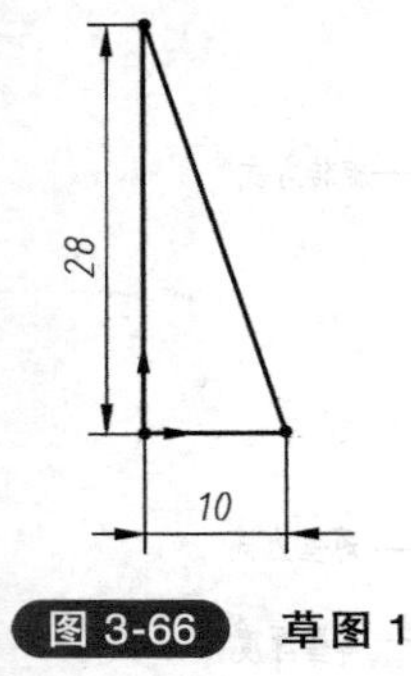

图 3-66 草图 1

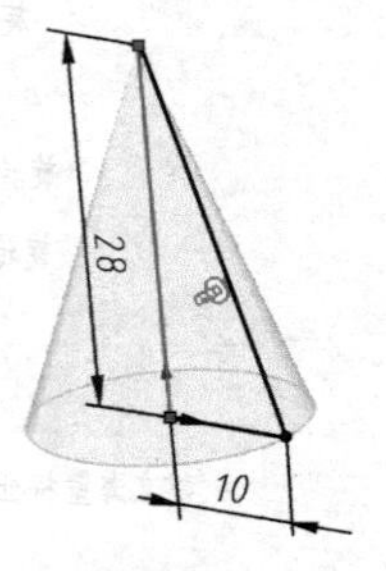

图 3-67 圆锥

步骤 3：创建圆锥。

单击“旋转凸台/基体”按钮，创建图 3-67 所示圆锥，旋转选项如图 3-68 所示。

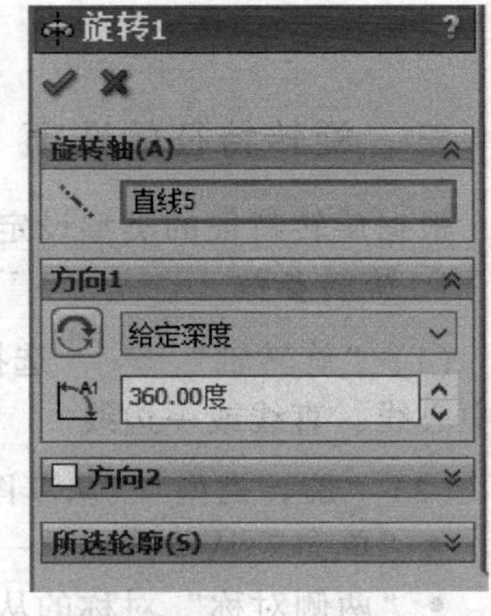

图 3-68 旋转属性面板

步骤 4：绘制圆柱底面草图。

使用圆按钮，在“右视基准面”绘制如图 3-69 所示草图 2。

步骤 5：创建圆柱。

单击“拉伸凸台/基体”按钮，设定“终止条件”为“两侧对称”，“深度”设为 20mm，创建图 3-70 所示圆柱。

步骤 6：保存文件。

选择“保存”命令，在“文件名”文本框中输入“圆柱圆锥相贯 01”，单击“保存”按钮，完成文件的保存操作。

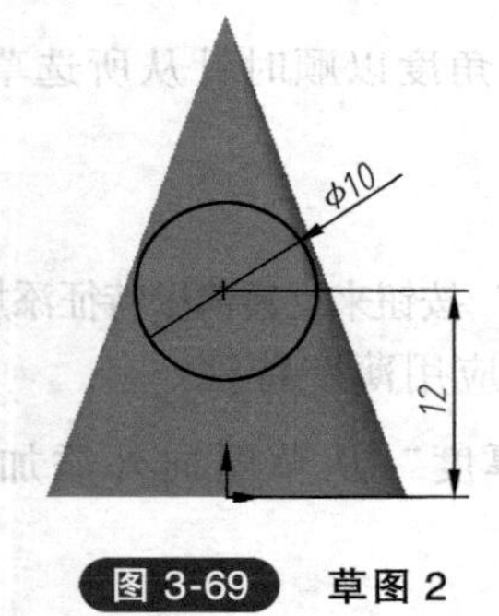

图 3-69 草图 2

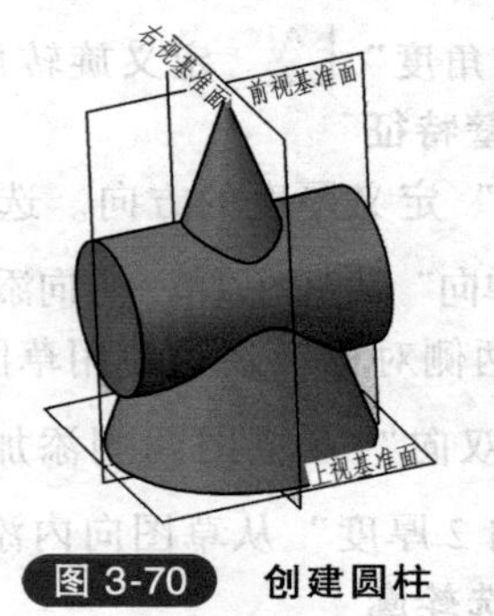

图 3-70 创建圆柱

任务小结

1）SolidWorks 创建圆柱体的常用方法是使用“拉伸”特征和“旋转”特征；主要区别在于草图的绘制，以及后续特征与之相关性。

2）叠加式实体建模的最重要的是第一个特征的建立，通常选择具有明确的形体特征和位置的主要结构；然后根据不同结构的位置关系，合理选择草绘平面绘制草图，通过尺寸约束或几何约束，依次完成各部分结构的特征建模。

分任务三　编辑特征

任务引入

对图 3-71 所示两圆柱和圆锥相贯的三维模型进行设计变更，分别生成图 3-72 和图 3-73 所示的模型，并分别保存。

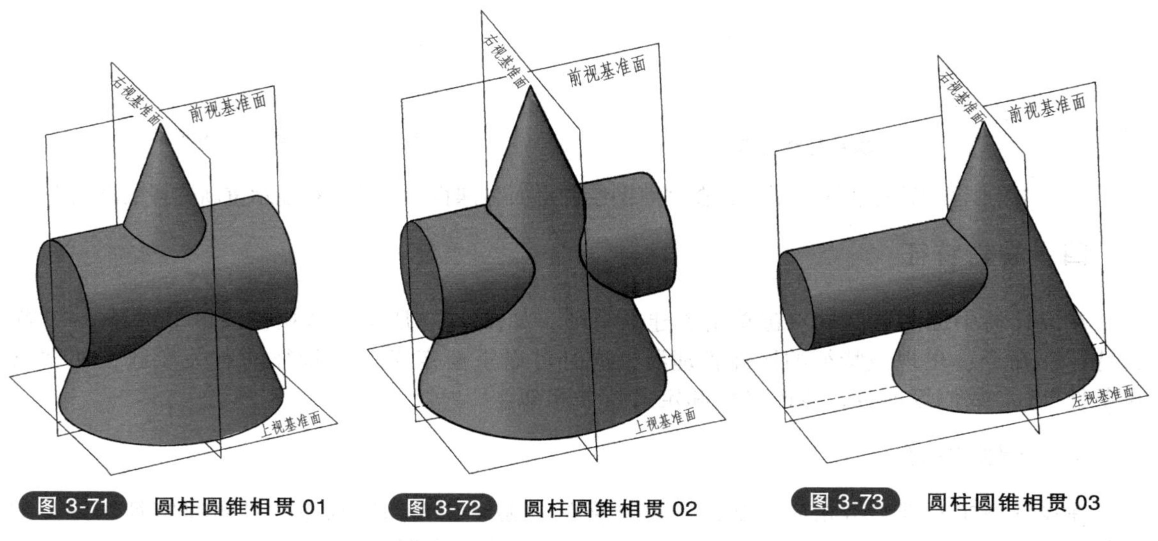

图 3-71　圆柱圆锥相贯 01　　图 3-72　圆柱圆锥相贯 02　　图 3-73　圆柱圆锥相贯 03

任务分析

1）如何改变 SolidWorks 建立的模型中圆柱的大小？
2）如何改变 SolidWorks 建立的模型中圆柱的位置？

相关知识

任何零件模型的建立都是建立特征和修改特征的结合过程。SolidWorks 不仅有强大的特征建立工具，而且为修改特征提供了最大限度的方便。

一、修改特征尺寸值

1）在设计树中或图形区域双击任何特征，该特征所有的尺寸值都显示在图形区域。

2）在图形区域双击需要修改的尺寸值，在对话框中输入正确的数值，如图 3-74 所示。

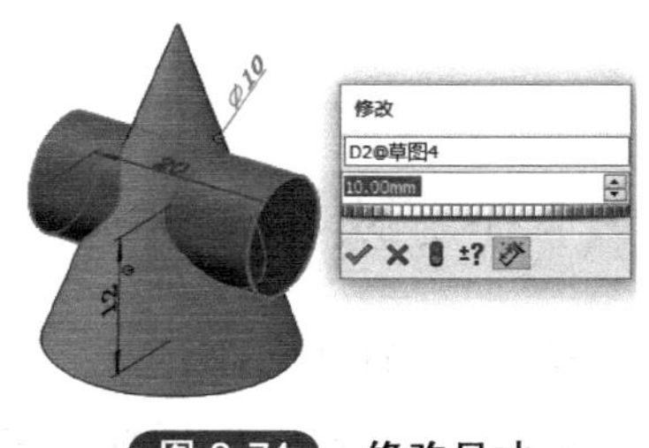

图 3-74　修改尺寸

3）单击“标准”工具栏上的“重新建模”按钮，重新建立模型。

二、编辑草图

在设计树中或图形区域右键单击任何特征，从快捷菜单中选择“编辑草图”命令，如图 3-75 所示，可以编辑当前特征的草图。

三、编辑草图平面

1）在设计树中展开特征定义内容，右键单击需要修改的草图，在快捷菜单中选择“编辑草图平面”命令，出现“草图绘制平面”属性管理器，如图 3-76 所示。

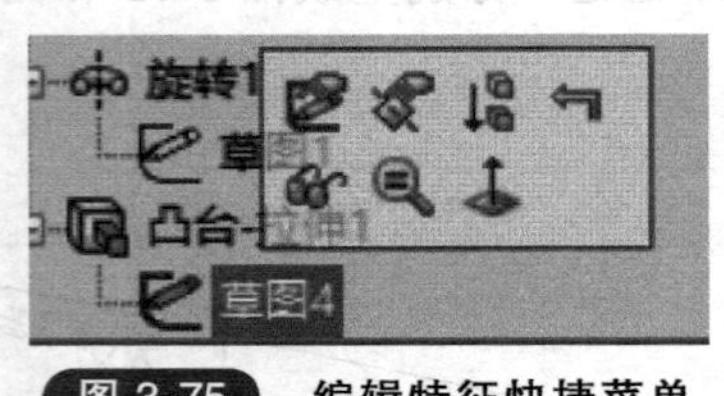

图 3-75 编辑特征快捷菜单

草图绘制平面
草图基准面/面(P)
前视基准面

图 3-76 更改草图平面

2）在图形区域选择相应的平面，在“草图绘制平面”属性管理器中将显示重新选择的草图平面。

四、编辑特征

在设计树中或图形区域右键单击创建的特征，如图 3-77 所示，从快捷菜单中选择“编辑特征”命令，出现该特征的属性管理器，这时可以重新定义所选特征的有关参数，如“终止条件”、参数值等内容，修改操作和定义特征相似。

五、删除特征

在设计树中右键单击相应特征，从快捷菜单中选择“删除”命令，即可将特征删除。如果删除的特征具有与之关联的其他特征，则其他特征也会同时被删除。

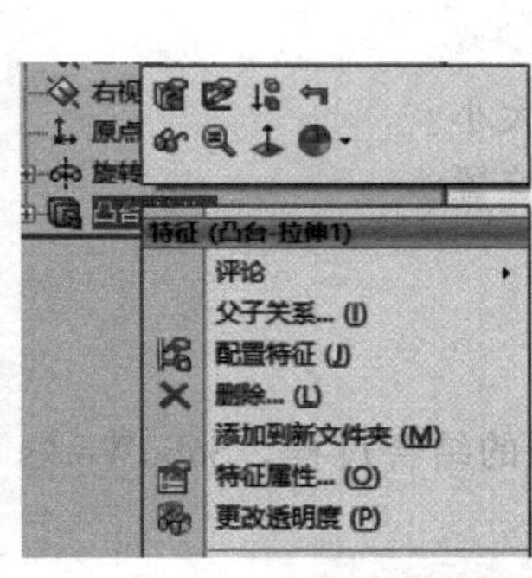

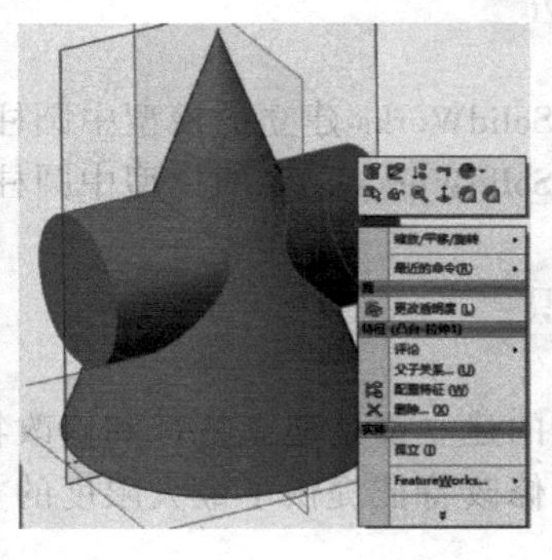

图 3-77 编辑特征快捷菜单

任务实施

步骤 1：打开文件。

单击“打开”图标，在弹出的对话框中选择“圆柱圆锥相贯 01”→“打开”。

步骤 2：修改圆柱直径。

1）在设计树中或图形区域双击圆柱特征，该特征所有的尺寸值都显示在图形区域。

2）在图形区域双击 ϕ10mm，在修改框中输入“12”，如图 3-78 所示。

3）单击“标准”工具栏上的“重新建模”按钮，效果如图 3-79 所示。

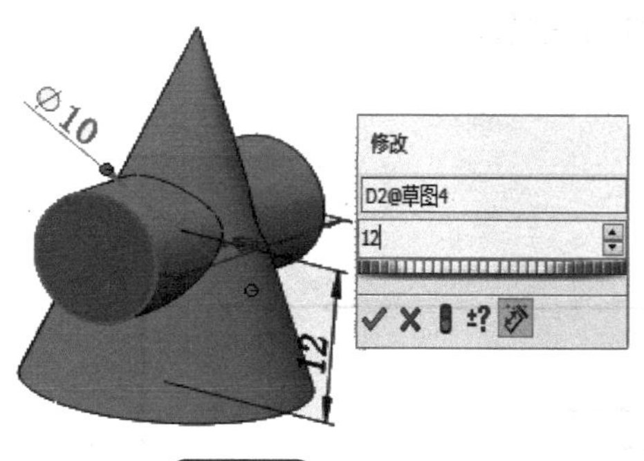

图 3-78　修改尺寸

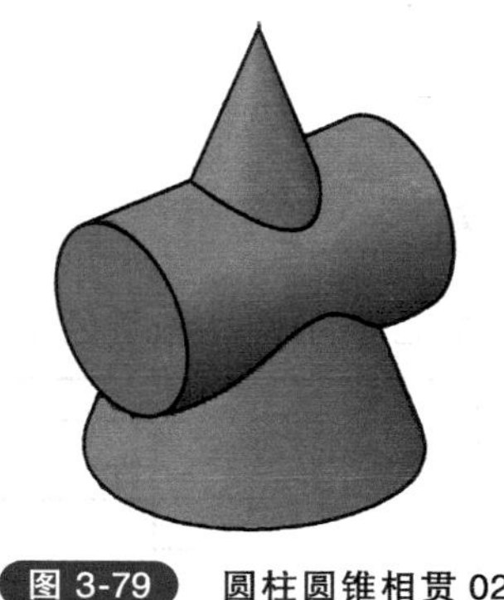

图 3-79　圆柱圆锥相贯 02

步骤 3：另存文件。

选择 另存为 命令，在“文件名”文本框中输入“圆柱圆锥相贯 02”，单击“保存”按钮，完成文件的保存操作。

步骤 4：编辑圆柱特征。

打开“圆柱圆锥相贯 01”文件，选中圆柱，从快捷菜单中选择“编辑特征”命令，拉伸凸台选项如图 3-80 所示设置，效果如图 3-81 所示。

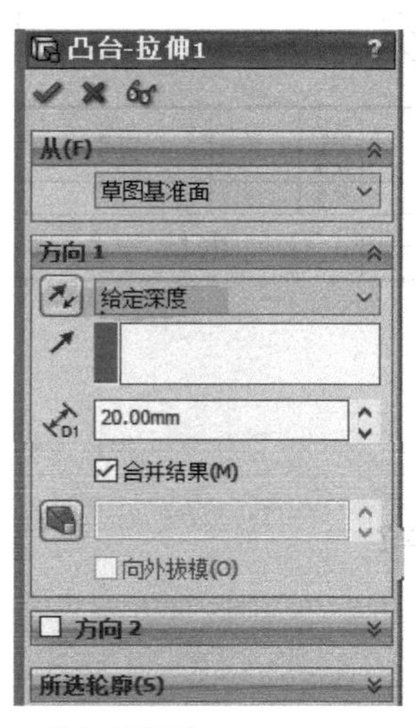

图 3-80　拉伸选项

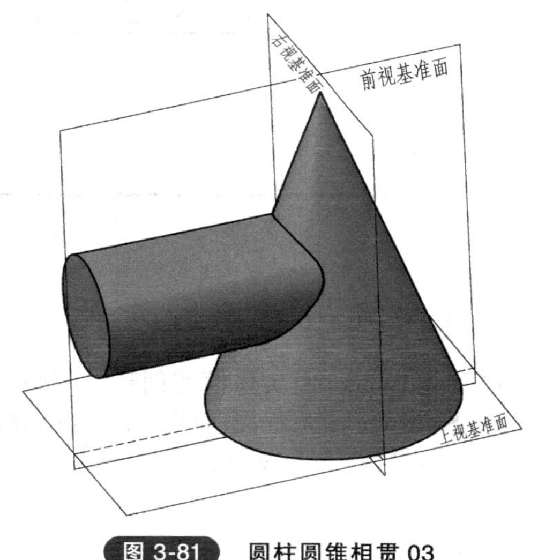

图 3-81　圆柱圆锥相贯 03

步骤 5：另存文件。

选择 另存为 命令，在“文件名”文本框中输入“圆柱圆锥相贯 03”，单击“保存”按钮，完成文件的保存操作。

任务小结

1）修改草图的定形尺寸，可以改变特征的大小。修改草图中的定位尺寸或几何约束，可以改变特征的位置。

2）由于特征存在相应的父子关系，编辑过程中，父特征的修改将影响子特征，所以建模的次序规划、尺寸关系、几何关系的设置非常重要。

分任务四　创建工程图

任务引入

创建图 3-82 所示圆柱相贯的工程图。

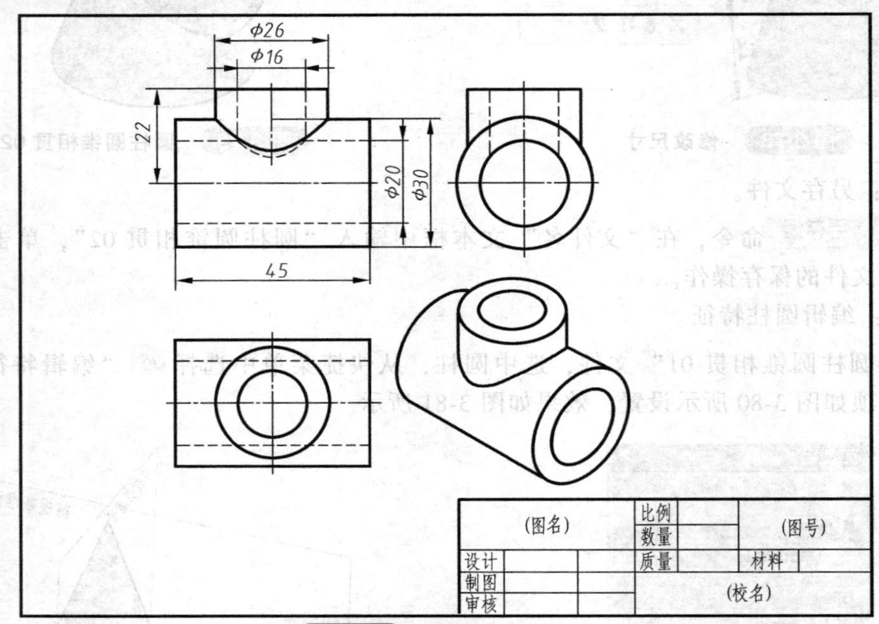

图 3-82　圆柱相贯工程图

任务分析

1）SolidWorks 由实体模型创建工程图的基本步骤是什么？
2）SolidWorks 工程图有哪些的比例和线型？
3）怎样进行 SolidWorks 工程图的尺寸标注？

相关知识

SolidWorks 软件可以使用零件和装配体创建工程图。所创建的工程图与其所参考的零件或装配体是全相关的。当模型被修改之后，工程图也会随之更新，从而实现参数化的控制。

一、工程图创建和保存

SolidWorks 的工程图建立工程图之前，必须保存相关的零件或装配体模型文件。

1）工程图文件的新建有两种方法：

单击“新建”图标，在弹出的“新建 SolidWorks 文件”对话框中选择“工程图”图标，单击“确定”，在“图纸格式/大小”对话框中选择图纸规格。

2）保存工程图时，单击菜单栏“文件”→“保存”即可。

工程图的扩展名是“ *. slddrw”。注意：保存的时候要与相应的零件和装配体文件保存到同一个文件夹中，以免打开时出现丢失零件或提示寻找零件的麻烦。

二、图纸属性设置

纸张大小、图纸格式、绘图比例、投影类型等图纸细节在绘图时或以后都可以随时在图纸设定对话框中更改。

在特征管理器中右键单击“图纸”图标，然后从快捷菜单选择“属性”命令，将出现如图 3-83 所示的“图纸属性”对话框。

“图纸属性”对话框中常用选项的含义如下所述：

(1)“名称”选项　激活图纸的名称，可按需要编辑名称，默认为图纸 1、图纸 2、图纸 3 等。

(2)“比例”选项　为图纸设定比例。注意：比例是指图中图形与其实物相应要素的线性尺寸之比。

(3)“投影类型”选项　为标准三视图投影，选择第一视角或第三视角，国内常用的是第一视角。

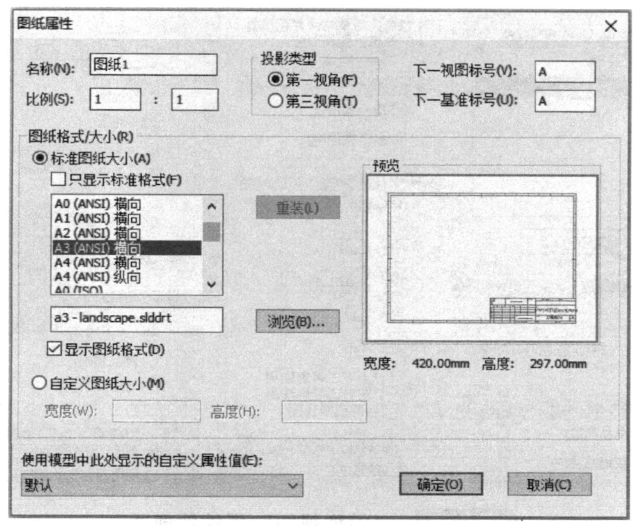

图 3-83 “图纸属性”对话框

三、工程图类型

Solidworks 能够创建的工程视图类型包括模型视图、标准三视图等。对应的命令启动方式如图 3-84 所示。本书简单介绍以下三种视图类型。

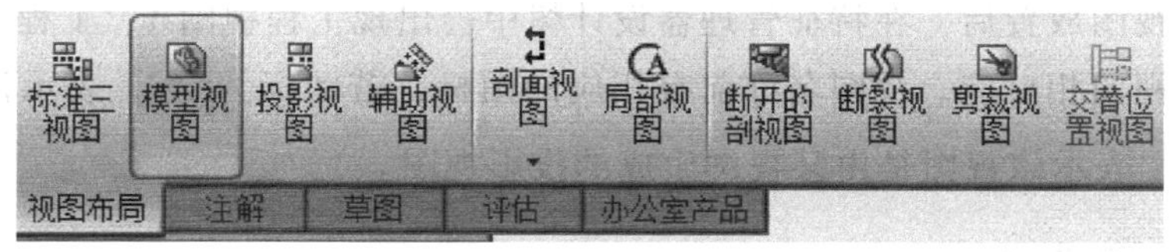

图 3-84 “视图布局”工具栏

1)“标准三视图”用于同时建立三个默认的正交视图，即我们常说的主视图、俯视图和左视图。主视图与俯视图及左视图有固定的对齐关系。俯视图可以竖直移动，左视图可以水平移动。

操作步骤：选择菜单栏“插入”→“工程视图”→“标准三视图”命令，或单击常用工具栏中的“视图布局”/“标准三视图”按钮，在弹出的属性管理器中单击“浏览”，浏览至欲建立工程图的零件或装配体文件，并将其打开，图形区域会自动生成三个默认的正交视图。

2）“模型视图”用于生成模型中选定的某一个或多个视图。

操作步骤：

① 选择菜单栏“插入”→“工程视图”→“模型（视图）”命令，或单击常用工具栏中的“视图布局”→“模型视图”按钮，系统弹出“模型视图”属性管理器，如图3-85所示。

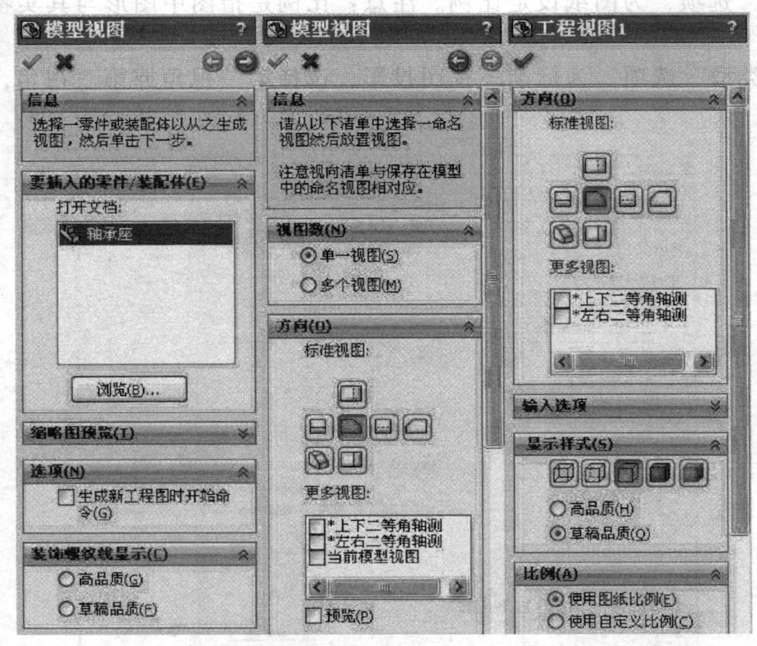

图 3-85 “模型视图”属性管理器

② 单击“浏览”按钮，选择“轴承座”零件，然后在“模型视图”属性管理器的“标准视图”中单击“前视”按钮，选择插入的视图方向。

③ 在工程图合适的位置添加该图。单击属性管理器中的“确定”完成操作。

3）“投影视图”是指将工程图中已存在的视图，建立以该视图为前视图的上、下、左、右4个正投影视图中的其中一个视图。在放置第一个视图以后才能启用“投影视图”命令。

工程图中各视图放置后，在特征管理器设计树中会出现工程视图1、工程视图2等视图名称与图形区域的视图相对应。视图名称前有相应的图标，若图标为，表示该视图是模型视图。若图标为，表示该视图是由某视图生成的投影视图。

四、选择与移动视图

要选择一个视图，当指针移动到视图边界的空白区域，出现形状时单击。被选择的视图边框呈绿色虚线，视图的属性出现在相应视图的PropetrtyManager设计树中。

要想退出选择，单击此视图以外的区域即可。

五、添加中心符号线和中心线

在建立视图时，系统可以自动插入“中心符号孔”和“中心线”。

可以在“选项”→“文档属性”→“出详图”中设置这一功能，如图 3-86 所示。也可以在生成视图后单击“插入”→“注解”为工程图添加相应项目。

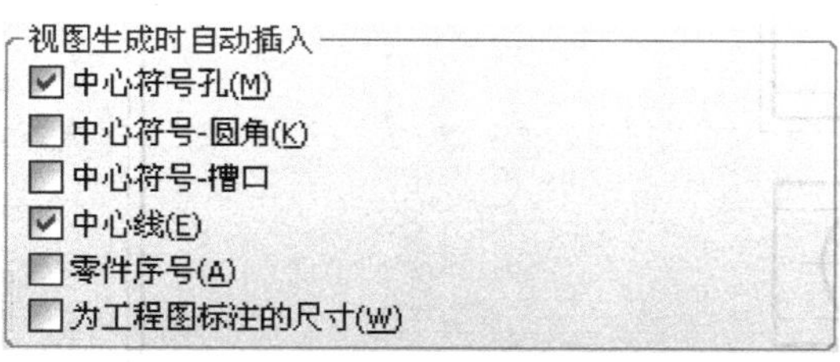

图 3-86　自动生成中心符号线

利用常用工具栏“注解”→“中心符号线”命令，可以在所选择的圆形边线上建立中心符号线。

六、插入模型项目

选择菜单栏“插入”→“模型项目”命令，系统弹出“模型项目”属性管理器，如图 3-87 所示。可以使模型文件中的尺寸、注释和参考几何体等注解自动添加到现有工程视图（特定的工程视图或者所有视图）中。

这些插入到工程图的项目与模型是相关联的，更改模型中的尺寸会更新工程图，更改工程图中插入的尺寸同样也会更改模型。

另外，也可以使用草图中的“智能尺寸”进行标注。

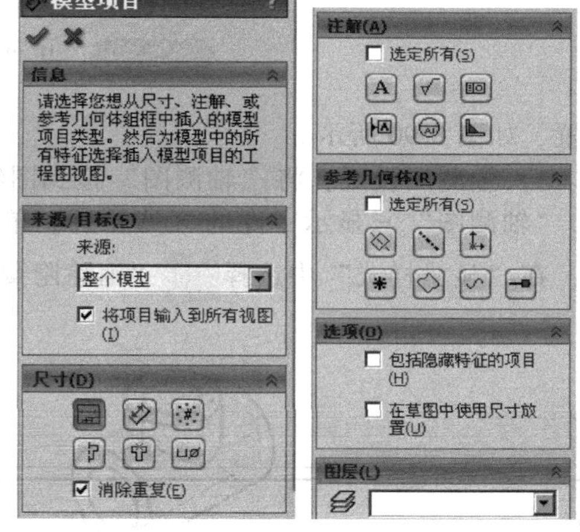

图 3-87　“模型项目”属性管理器

任务实施

步骤 1：新建工程图文件。

打开“圆柱相贯 .sldprt”文件，选择菜单栏“文件”→“从零件制作工程图”命令，系统弹出“新建 SolidWorks 文件”的对话框。选择合适的工程图模板，这里选择“工程图-A3 模板”，单击“确定”，系统则调入已经设定好的工程图模板，如图 3-88 所示。

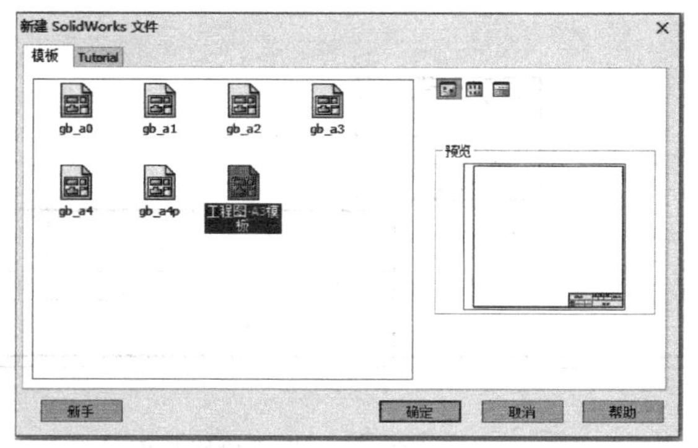

图 3-88　工程图纸环境

步骤 2：生成所需工程视图。

1）生成主视图：在“查看调色板”中出现零件各视图预览，将所需的视图从其中拖入到图形区合适的位置，如图 3-89 所示。

2）生成投影视图：在视图附近移动鼠标，会自动出现该视图的投影视图或轴测图。在合适的地方单击，即可以确定视图的

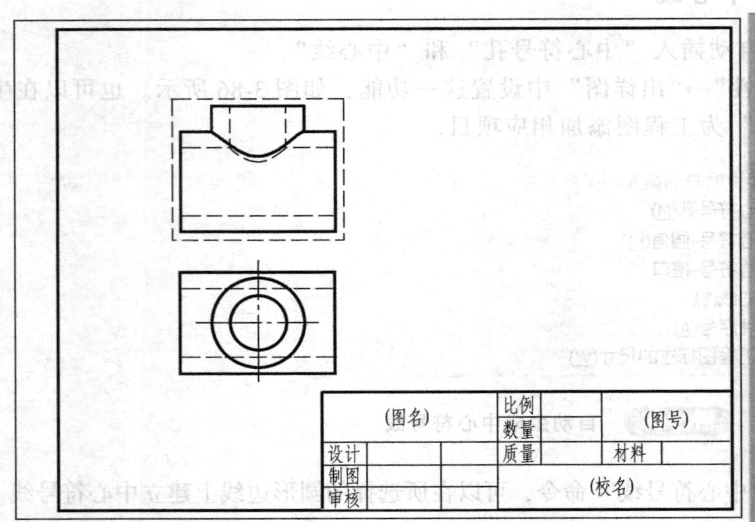

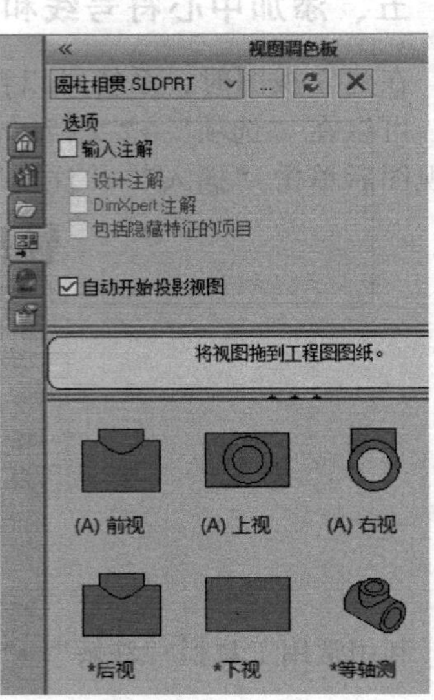

图 3-89 从“查看调色板”中拖入视图

位置，如图 3-90 所示。

3）轴测图设置：将“轴测图”拖到图纸右下部。

“轴测图”只显示零件的可见轮廓。单击“轴测图”，系统弹出“轴测图”的属性管理器，在“显示样式”中选择“消除隐藏线”样式，如图 3-91 所示。

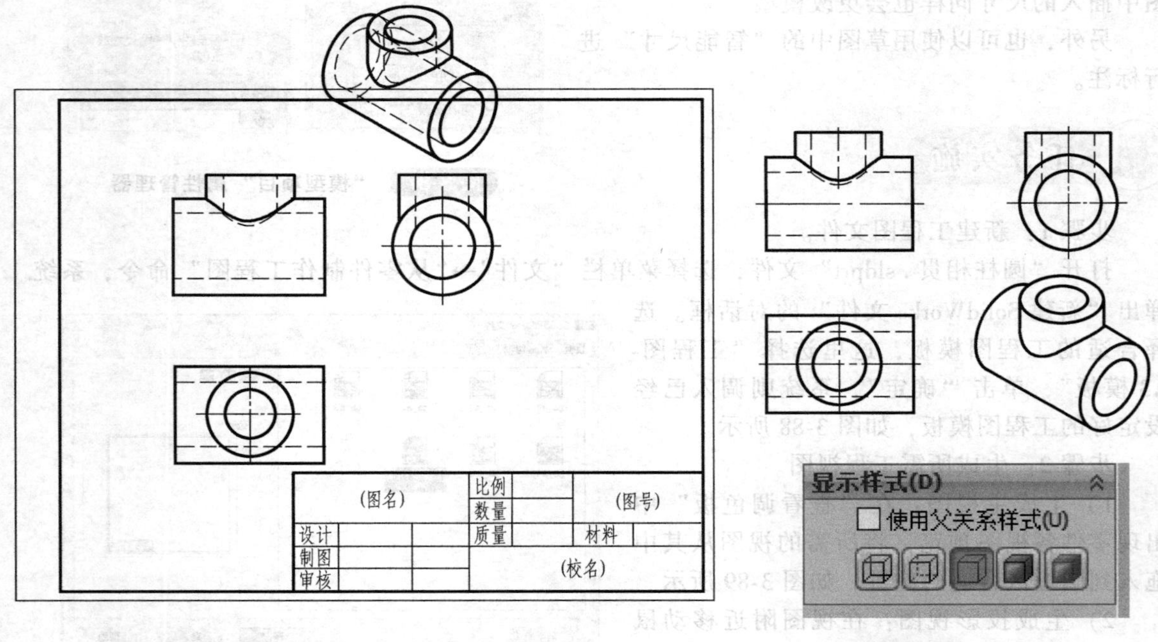

图 3-90 生成投影视图

图 3-91 轴测图

步骤 3：添加中心线。

选择 中心线 工具，左键单击选择视图，自动生成中心线。

步骤 4：尺寸标注。

1）生成尺寸：选择菜单栏中的“插入”→“模型项目”命令，会出现“模型项目”属性面板，如图 3-92 所示。设置参数，单击设计树中的“确定”，这时会在视图中自动显示尺寸，如图 3-93 所示。

2）调整尺寸：如果要在不同视图之间移动尺寸，首先应选择要移动的尺寸同时按住鼠标左键，然后按住键盘中的 Shift 键，移动光标到另一个视图中释放鼠标左键，即可完成该尺寸在不同视图之间的移动。效果如图 3-94 所示。

3）标注尺寸：主视图中的 ϕ26mm 尺寸线太长，无法调整，按键盘中的 Delete 键删除，调整使用“智能尺寸”按钮重新标注，完成后的视图如图 3-82 所示。

步骤 5：保存文件。

选择保存命令，“文件名”文本框中显示为“圆柱相贯”，与零件名称相同，单击“保存”按钮，完成文件的保存操作。虽然零件和图纸的文件名相同，但由于其类型不同，文件后缀名也不同，因而不会冲突。

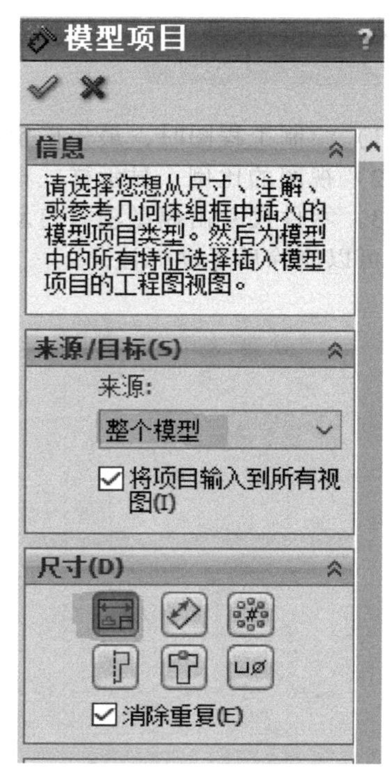

图 3-92 “模型项目”

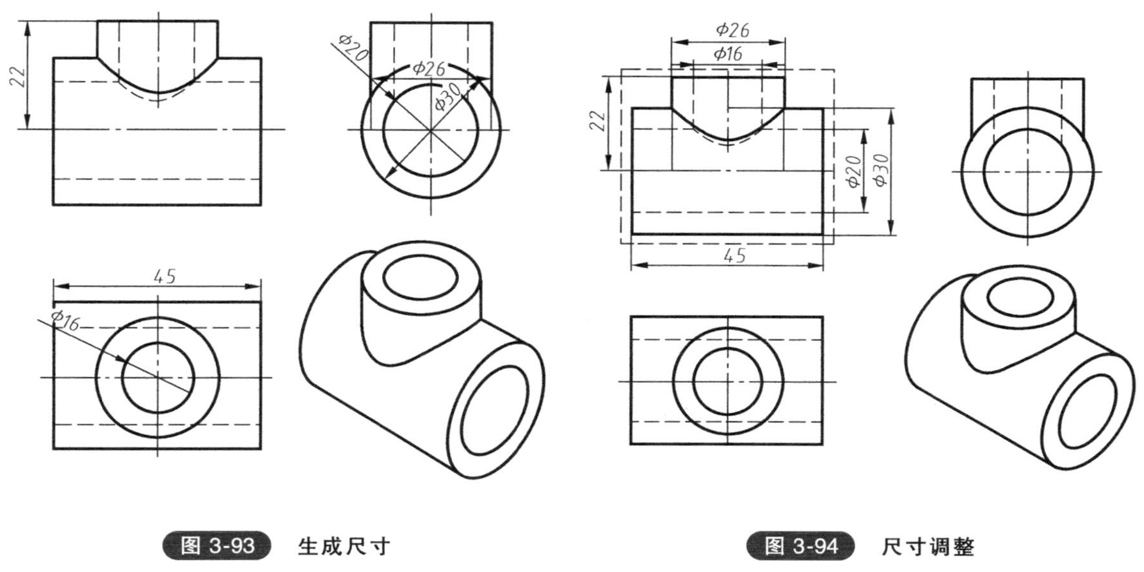

图 3-93 生成尺寸

图 3-94 尺寸调整

任务小结

1）绘制工程图时，最先确定主视图，然后投影产生其他相关视图。

2）视图的比例、显示样式都在属性面板中进行设置。

3）零件尺寸由模型项目自动生成，并与零件模型直接关联。部分尺寸不符合标注要求时，可以删除后手动标注。

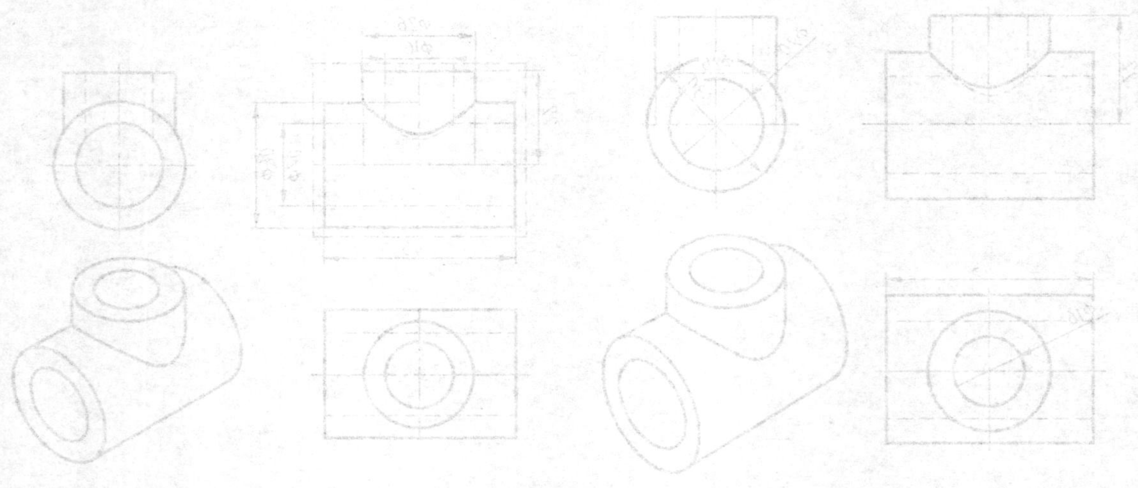

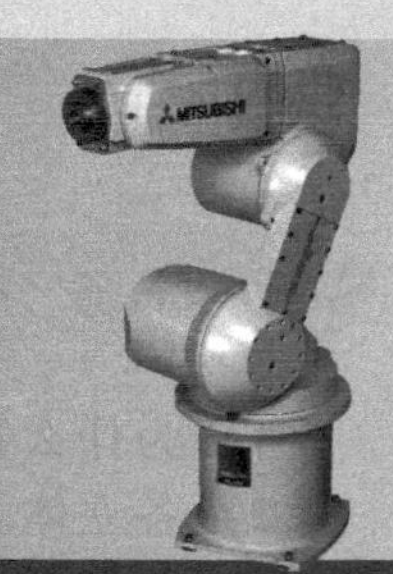

项目四

绘制组合体视图

机器零件，从形体的角度来分析，都可以看成是由一些简单的基本立体经过一定的方式组合而成的。由两个或两个以上的基本立体组合构成的整体称为组合体。本项目在介绍绘制、标注和识读组合体视图的方法与步骤的基础上，同步介绍了采用 MDS、SolidWorks 软件绘制组合体视图、建立组合体三维模型的方法与步骤。

教学目标

1. 掌握绘制组合体三视图的方法及步骤。
2. 能运用形体分析法，正确、完整、清晰地标注组合体的尺寸。
3. 掌握识读组合体视图的方法和步骤。
4. 能运用 MDS、SolidWorks 软件，绘制组合体视图、建立组合体的三维模型。

任务一　组合体视图的绘制方法

分任务一　叠加型组合体视图的绘制方法

任务引入

根据图 4-1 所示轴承座的立体图绘制其三视图。

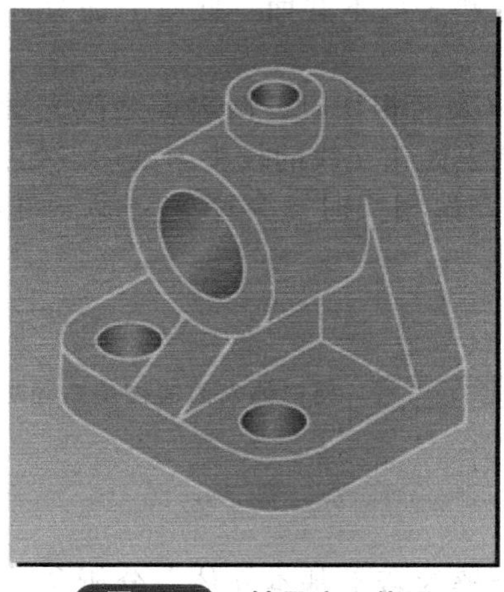

图 4-1　轴承座立体图

任务分析

1）为什么要对轴承座进行形体分析？
2）各立体之间的表面是如何连接的？
3）如何正确绘制轴承座三视图？

相关知识

一、组合体的组合形式

组合体按其组合形式的不同，通常可分为叠加型、切割型和综合型，如图 4-2 所示。

a）叠加型　b）切割型　c）综合型

图 4-2　组合体的组合形式

二、组合体表示连接关系及画法

为了正确绘制组合体的三视图，必须分析组合体相邻两基本立体表面之间的位置关系和连接方式。组合体相邻两基本立体表面之间的连接方式不同，可以分为平齐、相切、相交三种连接关系。

（1）平齐　相邻两基本立体的表面平齐时，这些表面是共面关系，此时表面分界处没有界线，即平齐不画线。如图 4-3a 所示形体上、下两部分的长度相等，两者左右端面是对齐的，位于同一平面上，因此，在此端面连接处就不应该再画线（见主视图）；相邻两基本立体的某些表面不平齐，说明两立体的这些表面不共面，此时表面分界处有界线，即不平齐画线，如图 4-3b 所示（见主视图）。

（2）相切　相邻两基本立体表面相切时，两表面之间光滑过渡，相切处无轮廓界限，即相切处无切线，不画线，要求两表面相交线的投影画到切点处，如图 4-3c 所示。

（3）相交　相邻两基本体表面相交时，会产生交线，两表面相交要画交线，如图 4-3d 所示。

图 4-3　两形体表面连接关系画法

三、形体分析法

假想将一个复杂的组合体分解为若干基本立体，分析各基本立体的形状、相对位置、组合形式及表面连接关系的方法，称为形体分析法。形体分析法是正确快速绘制组合体视图、识读组合体视图和组合体尺寸标注最基本、最有效的方法。在画组合体视图的过程中，用形体分析法分析组合体时，应该先从叠加的角度分析组合体由哪些基本立体构成，再从挖切的角度来分析这些基本立体切割掉了哪些形成孔或者是缺角，即“先整体后局部，先装后拆”。

任务实施

以图 4-1 所示轴承座为例，介绍形体分析法绘制轴承座三视图的步骤：

1. 形体分析

如图 4-4 所示，轴承座可以分解为凸台、圆筒、支承板、筋板和底板五个基本立体，其中凸台与圆筒相贯连接，内外均有相贯线；圆筒与支承板两侧相切；肋板上下分别与圆筒外圆柱面和底板上表面相交；底板与支承板后表面平齐。

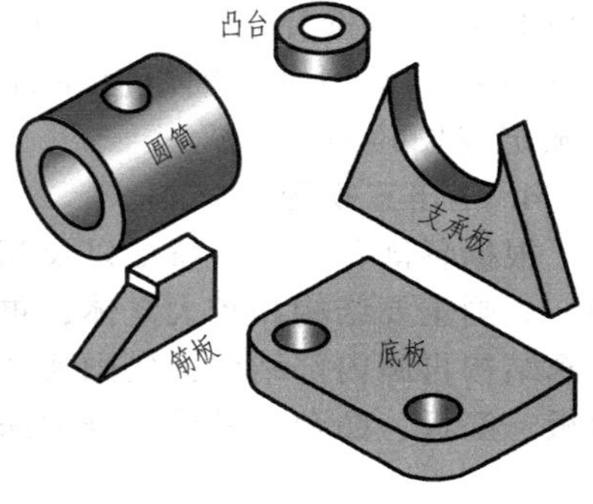

图 4-4 轴承座形体分析

2. 选主视图

主视图是表达组合体三视图中最主要的视图。主视图应尽量反映机件的形状特征和各基本连接关系。

首先将组合体摆正，让组合体尽可能多的表面与投影面平行，选择能反映组合体形状特征、各部分基本立体相对位置关系的方向作为主视图的投射方向，同时兼顾俯视图和左视图，使视图整体上表达清晰且阅读方便。

如图 4-5 所示，可分别从 *A*、*B*、*C*、*D* 四个方向作为主视图的投射方向：若以 *D* 向作为主视图，主视图中虚线较多，没有 *B* 清楚；若以 *A*、*C* 作为主视图，虚线情况相同，但如果以 *C* 作为主视图会使此时的左视图虚线较多，没有 *A* 好；最后对 *A* 和 *B* 进行比较，*B* 更能反映轴承座各部分的形状特征，所以确定选择 *B* 为主视图的投射方向。

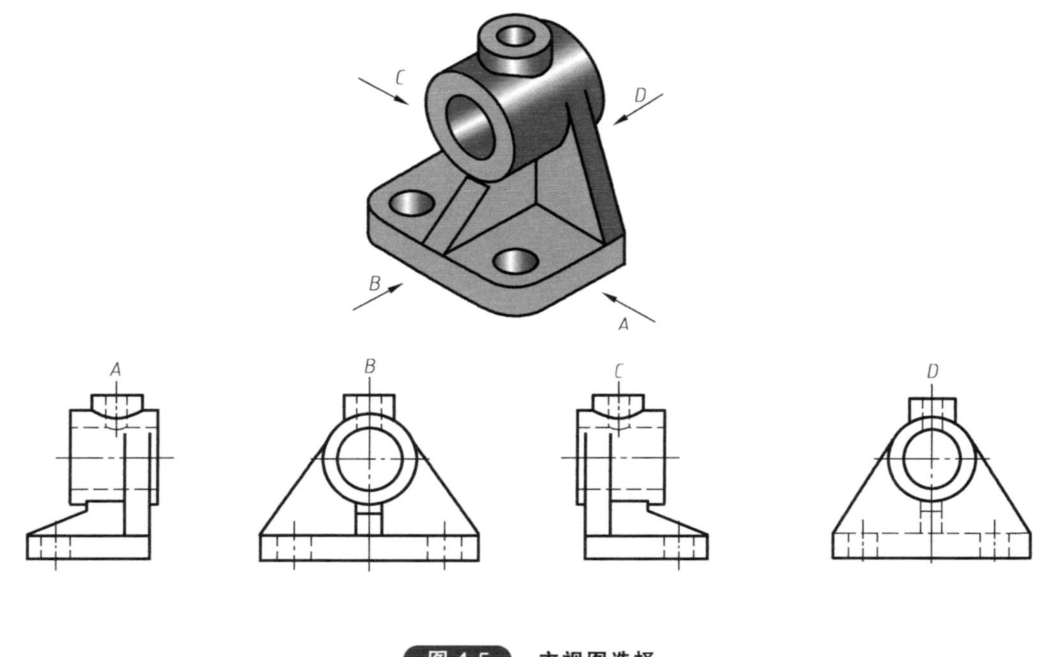

图 4-5 主视图选择

3. 定位布局

（1）选比例定图幅　根据组合体的大小和复杂程度选择合适的比例，在视图表达清晰的前提下，尽量选用 1：1 比例，根据图形大小、标注尺寸位置和标题栏，确定图纸幅面。

（2）合理布置视图，绘制基准线　根据各个视图的尺寸大小，按照三视图的投影关系，同时考虑视图中标注尺寸的位置，确定各个视图在图框内的位置，合理布局三视图，使各个视图在图框内分布均匀；确定各视图在图纸中的位置，绘制各个视图的基准线，定位基准一般选择图形中的对称中心线，较大回转结构的中心线、底面或者端面，如图 4-6a 所示。本例中将轴承座左右对称中心线，底板及支承板的后端面作为主要基准线，来确定视图位置。

4. 画出三视图

根据各部分立体的特征以及相对之间的位置，画出三视图，每个基本立体的三视图一起画，先画主要结构和较大立体，再画次要结构和小立体；先画特征投影再画其他投影；先画轮廓结构再画内部结构；先画实线再画虚线。综合考虑绘制三视图的顺序为底板、圆筒、支承板、筋板、凸台，最后检查加深。绘图步骤如图 4-6b、c、d、e 所示。

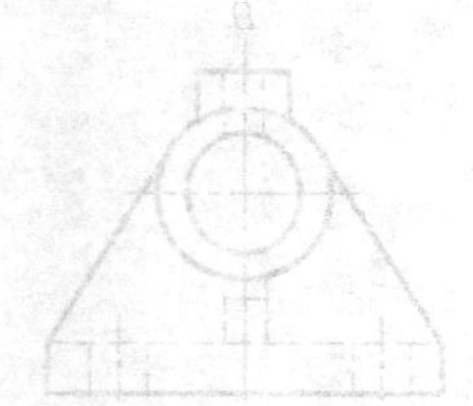

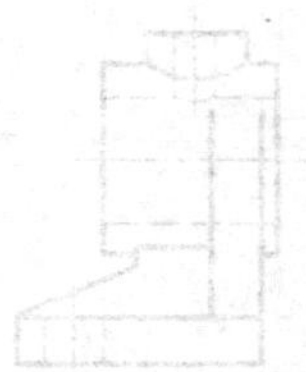

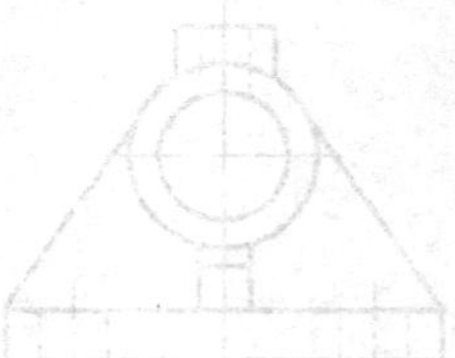

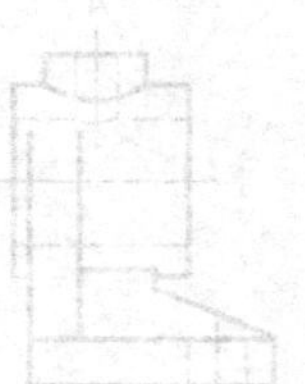

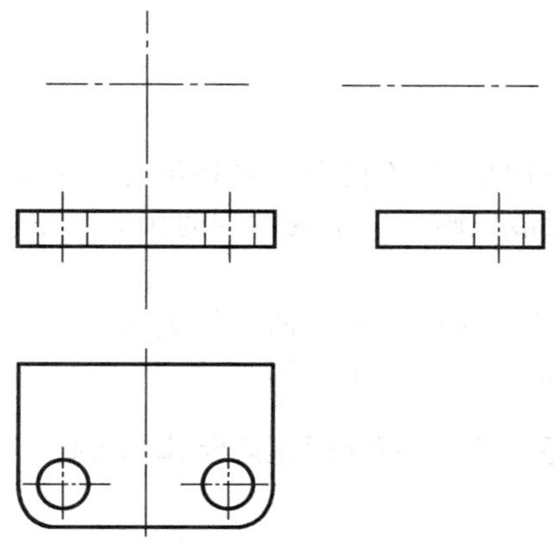

a) 绘制基准线，画底板，先画整体结构后画局部孔和圆角

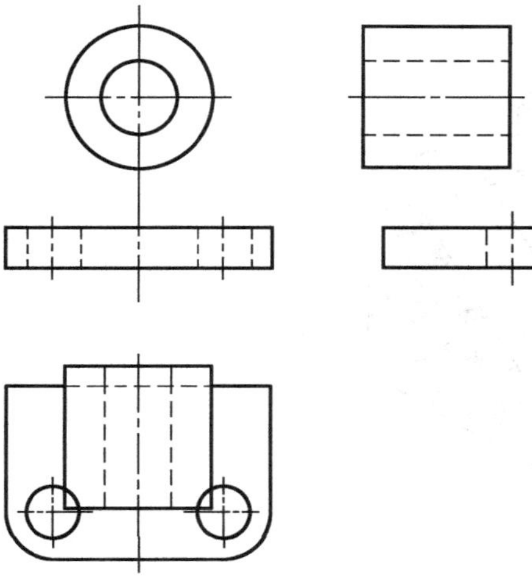

b) 画圆筒，先画反映圆的视图

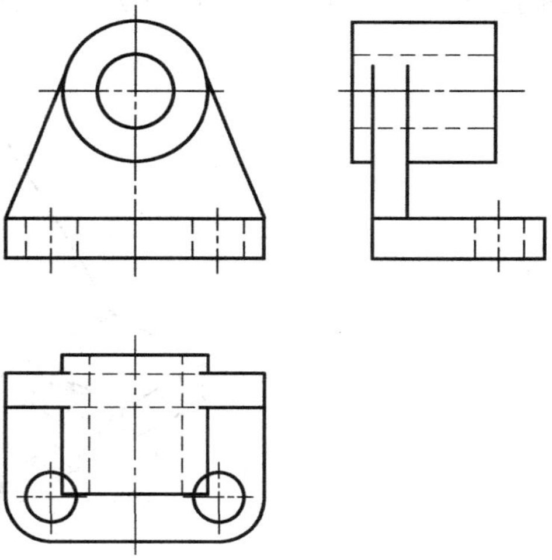

c) 画支承板，先画与圆相切的视图

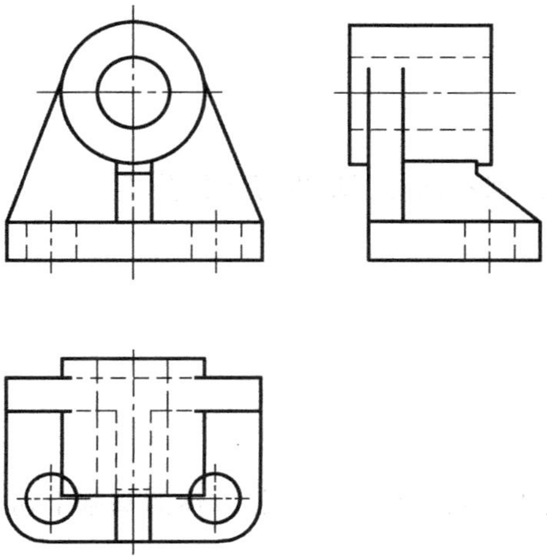

d) 画筋板三视图，先画主视图

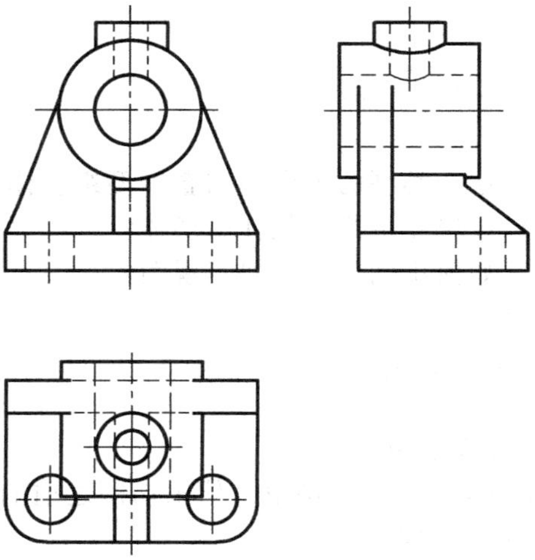

e) 画凸台，先画反映圆的视图

图 4-6　轴承座的作图方法与步骤

任务小结

1）用形体分析法绘制叠加型组合体视图，可将组合体分解为几个基本体，逐个绘制各个基本体的三面视图（特征视图最先画，三个视图同时画），该方法起到了复杂图形简单化绘制的目的。

2）考虑各个基本体之间的相对位置和表面连接关系，以免漏画和多画图线。

3）不要先画完形体的主视图，再画俯视图。

分任务二　切割型组合体视图的绘制方法

任务引入

根据图 4-7 所示压块的立体图绘制其三视图。

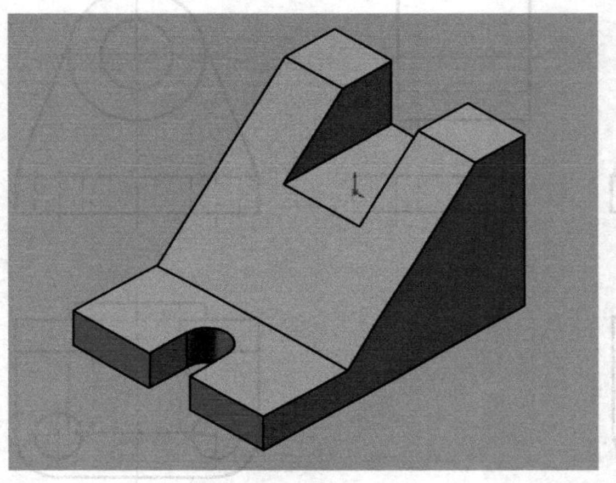

图 4-7　压块

任务分析

1）这个类型的组合体与叠加型组合体有什么区别？试对压块进行形体分析。

2）压块在切割前是什么形体？

3）如何正确绘制压块三视图？

任务实施

1. 形体分析

如图 4-8 所示，该组合体未切割之前的基本立体是长方体，是在长方体的基础上切去形体 1、2、3 后形成的。

2. 画出三视图

首先画出未切割基本立体的三视图，然后根据先主后次、先特征后其他的原则逐一画出各切割体的三面投影。作图方法和步骤如图 4-9 所示。

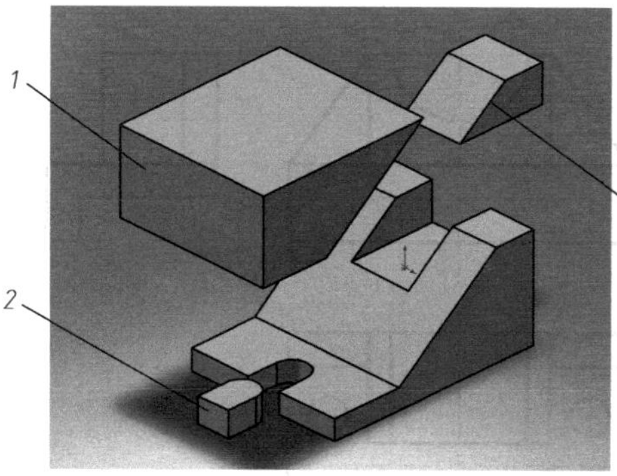
1
2
3

图 4-8　形体分析

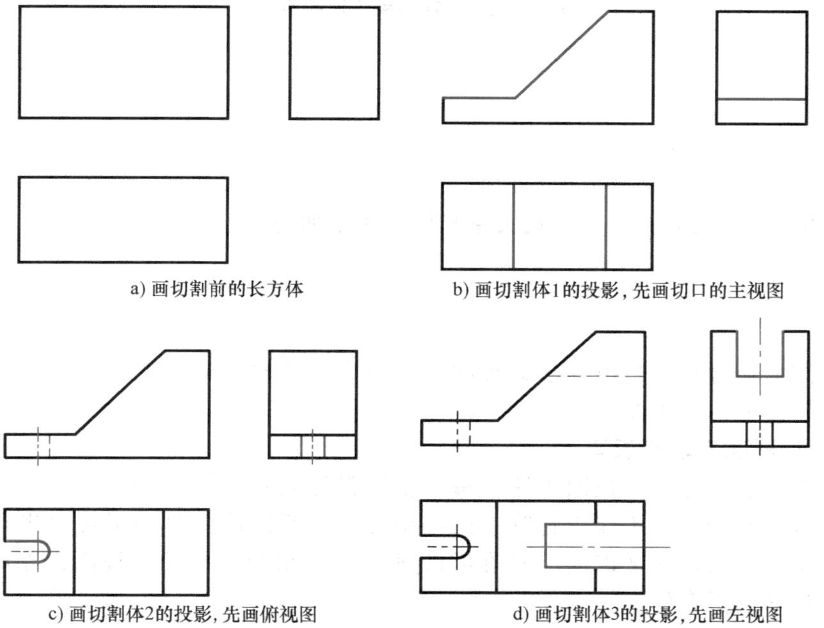
a) 画切割前的长方体
b) 画切割体1的投影，先画切口的主视图
c) 画切割体2的投影，先画俯视图
d) 画切割体3的投影，先画左视图

图 4-9　压块的作图方法与步骤

任务小结

首先绘制切割前基本形体的三视图，按切割过程逐步绘制切割后形体的三视图，先画被切割部分的特征视图，再画其他视图。

任务二　组合体视图的读图方法

分任务一　叠加组合体视图的读图方法

任务引入

根据图 4-10 所示三视图，想象组合体结构。

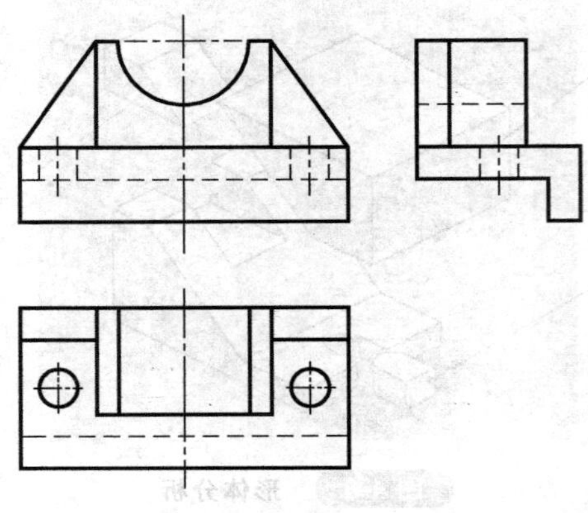

图 4-10 叠加组合体三视图

1）图中组合体由哪几部分形体组成？
2）组合体各部分之间的表面连接关系和位置关系如何？

读图是画图的逆过程，是根据已知视图，想象出物体空间形状的过程。为了正确地读懂视图，必须掌握读图的基本要领。

1. 将各个视图联系起来识读

组合体视图一般通过几个视图表达，每个视图只能表示物体一个方向的形状特征，因此仅由一个视图或者两个视图不能表达唯一的结构形状，所以读图时为了想象出物体完整的形状，必须将几个视图联系起来识读。如图 4-11 所示，四组视图中的俯视图都相同，但所表达的是四个不同形状的组合体。

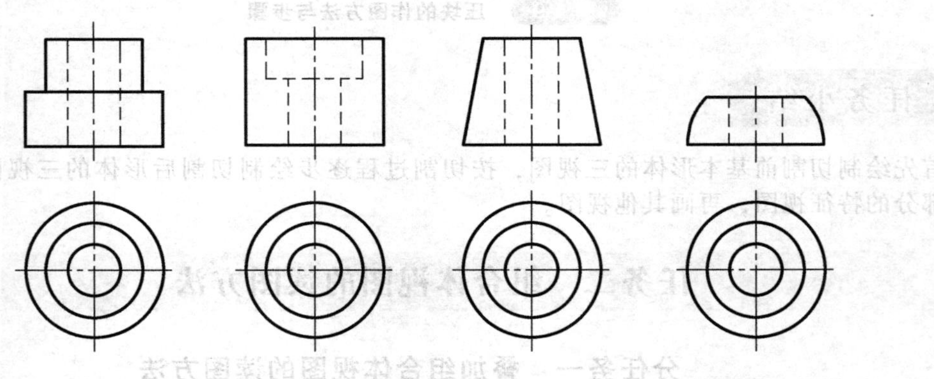

图 4-11 相同俯视图的不同形状特征组合体

图 4-12a、b 有相同的主视图和左视图，表达的是不同的组合体形状，同理分析图 4-12c、d。所以，读图时为了想象出组合体完整的形状，必须将几个视图联系起来识读。

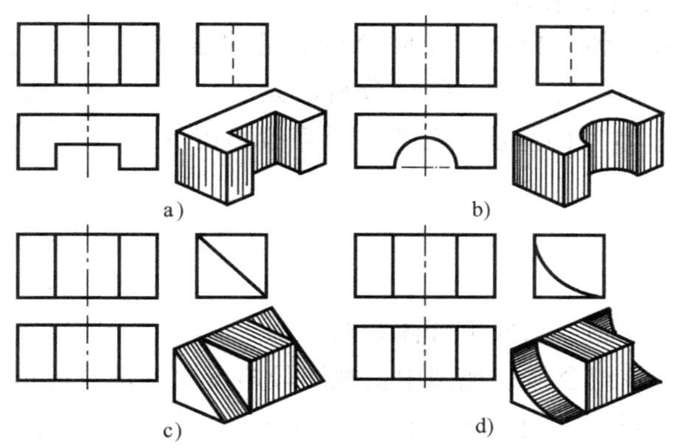

图 4-12　相同主视图的不同形状特征组合体

2. 理解视图中线框和图线的含义

必须熟练掌握各种线、面的投影特点，理解视图中线框和图线所代表的含义。

如图 4-13 所示，主视图中有三个粗实线的线框，分别代表组成组合体的三个基本立体，根据投影规律，找到俯视图对应投影，可以知道线框Ⅰ表示三角形加强筋板，线框Ⅱ表示圆柱，线框Ⅲ表示圆柱面和四棱柱面相切构成的底板。

如图 4-14 所示，视图中的每条粗实线（或细虚线）可以是两表面交线、曲面最外素线、具有积聚性表面的投影。

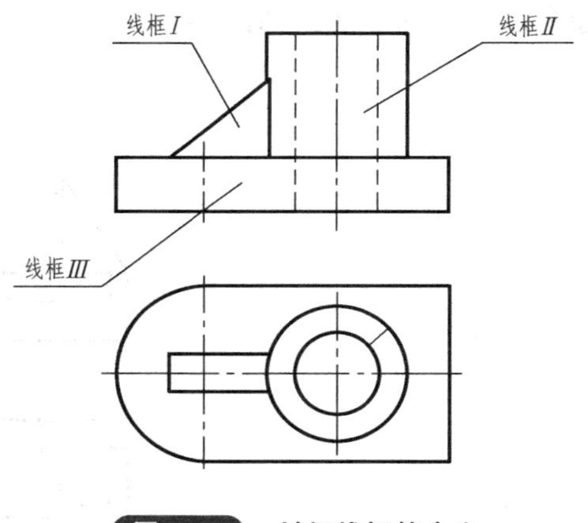

图 4-13　封闭线框的含义

3. 叠加型组合体视图的识读方法

首先将特征视图分解为几个相对独立的线框，每个独立的线框对应一个基本立体的投影，针对每个线框，按照投影规律找到其他视图投影，综合分析想象线框所代表基本立体的形状，最后分析各基本立体之间的相对位置关系、表面连接以及组合方式，综合想象组合体的整体形状。

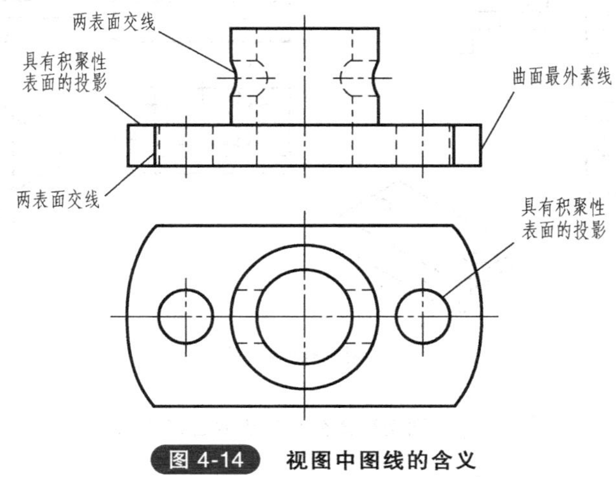

图 4-14　视图中图线的含义

4. 切割型组合体视图的识读方法

可采用线面分析法和形体分析法。线面分析法指的是分析投影图上线、面的投影特征和相对位置，从而确定立体形状的方法。线面分析法是从“线”和“面”的角度去分析和读图的，而形体分析法是从“体”的角度去分析并看懂投影图的。

任务实施

1）由图 4-10 所示三视图，想象组合体结构。

2）由图 4-10 可知，该组合体三视图中主视图较多反映各部分的形状特征，因此从主视图入手，根据图形的特征，结合其他视图，将主视图分为四个封闭线框，如图 4-15a 所示。

3）再按照投影的规律，确定各个线框对应的另外两面的投影，构思出各基本形体的形状，如图 4-15b、c 所示。

4）在看懂了每个形体的基础上，分析基本立体之间的相对位置，以及表面连接关系，综合想象组合体的形状，如图 4-15d 所示。

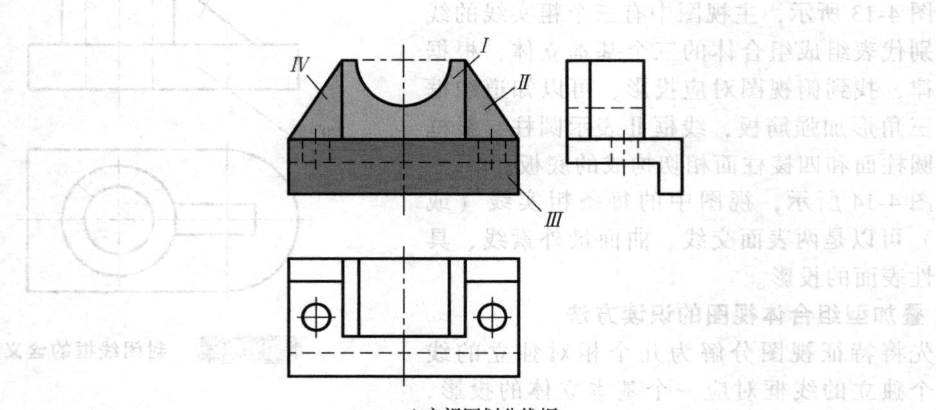

a) 主视图划分线框

b) 对照投影想形状

图 4-15 利用形体分析法想象各形体的形状

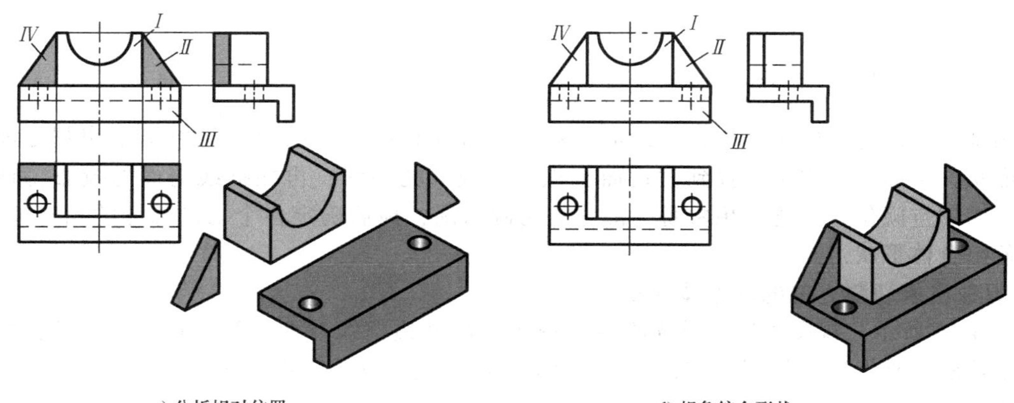

c) 分析相对位置　　d) 想象综合形状

图 4-15　利用形体分析法想象各形体的形状（续）

任务小结

读组合体视图的步骤是：

1）划分线框，划分基本体。

2）对照投影，想出各基本体的形状。

3）合起来，想象整体形状。

分任务二　切割组合体视图的读图方法

任务引入

根据图 4-16 所示想象组合体形状。

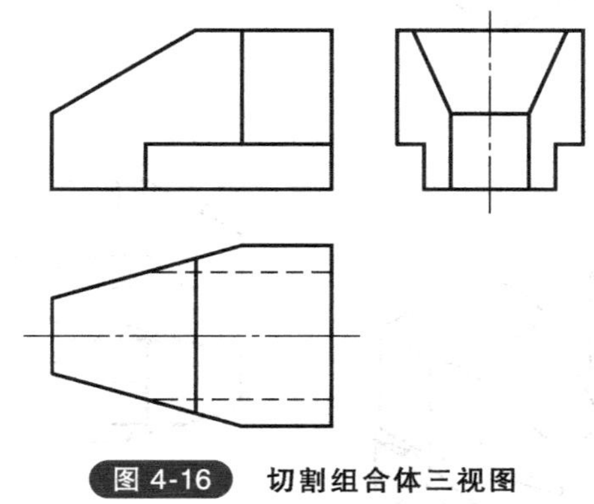

图 4-16　切割组合体三视图

任务分析

1）组合体切割前是什么样的基本立体？

2）形成组合体时，进行了哪些切割？

任务实施

图例是以切割为主的组合体，用线面分析法，首先根据给定的视图想象出未切割之前的基本体形状，再结合三视图，找到截切面有积聚性投影的图线，再根据线与面的投影特性去判断线与面的空间位置，逐一想象每一部分的切割情况，最后确定各个切割部分的相对位置，综合想象组合体形状。

1. 想象出未切割之前的基本体形状

由图 4-16 所示三视图可知，首先将各个视图中的外边框线补上，补上缺口、缺角，想象出切割之前的基础形体，如图 4-17a 所示，切割之前的基本形体是长方体。

2. 线面分析

1）主视图上的图线 P' 是一条倾斜的直线，如图 4-17b 所示，按照投影关系，找到其在俯视图和左视图中的对应投影 P（等腰梯形）和 P''（等腰梯形），即主视图上有积聚性的直线 P'，是长方体被正垂面截切之后形成的断面 P 的正面投影。

2）俯视图上的图线 Q，如图 4-17c 所示，找到其在主视图和左视图中的对应投影 Q'，（类似七边形）和 Q''，即符合铅垂面的投影特征。俯视图上有积聚性的直线 Q'，是长方体被铅垂面截切之后形成的断面 Q 的水平投影。

3）左视图上有积聚性投影的两直线，对应主视图上的封闭矩形线框，对应俯视图上下两个梯形封闭线框，即左视图上有积聚性的两直线，是长方体被正平面和水平面联合切割之后形成的断面的侧面投影，如图 4-17d 所示。

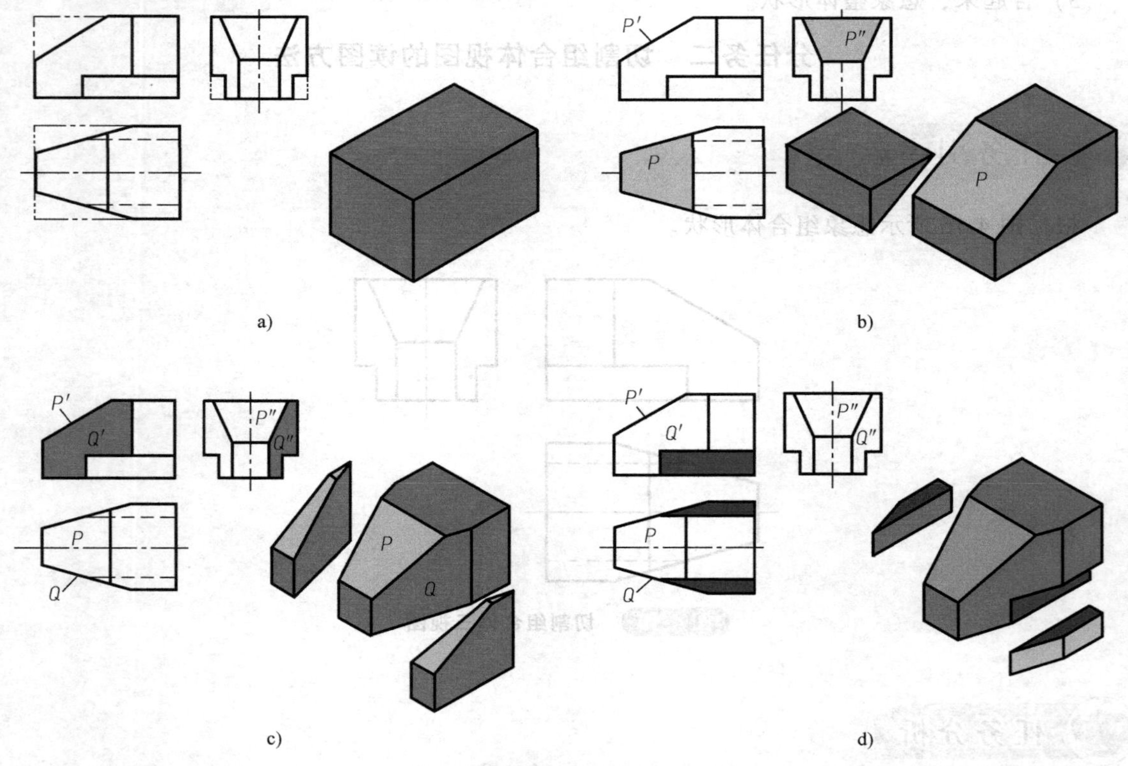

图 4-17 作图步骤

该组合体的切割过程：在基本体长方体的基础上用正垂面切掉左上角的三棱柱，形成断面 P；再用铅垂面切掉前后角的三棱柱形成断面 Q；最后用正平面和水平面联合切掉前后的直角梯形柱，最终形成该组合体形状，如图 4-17d 所示。

任务小结

1）先想象出组合体切割之前的基本体，找到截切面有积聚性的投影，想象切割形状。

2）先从较大切割部分入手，再考虑较小切割部分。

知识拓展

根据已知条件，构思组合体的形状、大小并表达成图的过程称为组合体的构形设计。组合体的构形设计能把空间想象、构思形体和表达三者结合起来。所以在掌握组合体读图和画图的基础上，进行组合体构形设计方面的训练，可以进一步提高空间想象能力和形体设计能力，有利于开拓思维，为机械零件的构形设计及今后的工程设计打下基础。

一、组合体构形设计中的基本要求

1. 构形应以基本体为主

组合体的构型应该符合工程上零件结构设计的要求，但又不能完全工程化。因此，所构思的组合体应由基本体组成。如图 4-18 所示组合体，外形像一部小轿车。

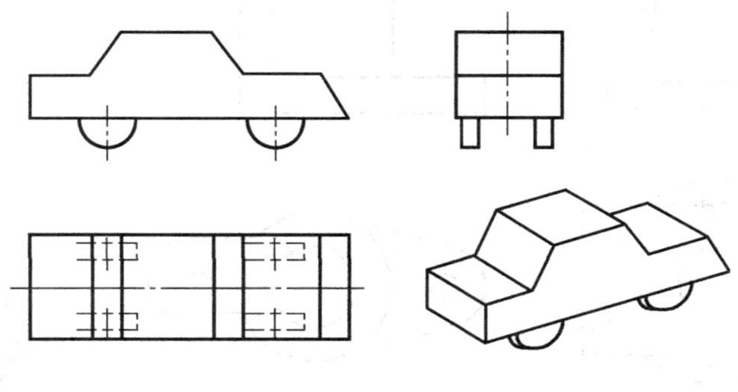

图 4-18　构形以基本体为主

2. 构形应具有创新性

构想组合体时，在满足已知条件的情况下，应充分发挥想象力，设计出具有不同风格的形体。如图 4-19 所示，由给出组合体的主视图，可以构思出不同的组合体。

3. 构形应体现平、稳、动、静等造型艺术法则

对称的结构能使形体具有平衡稳定的效果，如图 4-20a 所示。而对于非对称的组合体，采用适当的形体分析，可以获得力学和视觉上的平衡感和稳定感，如图 4-20b 所示。图 4-20c 所示的火箭，线条流畅且富有美感，静中有动。

4. 构型应符合零件结构的工艺要求且便于成形

1）两形体之间不能点连接或线连接，如图 4-21 所示。

2）曲面设计一般应采用回转面，不宜采用任意曲面。

3）封闭内腔不易成形，一般不宜采用。

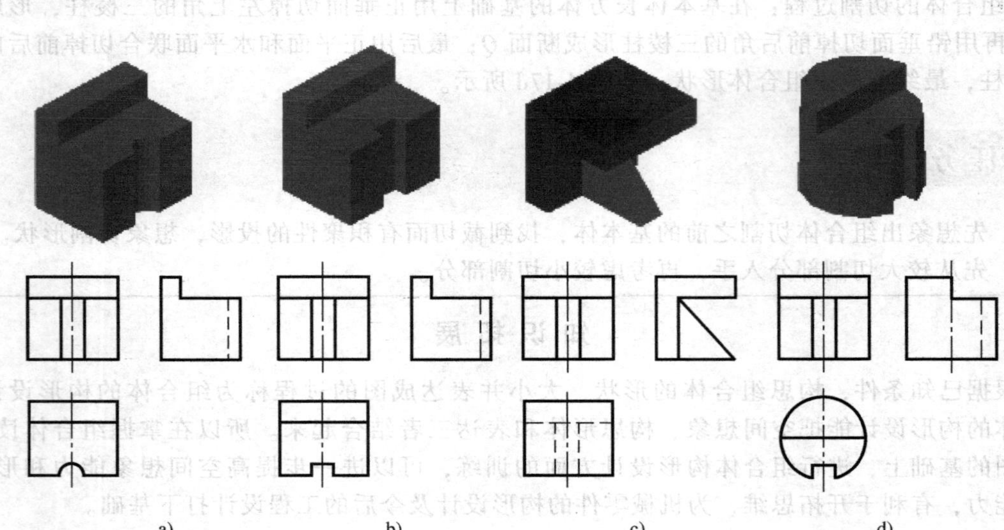

图 4-19 构形具有创新性

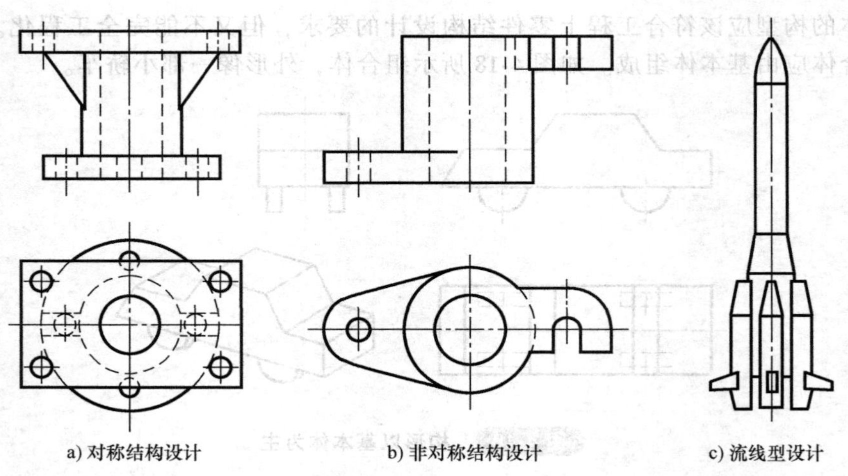

a) 对称结构设计　b) 非对称结构设计　c) 流线型设计

图 4-20 构形应体现平稳动静

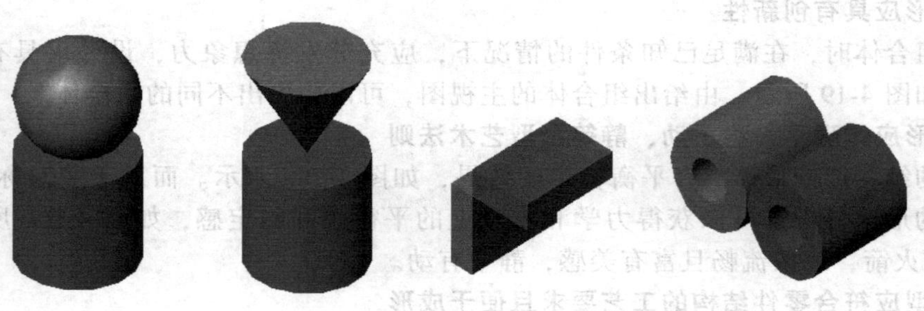

a) 点接触　b) 线接触

图 4-21 不合理构形

二、组合体构形设计的方法

1. 构形设计法

根据给出的一个或两个视图，构思出不同结构组合体的方法，称为构形设计。图 4-22a 所示为给出俯视图，构思出几个不同组合体的例子；图 4-22b 所示为给出主视图，构思出几个不同组合体的例子。

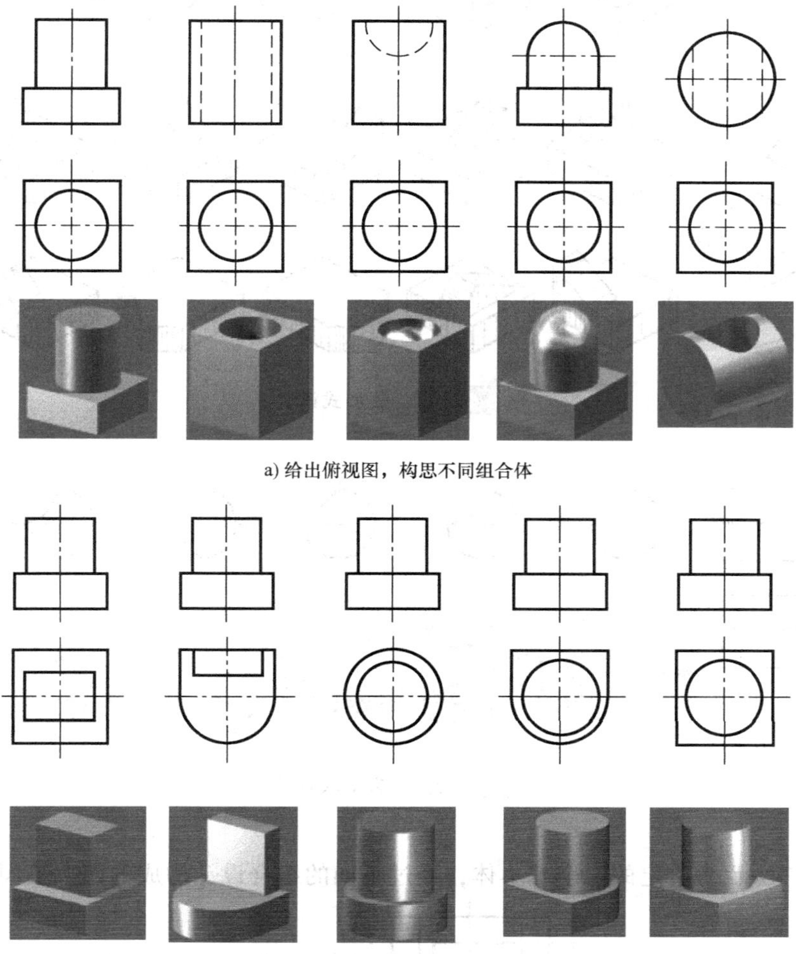

a) 给出俯视图，构思不同组合体

b) 给出主视图，构思不同组合体

图 4-22　给出一个视图，构思不同的组合体

2. 叠加式设计

给定几个基本体，通过叠加而构成不同组合体的方法，称为叠加式设计。图 4-23 所示为给定两个简单的基本体，通过不同的叠加方式得出几个不同的组合体。

3. 切割设计法

给定一个基本体，经不同的切割和穿孔而构成不同基本体的方法，称为切割式设计。图 4-24 所示为一个圆柱体经不同的切割方法得到的组合体。

4. 组合式设计法

给定若干个基本体，通过叠加、切割等多种方法构成不同组合体的方法，称为组合式

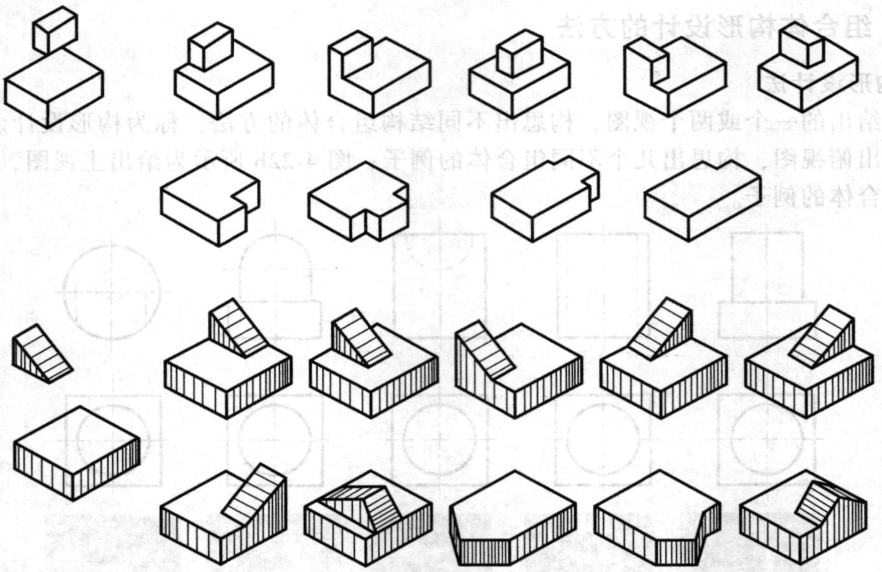

图 4-23 叠加式设计

图 4-24 切割式设计

设计。图 4-25 所示为给定的三个基本体，经过不同的组合设计构成的四个不同的组合体。

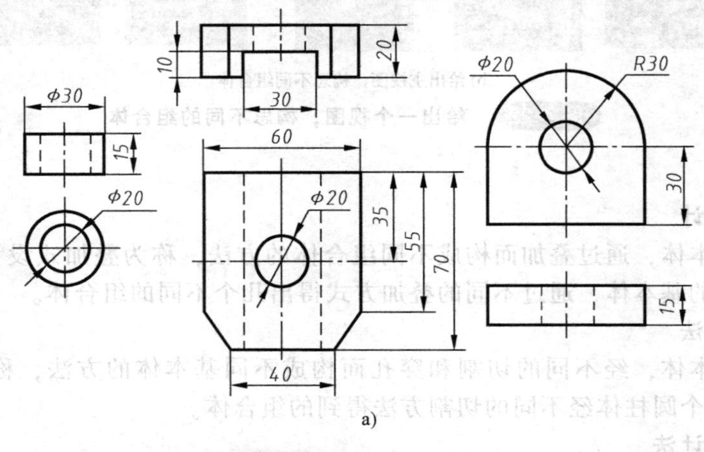

图 4-25 组合体设计示例

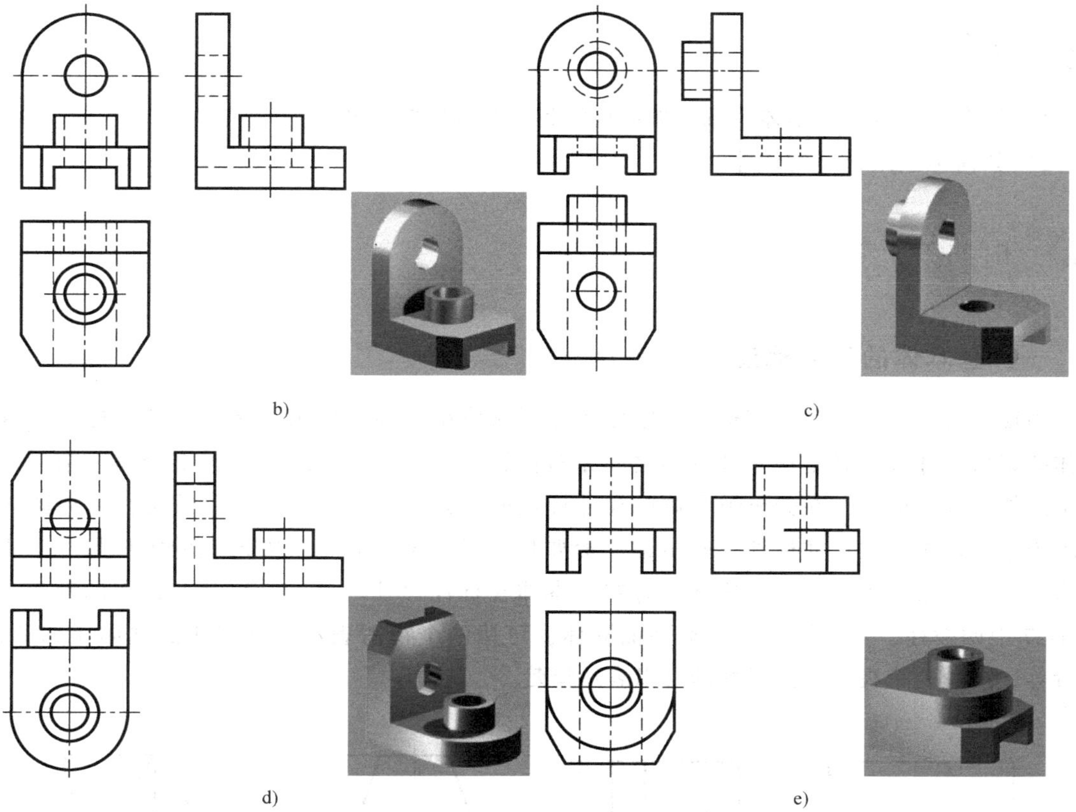

b)

c)

d)

e)

图 4-25　组合体设计示例（续）

任务三　组合体视图的尺寸标注方法

视图只能表达组合体的形状，而组合体各部分的大小及其相对位置，还要通过标注尺寸来确定。标注尺寸应该遵循国家标准的相关规定，标注的尺寸要正确、完整和清晰。

任务引入

在视图上，标注如图 4-26 所示组合体的尺寸。

图 4-26　组合体

任务分析

1）组合体由哪些基本体组成？如何标注各个基本体的尺寸？

2）如何标注组合体的尺寸？

相关知识

一、基本体的尺寸标注

为使组合体的尺寸标注完整，仍用形体分析法将组合体分解为若干基本体，标注出各基本体的定形尺寸以及确定这些基本体之间相对位置的定位尺寸，最后根据组合体的结构特点注出总体尺寸。因此，在分析组合体的尺寸标注时，必须熟悉基本体的尺寸标注，如图 4-27 所示为常见基本体的尺寸标注。基本体一般要标注长、宽、高三个方向上的定形尺寸，要求定形尺寸要完整、不重复、不遗漏。有些基本体在标注尺寸之后，可以减少视图的数量，像图 4-27 中四棱柱、六棱柱等这一类平面立体，可用两个视图表示。有些曲面立体比如圆柱、圆台等，可用一个视图加上尺寸即可以表达清楚。

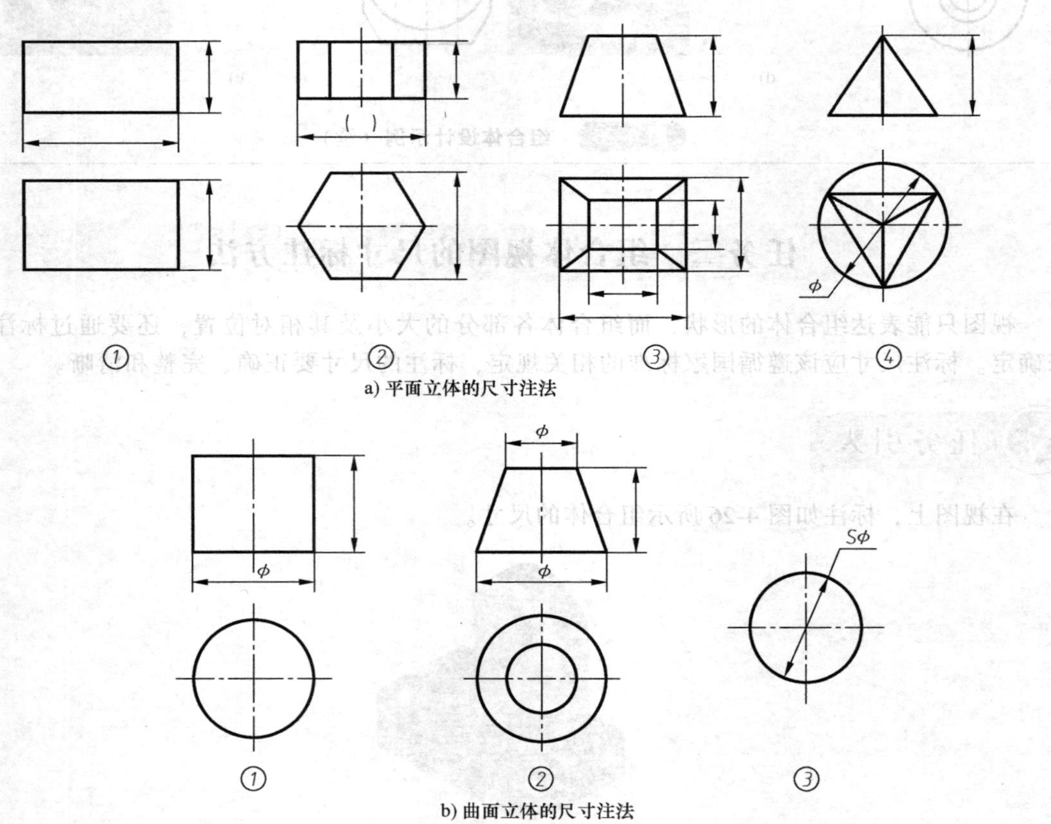

图 4-27 常见基本体的尺寸标注

二、切割体的尺寸标注

在标注具有斜截面或者有缺口的切割体时，应该标注出截平面或者缺口的定位尺寸，如图 4-28 所示。

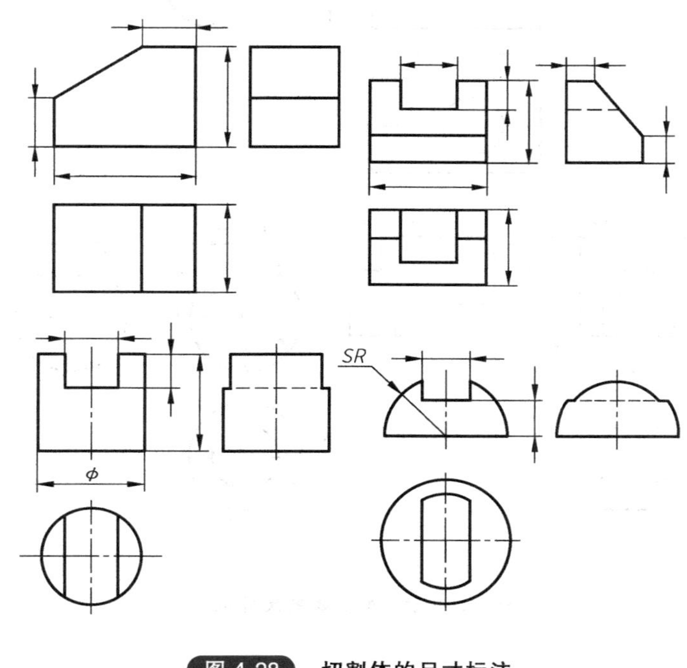

图 4-28　切割体的尺寸标注

三、相贯体的尺寸标注

在给相贯体标注尺寸时，由于相贯线是基本形体相交时自然形成的，因此在标注尺寸时，只需要标注基本体的定形尺寸、定位尺寸，不能标注形体相贯线的定形尺寸，如图 4-29 所示。

任务实施

以图 4-26 所示支座为例，利用形体分析法，说明组合体尺寸标注的方法和步骤。

1. 形体分析

支座由矩形底板、竖板和三角形筋板三部分组成，底板、竖板为主要结构，三角形筋板主要起着连接作用，底板和竖板上开圆柱形孔。形体分析如图 4-30 所示。

2. 选择尺寸基准

标注尺寸之前应选择合适的尺寸基准，组合体左右对称，可将左右对称面定为长度方向的尺寸基准。底板、竖板两部分靠齐的后端面为较大的平面，作为宽度方向的尺寸基准。底平面为高度方向的尺寸基准。根据尺寸基准标注基本体的定位尺寸，其中尺寸 30mm 与 28mm 为底板圆柱孔长度方向的定位尺寸，尺寸 34mm 为竖板圆柱孔高度方向的定位尺寸，如图 4-31a所示。

按照先整体后局部的原则，逐个标注各个基本体的定形尺寸，如图 4-31b 所示。

根据尺寸标注的原则，调整尺寸，标注最后尺寸，如图 4-31c 所示。

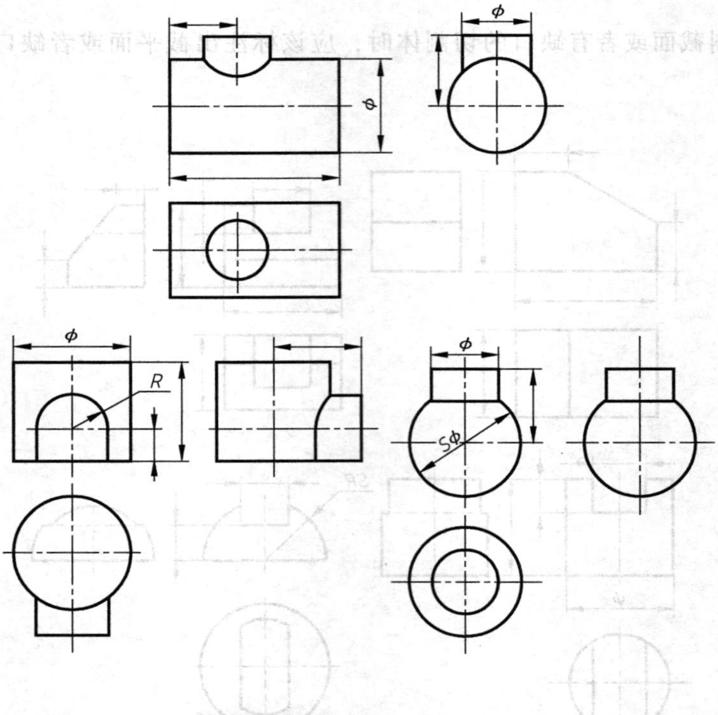

图 4-29 相贯体的尺寸标注

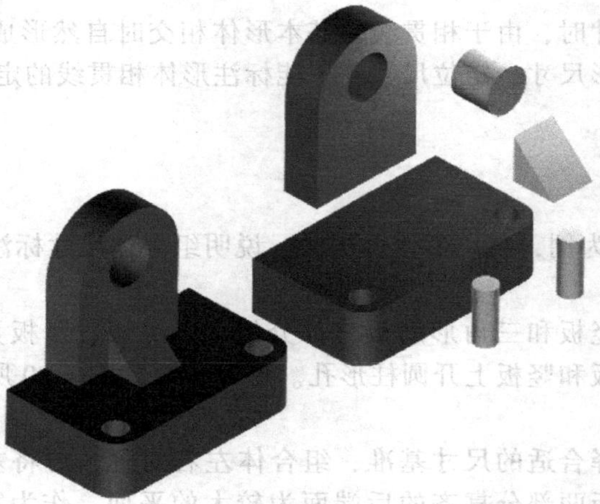

图 4-30 形体分析

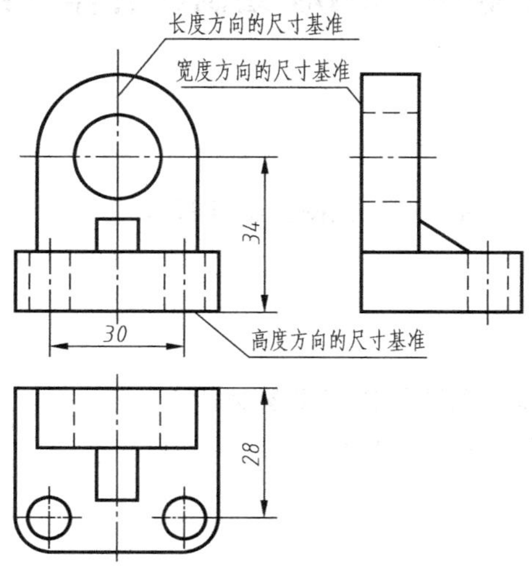

a) 选择合适的尺寸基准，标注各基本体的定位尺寸

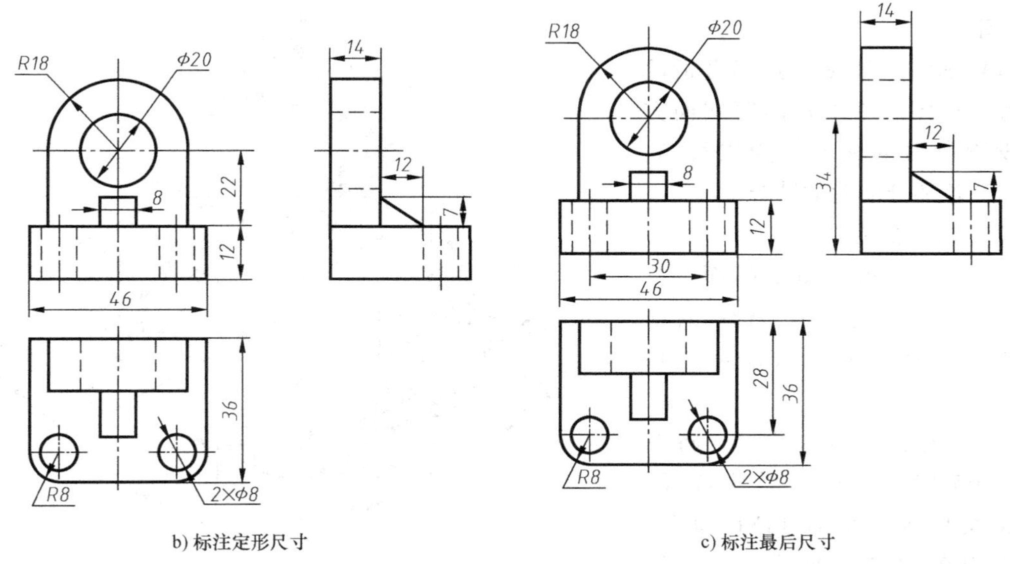

b) 标注定形尺寸　　c) 标注最后尺寸

图 4-31　支座尺寸标注方法与步骤

任务小结

1）首先分析形体，确定各个基本体的定形尺寸。

2）选择合适的尺寸基准，确定各个基本体的定位尺寸。

3）根据尺寸标注的原则，调整总体尺寸。

任务四　MDS 绘制组合体三视图

任务引入

用 MDS 绘制图 4-32 所示轴承座三视图并标注尺寸。

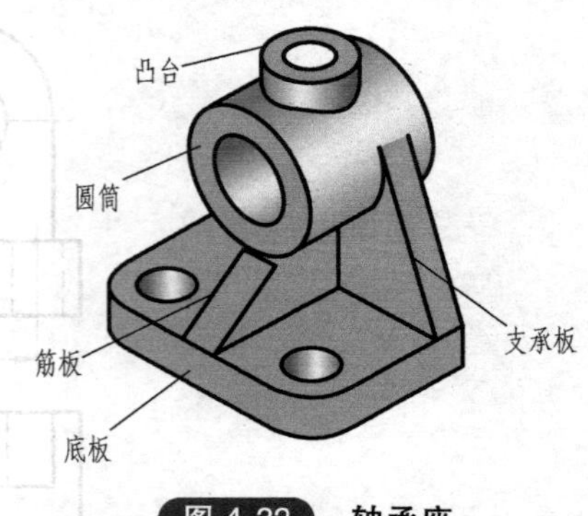

图 4-32　轴承座

任务分析

1）用 MDS 绘制组合体三视图的作图步骤是什么？

2）各基本体的图形定位方法是什么？

任务实施

MDS 绘制组合体三视图的作图步骤如下：

根据形体分析可知：此轴承座由 5 个基本体（底板、支承板、筋板、圆筒、凸台）叠加、切割而成。各基本体及其尺寸如图 4-33 所示。

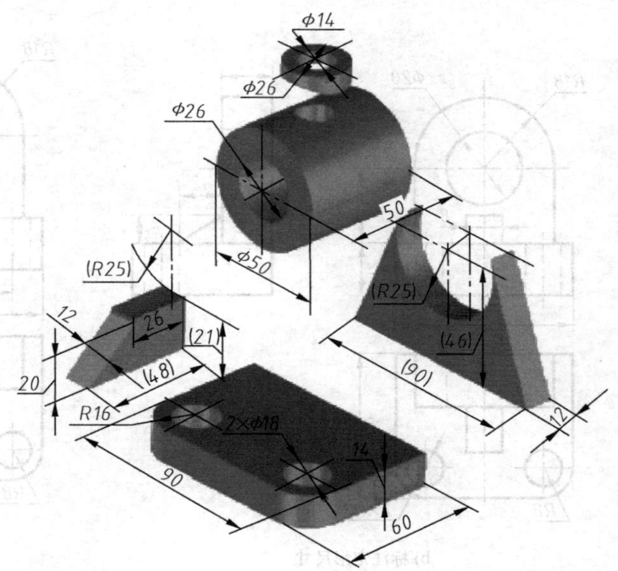

图 4-33　轴承组各基本体及其尺寸

（1）确定主视图　选择合适的投影为主视图。用垂直圆筒端面方向的投影所得的视图作为主视图，更能反映各部分的轮廓特征。

（2）画三视图

1）选择比例和图纸幅面。打开“选择图框”对话框，选择合适的图幅、比例、格式以及标题栏格式。

2）确定各视图的位置。将图层改为 05 层后，打开对象捕捉，打开正交模式，输入 LINE 命令，分别画出各视图的轴线、中心线和定位基准线的位置。

3）画底板和圆筒三视图。图层改为 01 层，用长方形命令画底板三视图。完成后的底板的三视图如图 4-34 所示。画圆筒三视图，如图 4-35 所示。

4）定基点，画支承板三视图，如图 4-36 所示。

5）定基点，画筋板三视图，如图 4-37 所示。

6）定基点，画凸台三视图，如图 4-38 所示。

7）检查修改，标注尺寸，完成全图，如图 4-39 所示。

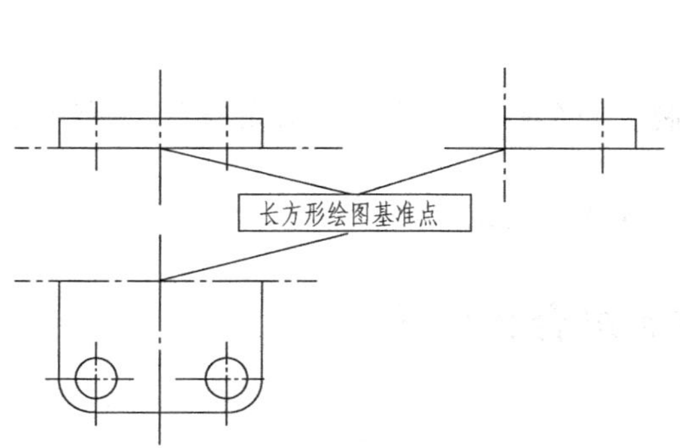

图 4-34　画基准线和底板三视图

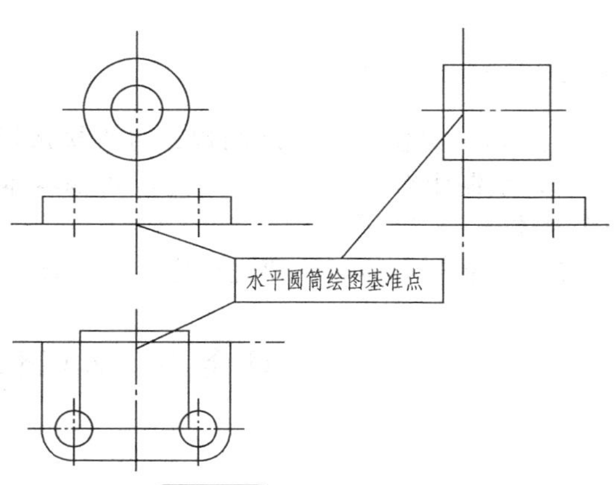

图 4-35　画圆筒三视图

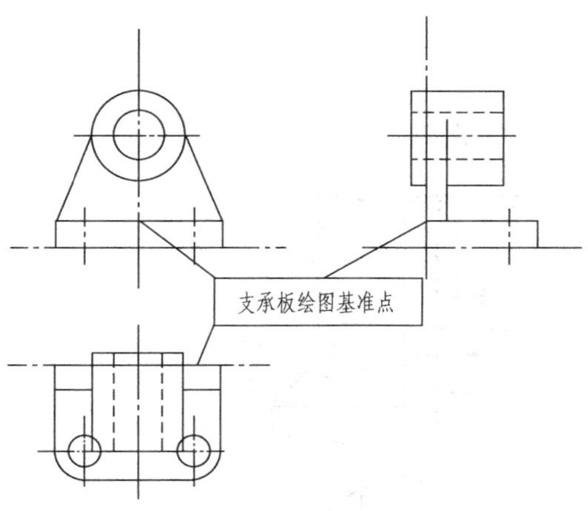

图 4-36　画支承板三视图

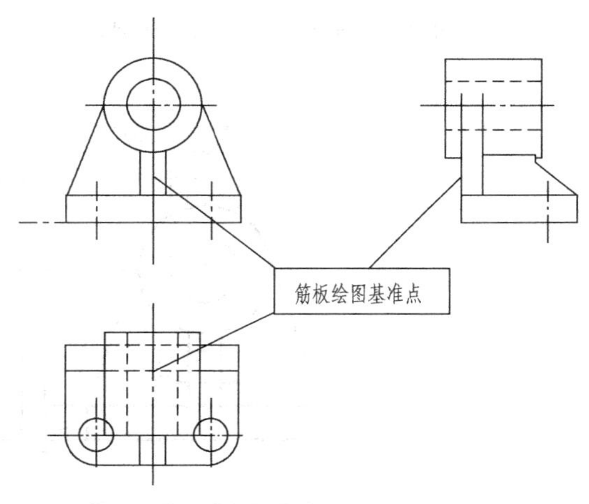

图 4-37　画筋板三视图

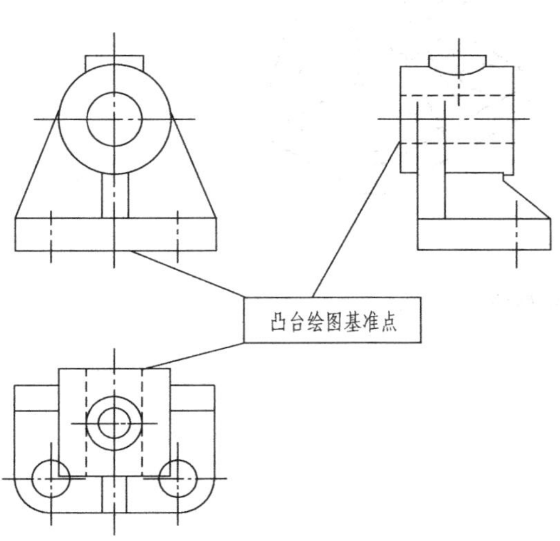

图 4-38　画凸台三视图

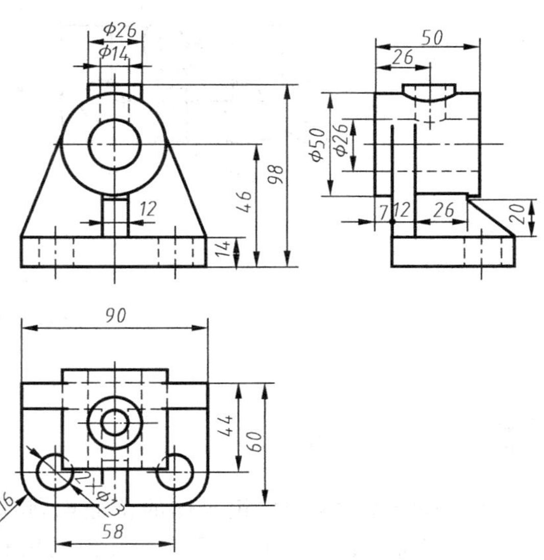

图 4-39　轴承座三视图

任务小结

1）MDS 提供国家标准图幅，可直接选择使用。

2）绘制组合体时，按顺序完成各基本体的绘制。一个基本体的三视图完成后，再绘制下一个基本体的三视图。

3）绘制基本体时，要先确定各基本体的定位基准线、定位点。

任务五　SolidWorks 组合体建模

任务引入

建立图 4-40 所示轴承座三维模型。

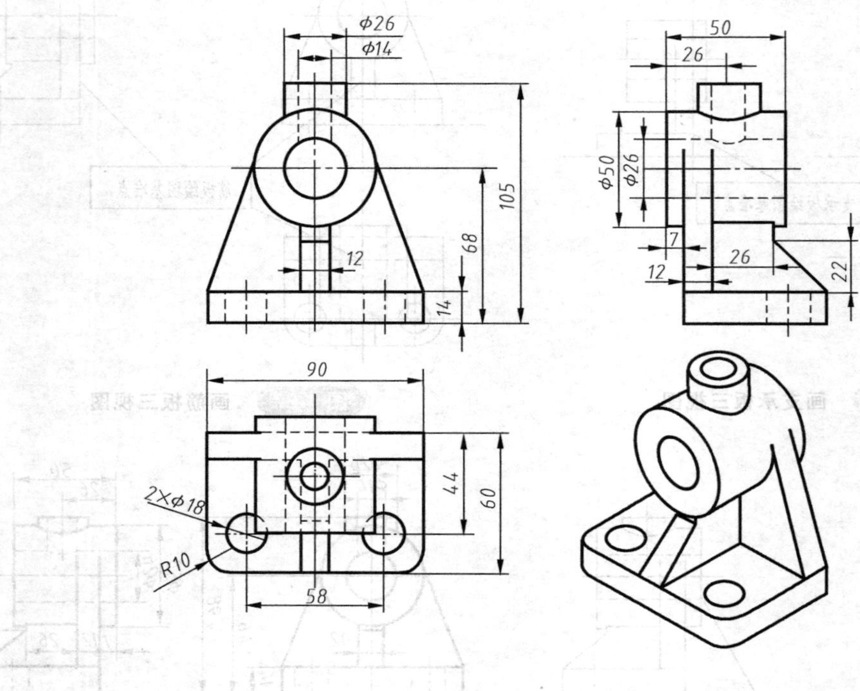

图 4-40　轴承座

任务分析

1）SolidWorks 创建组合体的特征规划有哪些？

2）平面草图和实体特征中的几何约束有哪些？

3）创建基准面的作用及方法有哪些？

相关知识

一、特征造型与设计意图

任何零件都可看成由特征按照一定的位置关系组合而成的特征集合，零件的造型过程，就是对组成该零件的形状特征进行造型的总和。

开始零件建模时，选择哪一个特征作为第一个特征？选择哪个外形轮廓最好？确定了最佳的外形轮廓后，所选择的轮廓形状会对草图平面的选择造成什么影响？采用何种顺序来添加其他辅助特征？这些都要受制于设计意图。

关于模型被改变后如何表现的计划称为设计意图。设计意图决定模型如何建立与修改。特征之间的关联和特征建立的顺序都会影响设计意图。

1. 特征构造方法

特征构造方法一般分为三种：叠加法、切割法、造型法，如图 4-41 所示。

1）叠加法分部分进行结构的叠加，符合人们的习惯思维，层次清晰，后期修改方便，但与机械加工过程恰好相反。

2）切割法是模仿零件机械加工过程来建模，在设计阶段就充分考虑了制造工艺的要求。

3）造型法强调整体性，零件的定义主要集中在草图中，设计过程简单，但草图较为复杂，不利于后期修改。

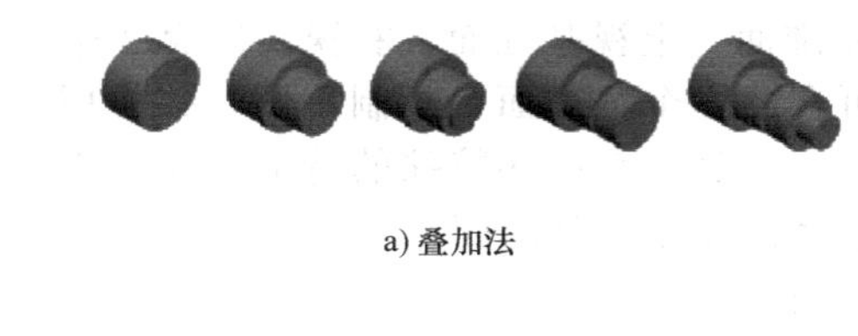

a) 叠加法

b) 切割法　　　　c) 造型法

图 4-41　特征构造方法

2. 特征关系

如果一个特征的建立参照了其他特征的元素，则被参照特征成为该特征的父特征，而该特征称为父特征的子特征。例如，一个实体上有一个孔，孔便是这个实体的子特征。特征树中，父特征在子特征之前，删除父特征会同时删除子特征，而删除子特征不会影响父特征。

特征之间的几何和尺寸关系是父子特征关系的重要内容。合理地设计特征之间的几何和尺寸关系，能够提高建模的效率，同时建好的模型更易于修改。

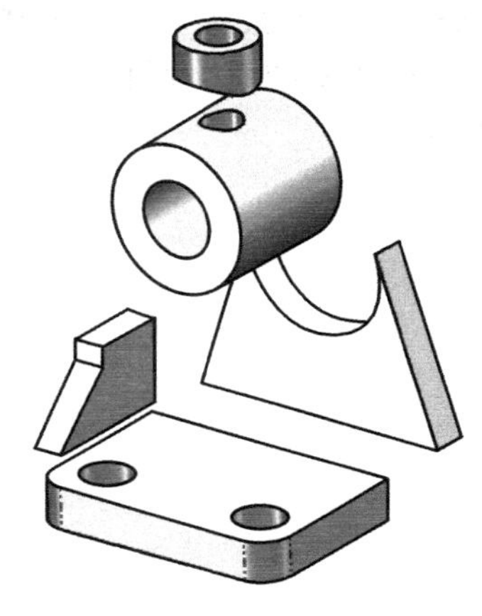

图 4-42　轴承府特征组成

3. 特征造型的步骤

（1）特征规划　包括分析零件的特征组成、特征之间的关系、特征的构造顺序及其构造方法，确定最佳的轮廓、最佳视向等，图 4-42、图 4-43 反映了轴承座的特征规划。

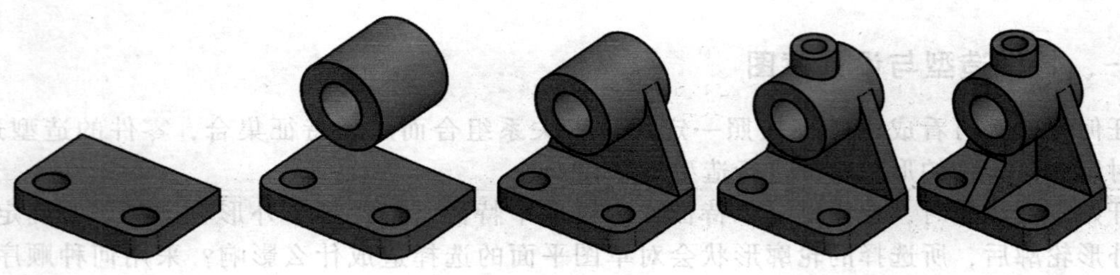

图 4-43 轴承座特征构造顺序

（2）创建基础特征　基础特征是零件的第一个特征，它是构成零件基本形态的特征，它是构造其他特征的基础，可以看作是零件模型的“毛坯”。选择“最佳”轮廓，使草图容易绘制，特征易于修改。选择合适的草图平面，使整体模型符合观察角度、放置方式或工作位置。

（3）创建其他特征　按照特征之间的关系依次创建剩余特征。

二、基准面

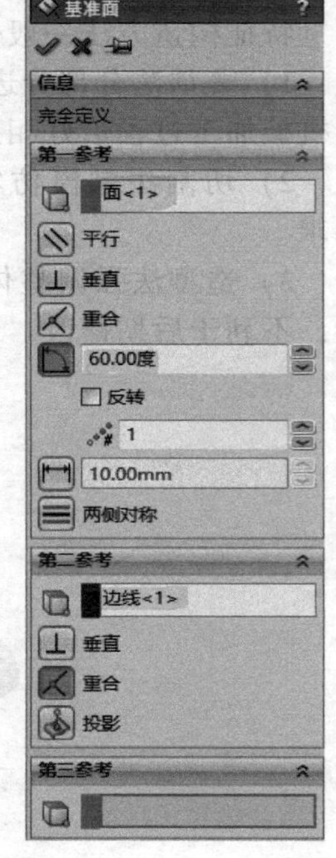

图 4-44 基准面属性

在 SolidWorks 内具有前视基准面、上视基准面、右视基准面 3 个默认的正交基准面视图，用户可在此 3 个基准面上绘制草图，并使用各种基础特征创建三维实体模型。但是，有一些特殊的特征却需要更多不同基准面上创建的草图，这就需要创建基准面。

创建“基准面”的操作步骤如下：

1）单击“参考几何体”工具栏上的“基准面”按钮，或选择下拉菜单中的“插入”→“参考几何体”→“基准面”命令，出现“基准面”属性管理器，如图 4-44 所示。

2）选择合适的几何参照及约束创建基准面。

点、线、平面、曲面都可以作为创建基准面的参考元素。如图 4-45所示，生成平行于一个基准面，并等距指定距离的基准面。

在“基准面”属性管理器中可以设置尺寸和几何关系，如图4-44 所示。

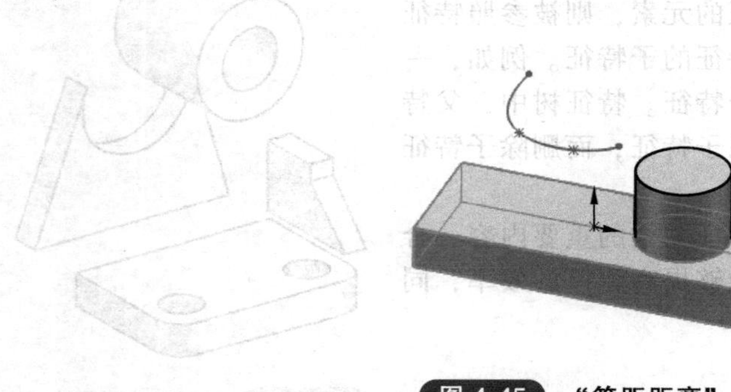

图 4-45 “等距距离”生成基准面

三、附加特征

在不改变基本特征主要形状的前提下，对已有特征进行局部修饰的特征称为附加特征。例如：圆角、倒角、筋、抽壳、孔、异形孔等特征。这些特征的创建对于实体造型的完整性非常重要。

1. 圆角特征

圆角在零件上生成一个内圆角或外圆角面。可以为一个面的所有边线、所选的多组面、所选的边线或边线环生成圆角。图 4-46 所示为常用圆角类型。

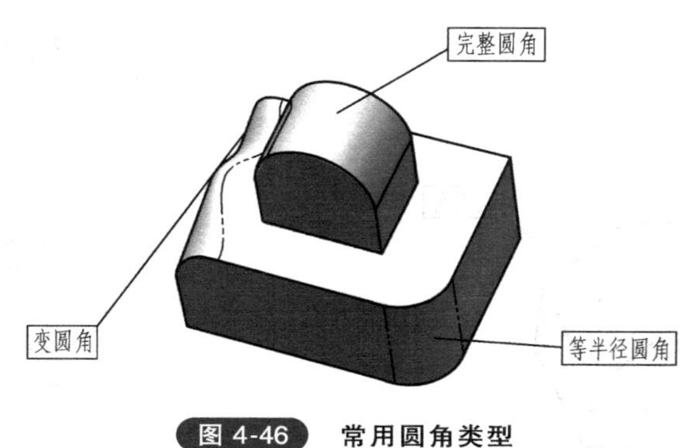

图 4-46 常用圆角类型

启动圆角特征 创建“圆角”的操作步骤如下：

1）单击“特征”工具栏上的“圆角”按钮，或选择下拉菜单中的“插入”→“特征”→“圆角”命令，出现“圆角”属性管理器，如图 4-47 所示。

2）在“圆角类型”选项组中选择“圆角”类型，然后设定其他属性管理器选项。

3）选择要进行圆角的对象（通常是边线）。

4）单击 “确定”，生成圆角。

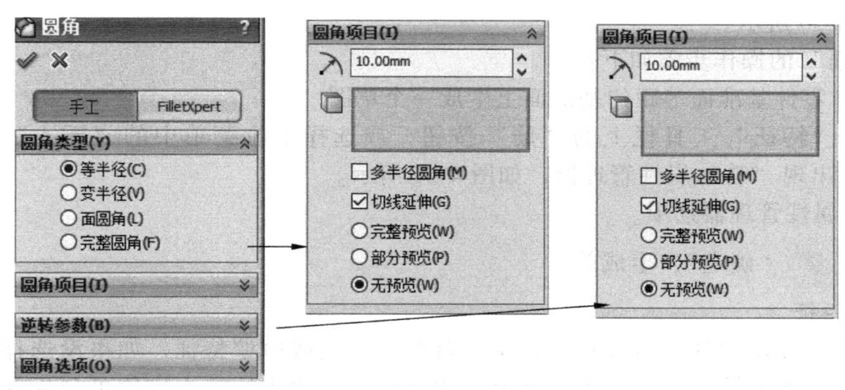

图 4-47 “圆角”属性

2. 倒角特征

倒角工具在所选边线、面或顶点上生成一个倾斜特征。

常用倒角类型如图 4-48 所示。

启动倒角特征。创建“倒角”的操作步骤如下：

1）单击“特征”工具栏上的“倒角”按钮，或选择下拉菜单中的“插入”→“特征”→“倒角”命令，出现“倒角”属性管理器，如图 4-49 所示。

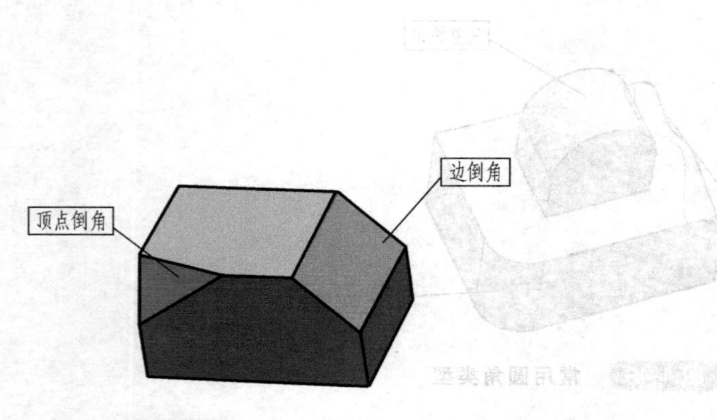

图 4-48 常用倒角类型

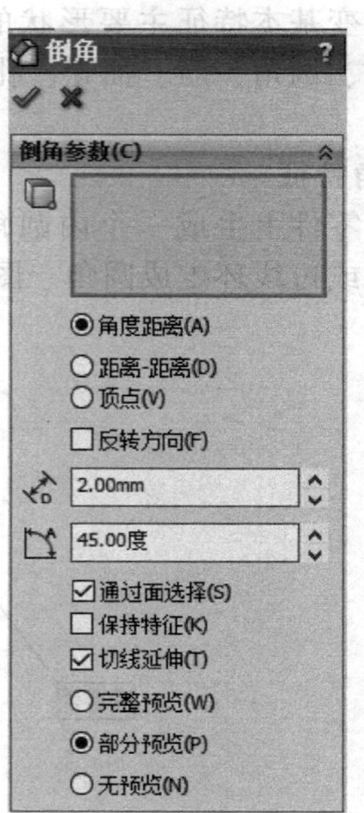

图 4-49 “倒角”属性

2）选择倒角类型，然后设定其他属性管理器选项。

3）选择要进行倒角的对象（通常是边线）。

4）单击 “确定”，生成倒角。

3. 筋[⊖]

“筋”特征是一种从开环或闭环草图生成的特殊拉伸体，有加强零件结构强度和刚性的作用，如图 4-50 所示。

创建“筋”的操作步骤如下：

在从基体零件基准面等距的基准面上生成一个草图。

1）单击“特征”工具栏上的“筋”按钮，或选择下拉菜单中的“插入”→“特征”→“筋”命令，出现“筋”属性管理器，如图 4-51 所示。

2）设定属性管理器选项。

3）单击 “确定”，生成筋。

4. 抽壳特征

抽壳工具会使所选择的面敞开，并在剩余的面上生成薄壁特征。如果没选择模型上的任何面，可抽壳一个实体零件，生成一个闭合的空腔。所建成的空心实体可分为等厚度及不等厚度两种，如图 4-52 所示。

创建“抽壳”的操作步骤如下：

1）单击“特征”工具栏上的“抽壳”按钮，或选择下拉菜单中的“插入”→“特征”→“抽壳”命令，出现“抽壳”属性管理器，如图 4-53 所示。

⊖ 同肋，此处为与软件一致仍用筋。

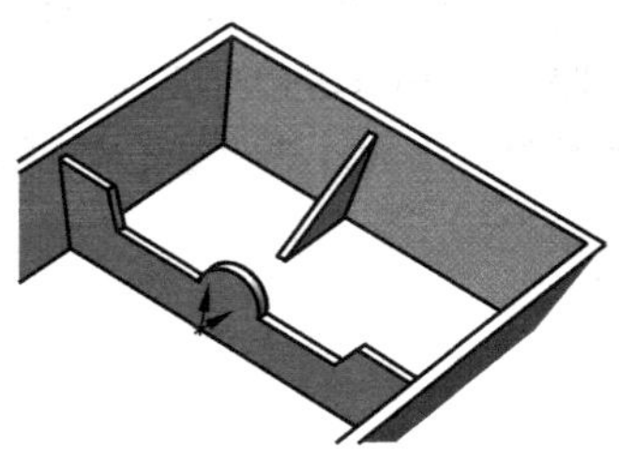

图 4-50　加强筋

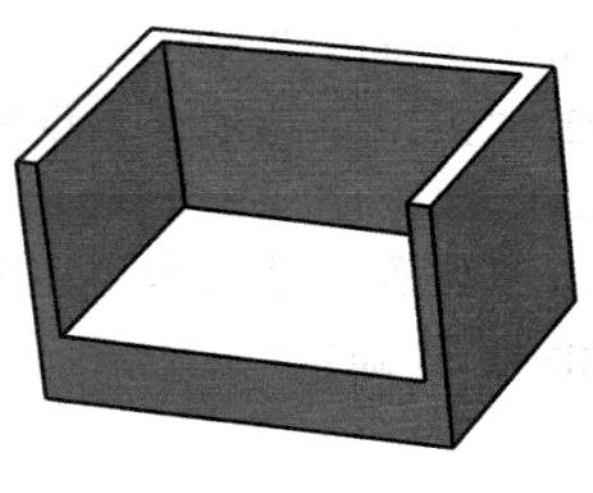

图 4-52　抽壳

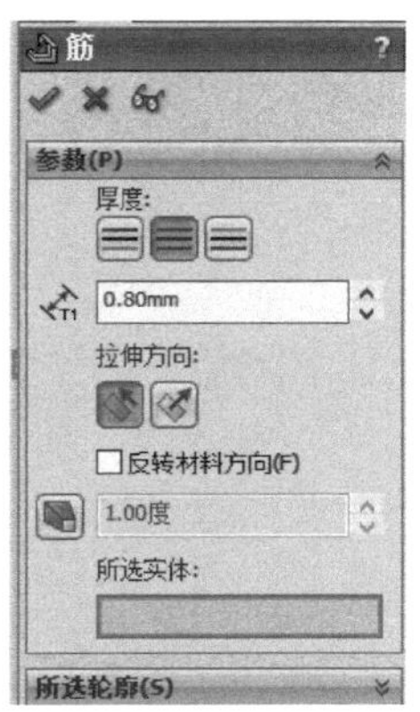

图 4-51　“筋”属性

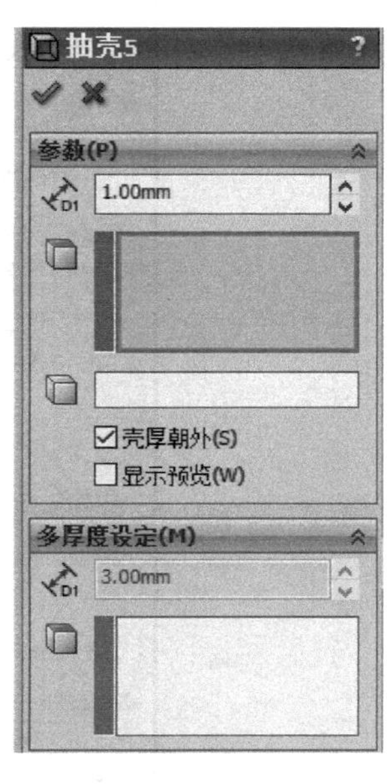

图 4-53　“抽壳”属性

2）设定属性管理器选项。

3）单击 “确定”，完成抽壳。

5. 异型孔向导

异型孔向导可以按照不同的标准快速建立各种复杂的异型孔，如柱形沉头孔、锥形沉头孔、螺纹孔或管螺纹孔，如图 4-54 所示。

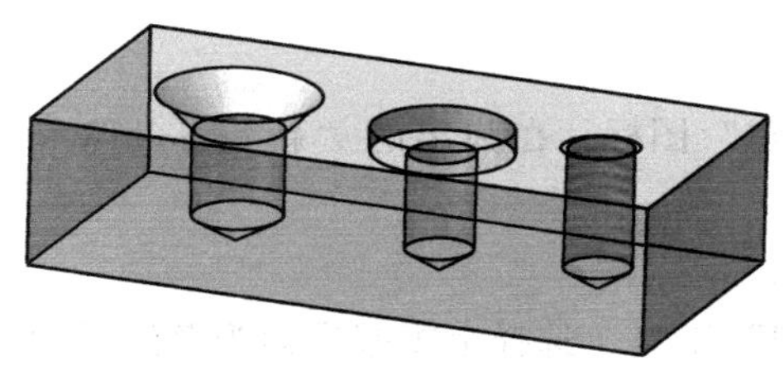

图 4-54　常见孔的类型

运用“异型孔向导”的操作步骤如下：

1）生成零件并选择一个平面。

2）单击“特征”工具栏上的“异型孔向导”按钮，或者选择下拉菜单中的“插入”→“特征”→“孔”→“向导”命令，出现“孔规格”属性管理器，如图 4-55 所示。

3）单击“类型”选项卡，设置“孔规格”“标准”“类型”“大小”“套合”和“终止条件”等参数。

4）单击“位置”选项卡，在图形区中选择孔的插入点。

5）单击“确定”。

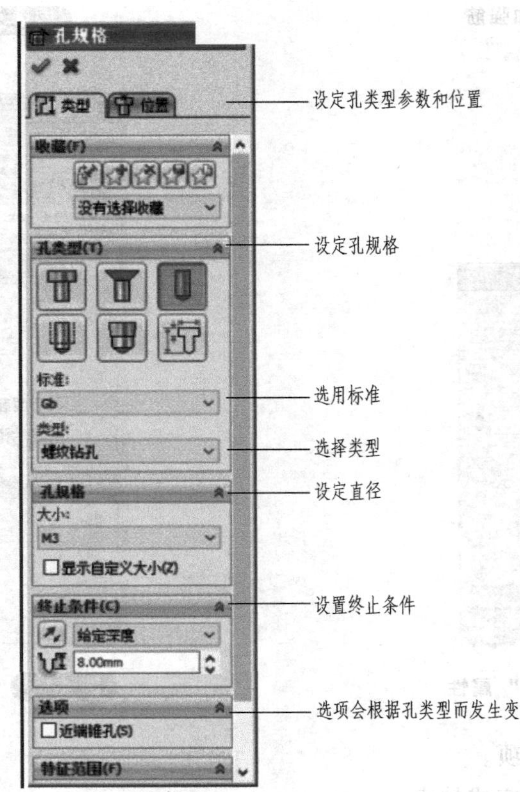

图 4-55 “孔规格”属性

任务实施

步骤 1：单击“新建”图标，在弹出的“新建 SolidWorks 文件”对话框中可以选择“零件”→单击“确定”。

步骤 2：建立底板模型。

1）选择“草图绘制”工具，选择上视基准面为草绘平面，绘制图 4-56 所示草图。单击右上角的完成草图绘制。

2）单击“特征”面板中的“拉伸凸台/基体”命令，按图 4-57 所示设置参数，创建图 4-58 所示底板。

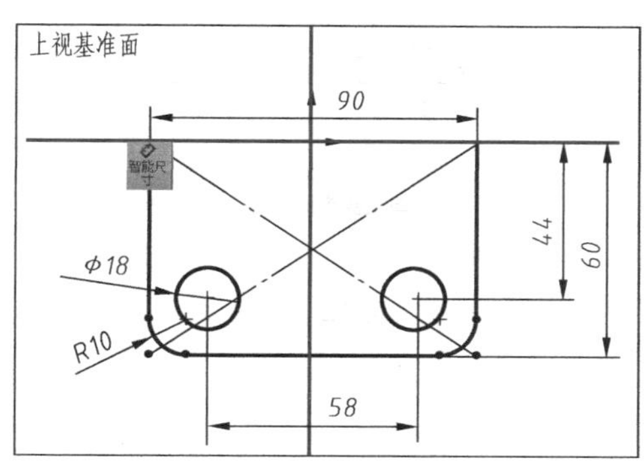

图 4-56　底板草图

图 4-57　拉伸底板

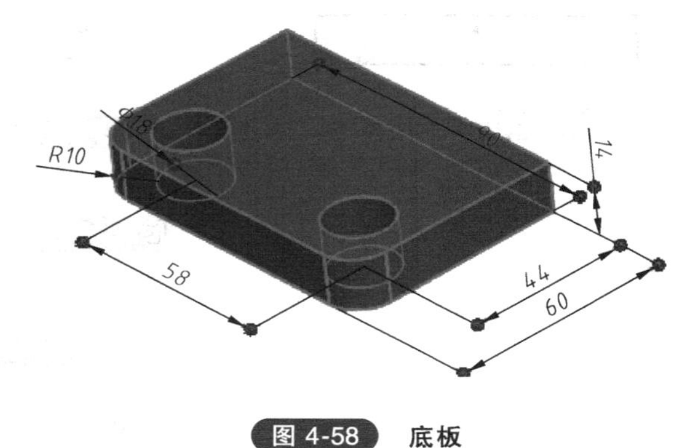

图 4-58　底板

步骤 3：建立轴承模型。

1）选择“草图绘制”工具，选择底板的后侧面为草绘平面，绘制图 4-59 所示草图。

2）单击“特征”面板中“拉伸凸台/基体”命令，按图 4-60 所示设置参数，创建图 4-61 所示底板。

步骤 4：建立支承板模型

1）选择“草图绘制”工具，选择底板的后侧面为草绘平面，绘制图 4-62 所示草图。

2）单击“特征”面板中的“拉伸凸台/基体”命令，按图 4-63 所示设置参数，创建图 4-64 所示支承板。

步骤 5：建立凸台模型

1）选择“特征”工具面板上的，并在下拉菜单中选择创建辅助基准面，左键单击“上视基准面”，指定距离 105mm，建立图 4-65 所示“基准面 1”。

2）选择“草图绘制”工具，选择“基准面 1”为草绘平面，绘制图 4-66 所示草图。

3）单击“特征”面板中的“拉伸凸台/基体”命令，按图 4-67 所示设置参数，创建图 4-68 所示凸台。

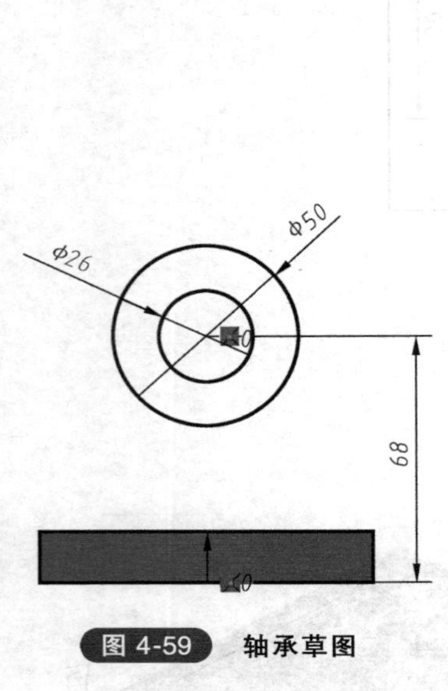

图 4-59 轴承草图

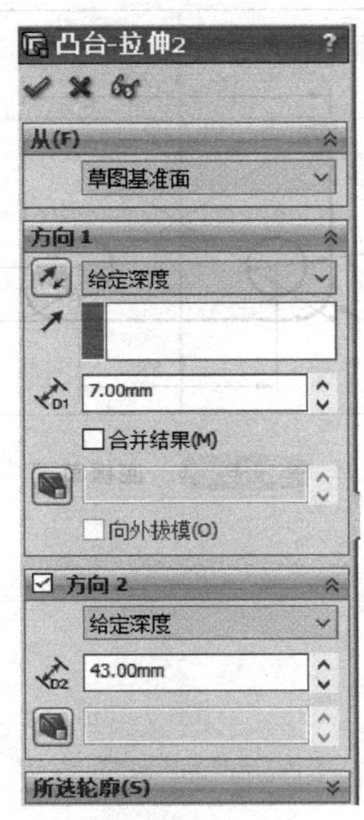

图 4-60 拉伸轴承

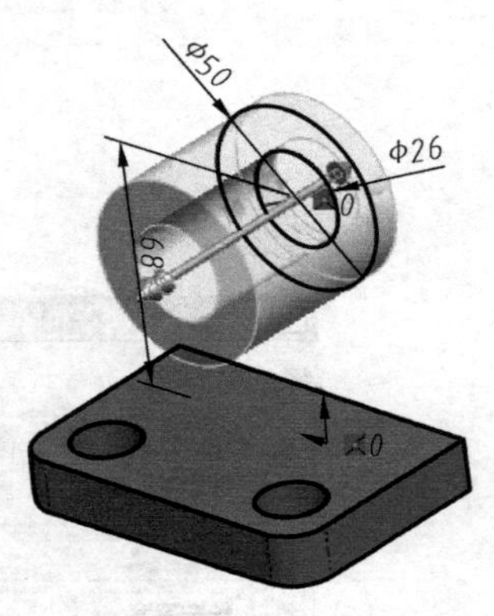

图 4-61 轴承

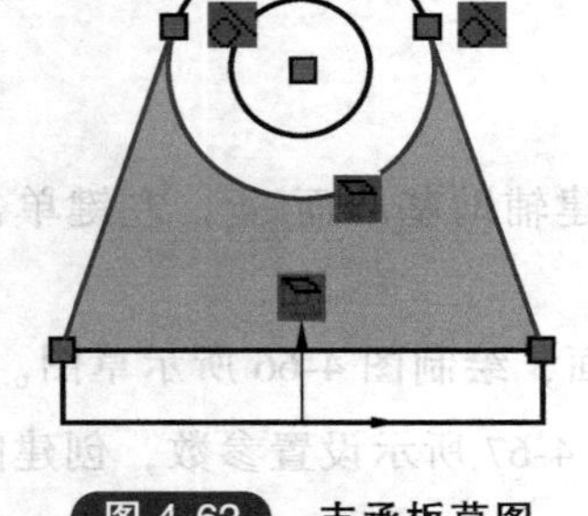

图 4-62 支承板草图

图 4-63 拉伸支承板

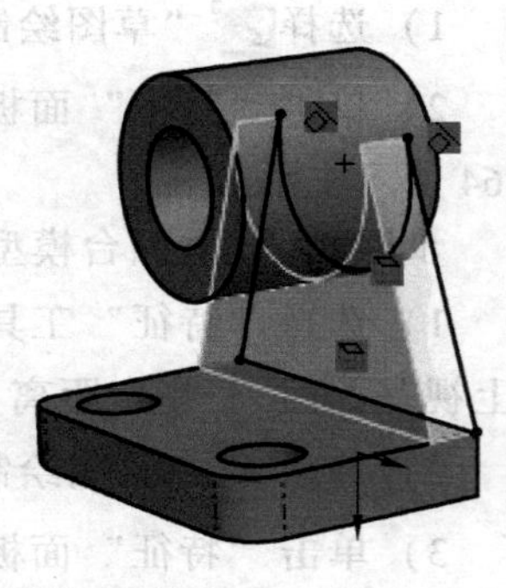

图 4-64 支承板

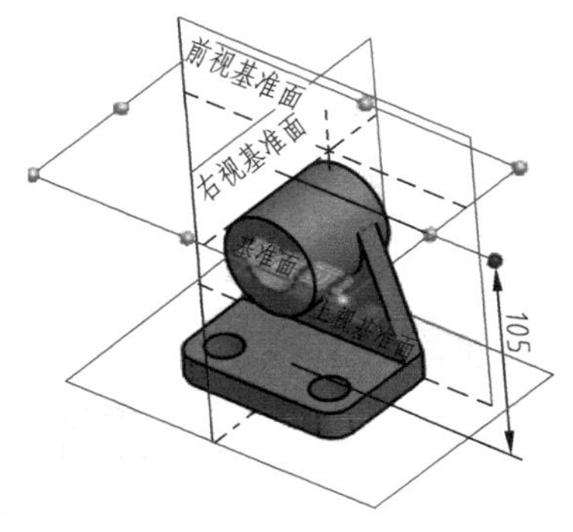

图 4-65　基准面 1

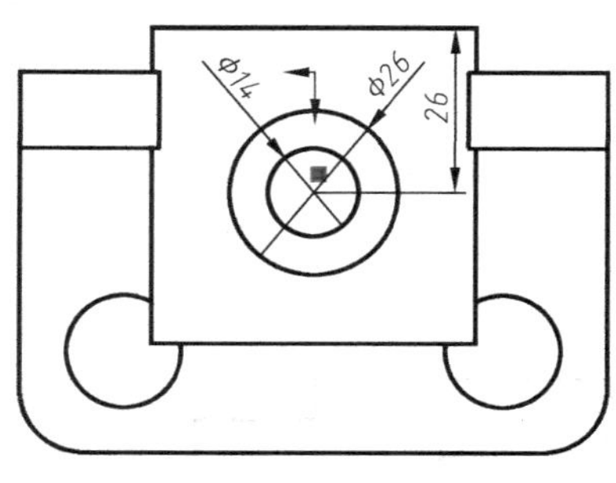

图 4-66　凸台草图

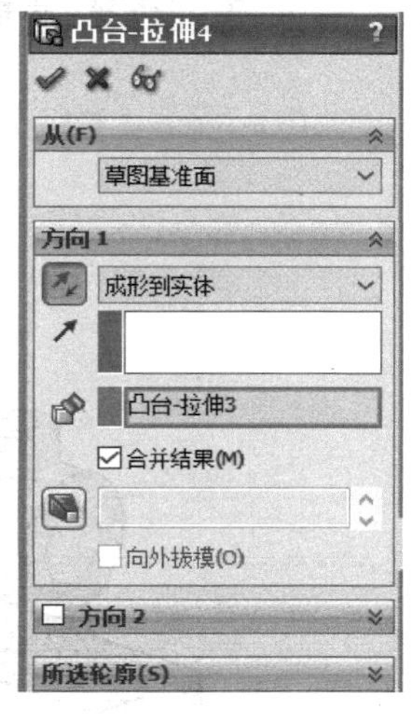

图 4-67　拉伸凸台

图 4-68　凸台

建立凸台内窥孔模型：

1）选择“草图绘制”工具，选择“基准面 1”为草绘平面，绘制图 4-69 所示 φ14mm 圆，并完成草图。

2）单击“特征”面板中的“拉伸切除”命令，系统弹出“拉伸切除”属性对话框，按图 4-70 所示设置参数，并选择轴承内孔表面为终止面，如图 4-71 所示，完成建模。

步骤 6：建立加强筋

单击“特征”面板中的筋“筋”命令。选择“右视基准面”为草绘平面，绘制图 4-72 所示系统弹出“圆角”属性对话框，按图 4-73 所示设置参数为“两侧”厚度 12mm，完成建模。效果如图 4-74 所示。

步骤 7：保存文件。单击“文件”→“保存”，或单击图标，将文件保存为“轴承座 . sdlprt”。

图 4-69 内窥孔草图

图 4-70 拉伸内窥孔

图 4-71 内窥孔终止面

图 4-72 筋草图

图 4-73 “筋”属性

图 4-74 筋

任务小结

1） SolidWorks 建模需要根据组合体的结构特点，分析主次、对称等关系，合理确定建模次序。本例中底板影响整个轴承座的位置，同时又代表了工作方位，所以先创建底板结构。

2） 支承板形状由底板和轴承两部分决定，主要通过草图的几何关系来确定，“转换实体引用”工具对创建该部分草图非常重要。

3） 本例创建的基准面能够更好地控制产品的总高。

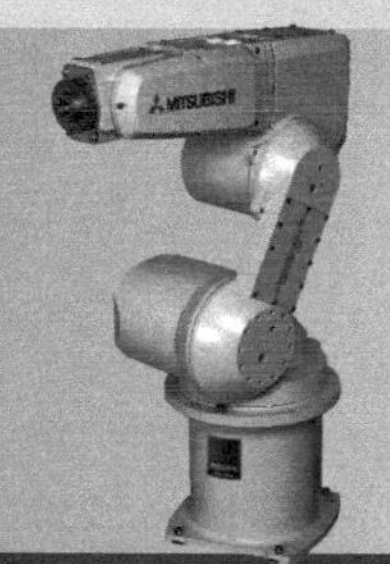

项目五

绘制机件视图、剖视图、断面图

在实际生产中，对于结构和形状复杂的机件，仅采用前面所讲的三视图，往往难以将它们的内、外形状表达清楚。为了完整、清楚、清晰、简洁地表达各种机件的形状，相关国家标准（GB/T 17451—1998、GB/T 17452—1998、GB/T 17453—2005、GB/T 4458.1—2002、GB/T 4458.6—2002）中规定了机械图样的表达方法。本项目主要介绍视图、剖视图、断面图、简化画法的使用场合、画法与标注，及 MDS 在机件常用表达方法中的应用。

教学目标

1. 掌握视图、剖视图、断面图的概念、配置和投影关系。
2. 掌握国家标准（简称国标）规定的各种简化画法。
3. 能正确识读和绘制第三角投影图。
4. 掌握 MDS 在机件常用表达方法中的应用。
5. 能正确、灵活地运用各种方法表达复杂机件的结构形状。

任务一　绘制视图

视图通常有基本视图、向视图、局部视图和斜视图，可按需选用。

分任务一　绘制切割体的基本视图

任务引入

将机件向基本投影面投射所得到的视图称为基本视图。如图 5-1 所示为切割体的立体图，试绘制其六个基本视图。

任务分析

1）国标中规定了哪六个基本视图？
2）六个基本视图如何配置？投影及方位关系是怎样的？
3）表达机件的形状优先采用什么视图？

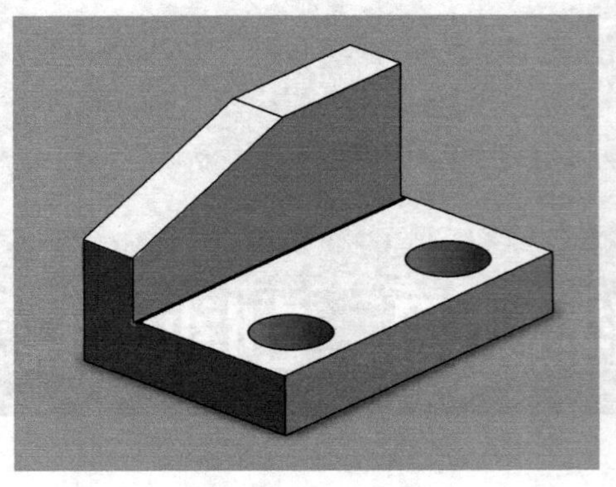

图 5-1 切割体立体图

相关知识

1. 基本投影面

当机件的形状比较复杂，且三视图不能准确、完整、清晰地表达其外部形状和结构时，需要在原来三个投影面的基础上再添加三个投影面。这六个投影面形成了一个六面体，六面体的六个面称为基本投影面，如图 5-2 所示。

图 5-2 基本投影面

2. 基本视图的形成

将机件放置于六面体中并向这六个基本投影面投影，这样得到的六个视图称为基本视图。

3. 基本视图的展开

基本视图的展开如图 5-3 所示。正投影面保持不动，其余各投影面按图 5-3 所示方向展开。

4. 基本视图的配置

它们之间仍然符合“长对正、高平齐、宽相等”的投影规律，即：主、俯、仰、后四个视图长对正；主、左、右、后四个视图高平齐；俯、仰、左、右四个视图宽相等。

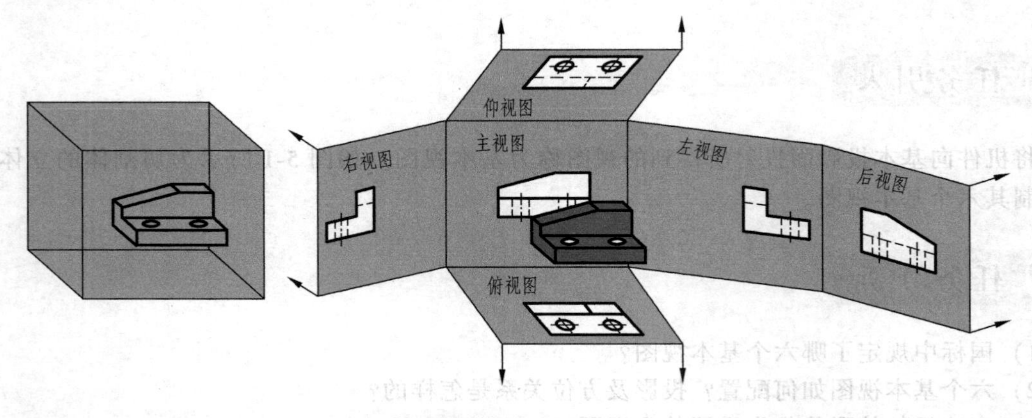

图 5-3 基本视图的展开

其方位关系，除后视图之外，各视图靠近主视图的一侧，均表示机件的后面，各视图中远离主视图的一侧均表示机件的前面。后视图的右侧表示机件的左面，左侧表示机件的右面。

任务实施

先画主视图，然后按照基本视图的展开和配置原则补全其他视图，结果如图 5-4 所示。

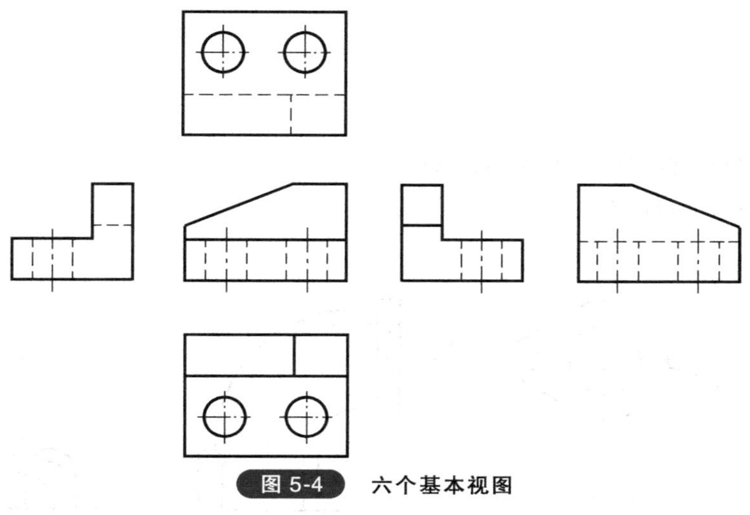

图 5-4　六个基本视图

任务小结

虽然国标规定了六个基本视图，但是不等于每个机件都必须要用六个基本视图表达。在机件被表达完整、清楚的情况下，视图的数量越少越好。实际画图的时候，若无特殊情况，一般优先选用主视图、俯视图和左视图。

知识拓展

向视图是可以自由配置的视图，是基本视图的另外一种表达方法。有时为了合理利用图幅，各视图不能按基本视图配置，可使用向视图。向视图要标注箭头指明投影方向，字母表示相对位置，如图 5-5 所示。

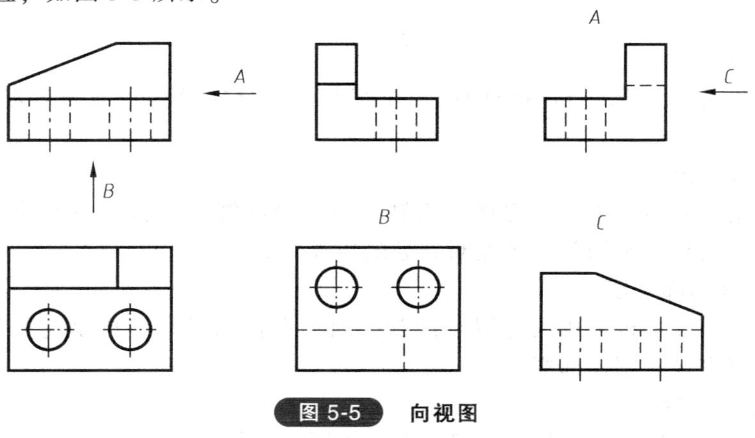

图 5-5　向视图

分任务二 绘制局部视图

任务引入

将机件的某一部分向基本投影面投射所得的视图称为局部视图。绘制图 5-6 所示弯管的局部视图。

任务分析

1）采用局部视图的目的和意义是什么？

2）如何绘制局部视图？

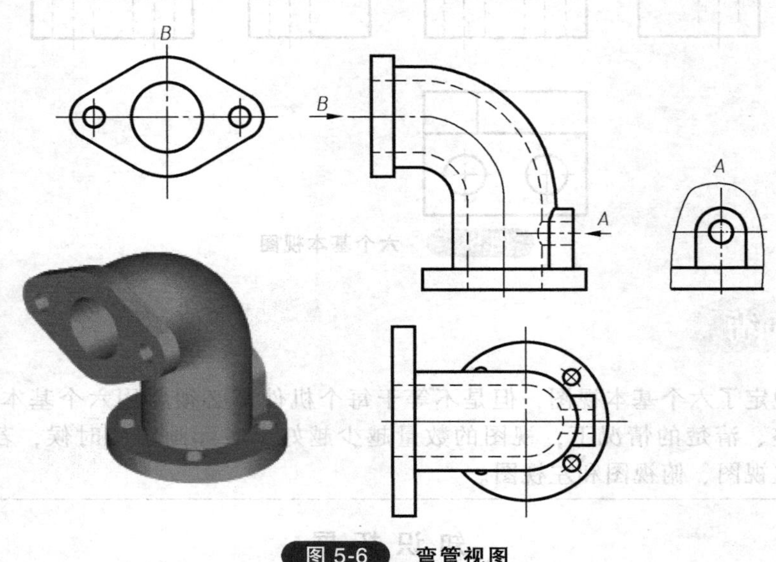

图 5-6 弯管视图

任务实施

1. 表达方案分析

表达弯管形状用了主视图和俯视图后，左右凸出部分的结构还需另画左视图和右视图，方能表达清楚。

2. 绘制右凸块局部视图

为省掉左视图，右凸块采用局部视图绘制。所绘局部视图应包含右凸块形状和圆板的叠加关系。最后画波浪线表示局部视图在断裂处的边界线。

3. 绘制腰形板局部视图

为省掉右视图，腰形板采用局部视图绘制，因腰形板的局部结构是完整的，且外形轮廓线呈封闭状态，可直接绘制局部视图。

4. 局部视图的配置

局部视图最好按投影关系配置，也可配置在视图的其他地方。

5. 局部视图的标注

局部视图一般需要标注投射方向和视图名称，当局部视图按投影关系配置时，中间又无其他图形隔开，可省略标注。

6. 弯管完整的表达方案（图 5-6）

任务小结

1）采用局部视图的目的和意义：既简化作图，又能使图形简单明了。

2）所绘局部结构表明连接关系的要一并画出，完整且封闭的局部结构可直接绘出。

分任务三　绘制弯板的斜视图

将机件向不平行于任何基本投影面的平面投射所得的视图称为斜视图。绘制图 5-7 所示弯板斜视图。

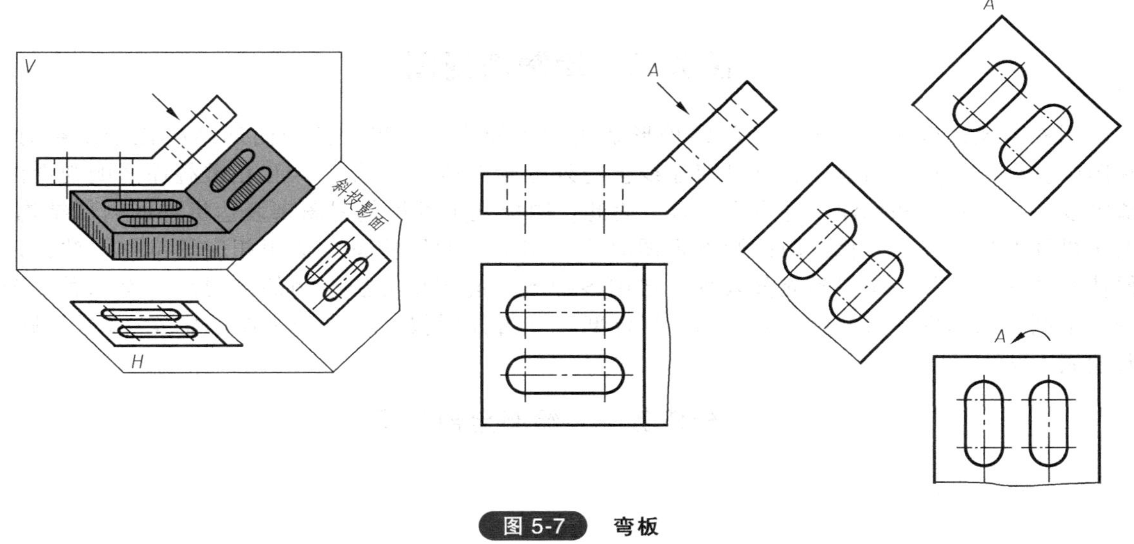

图 5-7　弯板

任务分析

1）采用斜视图的目的和意义是什么？

2）如何绘制斜视图？

任务实施

1. 表达方案分析

表达弯板形状用了一个基本视图和一个局部视图后，倾斜部分的结构未能表达清楚。

2. 绘制倾斜部分的斜视图

设置一个与倾斜平面平行的投影面，将倾斜结构向该投影面作投射，所得的视图即为倾斜部分的斜视图。

3. 绘制斜视图的波浪线

斜视图通常画成局部视图，即只画出机件倾斜部分的实形，其余部分用波浪线断开。

4. 斜视图的配置

斜视图最好按投影关系配置，也可配置在视图的其他地方。必要时允许将斜视图旋转配置。旋转配置时，应在视图上方画出旋转符号。该符号的箭头表示旋转方向。

5. 斜视图的标注

斜视图必须标注，标注不能省。

6. 弯板完整的表达方案（图 5-7）

任务小结

1）采用斜视图的目的和意义：既表达了机件上倾斜部分的实形，又解决了倾斜结构绘图难的问题。

2）斜视图最好按投影关系配置，以方便看图。

任务二　绘制剖视图

用视图表达机件时，不可见的结构形状用细虚线表示。当机件的内部结构比较复杂时，视图中就会出现较多细虚线，有时细虚线会与外形轮廓线（粗实线）互相重叠而影响视图的清晰度，并给看图和标注尺寸带来困难。为此，国标规定可用剖视图来表达机件的内部结构。由于机件的形状千变万化，因此画剖视图时应根据机件的结构特点选用相应的剖切方法，以便使机件的内、外结构得到充分表现。选用各种不同的剖切方法绘制的剖视图共有六种：全剖、半剖、局部剖、阶梯剖、旋转剖、复合剖。下面分别叙述各种剖视图的定义、应用场合及绘制方法。

分任务一　绘制全剖视图

任务引入

绘制图 5-8 所示的全剖视图。

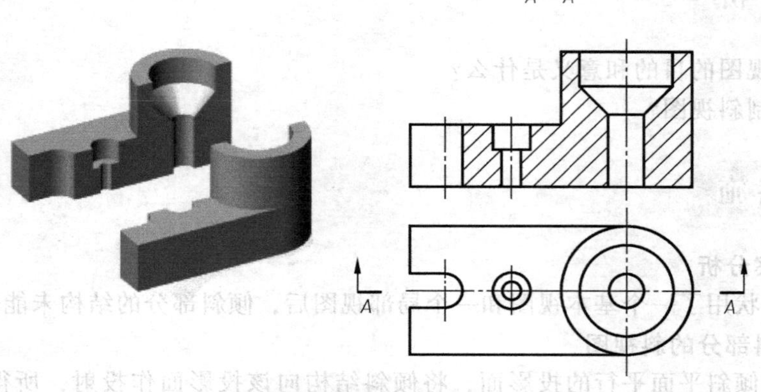

图 5-8　全剖视图

任务分析

1）全剖视图的定义及应用场合是什么？
2）如何绘制全剖视图？
3）全剖视图如何标注？

相关知识

1．剖视图的形成

假想用剖切平面剖开机件，将处在观察者和剖切平面之间的部分移去，而将其余部分向投影面投影所得的图形，称为剖视图，简称剖视，如图 5-9 所示。

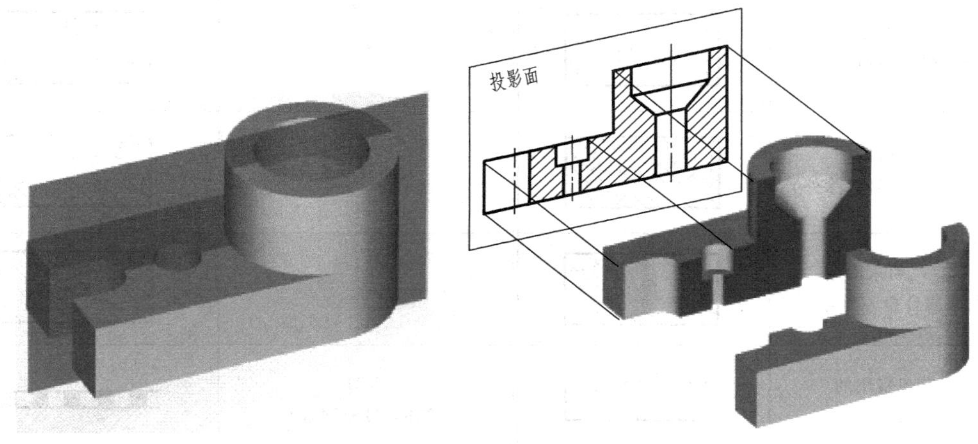

图 5-9　剖视图的形成

剖视图将机件剖开，使得内部原本不可见的孔、槽可见了，虚线变成了可见线，由此解决了内部虚线问题。注意：原图中一般不会增加新的图线，如图 5-10 所示。

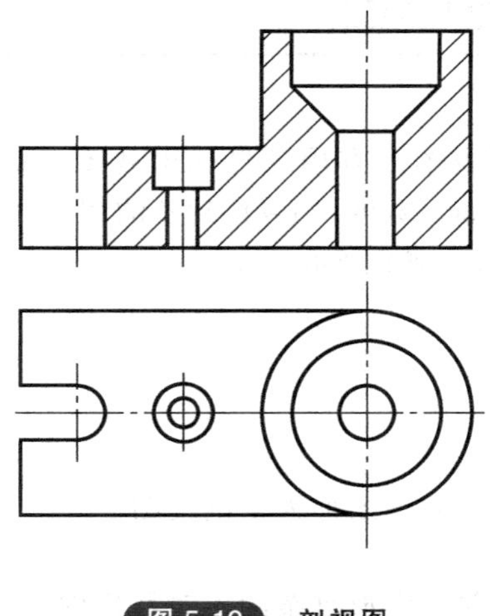

图 5-10　剖视图

2. 剖面符号及剖面线的画法

机件被假想剖开后，剖切面与机件的接触部分称为剖面区域。为了区分机件的实形部分与空心部分，国标规定被剖切到的面上要画出剖面符号，并且不同的材料要用不同的剖面符号。各种材料的剖面符号见表 5-1。

表 5-1 各种材料的剖面符号

材料名称		剖面符号	材料名称	剖面符号
金属材料（已有规定剖面符号者除外）			木质胶合板（不分层数）	
线圈绕组元件			基础周围的泥土	
转子、电枢、变压器和电抗器等的叠钢片			混凝土	
非金属材料（已有规定剖面符号者除外）			钢筋混凝土	
型砂、填砂、粉末冶金砂轮、硬质合金刀片等			砖	
玻璃及供观察用的其他透明材料			格网（筛网、过滤网等）	
木材	纵剖面		液体	
	横剖面			

3. 剖视图的标注与配置

为了便于读图，一般应在剖视图上方用字母标出视图名称“×—×”，并且在相同的视图上画出剖切符号［用长为 5~10mm，宽度（1~1.5）d 的粗短线表示剖切位置，用箭头表示投影方向］，且需要注上同样的字母，如图 5-8 所示。

任务实施

1. 全剖视图的定义

用剖切面完全地剖开机件所得的视图称为全剖视图。

2. 全剖视图的应用

全剖视图主要应用于外形简单、内形复杂的不对称机件，或外形简单的对称机件。

3. 剖切面的位置选择

为了表达该机件内部的真实形状，图 5-8 中剖切面是通过机件上孔的轴线和槽的前后对称面，是正平面。

4. 画出全剖视图

假想的剖切面剖开机件后，凡剖切面与机件表面的交线及剖切面后面的可见轮廓线，多用粗实线绘制；剖切面后面不可见部分，一般不画虚线。

5. 画剖面符号

在剖切面与机件接触面区域内画出金属材料的剖面符号，采用 45°或 135°的等距平行细实线绘制。

6. 剖视图的标注

由于该机件的剖切面通过机件的前后对称面，且剖视图按投影关系配置，中间又没有其他图形隔开，可省略标注。

知识拓展

一、剖视图的特殊情况

画剖视图时，虚线一般不画，特殊情况（节省一个视图）要画，如图 5-11 所示。

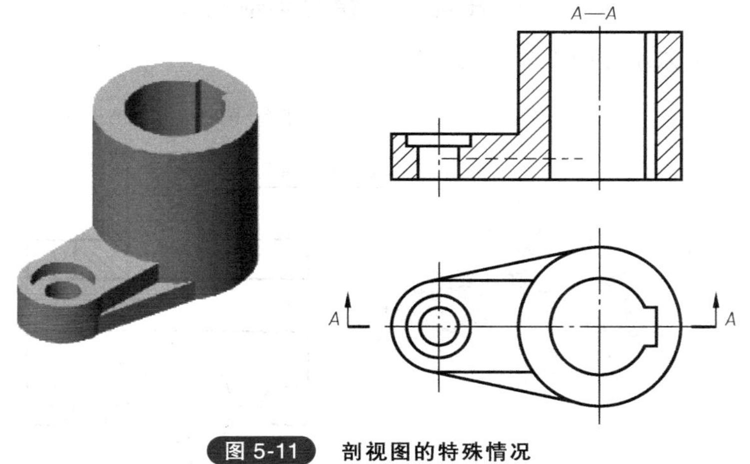

图 5-11　剖视图的特殊情况

二、避免漏线或多画线

画剖视图时，要仔细分析被剖切孔、槽的结构形状，不要漏线或多画线，如图 5-12 所示。

任务小结

1）掌握全剖的定义、应用场合、绘制及标注方法。

2）剖切是一种假想，并不是真的将机件切去一部分，因此，除剖视图外的其他视图仍应完整画出。

3）同一机件无论取多少个剖视图，其剖面线的方向、间隔要一致。

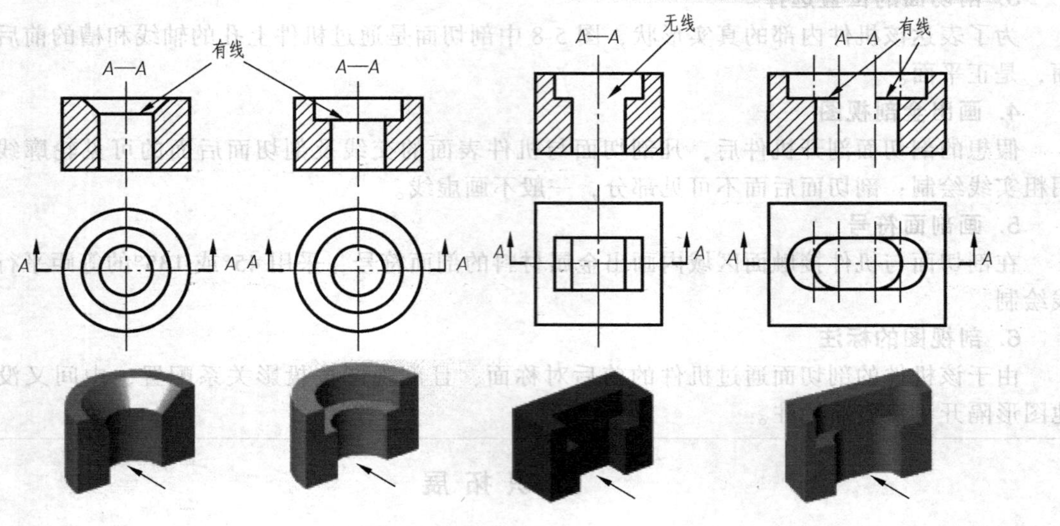

图 5-12 不要漏线或多画线

分任务二 绘制半剖视图

绘制如图 5-13 所示机件的半剖视图。

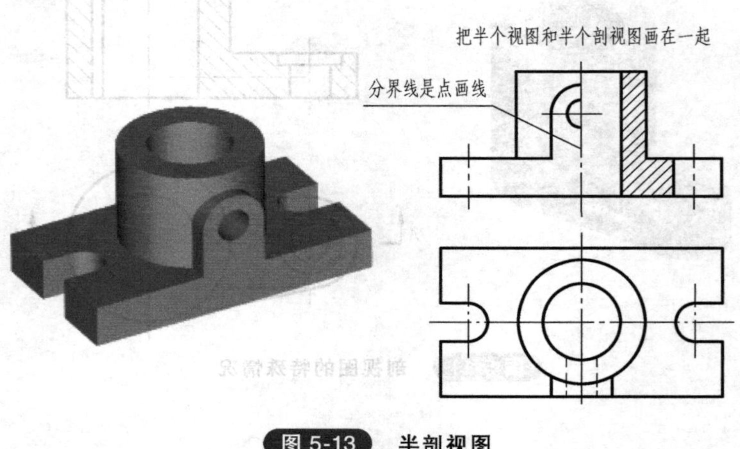

图 5-13 半剖视图

任务分析

1）半剖视图的定义及应用场合是什么?

2）如何绘制半剖视图?

3）半剖视图如何标注?

任务实施

（1）半剖视图的定义 当机件具有中间平面时，向垂直于中间平面的投影面上投射所得的图形，可以以对称中心线为界，一半画成剖视图表达内形，另一半画成视图表达外形，这种组合而成的图形称为半剖视图。

（2）半剖视图的应用　常用于内、外形状都需要表达的对称机件，且对称线必须是点画线，如图 5-13 所示。

（3）剖切面的位置选择　通过俯视图上孔轴线和槽对称面的正平面，半剖的剖切方法与全剖相同。

（4）画半剖视图　以对称中心线为界，右边画剖视图表达内形，左边画视图表达外形，在视图部分不画虚线，但对于孔和槽等应画出中心线的位置。

（5）剖视图的标注　半剖的标注与全剖相同。

知 识 拓 展

对称机件的轮廓线与对称中心线的投影重合时，不宜画成半剖视图，如图 5-14 所示。

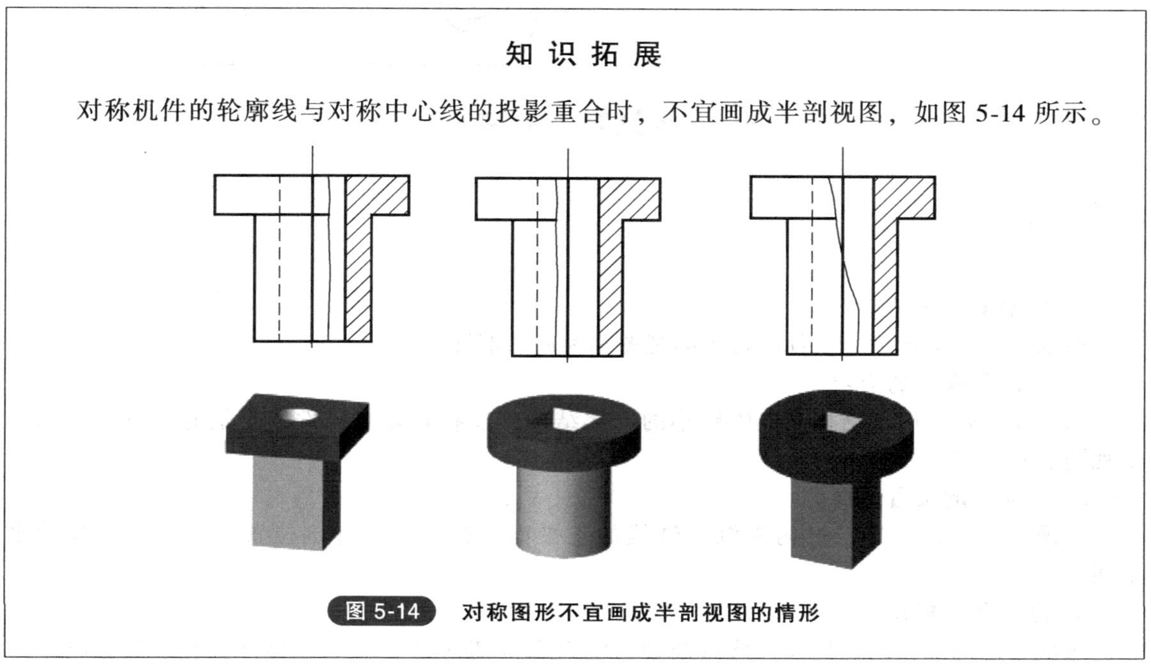

图 5-14　对称图形不宜画成半剖视图的情形

任务小结

1）掌握半剖视图的定义、应用场合、绘制及标注方法。

2）半剖视图的位置：主、左视图半剖图形在右边，俯视图半剖图形在前面。

分任务三　绘制局部剖视图

任务引入

绘制如图 5-15 所示图形的局部剖视图。

任务分析

1）局部剖视图的定义及应用场合是什么？

2）如何绘制局部剖视图？

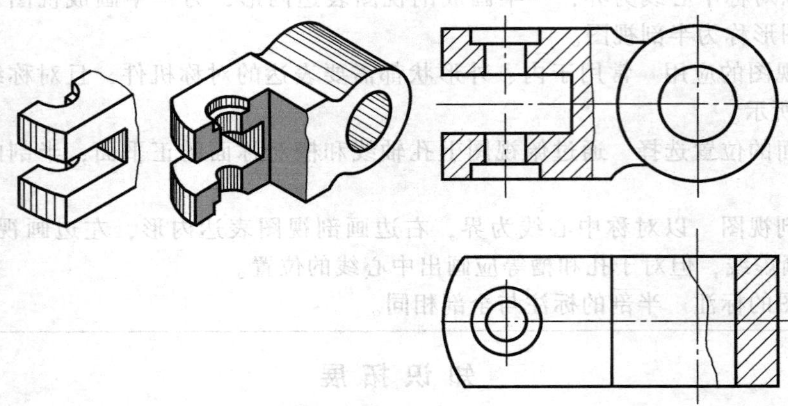

图 5-15 局部剖视图

任务实施

1. 局部剖视图的定义

用剖切面局部地剖开机件所得到的视图称为局部剖视图。

2. 局部剖视图的应用

当需要表达的内部结构是范围较小的局部结构，没有必要对机件取全剖时，可采用局部剖视图表示，如图 5-15 所示。

3. 剖切面的位置选择

主视图局部剖位置：过俯视沉孔轴线的正平面。俯视图局部剖位置：过圆筒轴线的水平面。

4. 画出局部剖视图

用剖切面局部地剖切机件，然后断裂，将人和剖切面之间的部分移开，剩下部分绘制局部剖。剖切范围要考虑机件表达的需要，可大可小，如图 5-15 所示。

5. 画波浪线

波浪线是视图与剖视图的分界线，是机件实体的断裂线投影，在实体断裂的投影处画波浪线。

6. 剖视图的标注

局部剖视图不要标注。

知 识 拓 展

波浪线不能和图样上其他图线重合，也不能画在其他图线的延长线上，不能直接穿过通孔和通槽，若遇到通孔和通槽结构的时候必须断开，如图 5-16 所示。

任务小结

1）掌握局部剖视图的定义、应用场合及绘制方法。

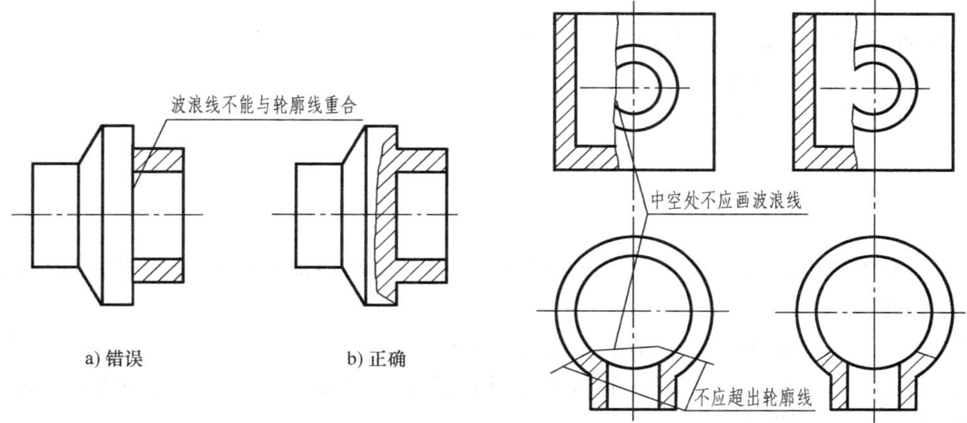

图 5-16　波浪线的正确画法

2）局部剖可以根据机件的结构形状特点灵活地选择剖切位置和范围。

3）在同一个视图中，局部剖切的次数不宜过多，否则图形就会显得破碎，影响看图。

分任务四　绘制斜剖视图

任务引入

绘制如图 5-17 所示图形的斜剖视图。

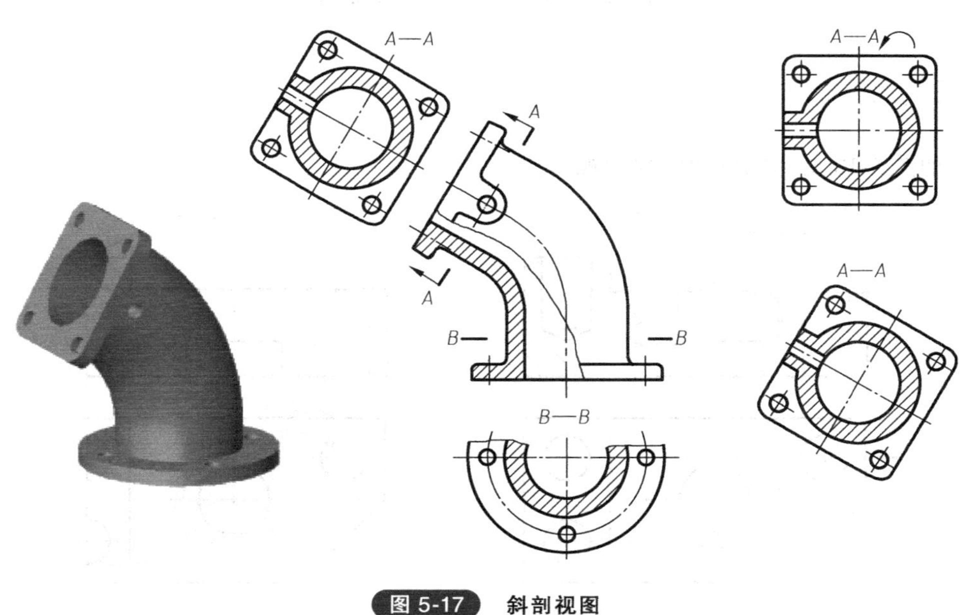

图 5-17　斜剖视图

任务分析

1）斜剖视图的定义及应用场合是什么？

2）如何绘制斜剖视图？

3）斜剖视图如何标注？

任务实施

（1）斜剖视图的定义　用一个不平行于任何基本投影面的剖切平面剖开机件所得的视图称为斜剖视图。

（2）斜剖视图的应用　主要用于表达机件上倾斜结构的内部实形，如图 5-17 所示。

（3）剖切面的位置选择　用一个不平行于任何基本投影面，但平行于倾斜结构且过主视小孔的正垂面作为剖切面。

（4）画出斜剖视图　完全地剖开机件后，将人和剖切面之间的部分移开，剩余的倾斜结构向平行于剖切平面的投影面进行投影。为了看图方便，应尽量将斜剖视图配置在与相应基本视图保持投影关系的位置。如果需要，也允许将斜剖视图放置在其他位置，或将图形旋转。

（5）斜剖视图的标注　斜剖视图要标注。

任务小结

1）掌握局部剖视图的定义、应用场合、绘制及标注方法。

2）斜剖视图的图形虽是斜的，但标注的字母一律水平书写。

3）全剖和半剖图形不能旋转，但可以省略标注，斜剖图形，可以旋转但不能省略标注。

分任务五　绘制阶梯剖视图

任务引入

绘制如图 5-18 所示图形的阶梯剖视图。

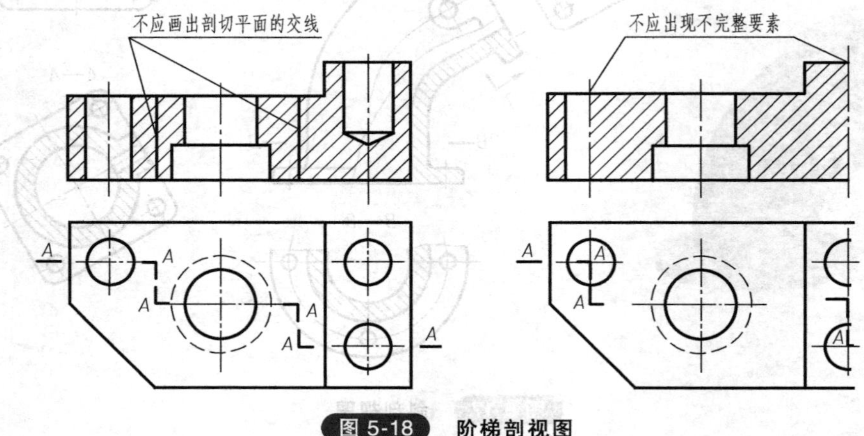

图 5-18　阶梯剖视图

任务分析

1）阶梯剖视图的定义及应用场合是什么？

2）如何绘制阶梯剖视图？

3）阶梯剖视图如何标注？

任务实施

（1）阶梯剖视图的定义　用几个平行的剖切平面剖开机件所得的视图称为阶梯剖视图。

（2）阶梯剖的应用　主要用于表达机件上有较多的内部结构形状，而它们的中间平面互相平行且在同一方向投影无重叠的情况，如图 5-18 所示。

（3）剖切面的位置选择　以三个过通孔、沉孔、不通孔的轴线且相互平行的正平面为剖切面，各剖切面之间用转折平面相互连接，转折平面用转折符号表示，其转折符号要成直角且对齐。

（4）画出阶梯剖视图　转折平面不画线，剖切后不能出现不完整要素，如图 5-18 所示。

（5）阶梯剖视图的标注　阶梯剖视图要标注，在每个剖切平面起、迄处要用相同的字母及剖切符号表示剖切位置，用箭头指明投影方向，并在相应的剖视图上方标出相同的字母。

任务小结

1）掌握阶梯剖视图的定义、应用场合、绘制及标注方法。

2）两个剖切平面转折处的转折平面不画线。

3）剖切平面转折处不应与视图中的轮廓线重合。

4）在图形内不应出现不完整要素。

分任务六　绘制旋转剖视图

任务引入

绘制如图 5-19 所示图形的旋转剖视图。

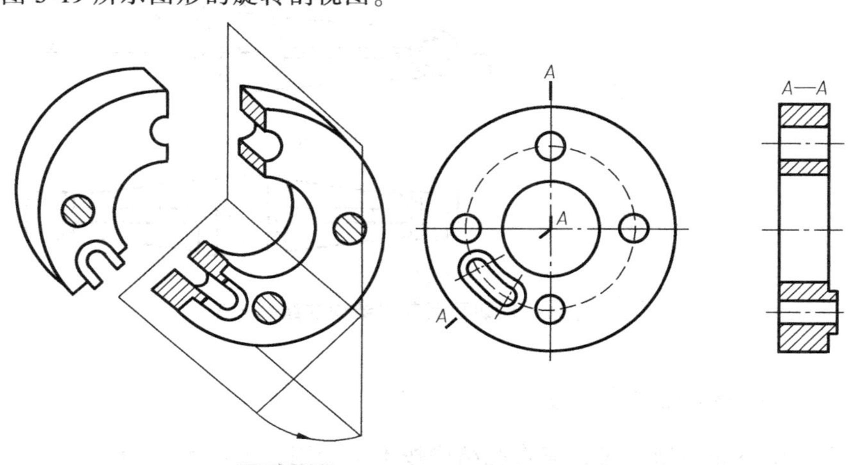

图 5-19　两相交剖切平面剖切机件

任务分析

1）旋转剖视图的定义及应用场合是什么？
2）如何绘制旋转剖视图？
3）旋转剖视图如何标注？

任务实施

（1）旋转剖视图的定义　当机件具有明显的旋转中心，可利用两相交的剖切面将其剖开，然后将剖切面剖切到的结构及有关部分旋转到与基本投影面平行后再进行投影，这种剖切方法绘制的图形称为旋转剖视图。

（2）旋转剖视图的应用　主要用于表达具有公共回转中心的机件，如轮、盘、支架等机件上的空、槽等内部结构，如图 5-19 所示的圆盘。

（3）剖切面的位置选择　该圆盘机件上的小孔、中心孔及凸台结构，可用两个相交的剖切平面剖切机件，其中：上方是侧平面，下方是正垂面，交线是中心孔的轴线，且垂直于正面。

（4）画出旋转剖视图　将正垂面剖切到的结构及有关部分绕交线（轴线）旋转到与侧面投影面平行后再进行投影。

（5）旋转剖视图要标注　在每个剖切平面起、迄处要用相同的字母及剖切符号表示剖切位置，用箭头指明投影方向，并在相应的剖视图上方标出相同的字母。

知识拓展

一、剖切面后其他结构的绘制方法

剖切面后的其他结构一般能按原来位置绘制，如图 5-20 所示。

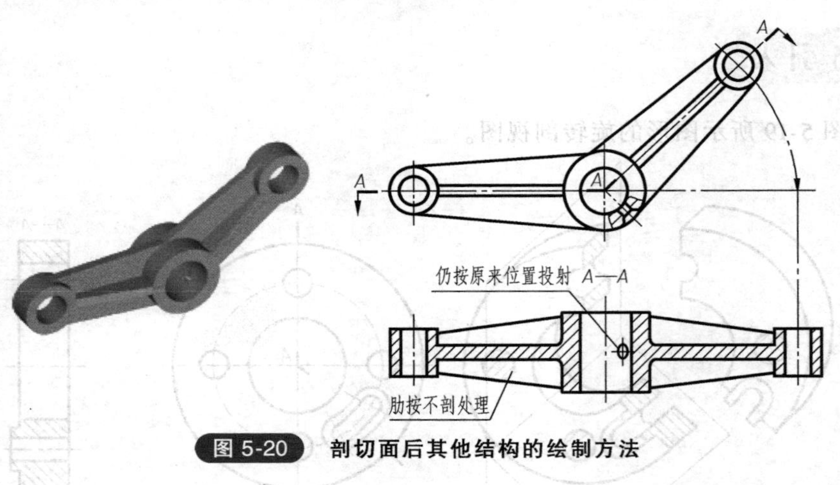

图 5-20　剖切面后其他结构的绘制方法

二、不完整结构的绘制方法

当剖切后产生不完整结构时，应将此结构按不剖绘制，如图 5-21 所示。

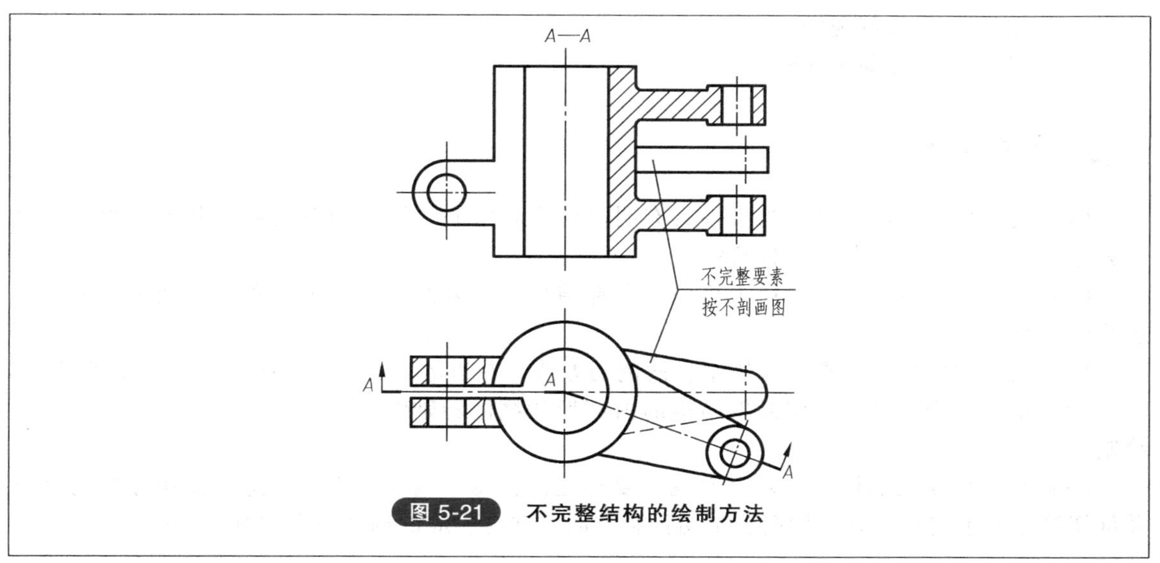

图 5-21　不完整结构的绘制方法

任务小结

1）掌握旋转剖视图的定义、应用场合、绘制及标注方法。

2）因旋转剖是旋转到与基本投影面平行后再进行投影的，所以视图与剖视图之间的倾斜结构不按投影规律绘制。

分任务七　绘制复合剖视图

任务引入

绘制如图 5-22 所示图形的复合剖视图。

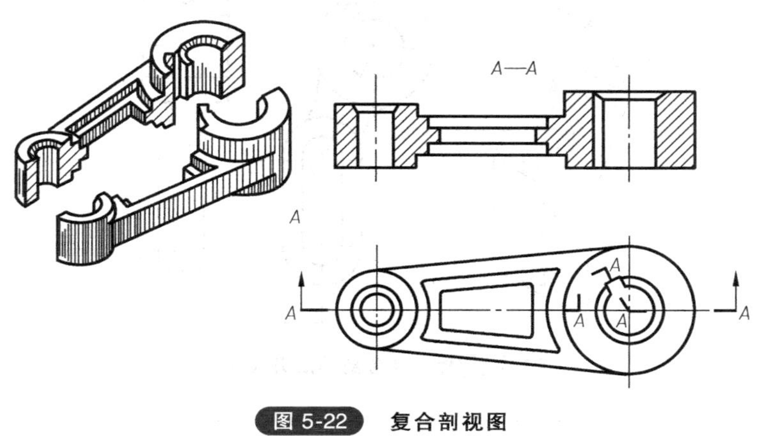

图 5-22　复合剖视图

任务分析

1）复合剖视图的定义及应用场合是什么？

2）如何绘制复合剖视图？

3）复合剖视图如何标注？

任务实施

（1）复合剖视图的定义　当机件具有明显的旋转中心，可利用旋转剖与其他剖组合的剖切方法绘制的视图，称为复合剖视图。

（2）复合剖的应用　主要用于机件的内部结构比较复杂，用以上几种剖切面都不能完全表达的情况。

（3）剖切面的位置选择　采用组合的剖切方法，左边剖切面取正平面，右边取旋转剖。

（4）画出复合剖视图　将倾斜结构的内部形状绕回转轴线旋转到全剖平面位置时，一并绘制图形。

（5）复合剖视图的标注　复合剖视图要标注，在每个剖切平面起、迄处要用相同的字母及剖切符号表示剖切位置，用箭头指明投影方向，并在相应的剖视图上方标出相同的字母。

任务小结

1）掌握复合剖视图的定义、应用场合、绘制及标注方法。

2）旋转剖与其他剖组合处要画上转折符号，以表示剖切方法组合位置。

知 识 拓 展

适用于表达具有回转轴的机件内部结构，组合的剖切面的交线应与机件的回转轴线重合。剖切面切到的内部结构及位于剖切面之后的其他结构都要旋转到与基本投影面平行后展开绘制，如图 5-23 所示。

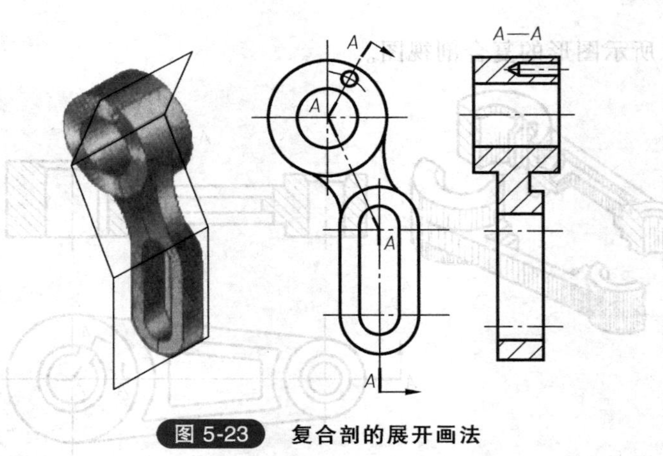

图 5-23　复合剖的展开画法

任务三　绘制断面图

假想用剖切面将机件的某处切断，仅画出该剖切面与物体接触部分的图形，这种图形称为断面图，简称为断面。根据断面图的位置不同，断面图分为移出断面图和重合断面图。

任务引入

绘制如图 5-24 所示轴的移出断面图。

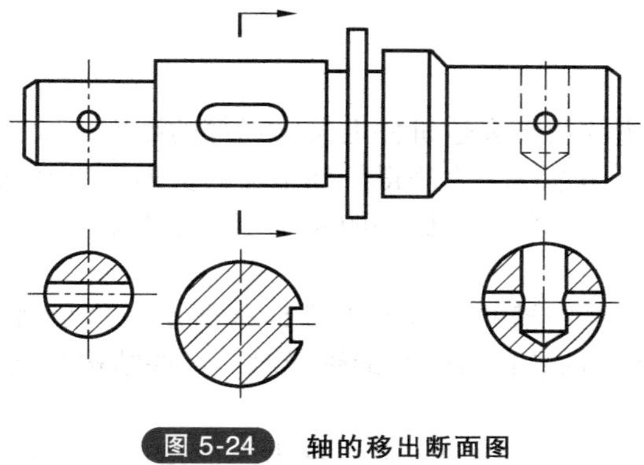

图 5-24　轴的移出断面图

任务分析

1）断面图的定义及应用场合是什么？

2）断面图与剖视图的区别和联系是什么？

3）如何绘制及标注断面图？

相关知识

一、断面图的概念

假想用剖切面将机件的某处切断，仅画出该剖切面与机件接触部分的图形，称为断面图。断面图和剖视图的区别在于：断面图只画机件被剖切后的断面形状，而剖视图除了画出断面形状之外，还必须画出机件上位于剖切平面后面的其他可见部分的投影，如图 5-25 所示。

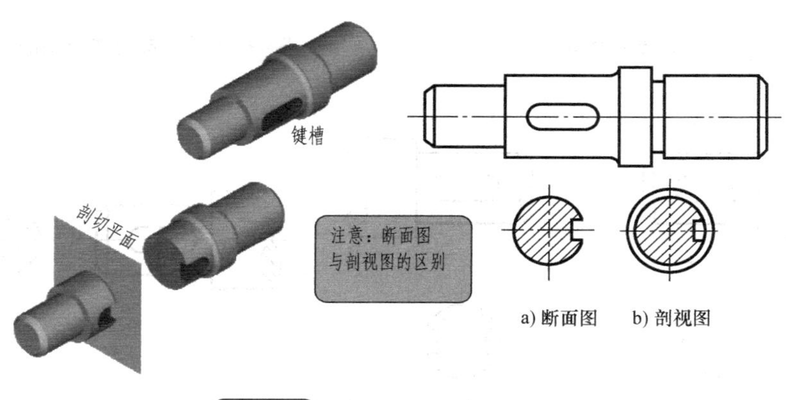

图 5-25　断面图和剖视图的区别

二、断面图的种类

（1）移出断面图　画在视图之外的断面图称为移出断面图，如图5-24所示。

（2）重合断面图　画在视图之内的断面图称为重合断面图，如图5-26所示。

任务实施

（1）断面图的应用　主要用于表达机件上某一局部的断面形状，如轴上的键槽和孔等。

（2）移出断面图剖切面的选择　为获得机件结构的实形，绘制轴左右两孔的断面形状时，剖切面应分别通过两孔的轴线并垂直于机件的轮廓线，绘制轴中间部分的槽时，剖切面应垂直于槽的轮廓线。

（3）绘制移出断面图　绘制槽的断面图如图5-24所示，当绘制左右两孔断面时，国标规定：当剖切面通过回转面形成的孔或者锥孔的轴线时，这些结构按剖视图要求绘制，如图5-24所示。

（4）移出断面图的配置　为了看图方便，移出断面图应尽量画在剖切面的延长线上，必要时可将移出断面图配置在其他适当位置。

（5）移出断面图的标注　标注与图形的配置和图形的对称性有关，一般标注如图5-27所示。

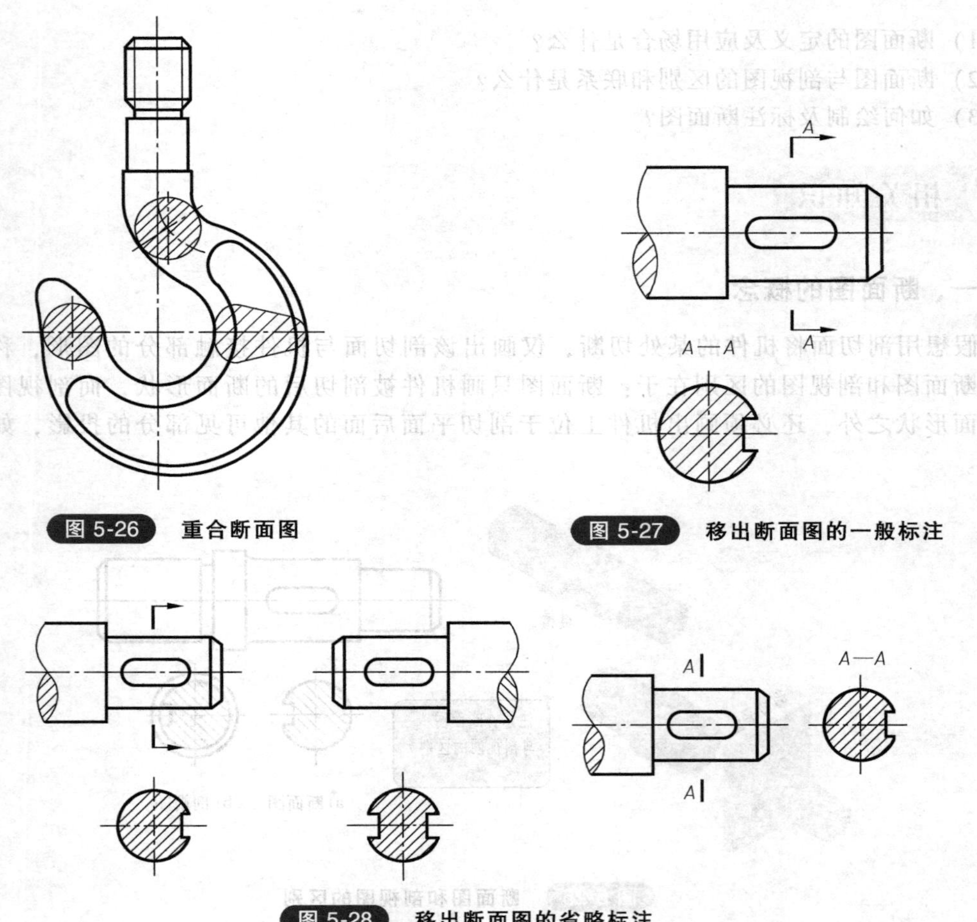

图5-26　重合断面图

图5-27　移出断面图的一般标注

图5-28　移出断面图的省略标注

移出断面图的省略标注如图 5-28 所示 ，标注说明：

1）配置在剖切符号延长线上的不对称移出断面，可省略字母。

2）配置在符号延长线上的对称移出断面，可省略字母和箭头。

3）按投影关系配置的不对称移出断面，可省略箭头。

任务小结

1）轴零件的主体结构是同一轴线上数段直径不同的回转体组成，基本视图只有一个，轴上的局部结构如销孔、键槽等常用移出断面图表达。

2）移出断面图的轮廓线用粗实线绘制。

3）当剖切面通过回转面形成的孔或者锥孔的轴线时，这些结构是指圆孔和锥孔的形状按剖视图要求绘制。

知识拓展

一、移出断面图的其他规定画法

当剖切平面通过非圆孔，会导致出现完全分离的剖面区域时，其结构应按剖视图要求绘制，如图 5-29 所示。

当断面图形对称时，移出断面图也可画在视图的中断处，如图 5-36 所示。

移出断面图的剖切面应垂直于所表达结构的主要轮廓线，如一个剖切面做不到，可采用两个或多个相交的剖切平面剖开机件，所得出的移出断面图中间应断开，如图 5-30 所示。

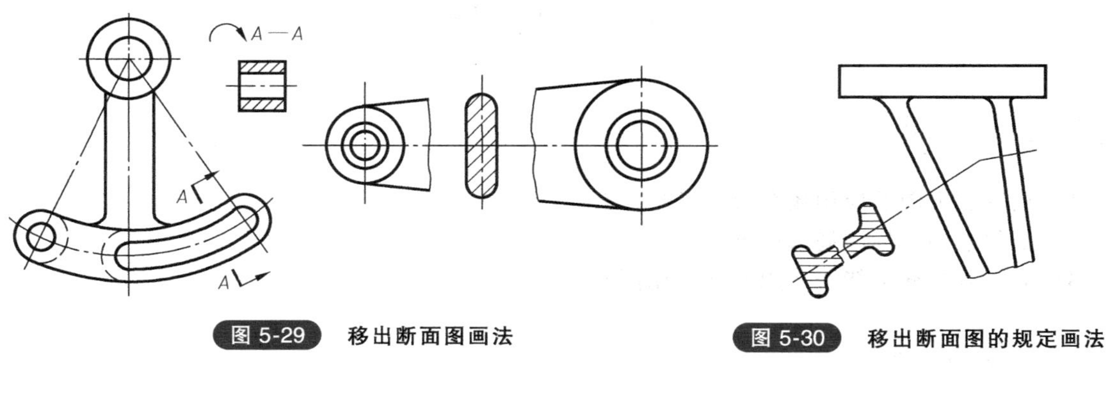

图 5-29　移出断面图画法

图 5-30　移出断面图的规定画法

二、重合断面图的画法及标注

重合断面图主要用来表达筋板、轮辐的断面形状。

1. 重合断面图的画法

重合断面图的轮廓线用细实线绘制，断面图用细实线画在视图之内。当视图中的轮廓线与重合断面的图形重叠时，视图中的轮廓线仍应连接画出，不可间断，如图 5-31 所示。

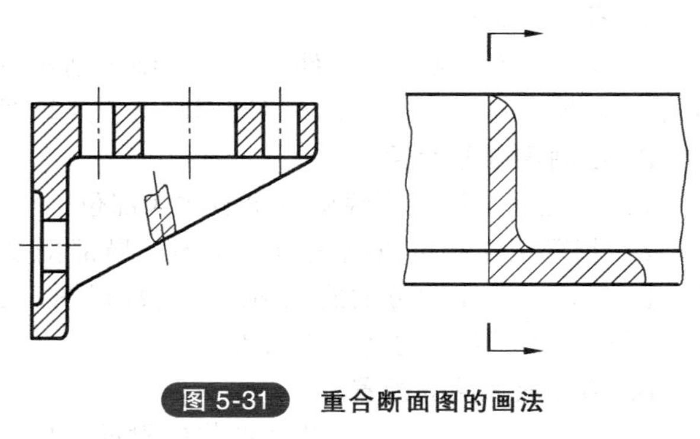

图 5-31　重合断面图的画法

2. 重合断面图的标注

不对称的重合断面图可省略字母，对称的重合断面图不必标注，如图 5-31 所示。

任务四　其他表达方法

任务引入

绘制如图 5-32 所示轴上细小结构的局部放大图。

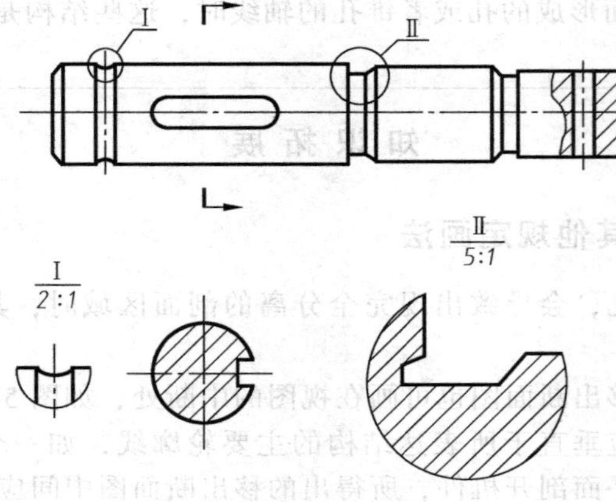

图 5-32　局部放大图

任务分析

1）局部放大图的应用场合及定义是什么？

2）如何绘制与标注局部放大图？

3）同一张图样上能否使用不同的比例？

任务实施

1. 局部放大图

应用场合及定义：当机件上的某些细小结构在视图中表达不够清楚或不便于标注尺寸时，可将该细小结构用大于原图形的比例画出，这种图形称为局部放大图。

2. 绘制局部放大图

1）在视图上用细实线圆圈出被放大部位。

2）局部放大图可以画成局部视图、局部剖视图和断面图，与被放大部分的表达方式无关。图 5-32 中，Ⅰ部分的放大图画成局部视图，Ⅱ部分的放大图画成局部剖视图。绘制局部放大图时，其剖面线的间距不放大。

3. 局部放大图的配置

将局部放大图配置在被放大部位的附近，如图 5-32 所示。

4. 局部放大图的标注

当同一件上有几处被放大的部位时，用罗马数字编号，并在局部放大图上方，用分子标注相应的罗马数字，分母注出所采用的比例。

任务小结

1）当机件上被放大的部位仅有一处时，无须写出罗马数字编号，只需在放大图上方注出所采用的比例。

2）同一机件上所要表达的局部结构相同或对称时，只需绘制一个局部放大图。

3）局部放大图中标注的比例是该图与机件实际尺寸之比，与原图比例无关。

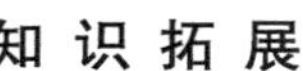

知识拓展

为提高看图和绘图效率，增加图样的清晰度，国标规定的简化画法如下：

一、圆盘类零件上均匀分布的筋、孔的剖视图画法。

1）圆盘类零件上均匀分布的筋、轮辐、孔等相同结构不论是否处于剖切平面上，都要旋转到剖切面上按剖视绘制，如图 5-33 所示。

2）对于机件的筋、轮辐及薄壁等，如按纵向剖切，这些结构都不画剖面线，而用粗实线将它与其邻接部分分开，如图 5-33 所示，横向剖切要画剖面线。

3）按一定规律分布的相同结构，可只画一个，其余只表示其中心位置，如图 5-40 所示。

筋画成对称形式　筋的断面内不画剖面线　孔未剖到，应按剖到画出　3×ϕ6　4×ϕ2EQS　均匀分布的孔画一个，其余用中心线表示

图 5-33　筋板及孔的规定画法

二、机件上某些交线和投影的简化画法

1）当两曲面立体的交线为圆弧时，所绘的相贯线称为过渡线，其绘制方法如 5-34 所示。

2）小圆孔的相贯线可以用直线代替曲线，如图 5-35 所示。

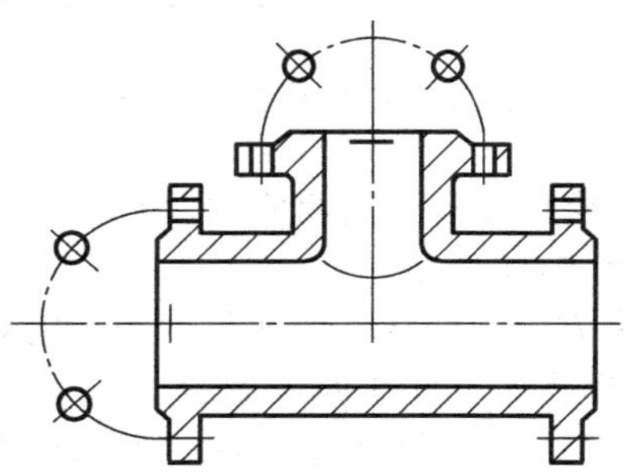

图 5-34　过渡线和相贯线的简化画法（一）

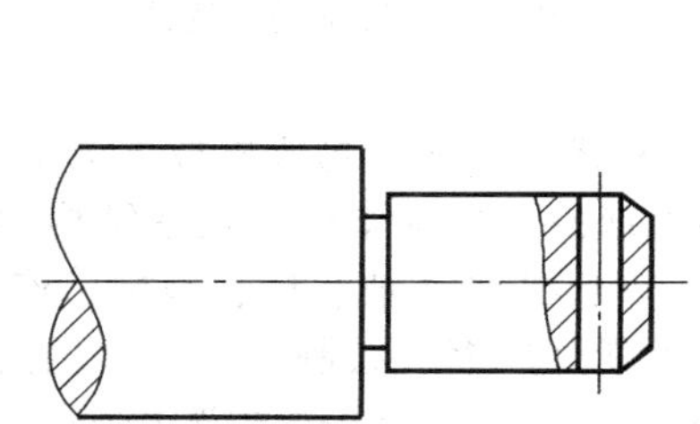

图 5-35　过渡线和相贯线的简化画法（二）

3）与投影面倾斜角度小于或等于30°的圆或圆弧，其投影可用圆或圆弧代替真实投影的椭圆，如图5-36所示。

4）轴类零件上的平面在图形中不能充分表达时，可用两条相交的细实线表示这些平面，如图5-37所示。

5）在不致引起误解时，对于对称机件的视图可画一半或四分之一，并在对称线的两端画出两条与其垂直的平行细实线，如图5-38所示。

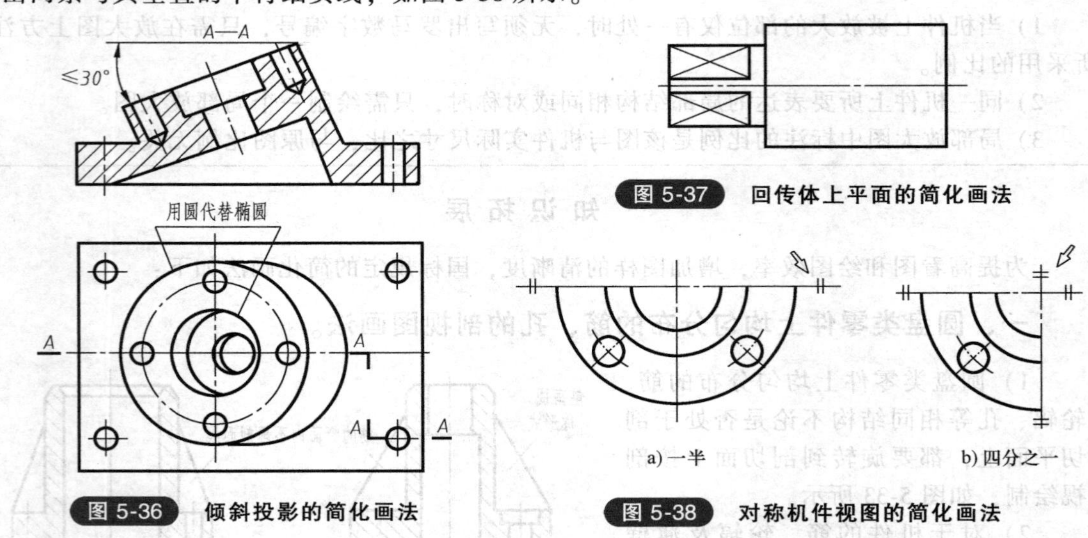

图5-36 倾斜投影的简化画法

图5-37 回转体上平面的简化画法

图5-38 对称机件视图的简化画法

6）当机件具有若干直径相同且均匀分布的孔（圆孔、螺孔、沉孔等）时，可以仅画出一个或几个，其余只需表示其中心位置，如图5-39所示。在零件图中应注明孔的总数。

7）当机件上具有相同结构（齿、槽等），并按一定规律分布时，应尽可能减少相同结构的重复绘制，只需画出几个完整的结构，其余用细实线连接，如图5-40所示。在零件图中则必须注明该结构的总数。

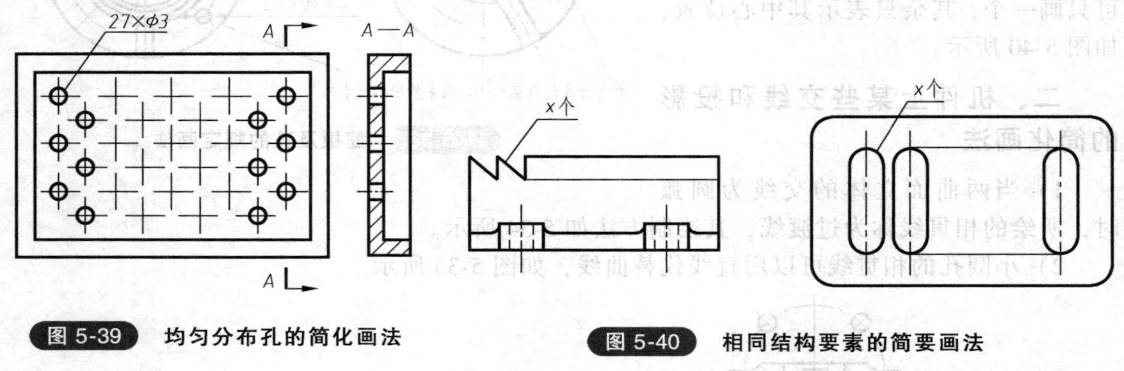

图5-39 均匀分布孔的简化画法

图5-40 相同结构要素的简要画法

8）网状物、编织物或机件上的滚花部分，可以在轮廓线附近用粗实线示意画出，并在零件图上或技术要求中注明这些结构的具体要求，如图5-41所示。

9）较长机件（轴、杆、型材、连杆等）沿长度为方向的形状一致或长度按一定规律变化时，可断开后缩短绘制，但尺寸仍按机件的设计要求标注，如图5-42所示。

10）机件上较小结构的简化画法。当机件上较小的结构及斜度等已在一个图形中表达清楚时，其他图形应简化或省略，如图5-43所示。

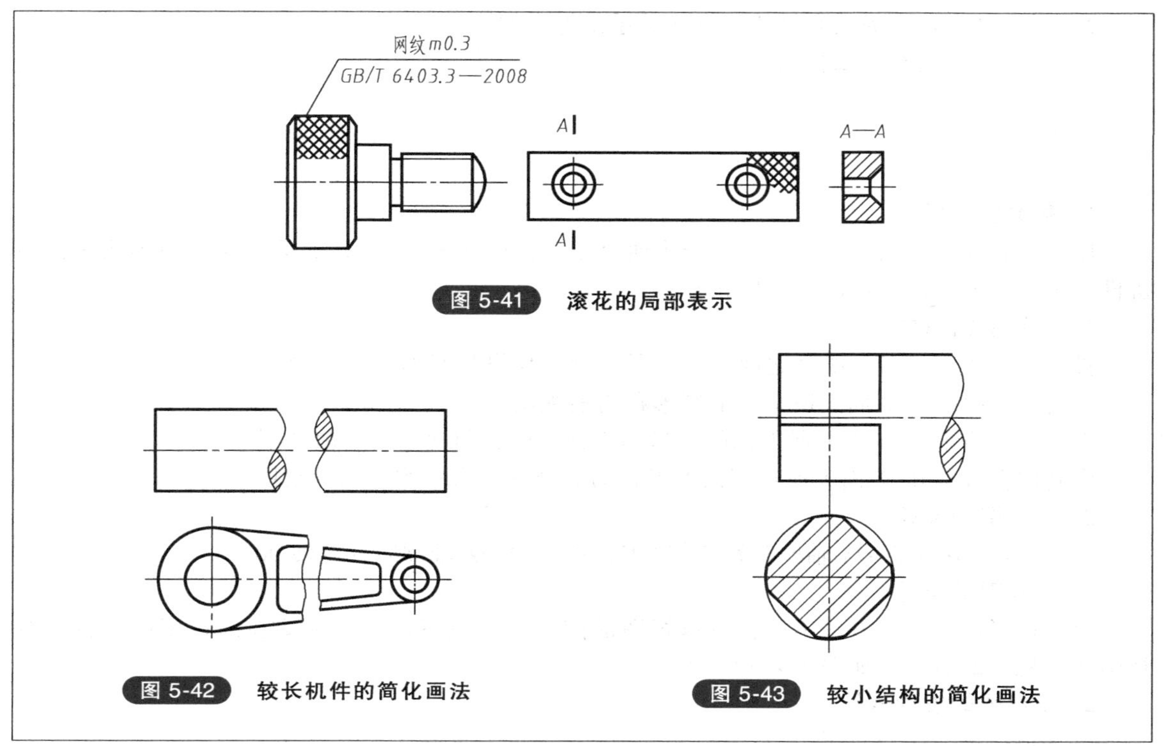

图 5-41　滚花的局部表示

图 5-42　较长机件的简化画法

图 5-43　较小结构的简化画法

任务五　绘制第三角投影图

我国的工程图样采用第一角画法绘制，但有些国家和地区的图样是按正投影法并采用第三角画法绘制的，如英国、美国、日本等国家或地区。随着国际技术交流和国际贸易日益增长，在实际工作中经常会遇到。要阅读和绘制第三角投影法的图样，因此掌握第三角投影法对工程技术人员是非常必要的。

任务引入

绘制图 5-44 所示机件的第三角投影图。

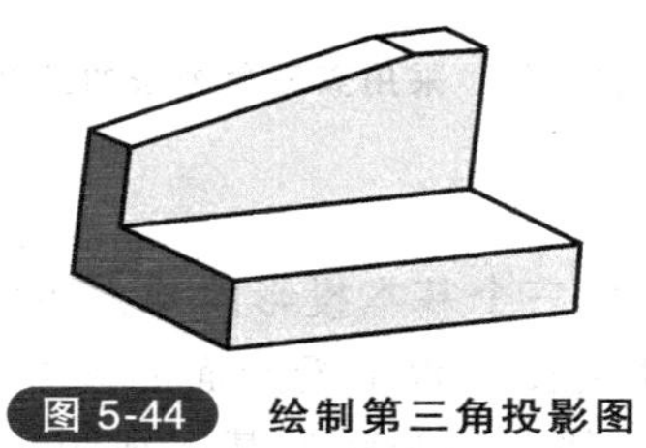

图 5-44　绘制第三角投影图

任务分析

1）如何绘制第三角画法中的六个基本视图？

2）六个基本视图的投影规律及方法关系是怎样的？

3）第三角画法有什么特点？

1. 基本投影面

用两个相互垂直的平面将空间划分为四个分角，如图 5-45a 所示，采用第三角画法时，将机件置于第三分角内，如图 5-45b 所示。

2. 三视图的形成

投影面处于观察者与机件之间进行投射（此时假设投影面是透明的）。

由前向后投射在 *V* 面上所得到的图形称为前视图。

由上向下投射在 *H* 面上所得到的图形称为顶视图，顶视图画在前视图上方。

由右向左投射在 *W* 面上所得到的图形称为右视图，右视图画在前视图右侧。

3. 三视图的展开

V 面不动，*H* 面绕 *OX* 轴顺时针旋转 90°，*W* 面绕 *OZ* 轴顺时针旋转 90°。

4. 三视图的配置

由于投影面的展开方法不同，所以视图的配置关系也不同。顶视图在前视图的上方，右视图在前视图的右方，如图 5-45c 所示。

5. 三视图的投影规律

前、顶视图——长对正。

前、右视图——高平齐。

顶、右视图——宽相等。

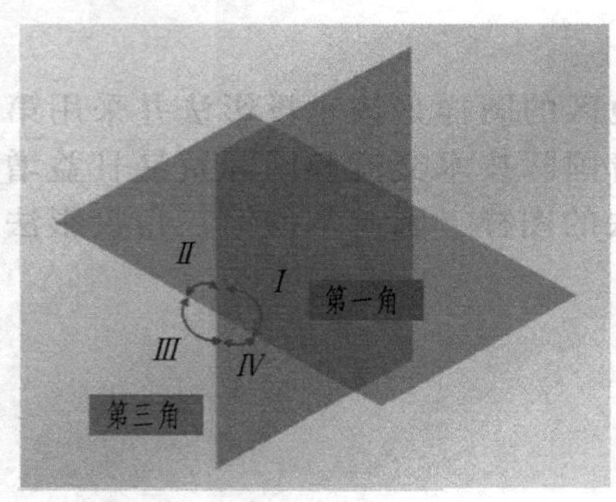

a) 四个分角

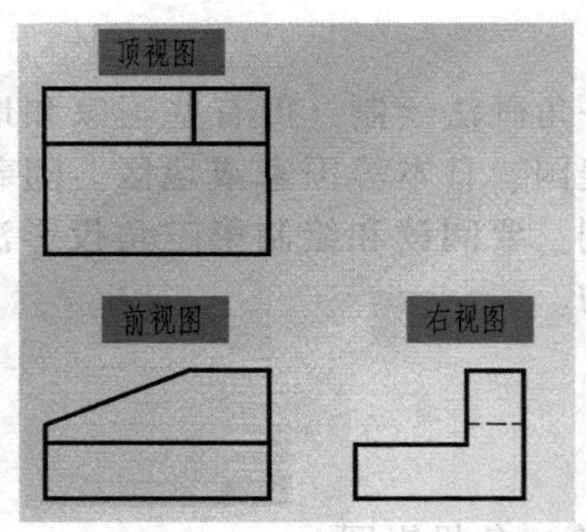

b) 形成过程

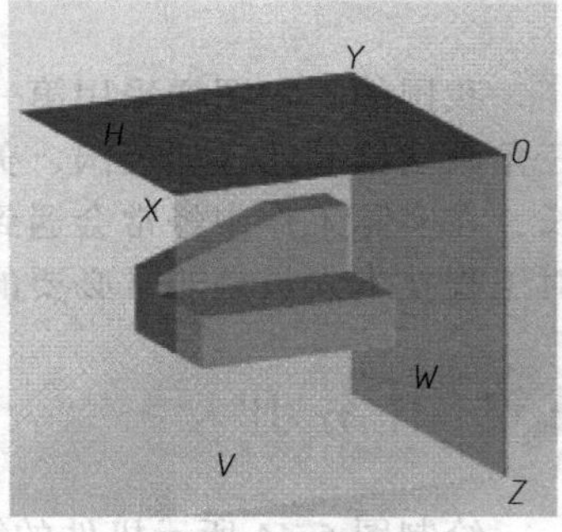

c) 三视图的配置

图 5-45 采用第三角画法的三视图

6. 六个基本视图的形成

如图 5-46 所示，除了 *V*、*H*、*W* 三个基本投影面外，还可以再增加三个基本投影面，组成一个正六面体，同样得到六个基本视图。六个投影面的展开方法如图 5-46 所示，展开后各基本视图的配置关系如图 5-47 所示。第三角画法的基本视图按规定位置配置时，不需标注视图名称。同样符合“长对正、高平齐、宽相等且前后对应”的规律。

7. 六个基本视图的方位

除后视图外，其他视图中靠近前视图的部分是机件的前方，远离前视图的部分是机件的后方。

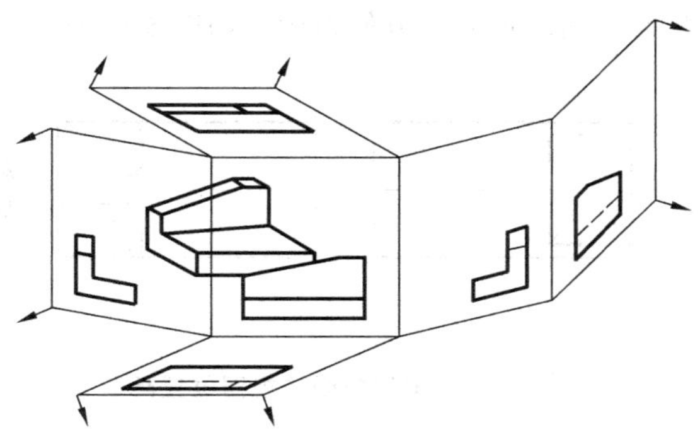

图 5-46　六个基本投影面及其展开

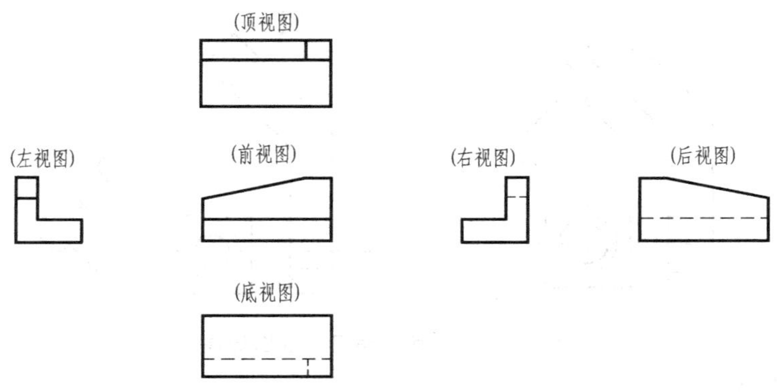

图 5-47　采用第三角画法的六个基本视图的配置

8. 第三角画法和第一角画法的投影识别符号

工程技术中采用第三角画法时，必须在标题栏的“图样代号”一栏中注写出第三角画法的识别符号，如图 5-48a 所示。采用第一角画法时，一般不需画识别符号，在必要时才需画图 5-48b 所示的第一角画法的识别符号。

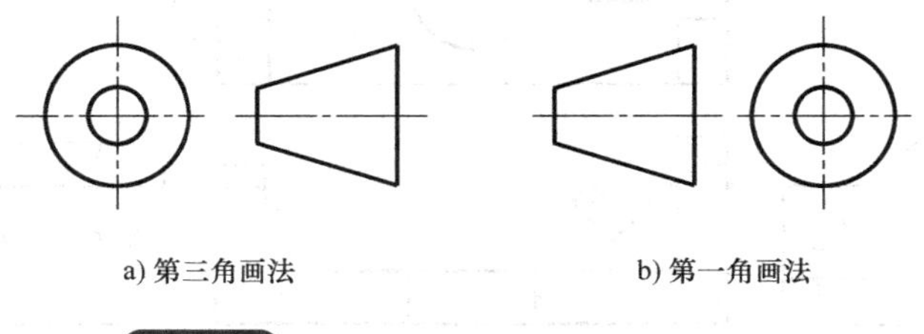

a) 第三角画法　　b) 第一角画法

图 5-48　第三角和第一角画法的识别符号

知 识 拓 展

第三角画法的特点如下：

1. 便于读图

第三角画法是将投影面置于观察者和机件之间进行投射，因此在六面视图中，除后视图外，其他视图都配置在相邻视图的近侧，方便识读，如图 5-49 所示。

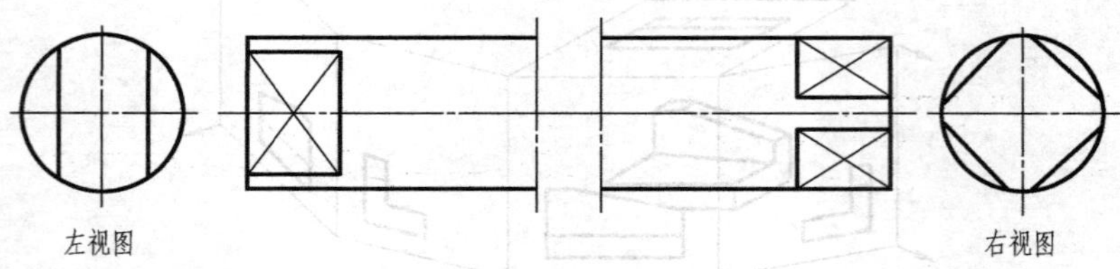

图 5-49 第三角画法视图位置配置

2. 便于表达

第三角画法采用近侧配置的特点，机件上局部结构的表达清楚简明。因此在第三角画法中，只是将局部视图或斜视图配置在适当位置，一般不再标注，如图 5-50 所示。

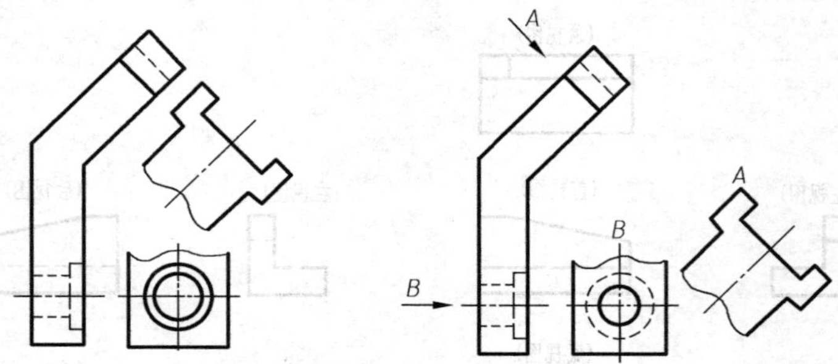

图 5-50 第三角画法视图标注

3. 断面图画法

在第三角画法中，剖视图和断面图统称为“断面图”，并分为全断面图、半断面图、破裂断面图、旋转断面图和阶梯断面图。

断面图的标注与第一角画法也不同，剖切符号用粗双点画线表示，并以箭头指明投射方向，如图 5-51 所示，断面图的名称写在断面图的下方。

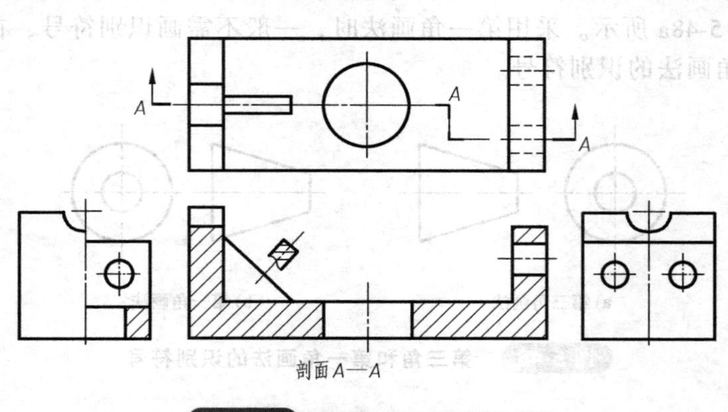

图 5-51 第三角画法的断面图

任务小结

1）由于两种投影面的展开方向不同，所产生的视图配置关系也不同，除前、后视图外，其他视图的配置对应相反，即上、下对调，左、右互换。

2）由于视图的配置关系不同，所产生的视图方位正好相反，即：在第三角画法中除后视图外，其他视图中靠近前视图的部分是机件的前方，而在第一角画法中除后视图外，其他视图中靠近主视图的部分是机件的后方。

3）在第三角画法中断面图的标注与第一角画法中的剖视图标注截然不同，不要混淆。

任务六　MDS 绘制剖视图

用 MDS 绘制图 5-52 所示端盖剖视图。

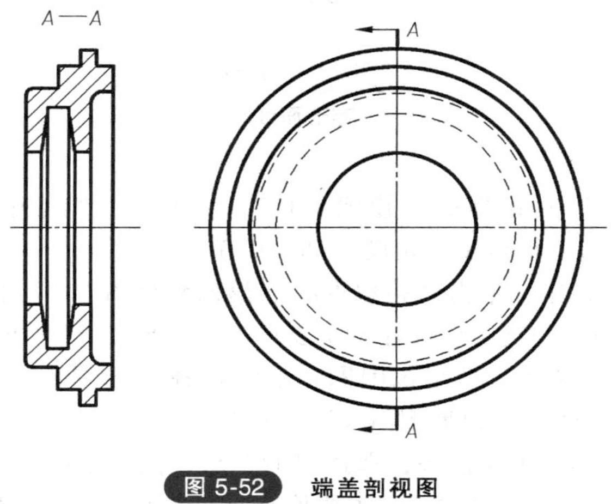

图 5-52　端盖剖视图

1）如何绘制剖视图？

2）如何标注剖视图？

MDS 绘制剖视图的作图步骤：

（1）如图 5-52 所示端盖　按照之前章节中介绍的组合体的画图方法，用 OFFSET（偏移）、LL（智能画线）、TRIM（裁剪）、CHAMFER（倒角）、FILLER（倒圆角）、镜向等命令完成主视图全剖视图的绘制（完成的图如图 5-56 所示）。

（2）画剖面线

1）输入“BHATCH”命令，弹出“边界剖面线”对话框如图 5-53 所示。

2）在对话框的“剖面线模式”栏中，单击“自定义模式”右边的小箭头打开下拉菜单，选择“预存剖面线”，对话框显示如图 5-54 所示。

3）单击“剖面线模式”栏中的“剖面线模式”，弹出“选择剖面线模式”对话框

(图 5-55)，左边的列表是不同断面图案样式的名字，对应着右边的图案示例。在左边的列表名中选取需要样式名（如选取“ANST31”），也可以直接在右边的图案预览中单击合适的剖面线样式（“ANST31”对应的是 45°斜线），选择好后单击“确定”，此对话框关闭，回到“边界剖面线”对话框。

图 5-53 “边界剖面线”对话框

图 5-54 选择预存剖面线

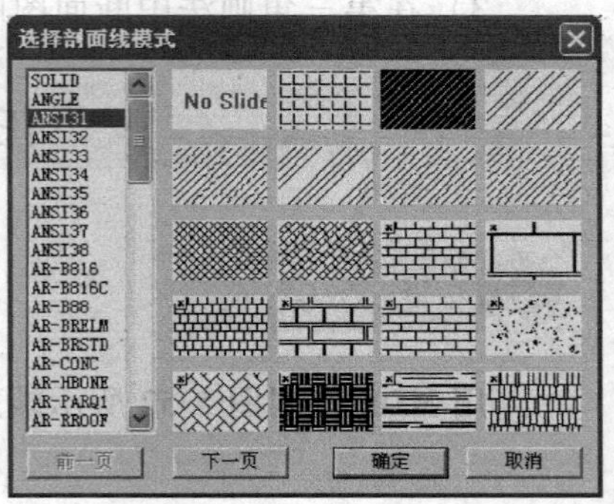

图 5-55 “选择剖面线模式”对话框

4）在“边界剖面线”对话框的“模式属性”栏中，在“比例”右边的框里填写比例（如“10”），“角度”右边的框里填写角度（如“0”）。

5）在“定义边界”栏中，单击“拾取点<”，返回到绘图界面（图 5-56），移动光标单击需要画剖面线的区域中的任一空白点（注意不要单击到边界线上），出现一个红色虚线的包围圈，此包围圈为包含所点取点的最小包围圈；继续选择要画剖面线的区域，直到全部选中（图 5-57）。单击右键，返回到“边界剖面线”对话框。

6）单击“层名”右边的下拉箭头，选择“02”层；然后单击“剖面线预览”，返回绘图区域，预览剖面线是否合适（通过预览，主要检查所选剖面线的区域以及设置的剖面线样式、比例、图层是否正确），预览后单击对话框中的“确定”，返回到“边界剖面线”对话框，根据检查结果重新设置相关参数，调整完成后，再次预览，直到正确为止。

7）在“边界剖面线”对话框中，单击“实现”，完成剖面线的设置，返回到绘图界面。完成的剖面线如图 5-58 所示。

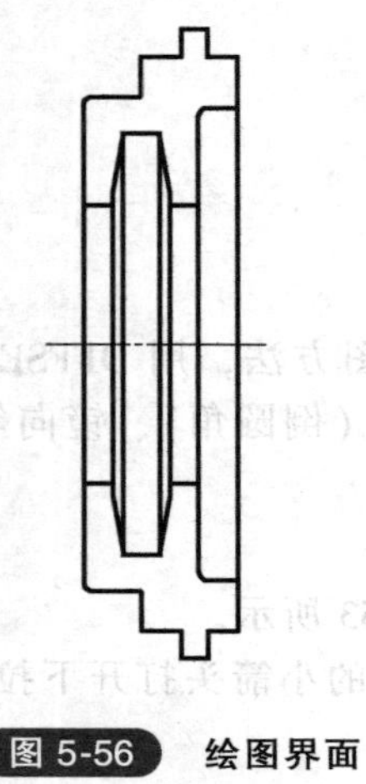

图 5-56 绘图界面

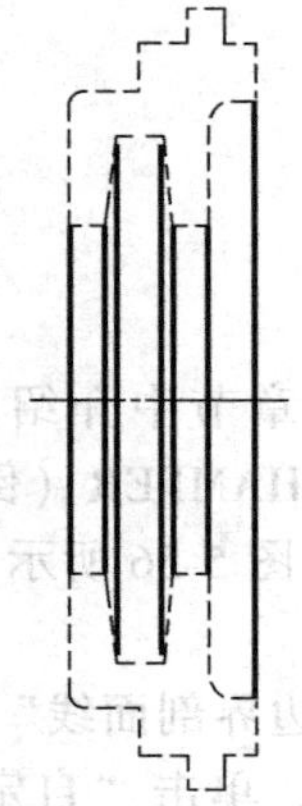

图 5-57 选中剖面线的区域

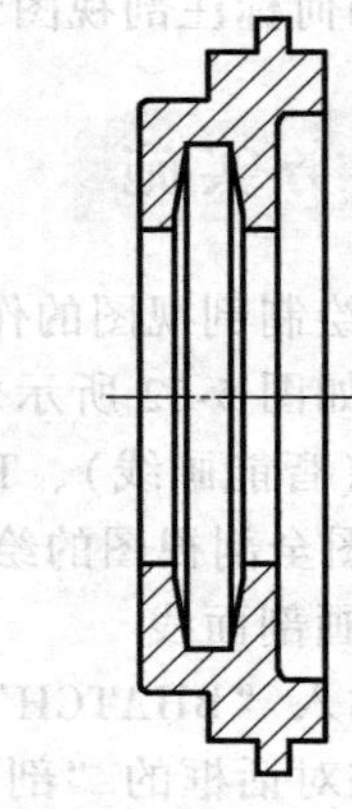

图 5-58 完成的剖面线

（3）画剖切符号　输入“RTHLN”命令，或者鼠标左键单击“制图→剖视符号”，系统提示“起点”时，移动光标至左视图中心线的最下点，左键单击此点，系统提示“下一点”时，移动光标至左视图中心线的最上点，左键单击此点，系统再提示“下一点”时，单击右键确定；系统提示“方向”时，移动光标至中心线下端的左边空白处单击左键，系统再次提示“方向”时，移动光标至中心线上端的左边空白处单击左键；系统提示“代码:”时，输入“A”；系统提示“文字为粗线 C/细线 X<X>:”时，单击右键确定为默认的细线；系统提示“代码位置:”时，移动光标至其中一个剖切方向符号边单击左键放置第一个代码位置，系统继续提示“代码位置:”时，移动光标至另外一个剖切方向符号边单击左键放置第二个代码位置（哪里需要放置代码就放在哪里，不限次数），最后单击右键完成剖切符号的绘制。

（4）标注剖切视图的名称

1）先将图层设置为 11 层。

2）用 MTEXT 命令输入。

系统提示及输入清单如下：

命令：MTEXT

当前字型：STANDARD，当前字高 ：17

插入点：（移动光标至合适位置，单击左键点取剖切视图名称的插入点）

字高：<17>4.5

旋转角：<0>0

在跳出来的“多行文字”对话框中，键盘输入字母“A-A”，移动鼠标至对话框中右边的“确定”上，光标变成箭头时左键单击“确定”，至此完成剖视图名称的标注。

全部完成后的两视图如图 5-52 所示。

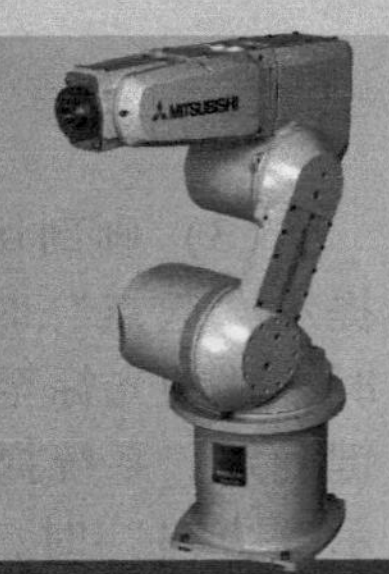

项目六

绘制标准件与常用件视图

在机械设备和仪器仪表的装配过程中，经常会用到螺栓、螺母、螺钉、键、销和滚动轴承等，由于这些零件应用广、用量大，因此国家标准对这些零件的结构和尺寸做了统一规定，并称这些零件为标准件。此外，国家标准还对一些零件的部分尺寸和参数实行了标准化，并称这些零件为常用件，如齿轮、弹簧等。本项目主要介绍标准件与常用件的规定画法与标注，以及 MDS、SolidWorks 绘制标准件与常用件的方法。

教学目标

1. 掌握螺纹、螺纹紧固件的规定画法与标注方法。
2. 掌握直齿圆柱齿轮及其啮合的画法。
3. 掌握键、销及其联接的画法，熟知种类及其标注。
4. 掌握滚动轴承的规定画法及代号的含义，掌握螺旋弹簧的规定画法。
5. 会用 MDS 软件绘制标准件与常用件，能用 SolidWorks 从标准库里调用标准件与常用件。

任务一　绘制螺纹视图

螺纹是螺栓、螺钉、螺母等零件上的主要结构要素，是机器设备中零件之间联接的重要方式之一。既起联接作用，也起传递动力的作用，用于功耗要求不很严格的传动场合。螺纹有外螺纹和内螺纹两种，成对使用。

任务引入

绘制图 6-1 所示内、外螺纹视图。

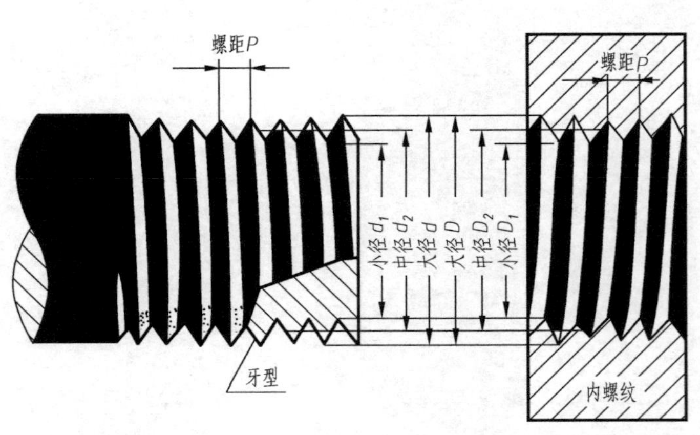

图 6-1　内、外螺纹视图

任务分析

1）内、外螺纹如何才能相互旋合？
2）内、外螺纹及它们的旋合画法有哪些国家标准规定？
3）常见螺纹种类如何标注？

相关知识

一、螺纹的形成

螺旋线：一动点在一圆柱体的表面上，一边绕轴线等速旋转，一边沿轴向做等速移动的轨迹。

螺纹：一平面图形沿螺旋线运动，运动时保持该图形通过圆柱体的轴线，就得到螺纹，如图 6-2 所示。

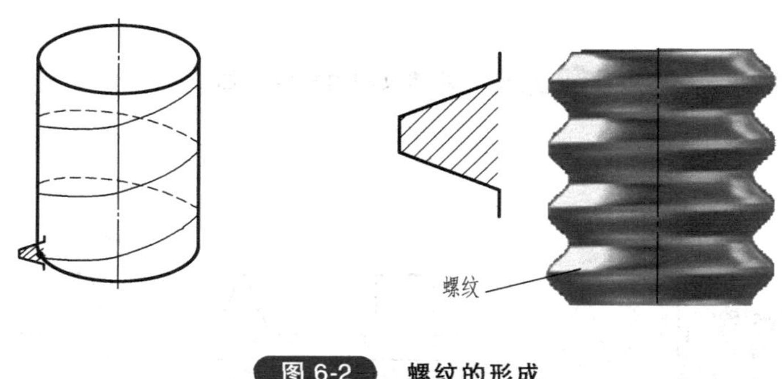

图 6-2　螺纹的形成

二、螺纹的加工方法

加工螺纹的方法很多。图 6-3a、b 所示为在车床上加工螺纹的示意图，工件做等速旋转运动。刀具沿工件轴向做等速直线移动，其合成运动使切入工件的刀尖在工件表面切制出螺纹。可用圆板牙套外螺纹（图 6-3c）。在箱体、底座等零件上制出的内螺纹即为螺纹孔，一般是先用钻头钻孔，再用丝锥攻出螺纹（图 6-3d）。

三、螺纹的五大要素

螺纹由牙型、公称直径、螺距、线数和旋向五个要素所确定，通常称为螺纹五要素。只有这五要素都相同的外螺纹和内螺纹才能相互旋合。

1. 螺纹牙型

在通过螺纹轴线的断面上，螺纹的轮廓形状称为螺纹牙型。它由牙顶、牙底和两牙侧构成，形成一定的牙型角。常见的螺纹牙型有三角形、梯形、锯齿形和矩形，如图 6-4 所示。

2. 直径

螺纹的直径有大径、小径和中径，如图 6-5 所示。

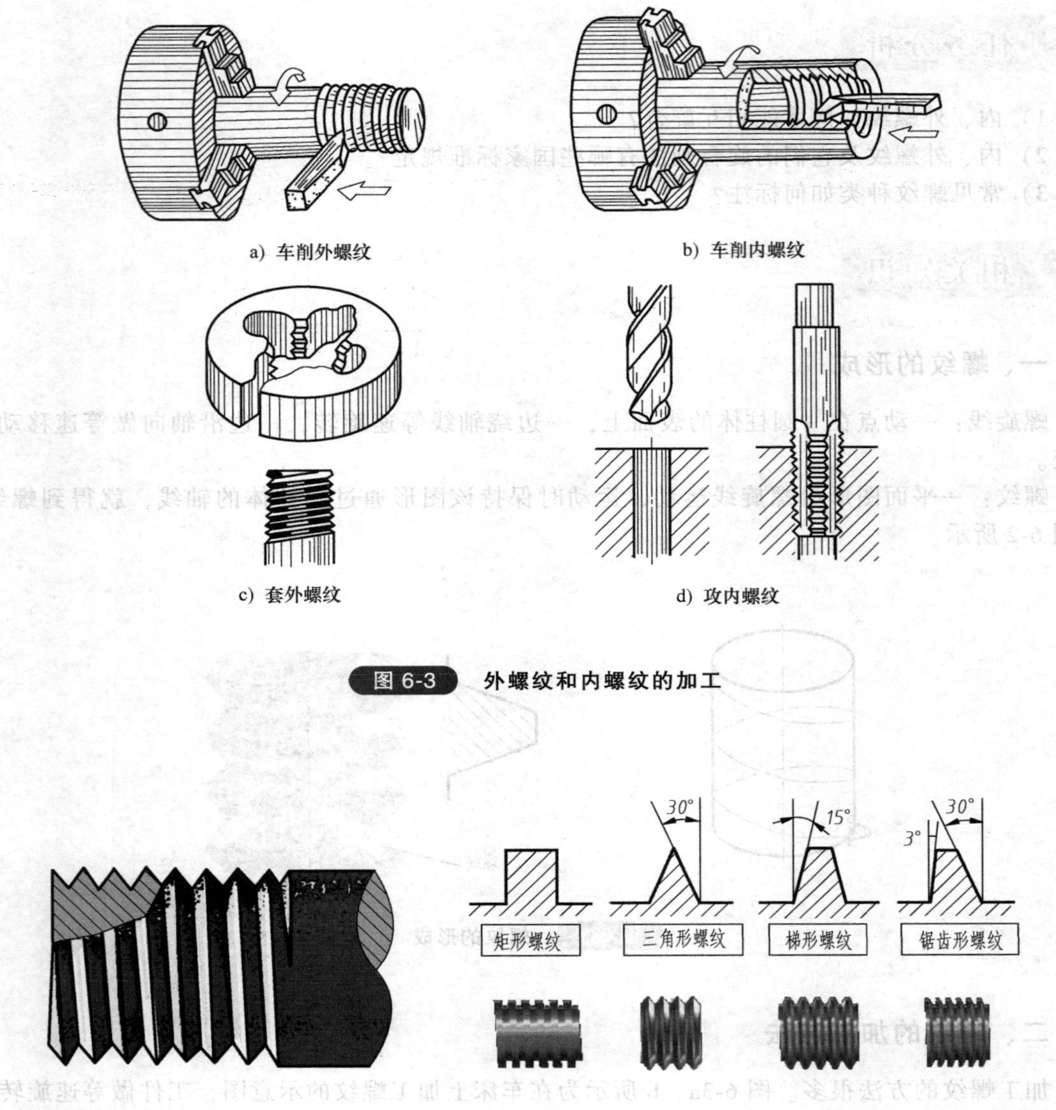

a) 车削外螺纹　b) 车削内螺纹　c) 套外螺纹　d) 攻内螺纹

图 6-3　外螺纹和内螺纹的加工

图 6-4　螺纹牙型

1）大径：与外螺纹牙顶或内螺纹牙底相切的假想圆柱直径。内、外螺纹的大径分别用 D 和 d 表示。除管螺纹外，通常所说的公称直径均指螺纹大径。

2）小径：与外螺纹牙底或内螺纹牙顶相切的假想圆柱直径。内、外螺纹的小径分别用 D_1 和 d_1 表示。

3）中径：在大径与小径圆柱之间有一假想圆柱，在其母线上牙型的沟槽和凸起宽度相等。此假想圆柱称为中径圆柱，内、外螺纹的中径分别用 D_2 和 d_2 表示。中径是控制螺纹精度的主要参数之一。

3. 线数 *n*

线数是指形成螺纹螺旋线的条数，用 n 表示。沿一条螺旋线所形成的螺纹称为单线螺纹；沿两条或两条以上的螺旋线所形成的螺纹称为多线螺纹，如图 6-6 所示。

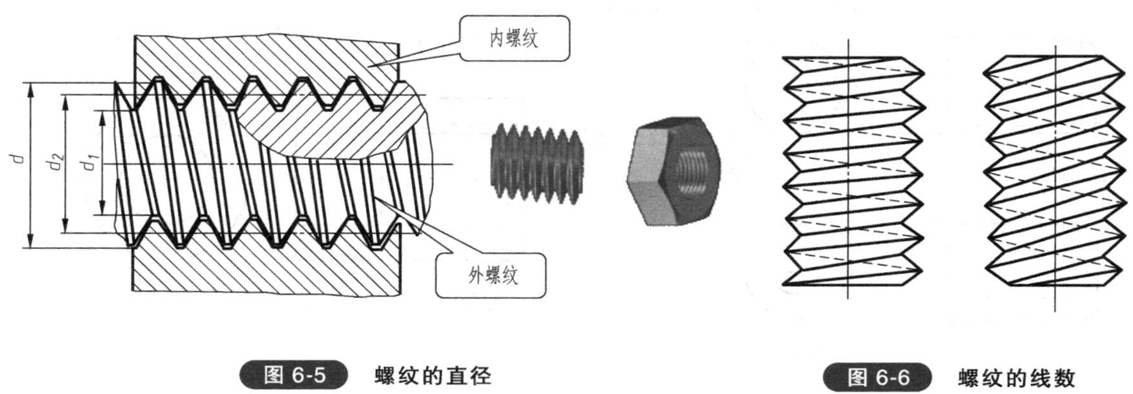

图 6-5　螺纹的直径

图 6-6　螺纹的线数

4. 导程 P_h 与螺距 P

导程是指同一条螺旋线上相邻两牙在中径线上对应两点间的轴向距离，用 P_h 表示。螺距是指相邻两牙在中径线上对应两点间的轴向距离，用 P 表示。单线螺纹的导程等于螺距。螺距 P、导程 P_h 和线束 n 的关系为

单线螺纹：$P_h = P$

多线螺纹：$P_h = nP$

5. 旋向

螺纹旋向分右旋和左旋两种，如图6-7所示。顺时针方向旋进的螺纹为右旋螺纹，其螺旋线的特征是左低右高，右旋螺纹标记省略；逆时针旋进的螺纹为左旋螺纹，其螺纹线的特征是左高右低，左旋螺纹记为 LH。工程上常用右旋螺纹。

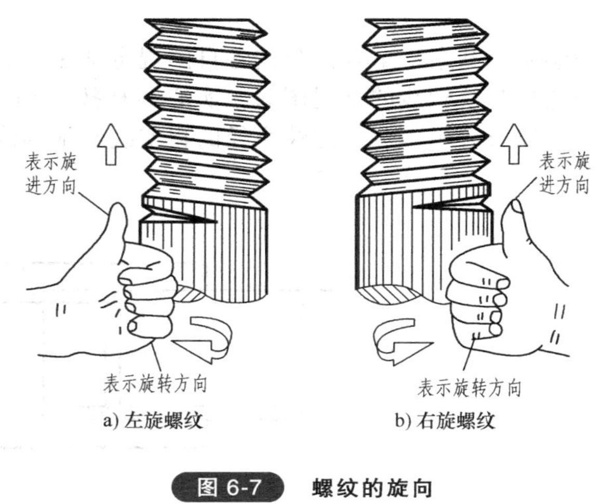

a) 左旋螺纹　b) 右旋螺纹

图 6-7　螺纹的旋向

任务实施

1. 外螺纹的规定画法

如图 6-8a 所示，在投影为非圆的视图中，螺纹大径用粗实线绘制，螺纹小径用细实线绘制，小径尺寸取 $d_1 = 0.85d$，并画入倒角内，螺纹终止线用粗实线绘制。

在投影为圆的视图中，螺纹大径的圆用粗实线绘制，螺纹小径的圆用细实线绘制，只画约 3/4 圈，倒角圆省略不画。

2. 内螺纹的规定画法

内螺纹通常用剖视图表示。在非圆视图中，螺纹大径用细实线绘制，小径用粗实线绘制，螺纹终止线用粗实线绘制。剖面线画到粗实线处。在投影为圆的视图中，螺纹大径用细实线画约 3/4 圆弧，小径用粗实线绘制，倒角圆省略不画，如图 6-8b 所示。

3. 内、外螺纹的旋合规定画法

内、外螺纹旋合时，一般用剖视图表示。其中，内、外螺纹的旋合部分按外螺纹的规定

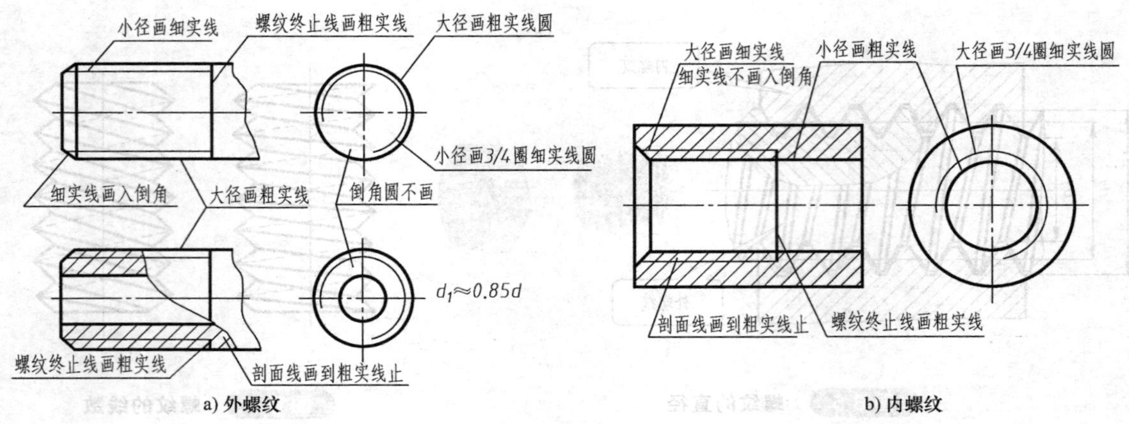

图 6-8　螺纹的规定画法

画法绘制，其余不重合部分按各自的规定画法绘制，如图 6-9 所示。绘制时应注意：①在剖切平面通过螺纹轴线的剖视图时，实心螺杆按不剖绘制；②表示内、外螺纹大径的细实线和粗实线，以及表示内、外螺纹小径的粗实线和细实线均应分别对齐。

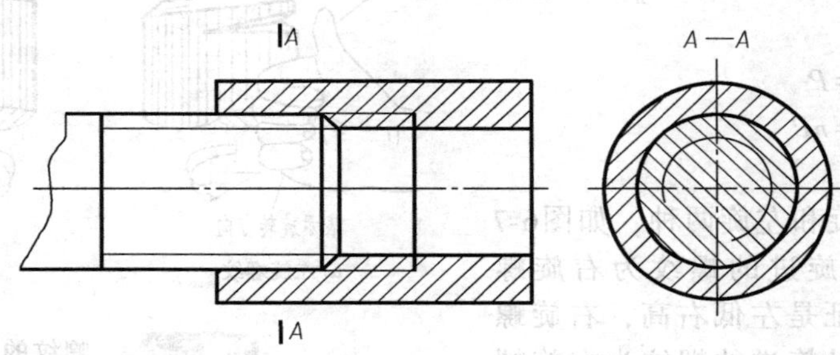

图 6-9　内、外螺纹的旋合规定画法

知识拓展

一、不通螺纹孔的绘法

当螺纹孔为不通螺纹孔时，应将钻孔和螺孔深度分别绘出，且螺纹终止线到孔末端的距离按 0.5 倍大径绘制，钻孔时在末端形成的锥度按 120°绘制，如图 6-10 所示。

二、螺纹的种类及标注

1. 螺纹的种类

螺纹的种类按用途可分联接螺纹和传动螺纹两种。联接螺纹：普通螺纹（粗牙普通螺纹、细牙普通螺纹）、管螺纹。传动螺纹：梯形螺纹、锯齿形螺纹、矩形螺纹。

2. 螺纹的标注

无论是哪种螺纹，按规定画法画出后，图上均不能反映牙型、螺距、线数和旋向等。为此，需按规定的格式进行标注，以清楚表达螺纹的种类及要素。

（1）普通螺纹的标注（粗牙普通螺纹、细牙普通螺纹）

特征代号 公称直径 × 导程（P螺距）-公差带代号-旋合长度代号-旋向代号

M10×1-5g6g-S-LH

说明：表示公称直径为10mm，螺距为1mm的单线左旋细牙普通外螺纹；公差带代号为5g6g，短旋合长度。

M8-6H-L

说明：表示公称直径为8mm，单线右旋粗牙普通内螺纹；公差带代号为6H，长旋合长度。

M20×1.5-6g

说明：表示公称直径为20mm，螺距为1.5mm的单线右旋细牙普通外螺纹；公差带代号为6g，中等旋合长度。

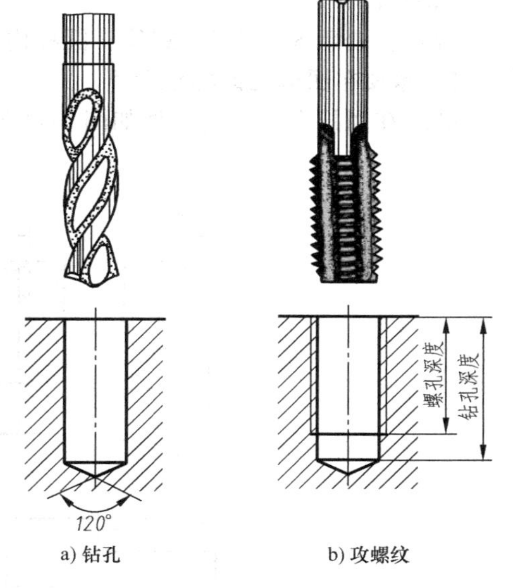

a) 钻孔　b) 攻螺纹

图 6-10 不穿通螺纹孔的绘法

（2）梯形螺纹的标注

特征代号 公称直径 × 导程（P螺距）旋向代号-公差带代号-旋合长度代号

Tr40×14(P7)LH-7e

说明：表示公称直径为40mm，螺距为7mm的双线左旋梯形外螺纹；公差带代号为7e，中等旋合长度。

Tr32×6-7H

说明：表示公称直径为32mm，螺距为6mm的单线右旋梯形内螺纹；公差带代号为7H，中等旋合长度。

（3）锯齿形螺纹的标注

特征代号 公称直径 × 导程（P螺距）旋向代号-公差带代号-旋合长度代号

B32×6-7e

说明：表示公称直径为32mm，螺距为6mm的单线右旋外螺纹；公差带代号为7e，中等旋合长度。

（4）管螺纹的标注格式和标注示例　标注格式为：

螺纹特征代号 尺寸代号 公差等级代号-旋向代号

标注示例为：

G1A-LH

说明：表示55°非密封管螺纹，外螺纹，A级，左旋，尺寸代号为1。

G1

说明：表示55°非密封管螺纹，内螺纹，右旋，尺寸代号为1。

Rc2

说明：表示55°密封管螺纹，圆锥内螺纹，右旋，尺寸代号为2。

R_2

说明：表示55°密封管螺纹，与圆锥内螺纹相配合的圆锥外螺纹，右旋，尺寸代号为2。

Rp3LH

说明：表示55°密封管螺纹，圆柱内螺纹，左旋，尺寸代号为3。

3. 螺纹在图样上的标注示例

螺纹在图样上的标注示例如图6-11所示。

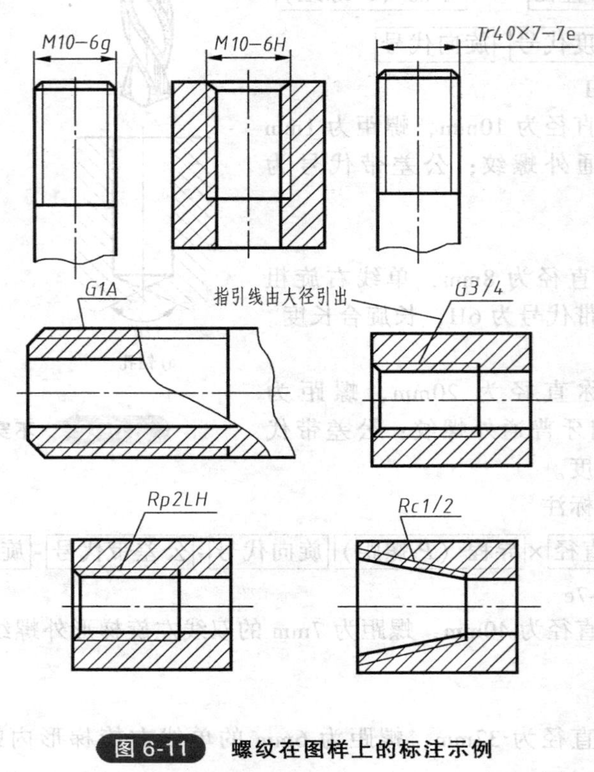

图6-11 螺纹在图样上的标注示例

任务小结

1）螺纹的五要素完全相同的内、外螺纹才能成对配合使用。

2）由于螺纹的真实投影比较复杂，为了简化作图，国家标准对螺纹的画法做了统一规定，且不论螺纹的牙型如何，其画法均相同。

3）在螺纹的标注中，公差带代号大写字母为内螺纹，小写字母为外螺纹。

任务二　绘制螺纹紧固件联接图

螺纹紧固件的联接形式有螺栓联接、螺柱联接和螺钉联接三种。

分任务一　绘制螺栓联接图

任务引入

根据图6-12所示螺栓联接轴测图绘制螺栓联接图。

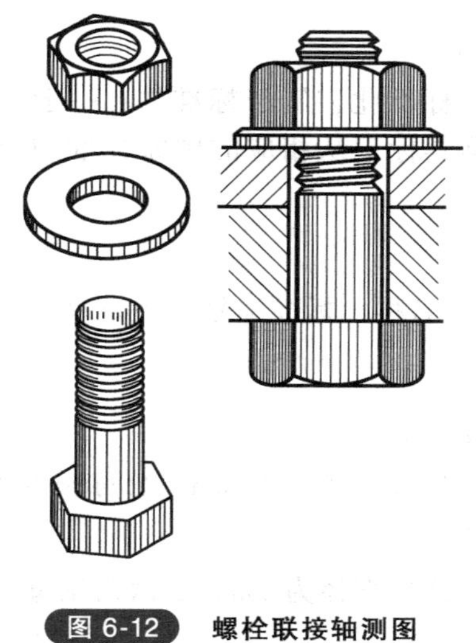

图 6-12　螺栓联接轴测图

任务分析

1）绘制螺栓联接图有哪些国家标准规定？
2）在何种场合下应用螺栓联接？
3）如何绘制螺纹联接图？

相关知识

一、常用螺纹紧固件

常用的螺纹紧固件有：螺栓、螺柱、螺钉、螺母和垫圈等，如图 6-13 所示。

图 6-13　常用螺纹紧固件

二、螺纹紧固件的标记

螺纹紧固件的结构和尺寸已标准化，属于标准件，一般由专门的工厂生产。各种标准件都有规定标记，使用时，可根据其标记从相应的国家标准中查出它们的结构形式、尺寸及技术要求等。

1. 标注格式

名称　标准编号　规格尺寸

2. 标注示例

(1) 螺栓 GB/T 5782　M12×80

说明：表示粗牙普通螺纹，公称直径为 12mm，公称长度为 80mm，六角头螺栓。

(2) 螺母 GB/T 6170　M12

说明：表示粗牙普通螺纹，公称直径为 12mm，六角螺母。

(3) 垫圈 GB/T 97. 2　12

说明：表示公称规格 12mm，平垫圈。

(4) 垫圈 GB/T 93　16

说明：表示公称规格 16mm，弹簧垫圈。

(5) 螺柱 GB/T 898　M12×60

说明：表示粗牙普通螺纹，公称直径为 12mm，公称长度为 60mm，双头螺柱。

三、螺纹紧固件联接的规定画法

无论采用哪种联接，其画法都应遵守下列规定：

1) 两零件接触表面只画一条线，不接触的相邻两表面，无论其间隙大小均需画成两条线（小间隙可夸大画出）。

2) 两零件邻接时，不同零件的剖面线方向应相反，或者方向一致、间隔相反。

3) 对于紧固件和实心零件（如螺钉、螺栓、螺母、垫圈、键、销、球及轴等），若剖切平面通过它们的轴线，则这些零件都按不剖切绘制，仍画外形；需要时，可采用局部剖。

4) 螺栓、螺母头部的双曲线可省略不画。

任务实施

1. 采用比例法绘制各紧固件

以螺栓上公称直径（大径 d）为基准，其余各部分尺寸按其与公称直径的比例绘制，如图 6-14 所示。

2. 螺栓公称长度的计算

计算公式为 $L=\delta_1+\delta_2+h+m+a$，$a=0.3d$。查标准，选取与之接近的标准长度值为螺栓标记中的公称长度。

3. 绘制螺栓联接图

螺栓联接图的绘制方法如图 6-15 所示。

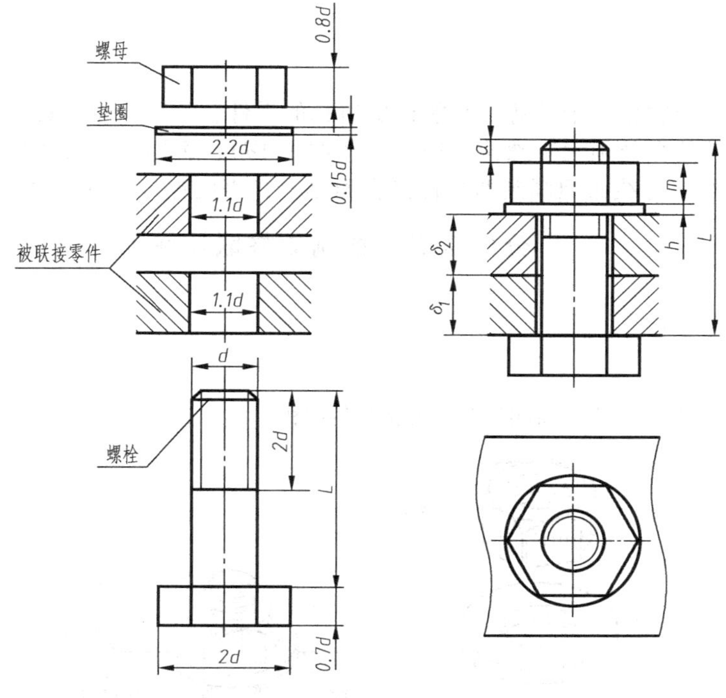

图 6-14 采用比例法绘制各紧固件

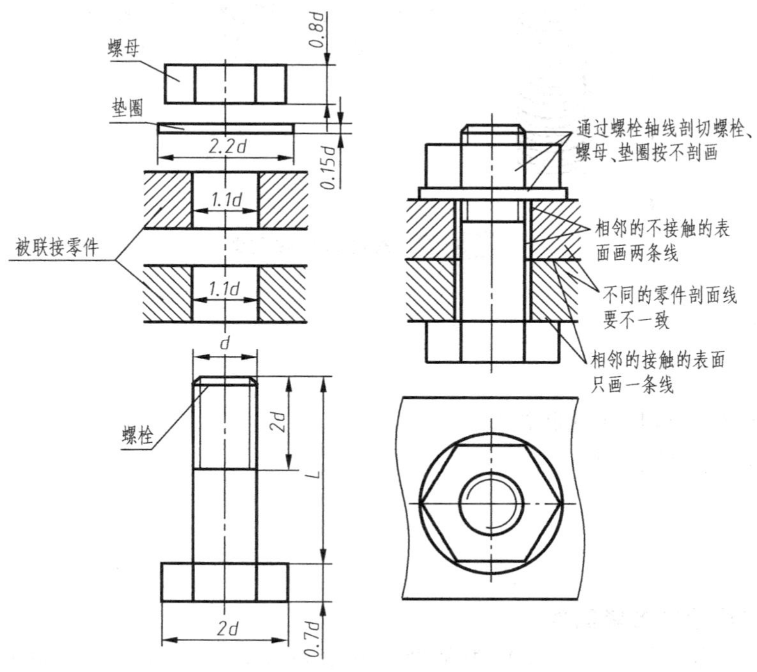

图 6-15 绘制螺栓联接图

任务小结

1）螺栓联接用于联接两个较薄且都能钻出通孔的零件，需要经常拆卸的场合。

2）被联接零件的孔径须大于螺栓大径（孔径约 $1.1d$），否则在组装时螺栓装不进通孔。

3）螺栓的螺纹终止线必须画到两零件接合面之上，否则螺母会拧不紧。

分任务二　绘制螺柱联接图

任务引入

根据图 6-16 所示螺柱联接轴测图绘制螺柱联接图。

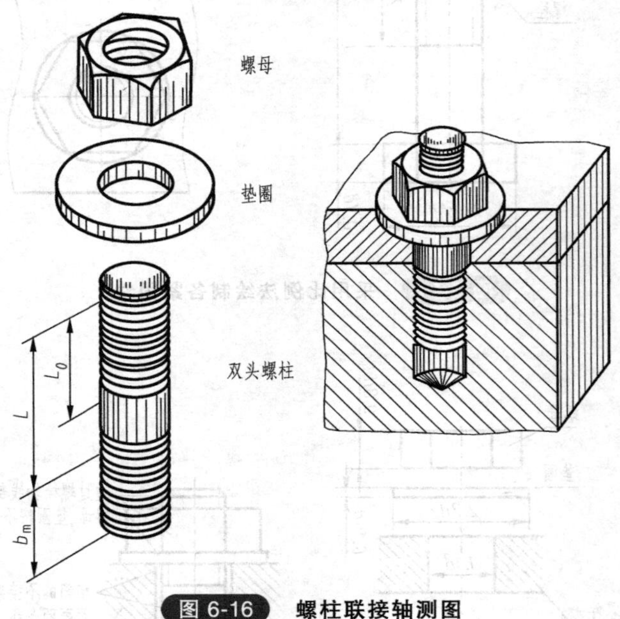

图 6-16　螺柱联接轴测图

任务分析

1）在何种场合下应用螺柱联接？

2）如何绘制螺柱联接图？

任务实施

1. 采用比例法绘制各紧固件

以螺柱上的公称直径（大径 d）为基准，其余各部分尺寸按其与公称直径的比例绘制，如图 6-17 所示。

2. 螺柱公称长度的计算

计算公式为 $L=\delta_1+h+m+a$，$a=0.3d$，查标准，选取与之接近的标准长度值为螺柱标记中

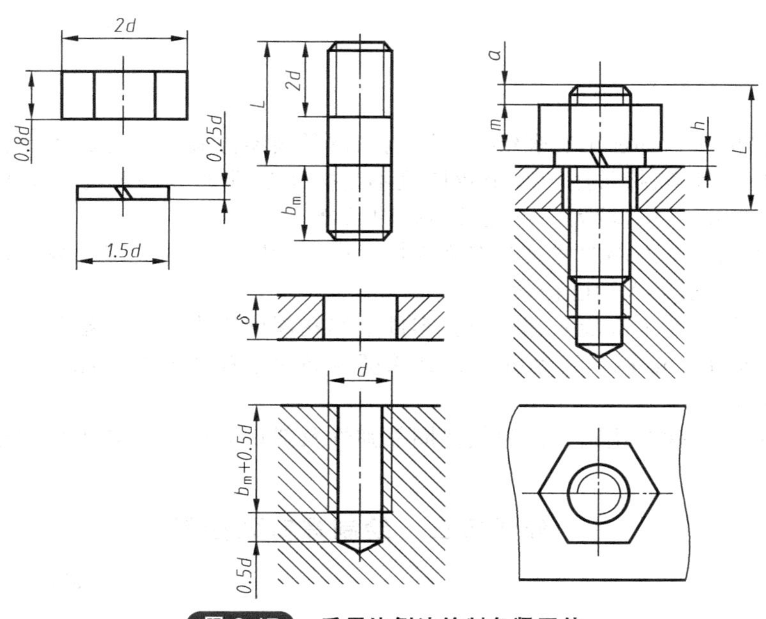

图 6-17　采用比例法绘制各紧固件

的公称长度。

旋入端的长度 b_m 与被旋入零件的材料有关，见表 6-1。

表 6-1　旋入端长度表

被旋入零件的材料	b_m
铜、青铜	d
铸铁	$1.5d$ 或 $1.25d$
铝	$2d$

3. 绘制螺柱联接图

螺柱联接图的绘制方法如图 6-18 所示。

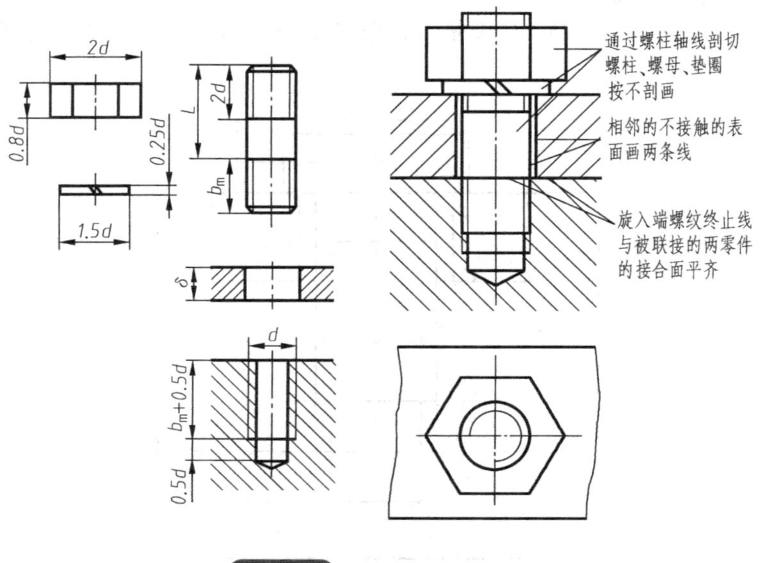

图 6-18　绘制螺柱联接图

1）双头螺柱的两端都加工有螺纹，其一端和被联接零件旋合，称旋入端；另一端和螺母旋合，称紧固端。螺柱联接常用于一个较厚且不易加工通孔的零件和另一个较薄可加工出通孔零件的联接，多用于受力较大、不经常拆卸的场合。

2）因为双头螺柱旋入端的螺纹全部旋入螺孔内，所以旋入端的螺纹终止线应与两被联接件的接触面平齐，以示旋入端已拧紧。

3）为了确保旋入端全部旋入螺孔内，零件上螺孔深度应大于旋入端长度，画图时，螺孔的螺纹深度可按 b_m+0.5d 画出；钻孔时，其深度应略大于螺孔的螺纹深度。孔底应画出钻头留下的120°圆锥孔。

4）螺柱联接采用弹簧垫圈，因弹簧垫圈靠弹性及斜口摩擦防止紧固件的松动。弹簧垫圈的斜口在左上。

分任务三　绘制螺钉联接图

根据图 6-19 所示螺钉联接轴测图绘制螺钉联接图。

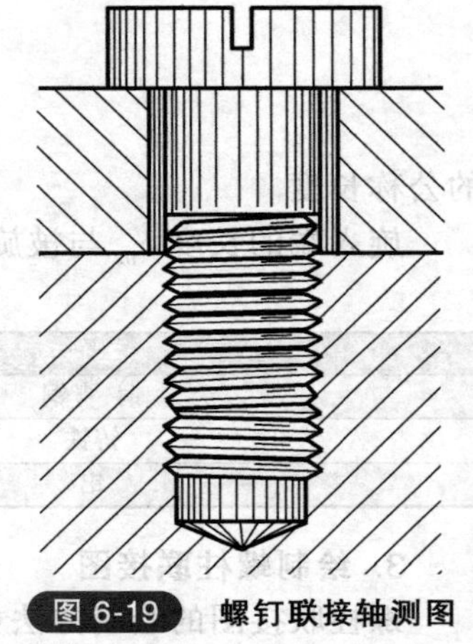

图 6-19　螺钉联接轴测图

1）在何种场合下应用螺钉联接？

2）如何绘制螺钉联接图？

1. 采用比例法绘制各紧固件

以螺钉上公称直径（大径 d）为基准，其余各部分尺寸按其与公称直径的比例绘制，如图 6-20 所示。

图 6-20　采用比例法绘制各紧固件

2. 螺钉公称长度的计算

计算公式为 $L=\delta+b_m$，查标准，选取与接近的标准长度值为螺柱标记中的公称长度。旋入端的长度 b_m 与被旋入零件的材料有关，见表 6-2。

表 6-2　旋入端长度表

被旋入零件的材料	b_m
铜、青铜	d
铸铁	$1.5d$ 或 $1.25d$
铝	$2d$

3. 绘制螺钉联接图

螺钉联接图的绘制方法如图 6-21 所示。

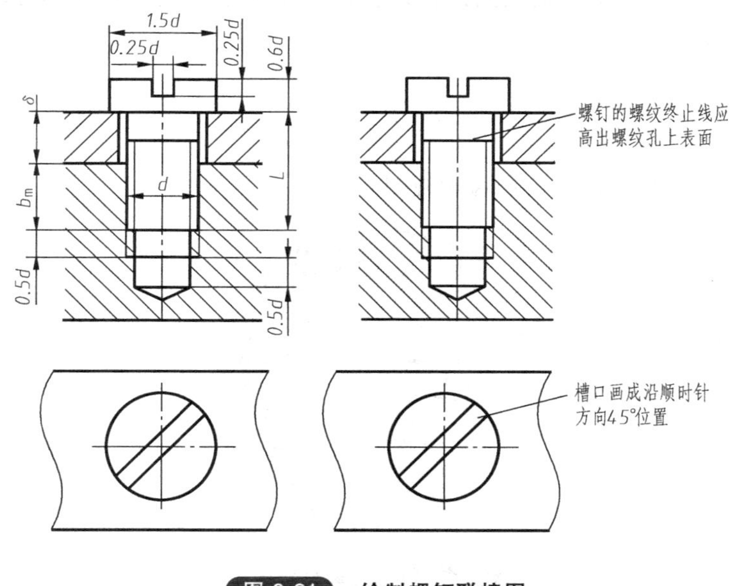

图 6-21　绘制螺钉联接图

任务小结

1）螺钉联接用于一个较薄零件和一个较厚零件的联接，常用于受力不大、不经常拆卸的场合。

2）画螺钉联接图时，螺钉的螺纹终止线必须在两零件的接合面之上。

3）无论螺钉旋到什么位置，螺钉头部开槽的规定位置为：在投影为非圆的视图中，其槽口应正对观察者；在投影为圆的视图上，开槽应按 45°或 135°位置简化。

任务三　绘制齿轮的视图

齿轮传动在机器中应用相当广泛，它能将一根轴上的动力传递给另一根轴，并能根据要求改变另一轴的转速和旋转方向，常见的齿轮种类有圆柱齿轮、锥齿轮、蜗轮蜗杆，如图6-22所示。

直齿圆柱齿轮

斜齿圆柱齿轮

锥齿轮

蜗轮蜗杆

图 6-22 常见的齿轮传动

其中，圆柱齿轮用于两平行轴之间的传动；锥齿轮用于两相交轴间的传动；蜗轮蜗杆用于两交叉轴之间的传动。

任务引入

根据图 6-23 所示齿轮轴测图绘制齿轮视图。

图 6-23 齿轮轴测图

任务分析

1）齿轮的基本参数有哪几个？

2）一对齿轮啮合的条件是什么？

3）如何绘制齿轮视图？

相关知识

一、直齿圆柱齿轮各部分名称及有关参数

标准直齿圆柱齿轮各部分名称及有关参数如图 6-24 所示。

（1）齿顶圆（直径 d_a） 通过齿顶部的圆。

（2）齿根圆（直径 d_f） 通过齿根部的圆。

（3）分度圆（直径 d）　齿轮的齿槽宽 e（相邻两齿廓在某圆周上的弧长）与齿厚 s（一个齿两侧齿廓在某圆周上的弧长）相等的圆称为分度圆，它是设计、制造齿轮时计算各部分尺寸的基准圆。

（4）齿距（p）　分度圆上，相邻两齿对应点的弧长。

（5）全齿高（h）　齿顶圆与齿根圆之间的径相距离。齿顶高（h_a）：齿顶圆与分度圆之间的径向距离。齿根高（h_f）：齿根圆与分度圆之间的径向距离。全齿高：$h=h_a+h_f$。

（6）中心距（a）　两啮合齿轮轴线之间的距离。

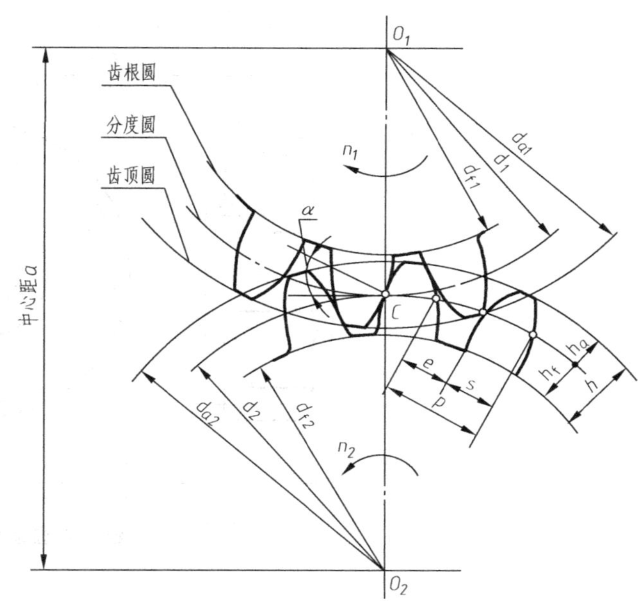

图 6-24　直齿圆柱齿轮各部分名称及有关参数

二、直齿圆柱齿轮的基本参数

（1）齿数 z　齿轮上轮齿的个数。

（2）模数 m　由于 $\pi d=pz$，比值 p/π 称为齿轮的模数，即 $m=pz$，所以分度圆直径 $d=mz$。当齿数一定时，模数 m 越大，分度圆直径就越大，齿轮的承载能力就越大。为了便于制造和测量，模数值已经标准化，国家标准规定的模数值见表 6-3。

表 6-3　齿轮模数系列　（单位：mm）

第一系列	1、1.25、1.5、2、2.5、3、4、5、6、8、10、12、16、20……
第二系列	1、1.25、1.75、2.25、2.75、3.5、4.5、5.5、(6.5)、7……

注：选用模数时，优先选用第一系列，其次选用第二系列；尽量不用括号内的模数。

（3）压力角 α　两齿轮传动时，相啮合的齿廓接触点处的公法线与两分度圆公切线的夹角，如图 6-25 所示。我国标准齿轮分度圆上的压力角为 20°。

三、直齿圆柱齿轮各部分的计算公式

直齿圆柱齿轮各部分的计算公式见表 6-4。

表 6-4　直齿圆柱齿轮的计算公式

基本参数：模数 m、齿数 z、压力角 20°		
各部分名称	代号	计算公式
分度圆直径	d	$d=mz$
齿顶高	h_a	$h_a=m$
齿根高	h_f	$h_f=1.25m$
齿顶圆直径	d_a	$d_a=m(z+2)$
齿根圆直径	d_f	$d_f=m(z-2.5)$
中心距	a	$a=(d_1+d_2)/2$

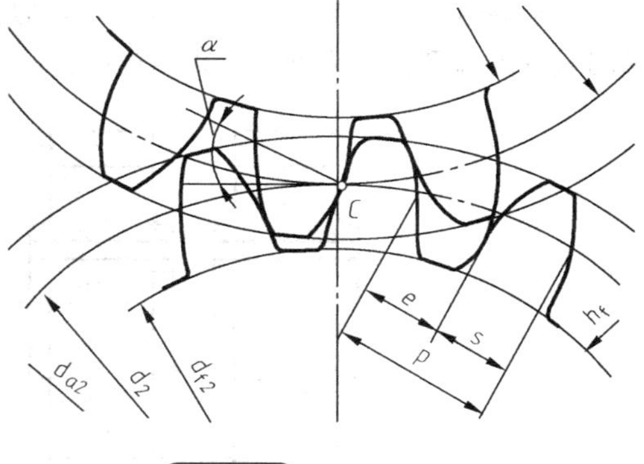

图 6-25　齿轮压力角

任务实施

直齿圆柱齿轮画法如图 6-26 所示。

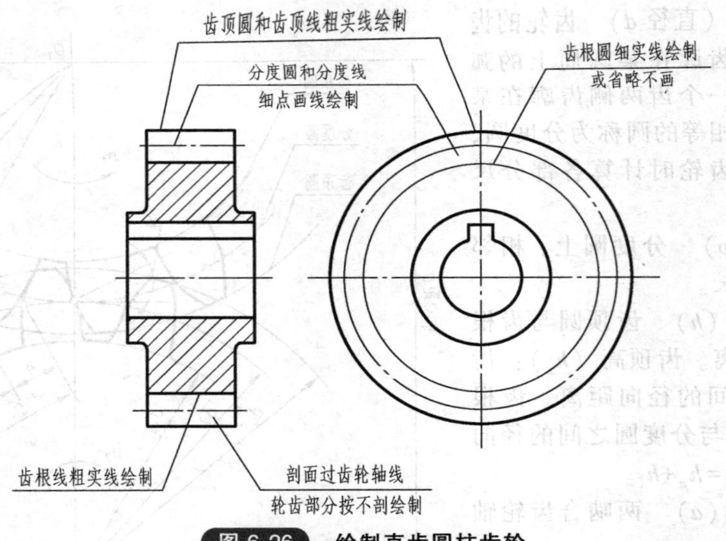

图 6-26 绘制直齿圆柱齿轮

任务小结

1）选用两个视图来表示齿轮的结构形状，主视图取全剖，左视图表示外形。
2）齿顶圆和齿顶线用粗实线绘制；分度圆和分度线用点画线绘制。
3）齿根圆和齿根线用细实线绘制，在投影为圆的视图中，齿根圆可省略不画。
4）在剖视图中，当剖切平面通过齿轮的轴线时，轮齿一律按不剖绘制。
5）如果轮齿有倒角，在投影为圆的视图中，倒角圆不画。

知识拓展

一、绘制斜齿轮和人字齿轮的视图

斜齿轮和人字齿轮的画法与直齿轮类似，当需要表达直齿轮的轮齿方向时，可在主视图上取半剖或者局部剖，未剖处用三条与齿线方向一致的细实线表示轮齿的特征，如图 6-27 所示。

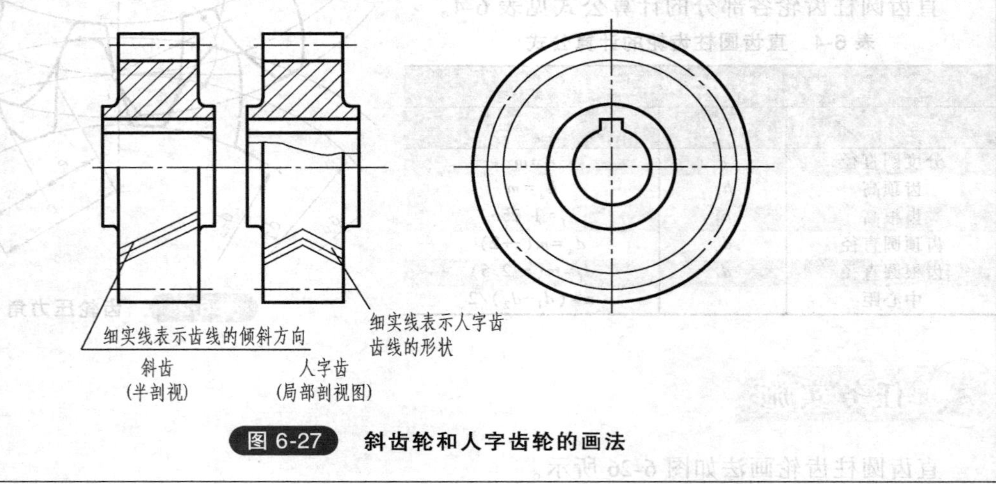

图 6-27 斜齿轮和人字齿轮的画法

二、绘制两直齿圆柱齿轮啮合的视图

绘制两直齿圆柱齿轮啮合的视图，如图 6-28 所示。

两齿轮啮合时，除啮合区外，其余部分的结构均按单个齿轮的画法绘制，绘制时应注意以下几点：

1）画啮合图时，一般采用两个视图表示。在垂直于圆柱齿轮轴线的视图中，两分度圆相切；啮合区内的齿顶圆用粗实线绘制，或省略不画；齿根线用细实线绘制或者省略不画。

2）在圆柱齿轮啮合的剖视图中，在啮合区域内，将一个齿轮的轮齿用粗实线绘制，另一个齿轮的轮齿被挡部分用虚线绘制，或被挡部分省略不画，且一个齿轮的齿顶线与另一个齿轮的齿根线之间的间隙为 0. 25*m*（模数）。

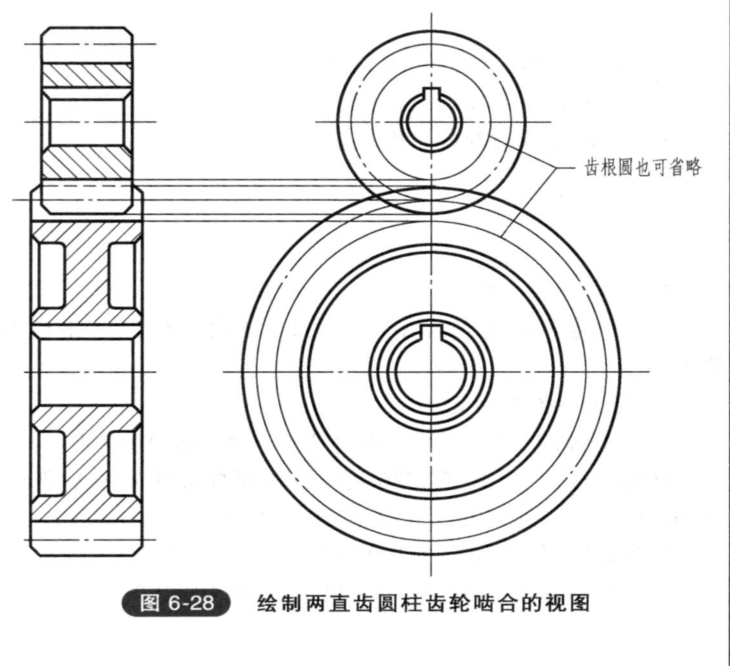

图 6-28　绘制两直齿圆柱齿轮啮合的视图

任务四　绘制键、销联接图

在机器和设备中，通常用键来联接轴和轴上的零件（如齿轮、带轮等），使它们能一起转动。图 6-29 所示为轴与齿轮间的普通平键联接，在被联接的轴上和轮毂孔中加工了键槽，先将键嵌入轴上的键槽内，再对准轮毂孔中的键槽（该键槽是穿通的），将它们装配在一起，便能达到转动的目的，这种键联接属于可拆联接。

分任务一　绘制普通平键联接图

任务引入

根据图 6-29 所示键联接轴测图绘制键联接图。

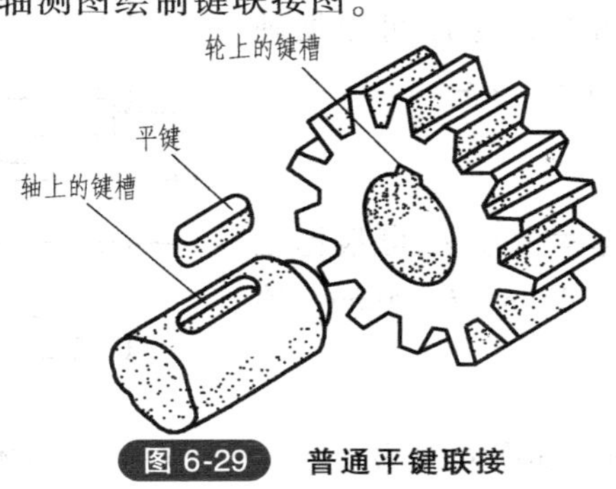

图 6-29　普通平键联接

任务分析

1）键、轴和孔上的键槽是什么形状？
2）键是如何安装和工作的？
3）键和键槽的哪些表面接触？

相关知识

1. 普通平键的种类

普通平键的种类有 A 型（圆头）、B 型（平头）和 C 型（单圆头）三种。常用的普通平键为 A 型。

2. 普通平键的标记

普通平键的标记示例：GB/T 1096　键 16×10×100

该标记表示：GB/T 1096 是键的国家标准代号，A 型普通平键（标注时可省略 A），键宽 $b=16$mm、高度 $h=10$mm、键长 $L=100$mm。

B 型键的标记：GB/T 1096 键 B　16×10×100。

C 型键的标记；GB/T 1096 键 C　16×10×100。

任务实施

轴和齿轮键槽的画法如图 6-30 所示，图中轴径 $d=15$mm，齿轮宽度 $B=18$mm，查表 6-5（摘自 GB/T 1095—2003）绘制键联接图。

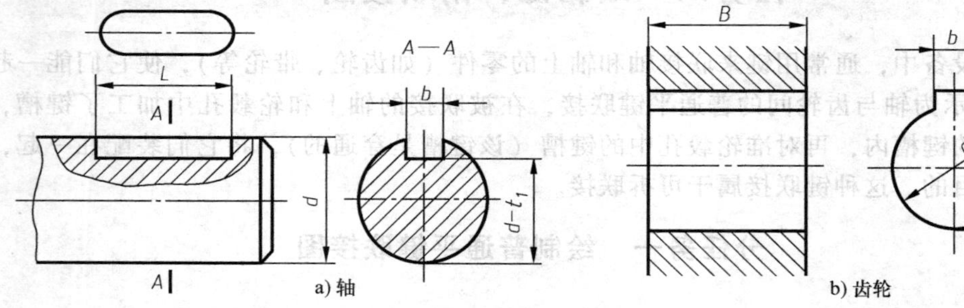

图 6-30　键槽的画法

1. 绘制轴上的键槽

轴上键槽的宽度 b 和键槽的深度 t_1 可根据轴的直径 d 查表 6-5，查出 $t_1=3$mm、$b=5$mm，绘制轴上键槽。

2. 绘制轮毂键槽

轮毂上的键槽宽度 b 和键槽深度 t_1 可根据轴的直径 d 查表 6-5，查出 $t_2=2.3$mm、$b=5$mm，绘制轮毂上键槽。

3. 键联接的画法

绘制普通平键联接的视图，如图 6-31 所示。

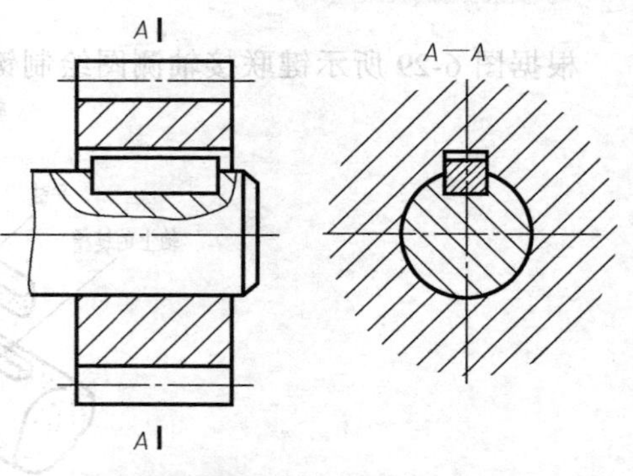

图 6-31　普通平键联接图

表 6-5

轴的公称直径 *d* /mm	键尺寸（*b*/mm ×*h*/mm）	键槽		
		宽度 *b*/mm（公称尺寸）	深度	
			轴 t_1（公称尺寸）	毂 t_2（公称尺寸）
6~8	2×2	2	1.2	1.0
>8~10	3×3	3	1.8	1.4
>10~12	4×4	4	2.5	1.8
>12~17	5×5	5	3.0	2.3
>17~22	6×6	6	3.5	2.8

任务小结

1）普通平键的两侧面为工作面，底面和顶面为非工作面。在绘制装配图时，键的两侧面和键的底面分别与轴上的键槽接触，故画成一条线，平键的顶面与轮毂孔中键槽的底面之间是有间隙的，必须画成两条线。

2）在键联接装配图中，当剖切平面通过轴的轴线和键的对称面时，轴和键按不剖绘制。为了表示键在轴上的装配关系，在轴上采用了局部剖视图。

3）键是标准件，一般不必画出零件图。

分任务二　绘制销联接图

任务引入

绘制圆柱销和圆锥销联接图。

任务分析

1）常见的销有哪几种？

2）销的主要用途是什么？

3）如何绘制销联接图？

任务实施

1. 销的种类

销是常用的标准件，在机器中主要用于零件的联接、定位或防松，常见的销有圆柱销、圆锥销和开口销三种，如图 6-32 所示。开口销经常和开口螺母配合使用。

2. 销的标记

销的标记见表 6-6。

3. 绘制销联接图

销联接图如图 6-33 所示。当剖切平面通过销的轴线时，销做不剖处理。

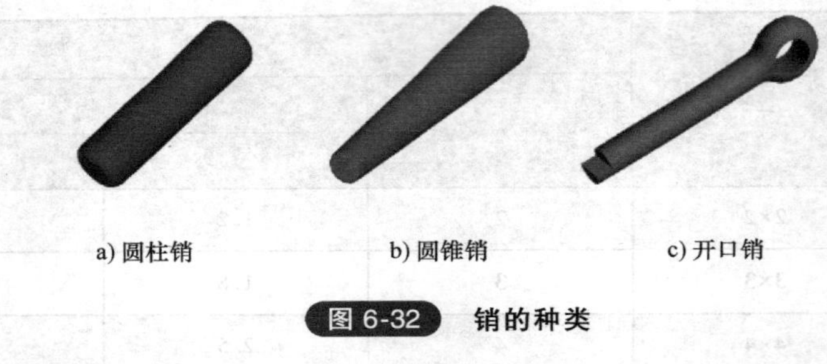

a) 圆柱销　　b) 圆锥销　　c) 开口销

图 6-32　销的种类

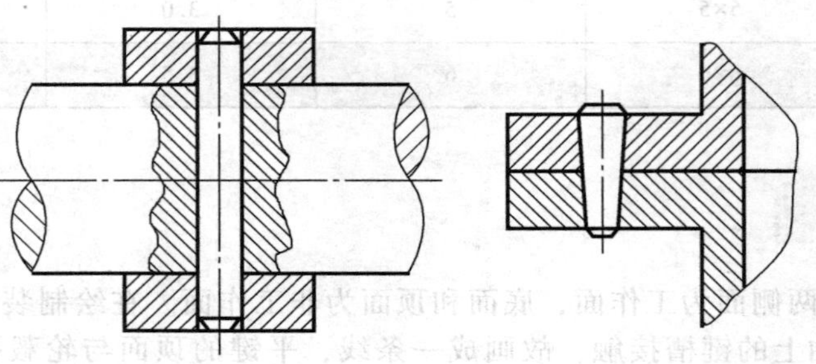

a) 圆柱销联接的画法　　b) 圆锥销联接的画法

图 6-33　销联接图

表 6-6　销的标记

名称及标准编号	简　图	标 记 示 例
圆柱销 GB/T 119.1—2000	ϕ10h8　60	销　GB/T 119.1　10h8×60
圆锥销 GB/T 117—2000	1:50　Ra 0.8　60	销　GB/T 117　10×60
开口销 GB/T 91—2000	45　ϕ7.5	销　GB/T 91　8×45

任务小结

1）销是标准件，一般不必画出零件图。

2）销与销孔联接是接触面，要画成一条线。

任务五　绘制滚动轴承的视图

滚动轴承是一种支撑转动轴的标准件，它具有结构紧凑、摩擦力小等优点，因此在机械生产中得到广泛应用。

任务引入

绘制图 6-34 所示滚动轴承的视图。

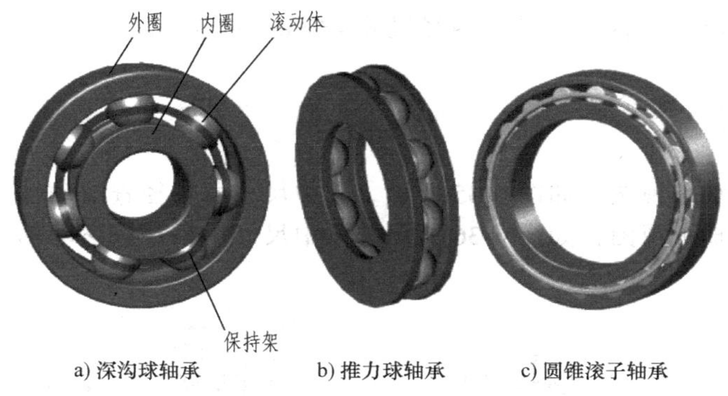

图 6-34　**滚动轴承**

任务分析

1）滚动轴承按其承受载荷的不同可分为哪几类？

2）滚动轴承内径代号相同，尺寸系列代号不同，所绘轴承图形相同吗？

3）如何绘制滚动轴承视图？

相关知识

一、滚动轴承的结构及分类

1. 滚动轴承的结构

滚动轴承一般由外圈、内圈、滚动体和保持架四部分组成，如图 6-34 所示。内圈与轴相配合，通常与轴一起转动；外圈一般固定在机体或轴承座内不转动。

2. 滚动轴承的分类

滚动轴承按其受载荷的方向不同可分为以下三类：

（1）深沟球轴承　主要承受径向载荷。

（2）推力球轴承　只承受轴向载荷。

（3）圆锥滚子轴承　同时承受径向和轴向载荷。

二、滚动轴承的代号

滚动轴承的代号由轴承类型代号、尺寸系列代号和内径代号三部分构成。

类型代号：用阿拉伯数字表示。

尺寸系列代号：由轴承的宽度系列代号和直径系列代号组成，用两位数字表示。尺寸系列代号主要用于区分内径相同而宽度和内径不同的轴承。

内径代号：表示轴承的公称直径，用两位数字表示。当代号为 04 到 96 时（22、28、32 除外），代号数字乘以 5 即为轴承内径。

滚动轴承代号标记示例如下：

例如：轴承代号 6206。

6——类型代号，表示深沟球轴承；2——尺寸系列代号，原为 02，宽度系列代号 0 省略，直径系列代号为 2；06——内径代号（内径尺寸=6mm×5=30mm）。

任务实施

1）绘制深沟球轴承视图，如图 6-35 所示。图中尺寸由轴径查滚动轴承表获取。

2）绘制推力球轴承视图，如图 6-36 所示。图中尺寸由轴径查滚动轴承表获取。

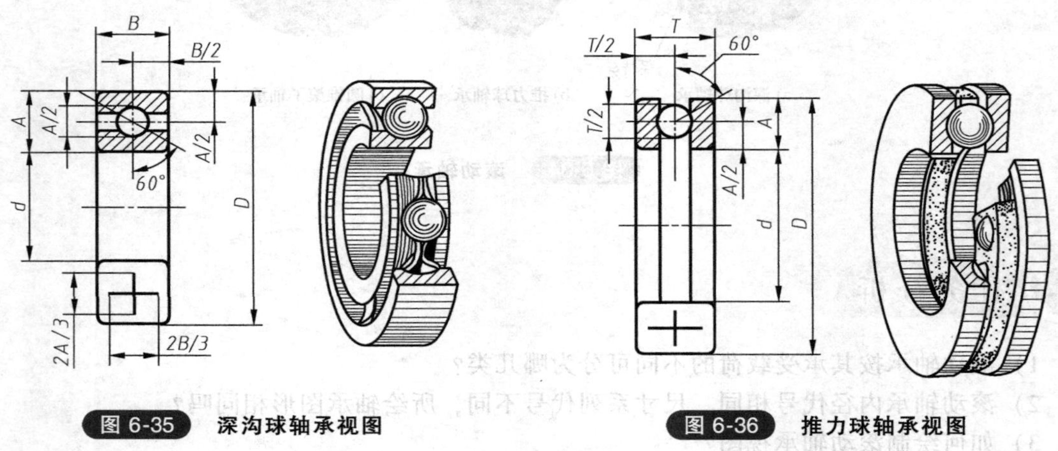

图 6-35 深沟球轴承视图

图 6-36 推力球轴承视图

3）绘制圆锥滚子轴承视图，如图 6-37 所示。图中尺寸由轴径查滚动轴承表获取。

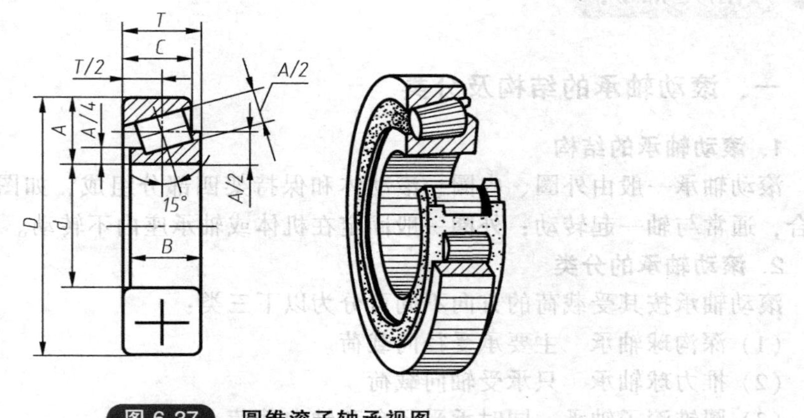

图 6-37 圆锥滚子轴承视图

任务小结

1）国家标准对轴承画法做了统一规定，一般采用简化画法。简化画法又分为特征画法和通用画法。任务实施中的画法采用了常用的特征画法。

2）内径代号为 00、01、02、03 时，分别表示轴承内径 d=10mm、12mm、15mm、17mm。

任务六　绘制圆柱螺旋弹簧的视图

弹簧是一种用于减振、夹紧、自动复位和储存能量的零件。常见的弹簧如图 6-38 所示。

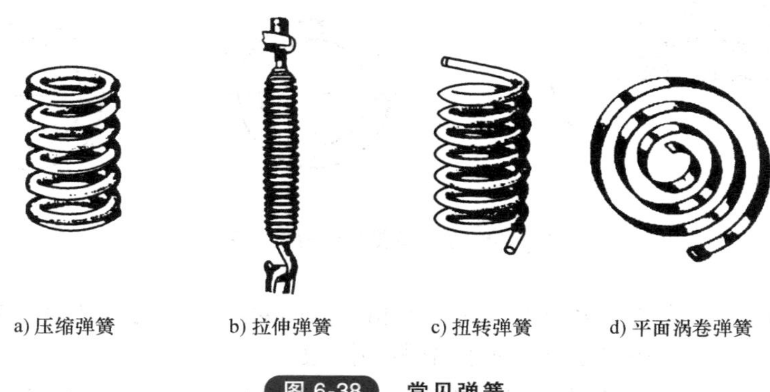

a) 压缩弹簧　b) 拉伸弹簧　c) 扭转弹簧　d) 平面涡卷弹簧

图 6-38　常见弹簧

任务引入

压缩弹簧簧丝直径 $d=5$mm，弹簧外径 $D_2=43$mm，节距 $t=10$mm，有效圈数 $n=8$，支承圈数 $n_2=2.5$。画出弹簧的剖视图。

任务分析

1）绘制弹簧视图需要哪几部分的尺寸？

2）弹簧为什么要有支承圈？

3）支承圈数与绘制弹簧视图有关吗？

4）弹簧的总圈数与绘制弹簧视图有关吗？

相关知识

圆柱螺旋压缩弹簧各部分的名称如图 6-39 所示。

（1）线径（d）　弹簧丝的直径。

（2）弹簧外径（D_2）　弹簧的最大直径。

（3）弹簧内径（D_1）　弹簧的最小直径。

（4）弹簧中径（D）　弹簧的平均直径。

$$D=(D_1+D_2)/2=D_1+d=D_2-d$$

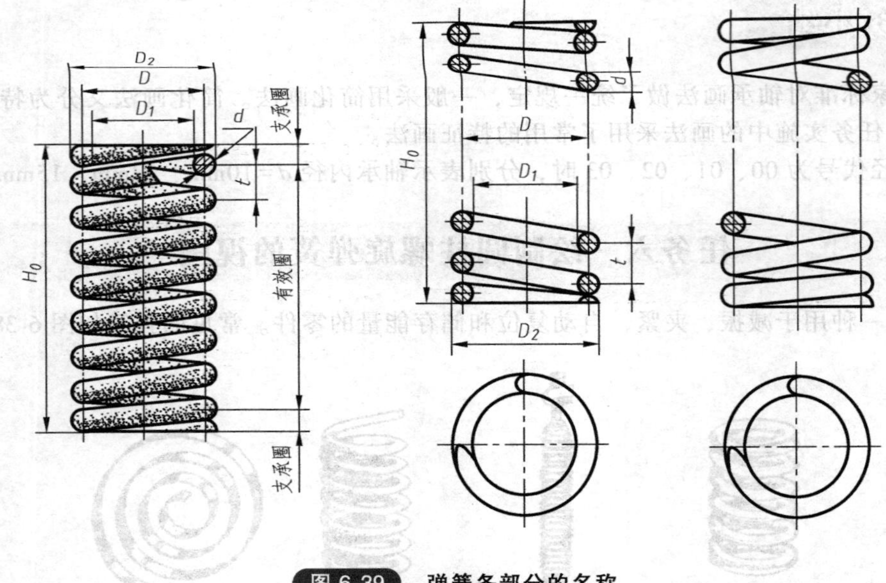

图 6-39 弹簧各部分的名称

（5）节距（t） 除两端支承圈外，弹簧上相邻两圈对应点之间的轴向距离。

（6）有效圈数（n） 弹簧能保持相同节距的圈数。

（7）支承圈数（n_2） 为使弹簧工作平稳，将弹簧两端并紧磨平的圈数。支承圈仅起支承作用，常用的有 1.5 圈、2 圈和 2.5 圈三种，以 2.5 圈居多。

（8）弹簧总圈数（n_1） 弹簧的有效圈数与支承圈数之和。

$$n_1=n+n_2$$

（9）弹簧的自由高度（H_0） 弹簧未受载荷时的高度。

$$H_0=nt+(n_2-0.5)d$$

（10）弹簧展开长度（L） 制造弹簧所需簧丝的长度。

$$L=n_1\sqrt{(\pi D_2)^2+t^2}$$

任务实施

1. 计算

总圈数：$n_1=n_2+n=8+2.5=10.5$

自由高度：$H_0=nt+2d=8\times10\text{mm}+2\times5\text{mm}=90\text{mm}$

弹簧中径：$D=D_2-d=43\text{mm}-5\text{mm}=38\text{mm}$

展开长度：$L\approx\pi Dn=3.14\times38\text{mm}\times10.5\approx1253\text{mm}$

2. 画图

弹簧的画图步骤如图 6-40 所示。

1）根据簧丝中径 D 和自由高度 H_0 作矩形 $ABCD$。

2）画出支承圈部分弹簧簧丝断面。

3）根据节距画出有效圈部分弹簧簧丝断面。

4）按右旋方向作相应圆的公切线及画剖面线，即完成全图。

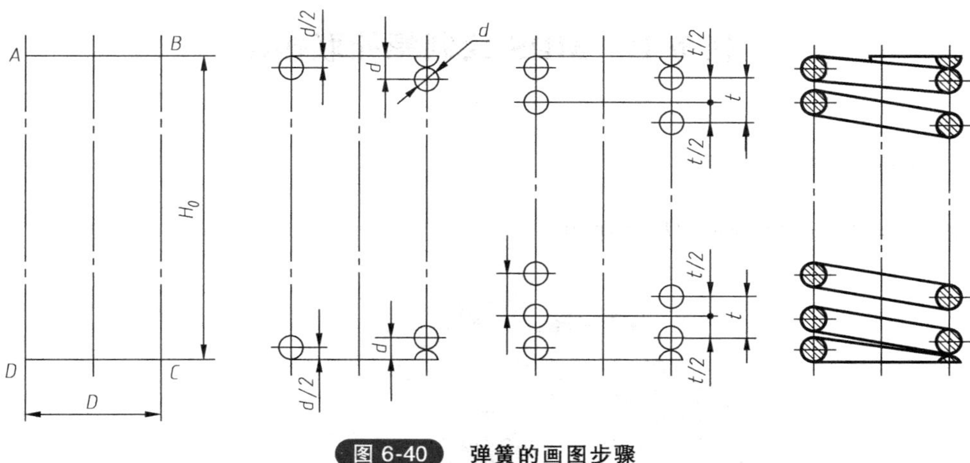

图 6-40　弹簧的画图步骤

任务小结

1）圆柱螺旋弹簧在平行于螺旋弹簧轴线投影面的视图或剖视图中，弹簧各圈的轮廓应画成直线。

2）螺旋弹簧均可画成右旋，对必须保证的旋向要求应在“技术要求”中注明。

3）螺旋压缩弹簧两端并磨平时，不论支承圈的圈数为多少，均按图 6-40 所示形式绘制，必要时可按支承圈的实际结构绘制。

4）弹簧的圈数不管多少圈，均按图 6-40 所示形式绘制。

知 识 拓 展

在装配图中，弹簧中间各圈采取省略画法后，弹簧后面的结构按不可见处理。可见轮廓线只画到弹簧钢丝的断面轮廓线或中心线上，如图 6-41a 所示。

簧丝直径 $d \leqslant 2\text{mm}$ 的弹簧，允许用示意画法绘制，如图 6-41b 所示。

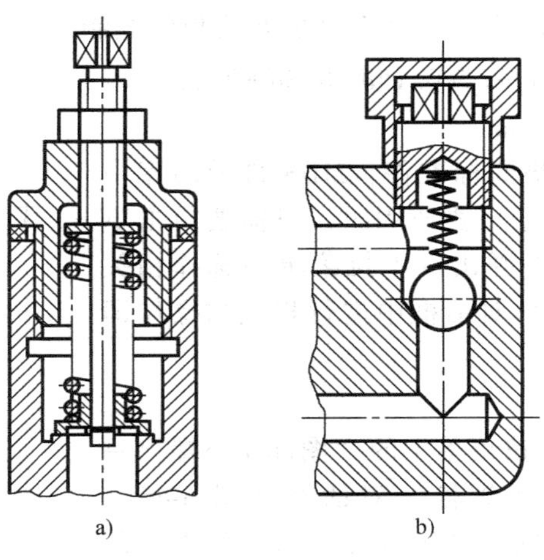

图 6-41　圆柱螺旋压缩弹簧在装配图中的画法

任务七　MDS 绘制螺栓联接图

任务引入

用 MDS 绘制图 6-42 所示螺栓联接图。

图 6-42　螺栓联接图

任务分析

1）如何使用标准件库？

2）如何绘制螺栓联接的装配图？

任务实施

图 6-43 所示为螺栓联接的图，假设 $t_1=t_2=15$mm，$d=$M10，试用 MDS 绘制。

1）被联接件为厚度 15mm 的上、下两块联接板。用 LINE（画线）、OFFSET（偏移）、TRIM（裁剪）、BHATCH（填充）等命令完成两块板的绘制。完成后如图 6-44 所示。

2）计算螺栓长度：$L\approx t_1+t_2+0.15d+0.8d+0.2d=t_1+t_2+1.15d=41.5$mm，取为 42mm。

3）调用螺栓、螺母、垫圈标准件：MDS 自带图库中存储了各种常用标准件的数据，要使用时，只需要单击下拉菜单栏中的“图库 L”，在弹出的下拉菜单中选择相关的标准件，在弹出来的标准件对话框中进行相关的操作即可。具体操作如下：

螺栓：

① 进入对话框：单击下拉菜单中的“图库 L→螺栓→六角头螺栓”，弹出“六角头螺栓”对话框（图 6-45）。对话框左边列表栏中列出了国标规定的各种六角头螺栓的国标号和名称，右边预览栏中对应列出了各种六角头螺栓的图样，可以单击最下一行的翻页操作按钮预览上页或下

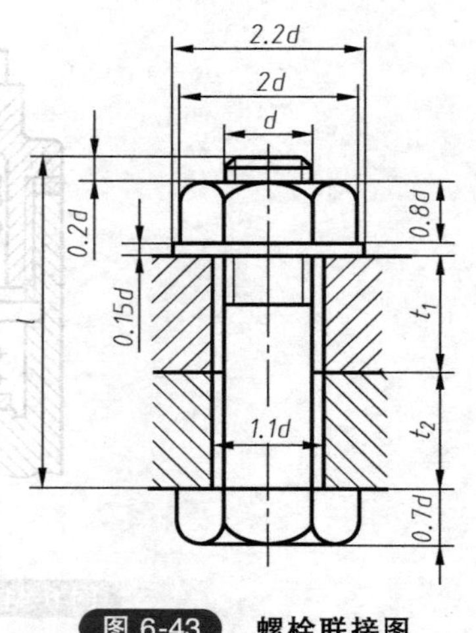

图 6-43　螺栓联接图

页的图样。

② 选择标准号：在列表栏中选择需要的国标号“GB5780 六角头螺栓-C 级”（也可以直接单击预览栏中对应的图标），单击左键选择后，单击对话框最下一行中的“确定”，弹出图 6-46所示的“插入”对话框。

③ 选择螺栓视图：在“插入”对话框的“视图”框中，左键单击“主视图”左边的圆圈，圆圈内出现小黑点，表示选中螺栓的主视图。

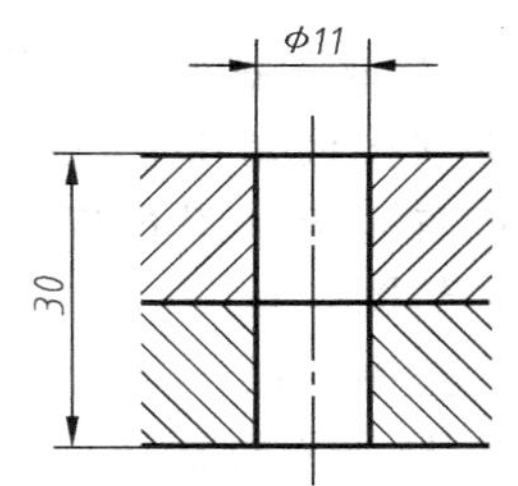

图 6-44　绘制联接板

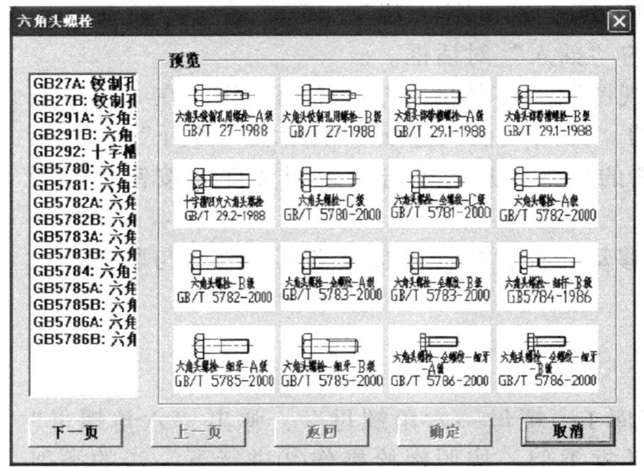

图 6-45　“六角头螺栓”对话框

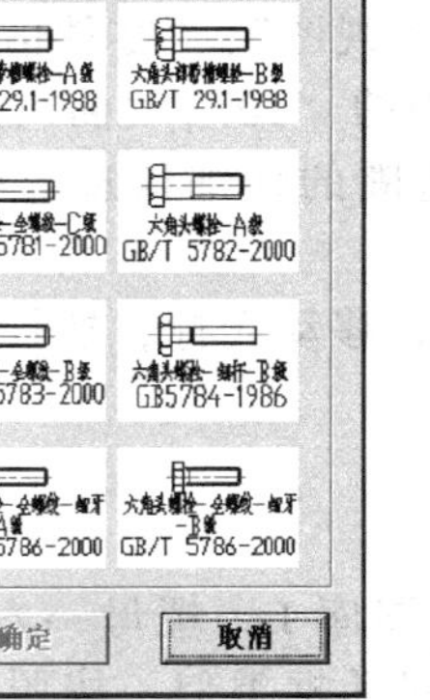

图 6-46　“插入”对话框

④ 选择螺栓参考表：“插入对话框”的“零件信息”栏不用操作。在“参考表信息（单击要选的项）”栏中，列出了 M5～M64 范围内的螺栓的设计数据列表，表头一行中的字母代号对应“预览”栏中图样的各段尺寸。点取“*d*”列中的“M10”，M10 的设计数据随之显示在“参考表当前选中项”栏中。

⑤ 设置螺栓相关数据：在“插入”对话框的“参考表当前选中项”栏中，上部分为数据列表，列出螺栓各部分的尺寸；对应预览图样，我们只需修改“*b*”和“*L*”的值即可。“*b*”为螺纹长度，“*L*”为螺栓总长（不包括螺栓头），其他数据不用修改。单击数据列表中的“*b* 26-32-32”，在“参考表当前选中项”栏的中部、列表的下面出现字母“*b*”，在“*b*”下面的方框中填写数字“15”，单击此方框右边的“完成”按钮，完成螺栓螺纹长度的设置，此时数据列表中的“*b*”右边的数据更新为“15”；用同样的操作将“*L* 40～100”改为“*L* 42”（注意：数据 42 不是国标规定的 *L* 的长度系列值）；或者在数据列表下面出现“*L*”后，单击“*L*”右边的“查询”键，出来 *L* 的国标规定的参考长度系列，在其中选择接近计算值 42 的长度“45”。

⑥ 设置螺栓显示状态：在“插入”对话框的“插入选项”栏中，根据需要选择“炸开”“标尺寸”“打剖面”。此例中我们选择“炸开”和“打剖面”；在“比例”下面，*X* 方向和 *Y* 方向都默认为“1”，角度可以根据螺栓放置的方位输入不同的角度，本例中螺栓为垂直放置，所以输入“90”；至此所有数据设置完成。

⑦ 确定或取消：在对话框的最下面一行中，单击“说明文件”按钮，将出来一个文档文件，里面列出了设置后的螺栓的全部信息，操作者可以阅读了解设置后的螺栓的相关信息。如果单击“取消”按钮，则全部操作取消，对话框关闭，返回绘图界面；如果单击“确认”，则完成螺栓的设置，返回到绘图界面。在此例中，应该单击“确认”完成设置，返回绘图

界面。

⑧ 放置螺栓：返回绘图界面后，光标连着一个螺栓，移动光标，捕捉联接板光孔中心线与联接板下表面的交点，单击左键确定，螺栓放置完毕（图 6-47）。

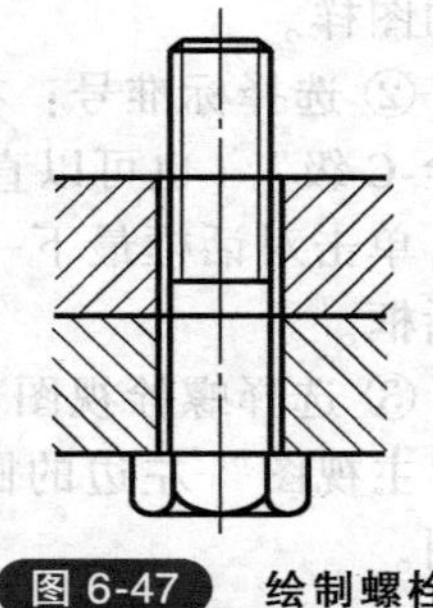

图 6-47 绘制螺栓

垫圈：

垫圈的操作与螺栓类似：

① 进入对话框：单击下拉菜单栏中的“图库 L→垫圈”，弹出“垫圈库”对话框，此对话框组成与“六角头螺栓”对话框类似，按照螺栓操作②进行下一步的类似操作，选择“GB97.1 平垫圈-A 级”即可。单击“确定”后弹出与螺栓设置中类似的“插入”对话框。

② 在“插入”对话框中，“视图”选“主视图”，“零件信息”栏不用操作，在“参考表信息（单击要选的项）”栏中点取“*d*”列中的“10”，“插入选项”中点取“炸开”和“打剖面”，比例不用改，角度为 0。如需了解垫圈的详细信息，单击“说明文件”按钮进行阅读。最后单击“确定”，返回绘图界面。

③ 返回绘图界面后，光标连着一个垫圈，移动光标，捕捉联接板光孔中心线与联接板上表面的交点，单击左键确定，垫圈放置完毕。

螺母：

螺母的操作也与螺栓类似：

① 进入对话框：单击下拉菜单栏中的“图库 L→螺母→六角螺母”，弹出“六角螺母”对话框，此对话框的组成与“六角头螺栓”对话框类似，按照螺栓操作②进行下一步的类似操作，选择“GB 6170.1　1 型六角螺母”。单击“确定”后弹出与螺栓设置中类似的“插入”对话框。

② 在“插入”对话框中，“视图”选“主视图”，“零件信息”栏不用操作，在“参考表信息（单击要选的项）”栏中点取“*d*”列中的“M10”，“插入选项”中点取“炸开”和“打剖面”，比例不用改，“角度”输入“270”。如需了解垫圈的详细信息，单击“说明文件”按钮进行阅读。最后单击“确定”，返回绘图界面。

③ 返回绘图界面后，光标连着一个螺母，移动光标，捕捉联接板光孔中心线与垫圈上表面的交点，单击左键确定，螺母放置完毕。

此时，螺栓联接图如图 6-48 所示（放大后）。

输入 TRIM 命令，如图 6-49 所示，修剪掉多余线段，完成螺栓联接图。

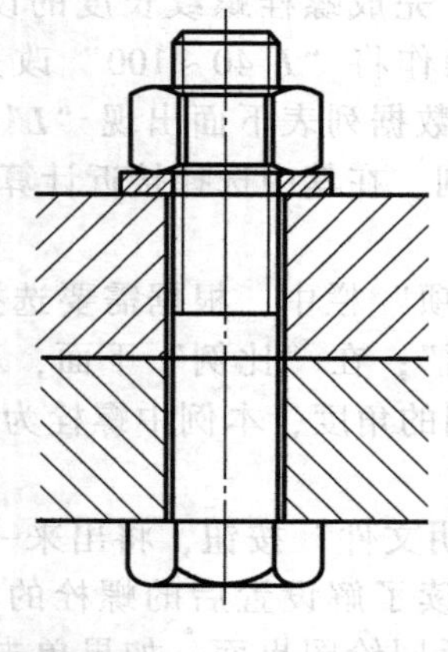

图 6-48 螺栓联接初步图

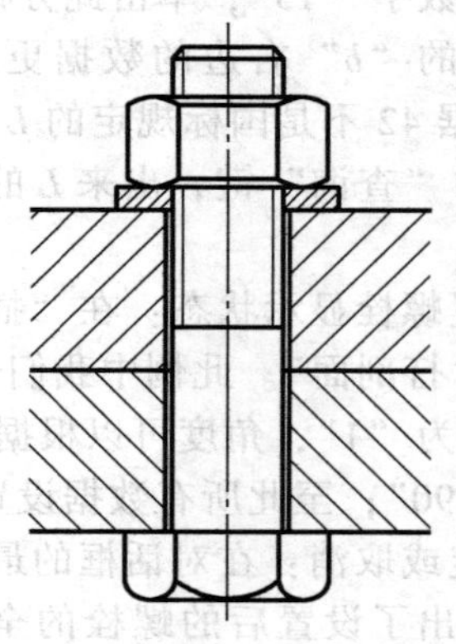

图 6-49 螺栓联接完成图

任务小结

1）MDS 提供了全部标准件的图库，只需单击下拉菜单栏中的“图库 L”，在下拉菜单中选择相应标准件名称，然后操作完成所选标准件对话框中的内容，即可调出所需标准件的图形。

2）当需对标准件图形进行编辑时，在标准件对话框中，要点取“炸开”选项将此标准件图形块分解，才能对其进行编辑；也可以在选用标准件后，对标准件图形块使用 EXPLODE（炸开）命令，同样可以将其分解。

任务八　MDS 绘制齿轮视图

MDS 提供了一种将参数化绘图和交互式绘图相结合的绘图方式，用户只需对已经定义好的参数化图素进行操作（拼装、编辑、修改），而不需进行具体的画图命令的操作，即可完成图形的绘制，从而大大提高绘图效率。MDS 提供了轴、圆柱齿轮、蜗轮、链轮、带轮、法兰盘、花键等常用零件的参数化设计，用户在绘制这些图形时，只需打开相对应的对话框进行相关数据的设置，系统根据设置的数据就能自动生成完整的视图。

任务引入

用 MDS 绘制图 6-50 所示齿轮视图。

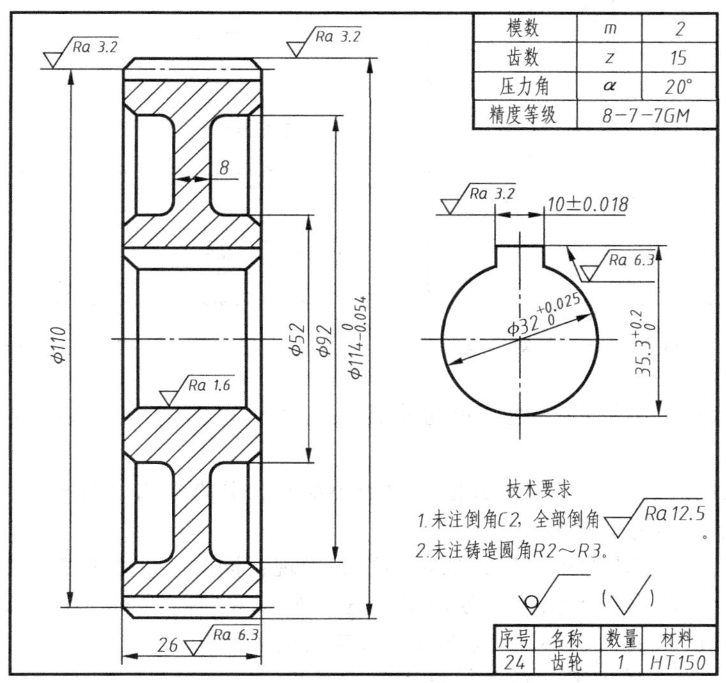

图 6-50　齿轮视图

任务分析

1）如何参数化绘制齿轮？
2）如何快速绘制齿轮属性表？

任务实施

MDS 绘制齿轮视图的步骤如下：

（1）画图框　在下拉菜单中，单击“机械→画图框”，在弹出来的对话框中选取 A3 图框，比例为 1∶2，横向放置，明细栏选择“零件图明细栏 FAT”，单击“确定”，返回绘图界面。

（2）打开“齿轮数据输入”对话框（图 6-51），在下拉菜单中单击“机械→圆柱齿轮 GEAR”，弹出“齿轮数据输入对话框”（图 6-52）。在此对话框的“参数表”中填写基本参数：“齿数”为 55，“模数”为 2mm，“齿宽”为 26mm，“轴径”为 32mm，“螺旋角”默认为 0°。

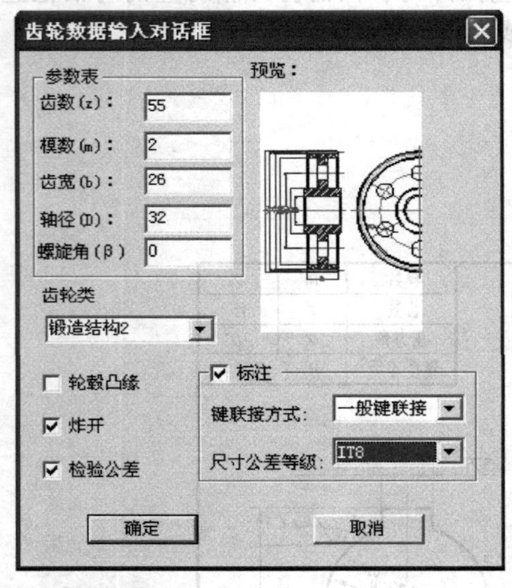

图 6-51　“齿轮数据输入”对话框

图 6-52　“齿轮属性表”对话框

1）在“齿轮类”字样的下面，单击小箭头，在出来的列表中选择与图样要求接近的“锻造结构 2”。

2）单击“轮毂凸缘”左边的小方框，取消小箭头，分别单击“炸开”“检验公差”左边的小方框，使其显示黑色小箭头。

3）单击“标注”左边的小方框，黑色小箭头出现；同时，“键联接方式”和“尺寸公差等级”右边的长方框均出现黑色字，分别单击这两个长方框右边的黑色箭头，在出来的列表中分别选择“一般键联接”“IT8”，此处设置键槽的公差。

4）单击“确定”，弹出来“齿轮属性表”对话框。

5）在“属性表目录”上方栏中单击列表中的“基本特性参数表”，单击“--->”（添加的意思），在“要添加的属性表”上方的栏中就会出现“基本特性参数表”几个字；同时，“属性表目录”下面的“填写属性表”以及“要添加的属性表”下面的“删除”均由不可操作的灰色变成可以操作的黑色。

6）单击“填写属性表”，弹出图 6-53 所示的“齿轮基本参数表”，按齿轮设计要求依次填写各个参数；完成后单击“确定”，返回“齿轮属性表”对话框。

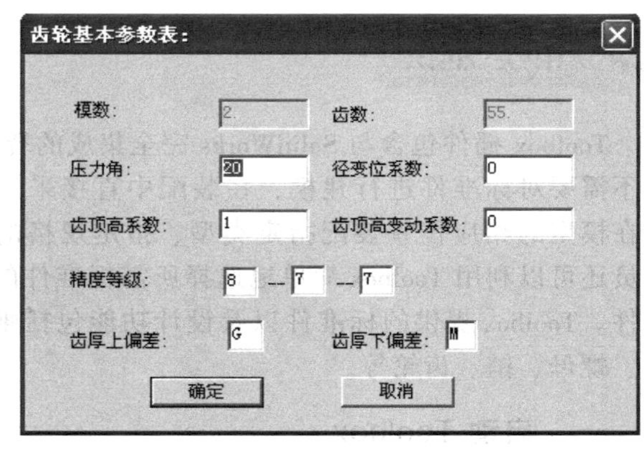

图 6-53　“齿轮基本参数表”对话框

7）根据需要，依次选择“属性表目录”上方栏列表中要用到的项目，添加到“要添加的属性表”上方的栏中，重复步骤“5）”，完成不同的“属性表”的填写。如果不注意添加了不需要的属性表，在“要添加的属性表”上方的栏框中点取它，然后单击“要添加的属性表”下面的“删除”，此属性表将从列表中消失。

8）完成各个属性表的填写后，单击“齿轮属性表”对话框中“拾取插入点”下面栏中的“插入点”，“齿轮属性表”对话框关闭，返回到绘图界面。

9）移动光标捕捉图框右上角的交点，单击左键选取，弹出“齿轮属性表”对话框，单击其中的“确定”；返回绘图界面。

10）按 F8 键关闭“正交”，移动光标，将齿轮两视图移动到图框内合适的位置，单击左键确定放置点。

11）工程标注：用 EXPLODE 命令将图形炸开，按照图 6-50 中的尺寸进行标注。

12）填写标题栏。

13）文件存盘。

任务小结

1）MDS 提供了轴、圆柱齿轮、蜗轮、链轮、带轮、法兰盘、花键等常用零件的参数化设计，用户在绘制这些图形时，只需在下拉菜单栏点击“机械”，然后选择相应的零件名字，在弹出来的对话框中进行相关数据的设置，系统就能自动生成完整的视图。

2）在绘制齿轮时，齿轮的参数表也可以通过填写上述的齿轮对话框中的“齿轮属性表”对话框，自动生成参数表。

任务九　SolidWorks 标准件设计

任务引入

创建图 6-50 所示齿轮的三维模型，齿轮模数 $m=2$mm；齿数 $z=15$；压力角 $\alpha=20°$。

任务分析

1）SolidWorks 创建齿轮的参数如何设置？

2）标准件和常用件中的非标准结构如何建？

相关知识

Toolbox 插件包含与 SolidWorks 完全集成的智能化标准零件库，利用标准零件库，设计人员不需要对标准件进行建模，在装配中直接采用拖动操作就可以在模型的相应位置装配指定类型、指定规格的标准件。设计人员还可以利用 Toolbox 简单地选择所需标准件的参数自动生成零件。Toolbox 提供的标准件以及设计功能包括轴承、螺栓和螺钉、螺母、销、齿轮等。

一、启动 Toolbox

选择“工具”→“插件”，将 SolidWorks Toolbox 及 SolidWorks Toolbox Browser 的选项打勾，即可启动 Toolbox 的功能，如图 6-54 所示。

图 6-54 启动

二、Toolbox 操作界面

单击绘图区右侧的设计库图标，即可出现 Toolbox 操作界面，如图 6-55 所示。

三、Toolbox 标准件创建方法

以螺栓 GB/T 5780 M8×65 的创建为例。

1）选择“设计库”→“Toolbox”→“Gb”→“螺栓和螺钉”→“六角头螺栓”选项，找到“六角头螺栓 GB/T 5780 ”，单击右键，在弹出如图 6-56 所示的快捷菜单中选择“生成零件”。按图 6-57 所示进行设置，单击按钮，则建立了图 6-58 所示螺栓。

2）单击“保存”按钮，在弹出的对话框选择文件的保存路径，文件名默认与图 6-57 所示文件名相同。

图 6-55 操作界面

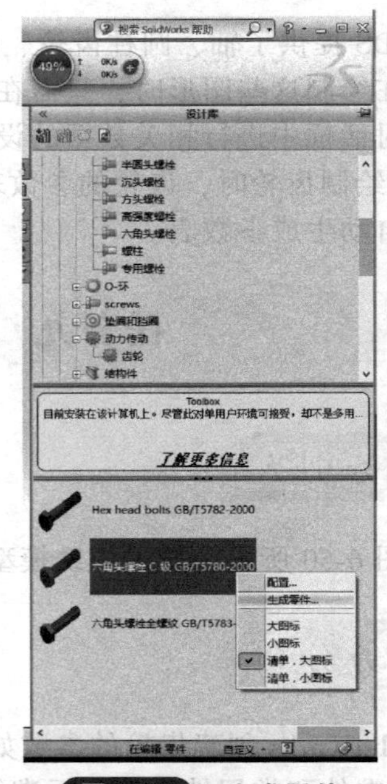

图 6-56 生成零件

图 6-58　螺栓 M8×65-C

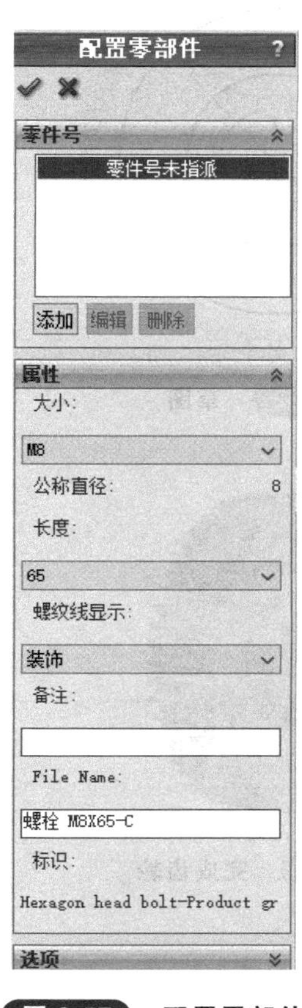

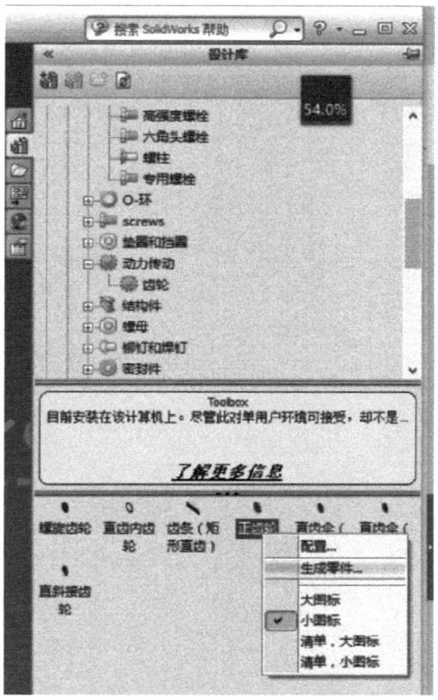

图 6-57　配置零部件

图 6-59　生成零件

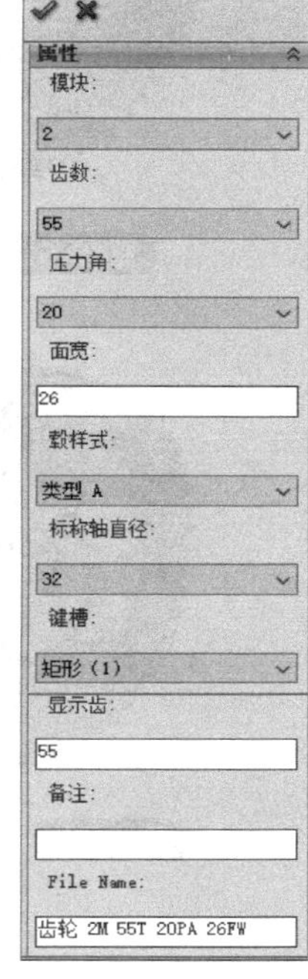

图 6-60　零件配置

任务实施

1）选择“设计库”→“Toolbox”→“Gb”→“动力传动”→“齿轮”选项，找到“正齿轮”，单击右键，在弹出如图 6-59 所示的快捷菜单中选择“生成零件”。按图 6-60 所示进行设置，单击按钮，则建立了图 6-61 所示齿轮。

2）选择齿轮左端面，创建图 6-62 所示草图。

3）选择“拉伸切除”工具，创建图 6-63 所示切除特征，拉伸深度 9mm。

4）选择“基准面”工具，创建基准面 1，以齿轮端面为参考，距离为 13mm。

5）选择 镜向 “镜向”工具，将步骤 2 创建的拉伸切除特征镜向到另一侧端面。

6）选择 倒角 “倒角”工具，创建图 6-64 所示 $C2$mm 倒角。

7）选择 圆角 “圆角”工具，创建图示 $R2$ 圆角。

8）单击“保存”按钮，在弹出的对话框选择文件的保存路径。文件名默认与图 6-57 所示文件名相同。

图 6-61 齿轮

图 6-62 草图

图 6-63 切除特征

图 6-64 完成齿轮

任务小结

1）Toolbox 插件创建齿轮时，可以直接设置相关标准参数；非标准结构则采用叠加或切割的建模方法创建。

2）配置零件时设置的文件名可以当作保存时的默认名称。

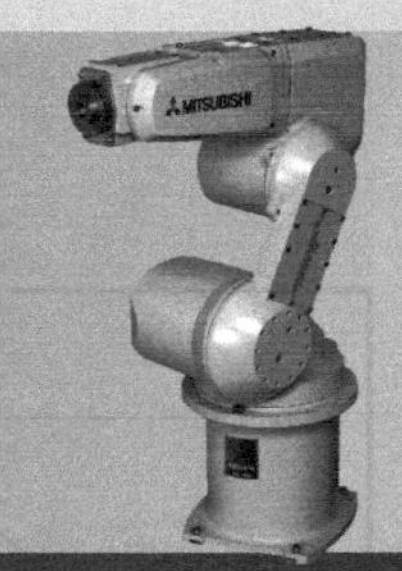

项目七

识读和绘制零件图

机器或部件都是由若干零件按一定关系装配而成的。表达零件的结构形状、尺寸大小和技术要求的图样称为零件图，它是制造和检验零件的技术文件。本项目介绍零件图的内容、零件图的技术要求、零件的工艺结构、零件图的尺寸标注、四类典型零件（轴、盘、叉架、箱体）的表达方法，利用 MDS 和 SolidWorks 软件绘制零件图和三维零件建模方法，培养和提高学生识读和多层次绘制零件图的能力。

教学目标

1. 理解零件图的作用与内容。
2. 掌握表面粗糙度、尺寸公差、几何公差的标注方法，能查阅相关标准。
3. 掌握典型零件的结构特点、视图表达、尺寸标注和技术要求标注方法。
4. 掌握 MDS 软件绘制零件图的方法和步骤。
5. 掌握 SolidWorks 零件建模的方法和步骤。
6. 能识读和绘制中等复杂程度的零件图。

任务一　理解零件图

任务引入

理解图 7-1 所示零件图。

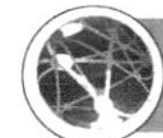

任务分析

1）该零件图包含哪些内容？
2）该零件的视图表达与前面所学的视图表达有差别吗？
3）图上所注尺寸能看懂多少？
4）图上较多符号的含义是什么？

相关知识

在生产实际中，首先根据零件图标题栏中所标注的材料、数量和零件图中的总体尺寸进

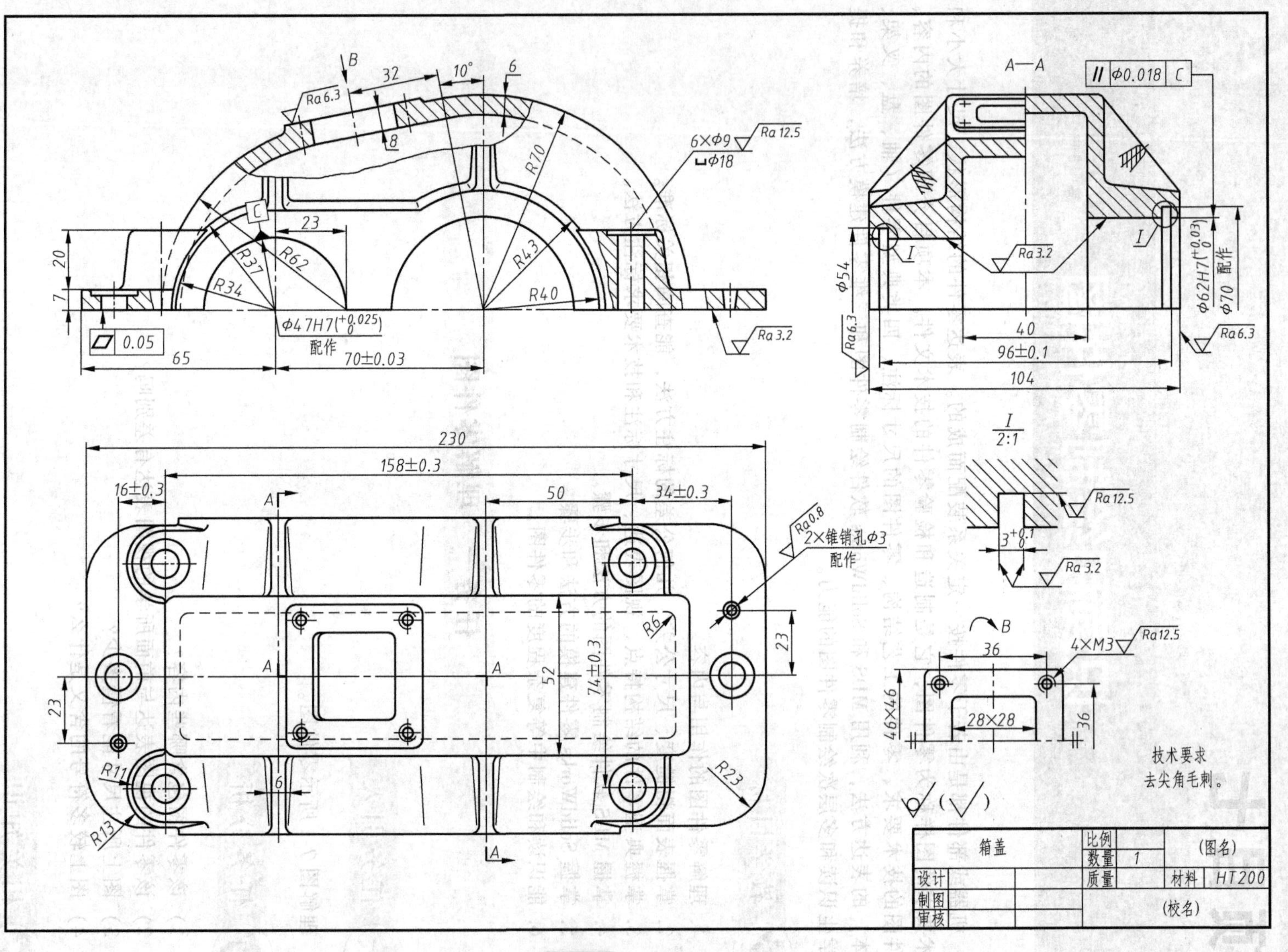
A—A
技术要求
去尖角毛刺。
箱盖
比例
数量 1
质量
材料 HT200
(图名)
(校名)
设计
制图
审核
2×锥销孔φ3
配作
4×M3
6×φ9
φ18
φ47H7(+0.025 0)
配作
70±0.03
φ62H7(+0.03 0)
φ70 配作
φ54
96±0.1
104
230
158±0.3
74±0.3
52
28×28
46×46
I
2:1

图 7-1 箱盖零件图

行备料，然后再按照零件图的图形、尺寸和技术要求进行加工制造，最后再根据零件图上的尺寸、技术要求进行检验。所以，零件图是零件加工制造和质量检验的重要技术文件。

任务实施

一张完整的零件图（图 7-1）应包括以下四方面内容：

（1）图形　一组图形（其中包括视图、剖视图、断面图、局部放大图等）正确、完整、清晰、合理地表达此零件的结构形状。

（2）尺寸　用一组尺寸正确、完整、清晰、合理地标注出零件制造和检验所需要的全部尺寸，以确定其结构大小。

（3）技术要求　用规定的符号、代号、标记和文字说明等，简明地给出零件在制造和检验时应达到的各项技术指标与要求，如表面粗糙度、尺寸公差、几何公差等。

（4）标题栏　在标题栏内明确地填写零件的名称、材料、图样编号、比例、制图人以及审核人的姓名和日期等。

任务小结

1）零件图的图形表达方法关键是主视图的选择，除前面所学的主视选择方法外，还需考虑零件在机器或部件中的位置、作用及加工方法，才能选好主视图。

2）零件图的尺寸标注除正确、完整、清晰外，还提出更高要求，即尺寸的精确度要求和尺寸标注要便于加工和测量。

3）图中的符号是零件加工表面的表面粗糙度符号和几何公差符号。

任务二　零件图上的技术要求

零件图中除了视图和尺寸外，为保证零件的质量，还要注明零件在制造时应达到的技术要求，如表面粗糙度、尺寸公差、几何公差等。零件图上的技术要求要用国家标准规定的各种符号、代号直接标注在图形上，如图 7-2 所示。对于一些无法标注在图形上的技术要求，可

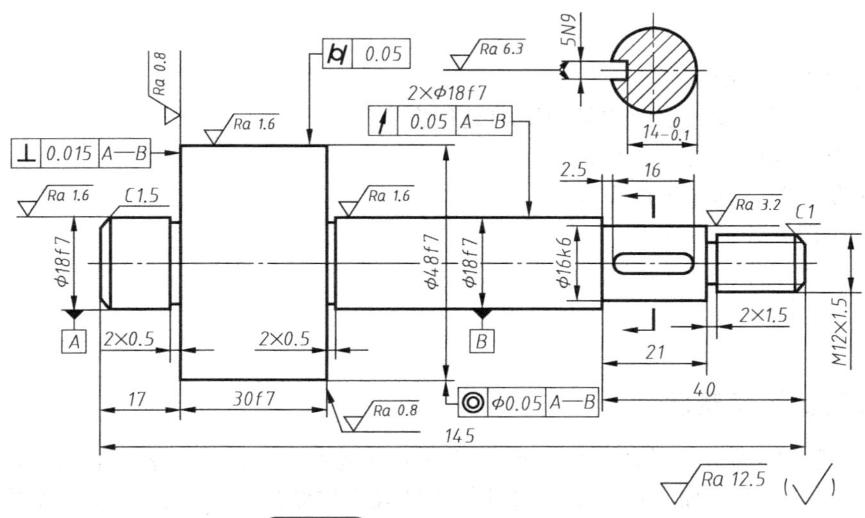

图 7-2　零件图上的技术要求

在图样下部的适当位置用文字进行注释说明。

分任务一　在支承轴的图上标注表面粗糙度

标注图 7-3 所要求的表面粗糙度，标注要求：

1）ϕ48mm 圆柱面表面粗糙度要求为 Ra1.6μm，两侧面为 Ra0.8μm。

2）两处 ϕ18mm 圆柱面表面粗糙度要求为 Ra1.6μm。

3）ϕ16mm 圆柱面表面粗糙度要求为 Ra3.2μm。

4）键槽两侧面表面粗糙度要求为 Ra6.3μm。

5）其余各表面的表面粗糙度要求为 Ra12.5μm。

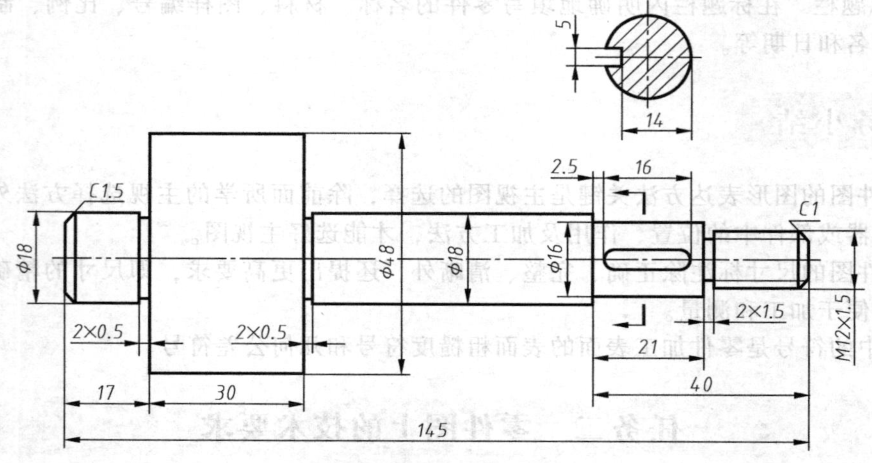

图 7-3　标注表面粗糙度

1）什么叫表面粗糙度？

2）表面粗糙度对零件表面质量的影响是什么？

3）表面粗糙度的主要参数是什么？

4）如何在视图上标注表面粗糙度？

5）表面粗糙度如何选用？

相关知识

一、表面粗糙度概念

经过加工后的零件表面看似光滑，但在显微镜下观察，就会看到表面轮廓形状凹凸不平，如图 7-4 所示。这是由于加工过程中，刀具与工件表面的摩擦和挤压，机床的高频振动等多方面因素，导致工件表面存在间距很小的波峰与波谷，零件上具有的这种微观几何形状特性称为表面粗糙度。

表面粗糙度对零件的工作精度、耐磨性、耐蚀性，零件间的配合都有直接影响，例如表面粗糙度的值越大，工件表面的波峰与波谷越大，工件越容易生锈和磨损等。所以，恰当地选择零件表面粗糙度，对提高零件的工作性能、延长使用寿命和降低生产成本都具有重要意义。

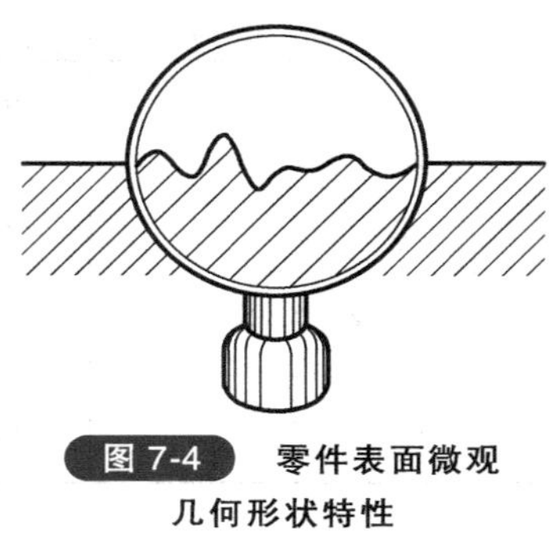

图 7-4　零件表面微观几何形状特性

二、表面粗糙度的评定参数

评定表面粗糙度的两种参数：轮廓算术平均偏差 *Ra* 和轮廓最大高度 *Rz*。最常用的是轮廓算术平均偏差 *Ra*，*Ra* 的取值必须遵守国家标准的相关规定，见表 7-1。

表 7-1　轮廓算数平均偏差 *Ra* 系列

第一序列	0.012,0.025,0.05,0.100,0.20,0.40,0.80,1.60,3.2,6.3,12.5,25,50,100
第二序列	0.008,0.016,0.032,0.063,0.125,0.25,0.50,1.00,2.0,4.0,8.0,16.0,32,63 0.010,0.020,0.040,0.080,0.160,0.32,0.63,1.25,2.5,8.0,10.0,20,40,80

注：优先采用第一序列。

1. 表面粗糙度的图形符号

表面粗糙度的图形符号及含义见表 7-2。

表 7-2　表面粗糙度图形符号及含义

符号名称	符　　号	含义及说明
基本图形符号	H_1 60° 60° H_2	基本图形符号，表示未指定工艺方法的表面。当不加注粗糙度参数值或有关说明（例如：表面处理、局部热处理状况等）时，仅适用于简化代号标注 符号的 H_1 高度值为 1.4*h*（*h* 为图样中的字母和数字的字高），H_2 高度值约为 3*h*
扩展图形符号		基本符号加一短画，表示表面粗糙度是用去除材料的方法获得的，例如：车、铣、磨、抛光等
		基本符号加一小圆，表示表面粗糙度是用不去除材料的方法获得。例如：铸、锻、热轧等；或者是用于保持原始供应状况的表面（毛面）；或者是保持上道工序的状况
完整图形符号		在三种符号的长边上加一横线（横线长度视注写内容而定），用于注写对表面结构的各种要求

2. 表面粗糙度代号

表面粗糙度图形符号注写了参数和数值要求后，称为表面粗糙度代号，表面粗糙度代号及其含义见表 7-3。

表 7-3　表面粗糙度代号及含义

代　　号	含　　义
Ra 1.6	用去除材料方法获得的表面粗糙度，*Ra* 的上限值为 1.6μm
Ra 6.3	用不去除材料方法获得的表面粗糙度，*Ra* 的上限值为 6.3μm
Rzmax 3.2	用去除材料方法获得的表面粗糙度，*Rz* 的最大值为 3.2μm
Ra 3.2 Ra 1.6	用去除材料方法获得的表面粗糙度，*Ra* 的上限值为 3.2μm，*Ra* 的下限值为 1.6μm

三、表面粗糙度代号在图样上的标注

1）每一表面一般只标注一次表面粗糙度代号，所注表面粗糙度代号要求是对完工零件表面的要求。

2）表面粗糙度符号的方向与尺寸数字的方向一致，如图 7-5 所示。

3）表面粗糙度符号可注在轮廓线或轮廓的延长线上，其符号尖端应从材料外指向并接触所注表面的轮廓线或轮廓线的延长线，如图 7-6 所示。

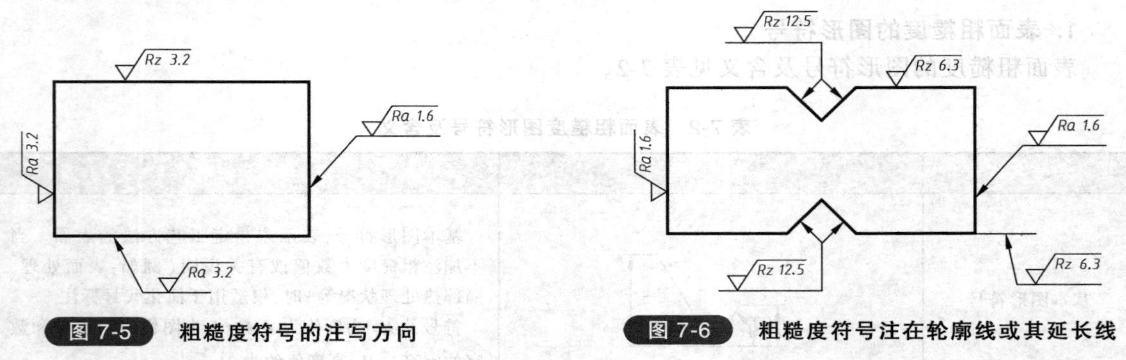

图 7-5　粗糙度符号的注写方向

图 7-6　粗糙度符号注在轮廓线或其延长线

4）在不致引起误解时，表面粗糙度符号可注在尺寸线上，如图 7-7a 所示，也可以标注在几何公差框格的上方，如图 7-7b 所示。

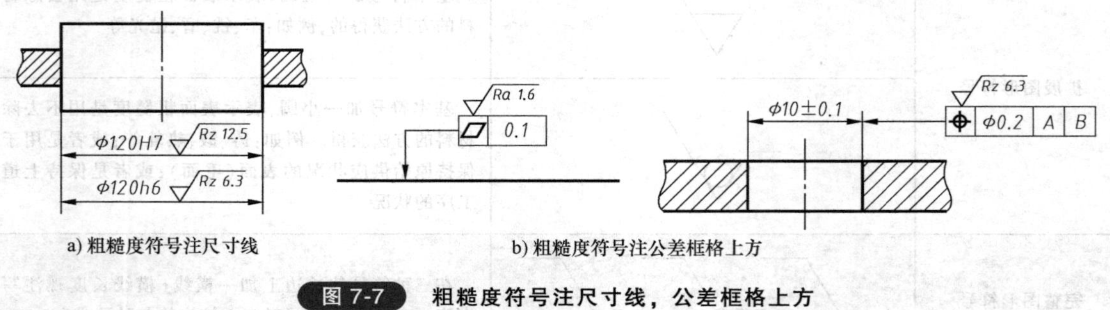

a) 粗糙度符号注尺寸线

b) 粗糙度符号注公差框格上方

图 7-7　粗糙度符号注尺寸线，公差框格上方

5）如果在零件部分（或全部）表面有相同的粗糙度要求，则它们的粗糙度符号可统一标注在标题栏附近，如图 7-8 所示。

6）多个表面有共同的粗糙度要求时，可用字母符号以等式的形式在图样或标题栏附近进行简化标注，如图 7-9 所示。

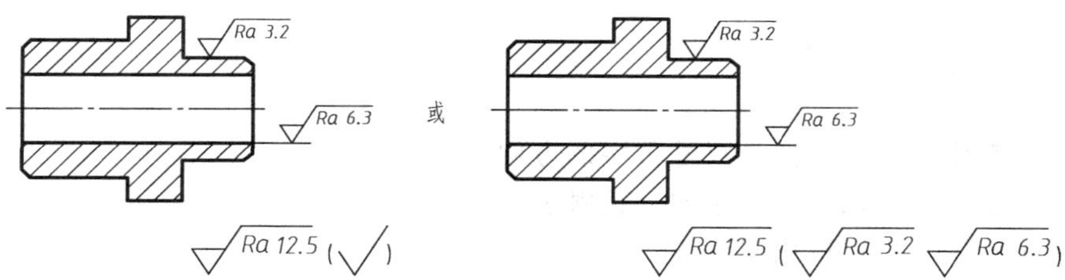

图 7-8 大多数表面具有相同粗糙度要求的简化标注

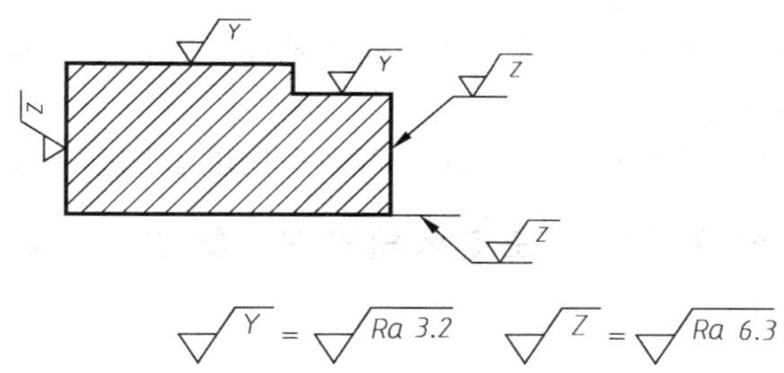

图 7-9 用字母符号以等式形式的简化标注

任务实施

按要求在图 7-3 所示图中标注表面粗糙度步骤：

1）ϕ48mm 圆柱面及两侧面。

2）两处 ϕ18mm 圆柱面。

3）ϕ16mm 圆柱面。

4）键槽两侧面。

5）其他各表面以等式的形式标注在标题栏附近，标注结果如图 7-10 所示。

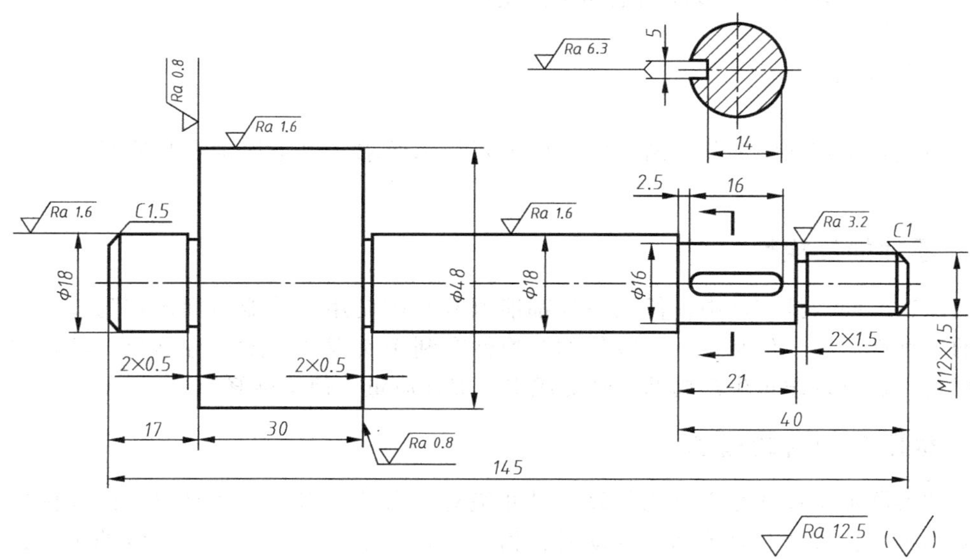

图 7-10 标注表面粗糙度

任务小结

1）表面粗糙度符号的方向与尺寸数字的方向一致。

2）表面粗糙度符号从材料外指向并接触表面。

3）表面粗糙度符号可以引出标注。

4）多数表面有相同的粗糙度要求时，标注在标题栏附近。

5）当多个表面具有相同的粗糙度要求或图纸空间有限时，可采用简化注法。

6）表面粗糙度参数值的使用必须符合国家标准。

7）表面粗糙度值越小，表面越光滑，加工成本越高。在满足使用要求的前提下，应尽量选用较大参数值，以降低成本。

8）零件有配合要求或有相对运动的表面，表面粗糙度参数值要小。

分任务二　在支承轴的图上标注尺寸公差

任务引入

标注图 7-9 所要求的尺寸公差。标注要求：（1）ϕ48mm、两处 ϕ18mm、30mm 的公差带代号为 f7。（2）ϕ16mm 的公差带代号为 k6。（3）键槽宽度尺寸的公差带代号为 n9。（4）键槽深度尺寸 14mm 上偏差为 0，下偏差为 −0.1mm。

任务分析

1. 互换性和尺寸公差的含义是什么？
2. 尺寸公差带代号由哪几部分组成？如何查表？
3. 何谓配合？配合有哪几种类型？
4. 尺寸公差在零件图、装配图上如何标注？

相关知识

极限与配合是零件图和装配图中的一项重要技术要求，也是评定产品质量的一项重要技术指标。

一、零件的互换性

在已加工的同一批零件中，任取一件都能顺利装配使用，并能达到规定的技术要求，零件具有的这种性质称零件互换性。零件的互换性有利于实现产品质量标准化、品种规格和零部件通用化，还可以缩短生产周期、降低成本、保证质量、便于维修等。

二、极限与配合的概念

零件的实际加工尺寸是不可能与设计尺寸绝对一致的，因此设计时应允许零件尺寸有一个尺寸变动范围，尺寸在该范围内变动时，相互结合的零件之间能形成一定的关系，并能满足使用要求，这就是极限与配合的概念。

三、极限与配合术语

以图 7-11 所示中的 $\phi40K7$ 为例来说明极限与配合术语。

以 $\phi40K7$ 查孔的极限偏差表得：$\phi40_{-0.018}^{+0.007}$mm。

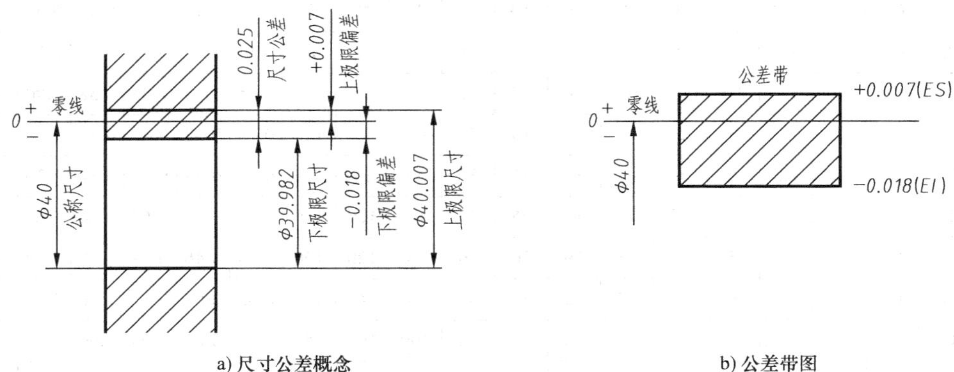

a) 尺寸公差概念　　b) 公差带图

图 7-11 极限与配合术语

(1) 公称尺寸　设计给定的尺寸，如图 7-11 所示的 $\phi40$mm。

(2) 实际尺寸　零件加工后通过测量所得的尺寸。

(3) 极限尺寸　设计时确定允许零件尺寸变化范围的两个界限值。因此极限尺寸又分为上极限尺寸和下极限尺寸。图中的 $\phi40.007$mm 称为上极限尺寸，$\phi39.982$mm 称下极限尺寸。

(4) 尺寸偏差　某一实际尺寸减公称尺寸所得的代数差称为尺寸偏差。尺寸偏差又分为上极限偏差和下极限偏差；

$$上极限偏差=上极限尺寸-公称尺寸=40.007\text{mm}-40\text{mm}=0.007\text{mm}$$

$$下极限偏差=下极限尺寸-公称尺寸=39.982\text{mm}-40\text{mm}=-0.018\text{mm}$$

尺寸偏差代号：

用代号 ES、es 分别代表孔、轴的上偏差。

用代号 EI、ei 分别代表孔、轴的下偏差。

(5) 尺寸公差　上极限尺寸减下极限尺寸或上极限偏差-下极限偏差，0.007mm-(-0.018mm)=0.025mm。

(6) 零线　在公差带图中表示公称尺寸的一条线，以该线为基准，上方偏差为正，下方偏差为负。

(7) 公差带图　将上、下极限偏差相对零线的位置放大一定倍数后画出的简图，称公差带图，如图 7-11b 所示。在公差带图中用来代表上、下极限偏差的两条直线所限定的带状区域称为公差带。公差带图是用来分析尺寸公差、极限偏差与公称尺寸的关系图。

(8) 标准公差　国家标准规定用来表示公差大小的标准值。根据尺寸的精确程度，国家标准将标准公差分为 20 级，即 IT01、IT0、IT1、IT2～IT18。IT 表示标准公差，数字表示公差等级。IT01 级公差数值最小，精度最高；IT18 级公差数值最大，精度最低。标准公差数值由公称尺寸和公差等级决定，可在相应的国家标准中查阅，见表 7-4。

(9) 基本偏差　用于确定公差带相对零线位置的上极限偏差或下极限偏差，一般指靠近零线的那个偏差。国家标准对孔、轴各规定了 28 个基本偏差，基本偏差代号用拉丁字母表示，大写表示孔，小写表示轴，如图 7-12 所示。H 的基本偏差是下极限偏差，EI=0；h 的基本偏差为上极限偏差，es=0。

表 7-4　标准公差数值

公称尺寸/mm		标准公差等级																			
		IT01	IT0	IT1	IT2	IT3	IT4	IT5	IT6	IT7	IT8	IT9	IT10	IT11	IT12	IT13	IT14	IT15	IT16	IT17	IT18
大于	至	μm													mm						
—	3	0.3	0.5	0.8	1.2	2	3	4	6	10	14	25	40	60	0.10	0.14	0.25	0.40	0.60	1.0	1.4
3	6	0.4	0.6	1	1.5	2.5	4	5	8	12	18	30	48	75	0.12	0.18	0.30	0.48	0.75	1.2	1.8
6	10	0.4	0.6	1	1.5	2.5	4	6	9	15	22	36	58	90	0.15	0.22	0.36	0.58	0.90	1.5	2.2
10	18	0.5	0.8	1.2	2	3	5	8	11	18	27	43	70	110	0.18	0.27	0.43	0.70	1.10	1.8	2.7
18	30	0.6	1	1.5	2.5	4	6	9	13	21	33	52	84	130	0.21	0.33	0.52	0.84	1.30	2.1	3.3
30	50	0.6	1	1.5	2.5	4	7	11	16	25	39	62	100	160	0.25	0.39	0.62	1.00	1.60	2.5	3.9
50	80	0.8	1.2	2	3	5	8	13	19	30	46	74	120	190	0.30	0.46	0.74	1.20	1.90	3.0	4.6
80	120	1	1.5	2.5	4	6	10	15	22	35	54	87	140	220	0.35	0.54	0.87	1.40	2.20	3.5	5.4
120	180	1.2	2	3.5	5	8	12	18	25	40	63	100	160	250	0.40	0.63	1.00	1.60	2.50	4.0	6.3
180	250	2	3	4.5	7	10	14	20	29	46	72	115	185	290	0.46	0.72	1.15	1.85	2.90	4.6	7.2

注：公称尺寸大于 1mm 时，无 IT14～IT8。

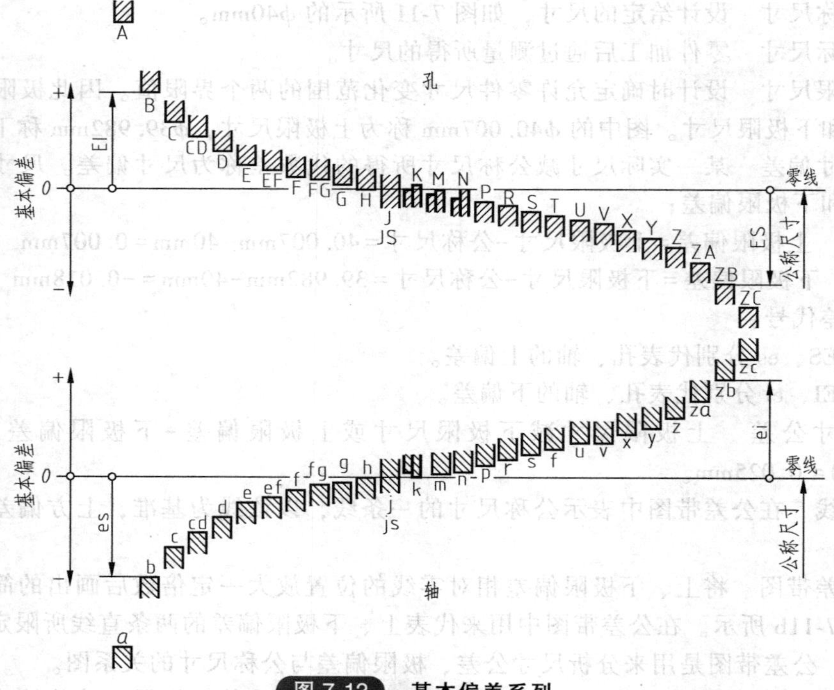

图 7-12　基本偏差系列

（10）公差带代号　公差带代号由基本偏差代号加公差级数组成，例如，ϕ30F8 中，ϕ30 是公称尺寸，F 是基本偏差代号，大写的表示孔，8 表示公差等级为 IT8 级。F8 为孔的公差带代号，f7 为轴的公差带代号。

四、配合

公称尺寸相同，相互结合的孔轴公差带之间的关系称为配合。根据生产实际需要，国家标准规定了两种配合制度。

1. 基孔制配合

基本偏差为 H 的孔的公差带，与不同偏差的轴的公差带形成不同松紧程度的配合制度称基孔制配合。基孔制配合可分为三种类型，间隙配合、过盈配合和过渡配合，如图 7-13 所示。

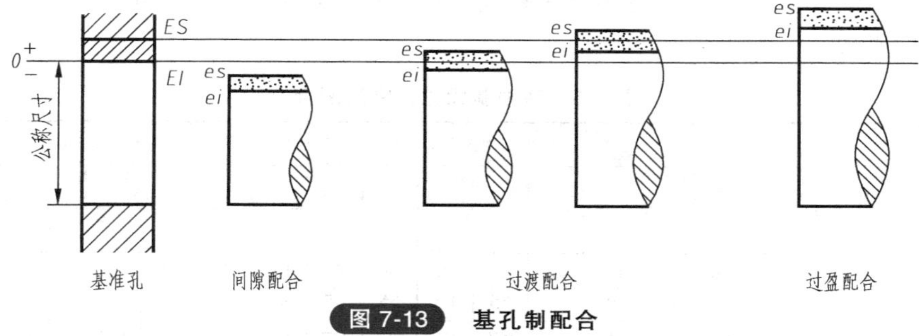

图 7-13 基孔制配合

（1）间隙配合　例如：ϕ35H8/a7、ϕ35H9/d9、ϕ35H8/h7 三种配合都是指公称尺寸相同，孔和轴装在一起时具有间隙（包括最小间隙等于零）的配合称间隙配合。分子为孔的公差带代号，分母为轴的公差带代号，当分子为 H 时，称基孔制配合。上面三种基孔制间隙配合可对照基本偏差系列表中的轴系列看出：a 的间隙最大，然后 b……h，间隙依次减小至零，基孔制间隙配合，轴可随意放进孔中，主要用于孔、轴间的间隙较大的松联接。

（2）过渡配合　例如，ϕ35H7/k8、ϕ35H7/m8、ϕ35H7/js8 三种配合是指公称尺寸相同，孔和轴装在一起时可能具有间隙或过盈的配合称过渡配合。当分子为 H 时，分母为 j、k、m、n、p 时，称基孔制过渡配合。过渡配合，轴要用锤子打进孔里，主要用于孔、轴间有同轴度要求的联接，如轴承、齿轮等与轴的联接。

（3）过盈配合　例如，ϕ35H7/s8、ϕ35H7/v8、ϕ35H7/z8 三种配合是指公称尺寸相同，轴和孔装在一起，轴的尺寸比孔的尺寸大的配合称过盈配合。当分子为 H 时，分母为 v、s……zc 时，称基孔制过盈配合。因过盈配合轴比孔大，所以先把孔加热，再用压力器把轴压入孔内，属于不可拆联接，主要用于孔、轴间同轴度要求高的高速运转。

2. 基轴制配合

基本偏差为 h 的轴的公差带，与不同偏差的孔的公差带形成不同松紧程度的配合制度称基轴制配合。基轴制配合也有三种类型：间隙配合、过盈配合和过渡配合，如图 7-14 所示。

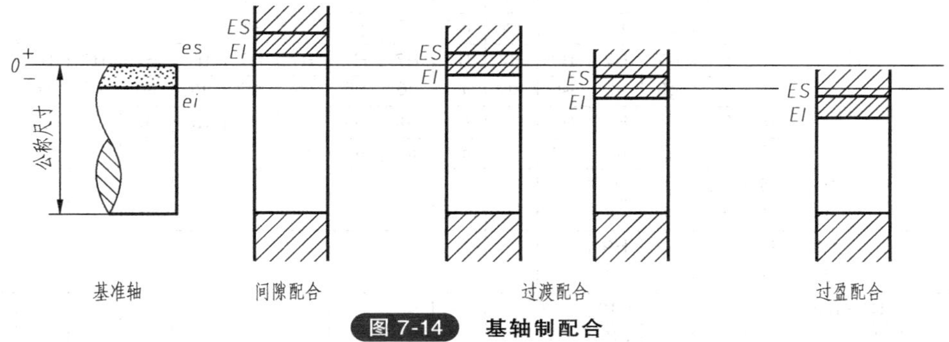

图 7-14 基轴制配合

例如，ϕ35F8/h8、G7/h6 是基轴制间隙配合，对照基本偏差系列表中的孔系列看出：A 的间隙最大，然后 B 至 H 间隙依次减小至零。ϕ35JS7/h6、ϕ35M7/h6 是基轴制过渡配合。ϕ35N7/h6、ϕ35R7/h6 是基轴制过盈配合。一般情况下，应优先采用基孔制，因为孔的加工难度比轴大。

五、优先、常用配合

从经济性出发，避免刀具和量具品种过于繁杂，国家标准对基孔制优先、常用配合和基轴制优先、常用配合做了规定，见表 7-5 和表 7-6。设计时尽量采用表中的优先、常用配合，才能保证配合成功。

表 7-5 基轴制优先、常用配合

基准轴	孔																				
	A	B	C	D	E	F	G	H	JS	K	M	N	P	R	S	T	U	V	X	Y	Z
	间隙配合								过渡配合			过盈配合									
h5						F6/h5	G6/h5	H6/h5	JS6/h5	K6/h5	M6/h5	N6/h5	P6/h5	R6/h5	S6/h5	T6/h5					
h6						F7/h6	**G7/h6**	**H7/h6**	JS7/h6	**K7/h6**	M7/h6	**N7/h6**	**P7/h6**	R7/h6	**S7/h6**	T7/h6	**U7/h6**				
h7					E8/h7	**F8/h7**		**H8/h7**	JS8/h7	K8/h7	M8/h7	N8/h7									
h8				D8/h8	E8/h8	F8/h8		H8/h8													
h9				**D9/h9**	E9/h9	F9/h9		**H9/h9**													
h10				D10/h10				H10/h10													
h11	A11/h11	B11/h11	**C11/h11**	D11/h11				**H11/h11**													
h12		B12/h12						H12/h12	常用配合共 47 种，其中优先配合 13 种。加粗字为优先配合												

表 7-6 基孔制优先、常用配合

基准孔	轴																				
	a	b	c	d	e	f	g	h	js	k	m	n	p	r	s	t	u	v	x	y	z
	间隙配合								过渡配合			过盈配合									
H6						H6/f5	H6/g5	H6/h5	H6/js5	H6/k5	H6/m5	H6/n5	H6/p5	H6/r5	H6/s5	H6/t5					
H7						H7/f6	**H7/g6**	**H7/h6**	H7/js6	**H7/k6**	H7/m6	**H7/n6**	**H7/p6**	H7/r6	**H7/s6**	H7/t6	**H7/u6**	H7/v6	H7/x6	H7/y6	H7/z6
H8					H8/e7	**H8/f7**	H8/g7	**H8/h7**	H8/js7	H8/k7	H8/m7	H8/n7	H8/p7	H8/r7	H8/s7	H8/t7	H8/u7				
				H8/d8	H8/e8	H8/f8		H8/h8													
H9			H9/c9	**H9/d9**	H9/e9	H9/f9		**H9/h9**													
H10			H10/c10	H10/d10				H10/h10													
H11	H11/a11	H11/b11	**H11/c11**	H11/d11				**H11/h11**													
H12		H12/b12						H12/h12	1. 常用配合 59 种，其中优先配合 13 种。加粗为优先配合 2. H6/n5、H7/p6 在公称尺寸小于或等于 3mm 和 H8/r7 在小于或等于 100mm 时为过渡配合												

六、极限与配合的标注

极限与配合尺寸，常采用公称尺寸后与所要求的公差代号或对应的偏差值表示，如图7-15所示。

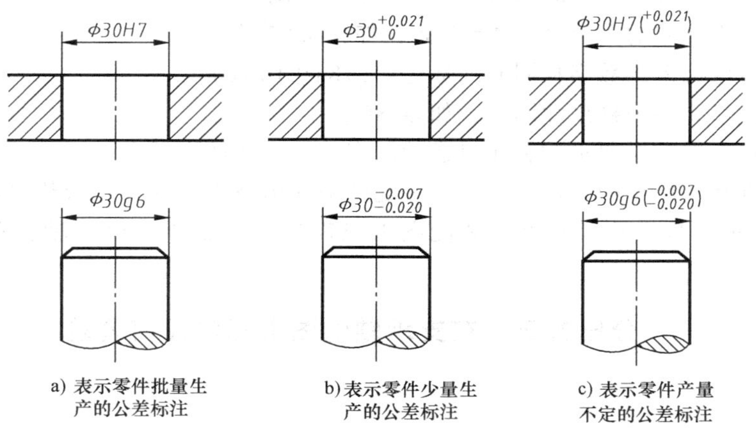

a) 表示零件批量生产的公差标注　b) 表示零件少量生产的公差标注　c) 表示零件产量不定的公差标注

图 7-15　零件图上的公差标注

在装配图上极限与配合尺寸采用分数形式标注，如图 7-16 所示。

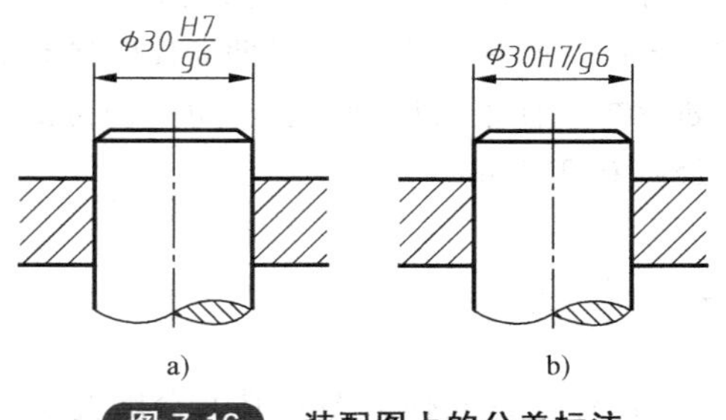

图 7-16　装配图上的公差标注

任务实施

按要求标注图 7-10 所示图形的尺寸公差步骤；

(1) 尺寸 φ48mm；(2) 两处 φ18mm；(3) 尺寸 30mm；(4) 尺寸 φ16mm；(5) 键槽宽度 5mm；(6) 键槽深度 14mm。

标注结果如图 7-17 所示。

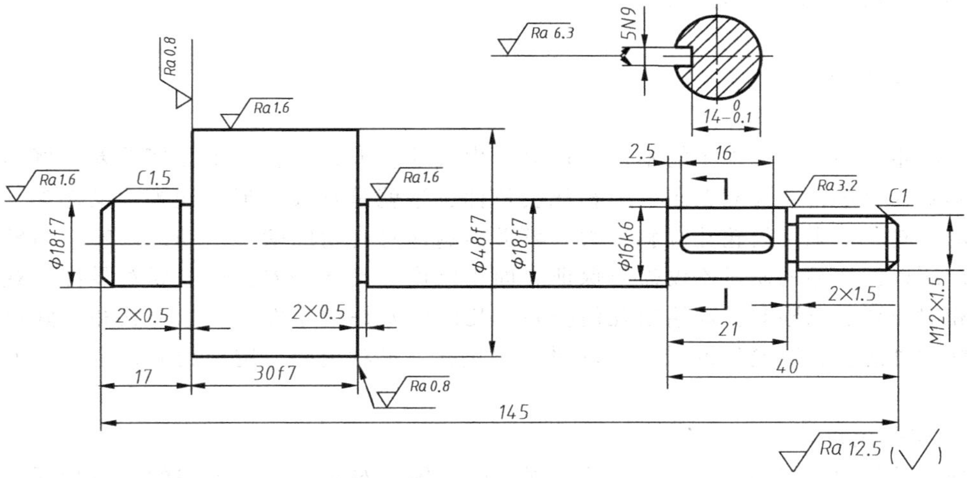

图 7-17　标注尺寸公差

标注尺寸公差应注意：

1）上、下极限偏差的小数点应对齐，如：$\phi45_{-0.050}^{-0.025}$mm。

2）上、下极限偏差的个位“0”要对齐，如：$\phi25_{0}^{+0.016}$mm。

3）上、下极限偏差的数字相同时的标注：(18±0.01)mm。

4）公差带代号要与公称尺寸同高，如 ϕ48f7。

5）凡是零件上有配合要求或有相对运动的表面，尺寸精度要高。

6）对于与轴承等配合的零件，只需在装配图中标出该零件的公差带代号即可。因轴承外圈是基准轴，内圈是基准孔，所以在装配图上只需标出与轴承配合的轴、孔的公差带代号即可。

分任务三　在支承轴的图上标注几何公差

标注图 7-17 所示图形的几何公差。标注要求：（1）ϕ48f7 圆柱面圆柱度公差 0.05mm。（2）ϕ48f7 圆柱左端面相对两 ϕ18f7 圆柱轴线垂直度公差 0.015mm。（3）ϕ48f7 圆柱轴线相对两 ϕ18f7 圆柱轴线同轴度公差 ϕ0.05mm。（4）两 ϕ18f7 圆柱面相对两 ϕ18f7 圆柱轴线的圆跳动公差 0.015mm。

1）什么是几何公差？其共分哪几类？

2）什么被测要素？什么是基准要素？

3）圆柱度、垂直度、同轴度、平行度用什么符号表示？

4）在零件图上如何标注几何公差？

相关知识

在实际生产中，经过加工的零件不仅会产生尺寸误差，还会产生几何误差，例如在加工轴时，其直径大小符合尺寸要求，但轴线会弯曲，这就是轴线的形状误差。又例如，加工一对啮合的齿轮，如果两齿轮孔倾斜太大，势必影响这对齿轮的啮合传动，这就是两轴线的位置误差。所以，产品的质量不仅需要保证表面粗糙度、尺寸公差，还需要对零件宏观的几何形状和相对位置加以限制，即给出几何公差。几何公差是指零件的实际形状和实际位置对其理想形状和理想位置所允许的最大变动量，它包括：形状公差、定向公差、定位公差和跳动公差。

1. 几何公差符号

几何公差是用来限制实际要素的几何误差的，国标对各类几何公差的几何特征规定了名称和对应符号如表 7-7 所示。

表 7-7　几何公差的名称和符号

分类	名称	符　号
形状公差	直线度	—
	平面度	⏥
	圆度	○
	圆柱度	⌭
	线轮廓度	⌒
	面轮廓度	⌓
方向公差	平行度	//
	垂直度	⊥
	倾斜度	∠
	线轮廓度	↗
	面轮廓度	⌰
位置公差	同轴度	◎
	对称度	⌯
	位置度	⌖
	线轮廓度	↗
	面轮廓度	⌰
跳动公差	圆跳度	↗
	全跳动	⌰

2. 几何公差的标注

图样上标注几何公差涉及公差框格，被测要素和基准要素（形状公差除外）三方面内容。

（1）公差框格　公差框格由两格（形状公差两格）或多格组成，如图 7-18 所示。框格内容从左至右分别是：几何特征符号，公差值及有关符号，基准字母及有关符号。

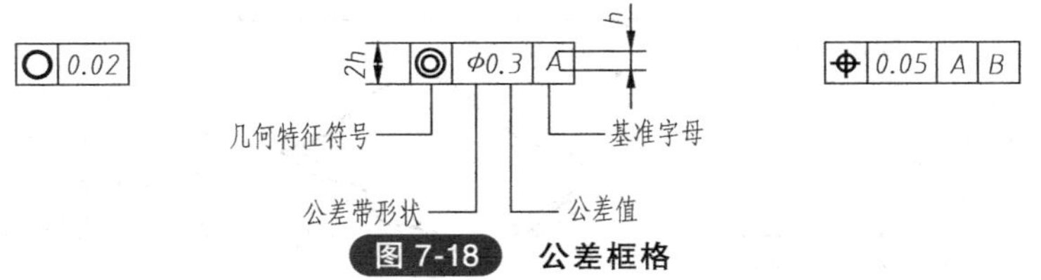

图 7-18　公差框格

公差框格用细实线绘制，框格高度是框格内书写字体高的 2 倍。框格的高度，第一格宽度与框格高度相等，第二格和第三格与标注的内容相适应。

（2）被测要素的标注　被测要素是指零件上给出的几何公差的点、线、面，公差框格通过指引线与被测要素相连接，指引线可从框格的任一端引出，终端带箭头。当被测要素是轮廓线时，箭头指向被测要素的轮廓线或其延长线，并明显与尺寸线分开，如图 7-19a 所示。当被测要素是中心线、中心面时，箭头应与相应尺寸线对齐，如图 7-19d 所示。

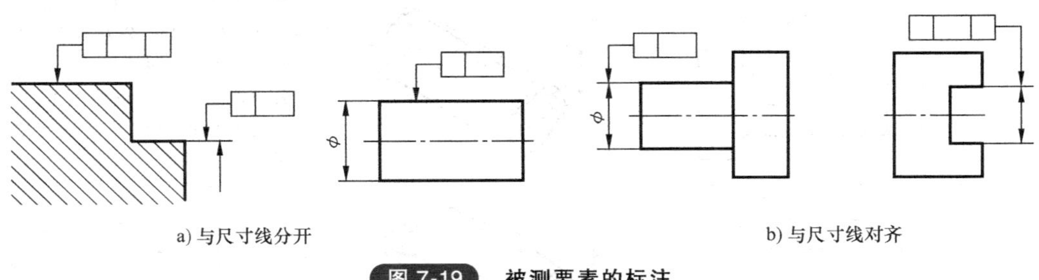

a) 与尺寸线分开　　b) 与尺寸线对齐

图 7-19　被测要素的标注

（3）基准要素的标注　基准要素是指零件上用来确定被测要素的方向或位置的点、线、面。基准用一个大写字母来代表，字母写在框格内，与涂黑的或空白的三角形相连的方式表示基准，如图 7-20 所示。

当基准要素是轮廓线时，基准的三角形放置在要素轮廓线或其延长线上，如图 7-21a 所示。当基准要素是轴线、中间平面时，基准的三角形应与尺寸线对齐，如图 7-21b、c 所示。

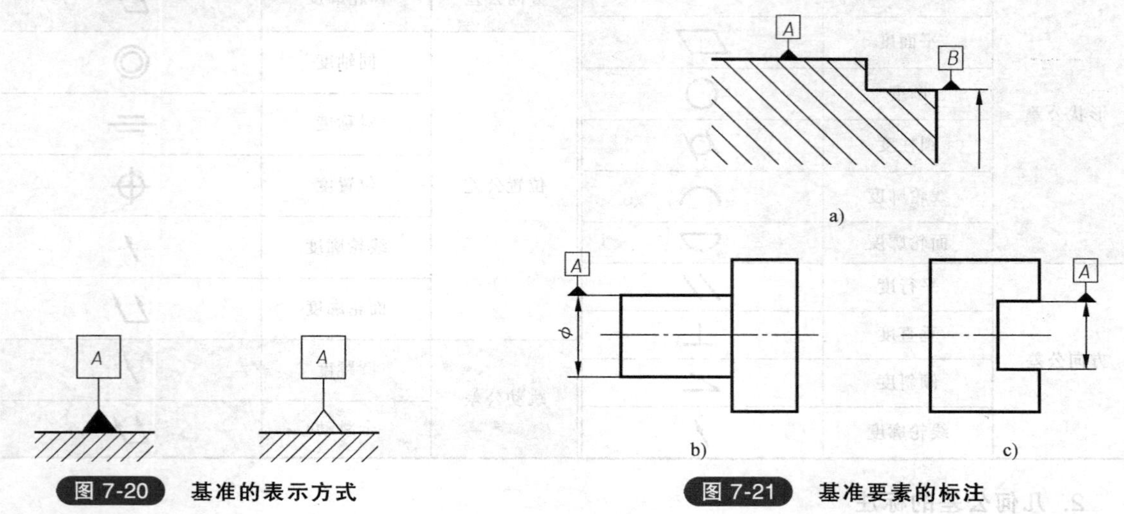

图 7-20 基准的表示方式

图 7-21 基准要素的标注

3. 常见几何公差的公差带形状及含义（见表 7-8）

表 7-8 几何公差的公差带形状及含义

名称	标注示例	公差带形状	含　义
平面度	▱ 0.015	0.015	平面度公差为 0.015mm，即被测表面必须位于距离公差值 0.015mm 的两平行平面之间。平面度的公差带是两平行平面之间的区域
直线度	— φ0.008	φ0.008	直线度公差为 φ0.008mm，即被测圆柱体的轴线必须位于直径为 φ0.008mm 的圆柱面内 如果公差值前不加注“φ”，表示公差带为距离等于给定公差值的两平行平面间的区域
圆柱度	⌭ 0.006　φ	0.006	圆柱度公差为 0.006mm，即被测圆柱面必须位于半径公差值为 0.006mm 的两同轴圆柱面内 公差带为在同一正截面上，半径差等于公差值的两同轴圆柱面之间的区域
平行度	// 0.025 A　A	0.025　基准平面	平行度公差为 0.025mm，即被测表面必须位于距离等于 0.025mm 的两平行平面之间，且平行于基准平面 A 公差带是两平行平面间的区域，且该表面与指定的基准平面平行

（续）

名称	标注示例	公差带形状	含　义
对称度			对称度为 0.025mm，即被测槽的中心平面必须位于距离为 0.025mm，且相对于基准平面 *A* 对称配置的两平行平面之间 公差带是对称配置的两平行平面之间的区域
同轴度			同轴度公差为 ϕ0.015mm，即小圆柱的轴线必须位于直径为 ϕ0.015mm 的圆柱面内，且该轴线与大圆柱的轴线同轴 公差带是圆柱面内的区域，该圆柱面的轴线必须与基准轴线同轴
圆跳动			圆跳动公差为 0.02mm，即当被测圆柱面在绕基准轴旋转一周（无轴向移动）时，在任一测量平面内的径向圆跳动不大于 0.02mm 公差带是在垂直于基准轴的任一平面内，半径差等于公差值，且圆心在基准轴线上的两圆心圆所限定的区域

任务实施

按要求标注图 7-17 所示图形的几何公差步骤：

1）ϕ48f7 圆柱面圆柱度要求 0.05mm。

2）ϕ48f7 左端面相对两 ϕ18f7 圆柱轴线垂直度要求 0.015mm。

3）ϕ48f7 圆柱轴线相对两 ϕ18f7 圆柱轴线同轴度要求 ϕ0.05mm。

4）两 ϕ18f7 圆柱面相对于两 ϕ18f7 圆柱轴线的圆跳动 0.015mm。

标注结果如图 7-22 所示。

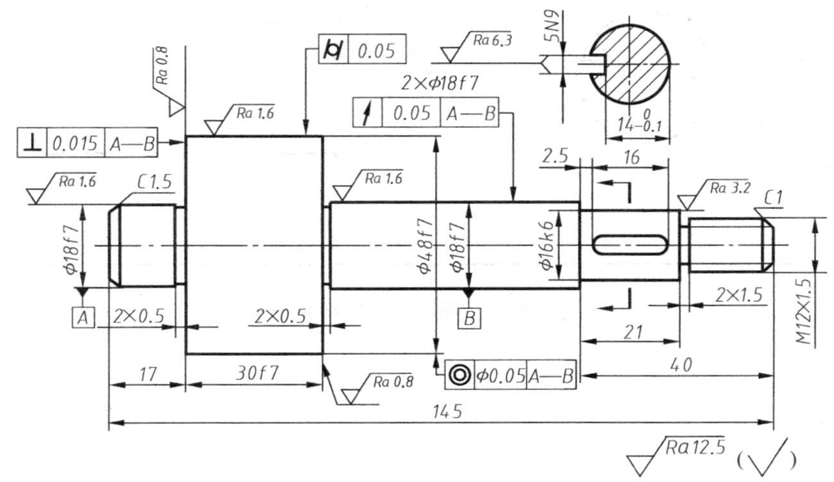

图 7-22　在支承轴的图上标注几何公差

任务小结

1）对精度要求较高的零件，除控制尺寸公差外，还要控制几何公差，产品质量才能保证。

2）当被测要素和基准要素是中心线、中心平面时，指引线箭头和基准的三角形应与尺寸线对齐。

3）零件上有配合要求的表面就有几何公差的要求，如图 7-22 所示，轴与齿轮和轴承配合的表面有圆跳动和圆柱度公差要求。

4）掌握常见几何公差的公差带形状及含义，有利于几何公差的正确标注和识读。

任务三　轴零件图的识读

任务引入

识读图 7-23 减速器从动轴零件图。

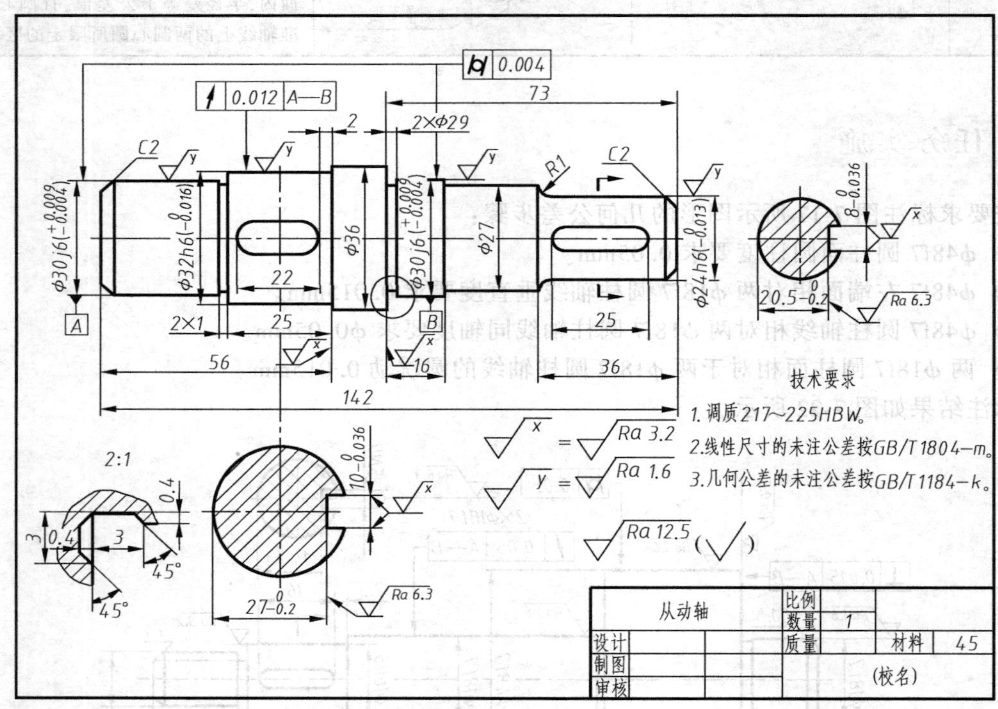

图 7-23　减速器从动轴零件图

任务分析

1）轴的结构特点是什么？

2）轴基本视图如何放置？需采用哪些表达方法？

3）轴的径向、轴向尺寸基准如何确定？

4）轴有几段配合面？在配合面上所标尺寸公差、几何公差的含义是什么？

5）标题栏上方的技术要求含义是什么？

一、零件图的尺寸标注

零件图中标注的尺寸，除了满足在组合体的尺寸标准中提到的“正确、完整、清晰”六字要求外，还需考虑尺寸标准的合理性。所谓合理性是指标注的尺寸即要符合设计要求，又要便于加工、测量和检验。要做到零件图中的尺寸标准合理，需具备较多的机械专业知识、下面仅对尺寸标注的合理性将设计基准、工艺基准作些简要介绍。

（1）设计基准　确定零件上几何要素位置的线、面称为设计基准。如图 7-24 所示主视图，是以底面为高度方向尺寸基准，确定 ϕ30mm 圆柱位置，底面为高度方向设计基准。从设计基准出发标注尺寸，能保证零件的设计要求。

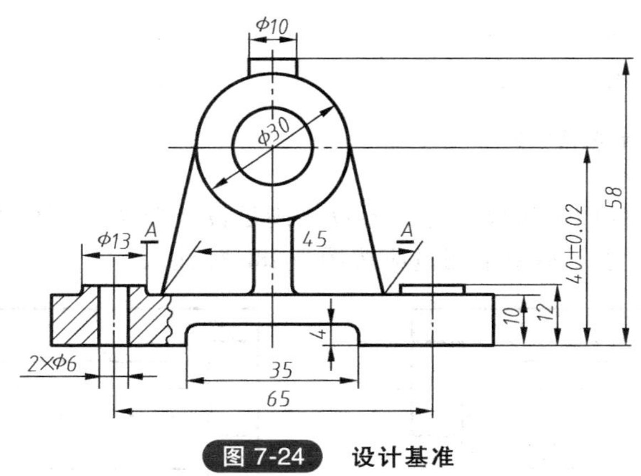

图 7-24　设计基准

（2）工艺基准　根据加工测量检验需要而选定的线和面称工艺基准。如图 7-25 所示轴，以右端面为基准注 52mm、26mm、18mm 尺寸，便于加工和测量，右端面为轴长度方向的工艺基准。

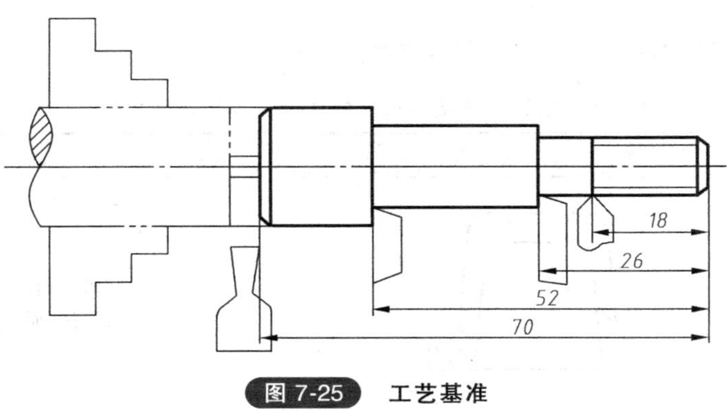

图 7-25　工艺基准

二、选择原则

尽量使设计基准与工艺基准重合，以减少尺寸误差，保证产品质量，如图 7-24、图 7-25 所示基准均重合。如两者无法重合时，应将设计基准作为主要基准，工艺基准作为辅助基准。

三、合理标准尺寸时常见注意事项

1）重要尺寸必须从设计基准直接注出，如图 7-24 所示主视图上两沉孔的位置尺寸 65mm，是以对称中心线设计基准直接注出。

2）避免标注封闭尺寸链。封闭尺寸链是指零件同一方向上首尾相接的尺寸。如图 7-26 所示，尺寸 *A*、*B*、*C*、*D* 构成一个封闭的尺寸链，尺寸链中任一环的尺寸误差都等于各环的尺寸误差之和，无法满足加工要求，故在标注尺寸时，应选择一个不重要的尺寸（如尺寸 *C*）空出不标，使尺寸链留有开口，如图 7-27 所示。

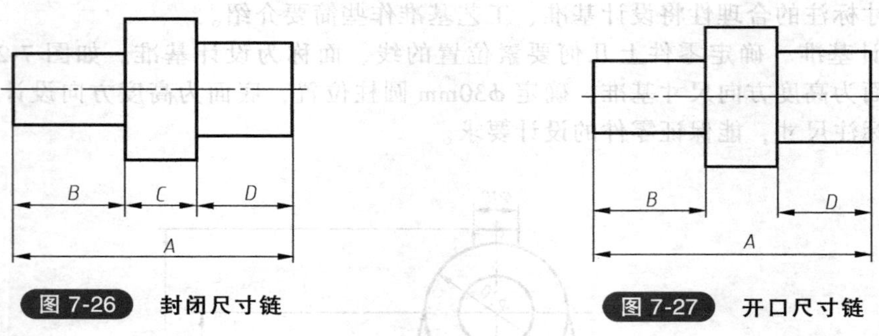

图 7-26 封闭尺寸链　　图 7-27 开口尺寸链

3）便于测量。在零件图上所注尺寸，不仅要满足设计要求、还应考虑标出的尺寸便于测量，如图 7-28a 所示、尺寸 *A* 不便于测量应按图 7-28b 标注尺寸。

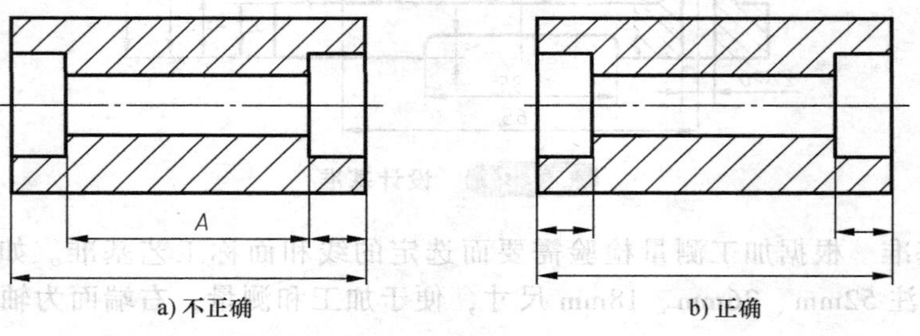

a) 不正确　　b) 正确

图 7-28 尺寸标注便于测量

4）零件上常见结构的尺寸标注（见表 7-9、7-10）。

表 7-9 常见工艺结构尺寸标注（去掉铸造圆角栏）

结构类型	标注方法	说　明
铸造圆角	未注铸造圆角R1	铸造圆角的尺寸一般不在图上直接标注，而是集中写在技术要求中

（续）

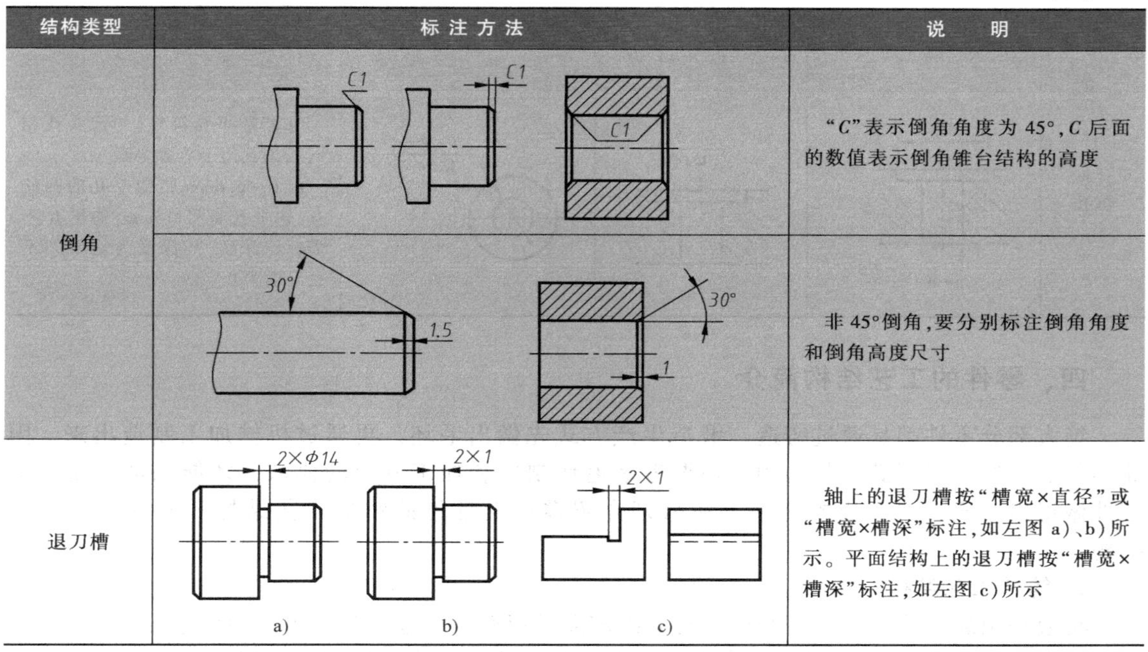

结构类型	标注方法	说明
倒角	C1　C1　C1	“C”表示倒角角度为45°，C后面的数值表示倒角锥台结构的高度
	30°　1.5　30°　1	非45°倒角，要分别标注倒角角度和倒角高度尺寸
退刀槽	2×φ14　2×1　2×1 a)　b)　c)	轴上的退刀槽按“槽宽×直径”或“槽宽×槽深”标注，如左图a)、b)所示。平面结构上的退刀槽按“槽宽×槽深”标注，如左图c)所示

表 7-10　常见孔结构尺寸标注

结构类型	标注方法			说明
	普通注法	旁注法		
螺纹孔	4×M8-6H	4×M8-6H	4×M8-6H	4个M8-6H的螺纹通孔
螺纹孔	4×M8-6H　12　15	4×M8-6H↧12 ↧15	4×M8-6H↧12 ↧15	“↧”深度符号。4个M8-6H的螺纹孔，螺纹孔深度12mm，钻孔深度15mm
沉孔	90°　φ13　6×φ6.6	6×φ6.6 ⌵φ13×90°	6×φ6.6 ⌵φ13×90°	“⌵”埋头孔符号，该孔用于安装沉头螺钉 6个φ6.6mm带埋头孔的圆柱孔，埋头孔直径13mm，锥面顶角90°
沉孔	φ11　4　6×φ6.6	6×φ6.6 ⌴φ11↧4	6×φ6.6 ⌴φ11↧4	“⌴”沉头孔符号，该孔用于安装内六角圆柱头螺钉 6个φ6.6mm带沉头孔的圆柱孔，沉头孔直径11mm，深度4mm

（续）

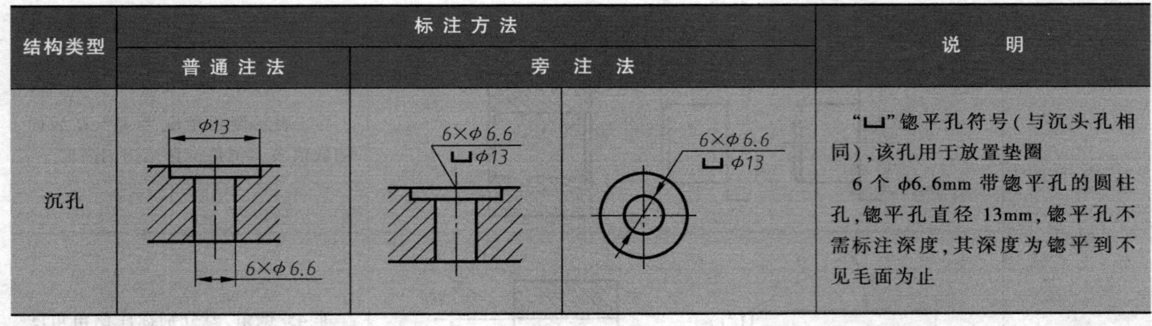

结构类型	标注方法			说　明
	普通注法	旁注法		
沉孔	ϕ13 6×ϕ6.6	6×ϕ6.6 ⌴ϕ13	6×ϕ6.6 ⌴ϕ13	“⌴”锪平孔符号（与沉头孔相同），该孔用于放置垫圈 6 个 ϕ6.6mm 带锪平孔的圆柱孔，锪平孔直径 13mm，锪平孔不需标注深度，其深度为锪平到不见毛面为止

四、零件的工艺结构简介

绝大部分零件都是通过铸造、锻造生产方式先做出毛坯，再通过机械加工制造出来，因此零件的结构不仅要满足其功用，还要考虑毛坯制造和加工方面的要求，才能保证所制造的零件做得出、质量好、成本低。下面分别介绍零件上常见的铸造工艺结构和机械加工工艺结构。

1. 铸造工艺结构

将液态金属浇注到铸型型腔中，待其冷却凝固以获得毛坯的生产方式叫铸造。

（1）起模斜度　铸造零件的毛坯时，为便于从砂型中取出模型，一般在起模方向有一定的斜度，此斜度称起模斜度。起模斜度在图上不画，但在技术要求中要注明，如图 7-29 所示。

（2）铸造圆角　为防止浇注时金属液冲坏型砂，避免铸件在冷却时产生裂纹和缩孔，毛坯各表面的相交处要有铸造圆角，如图 7-30 所示。铸造圆角在技术要求中注明。

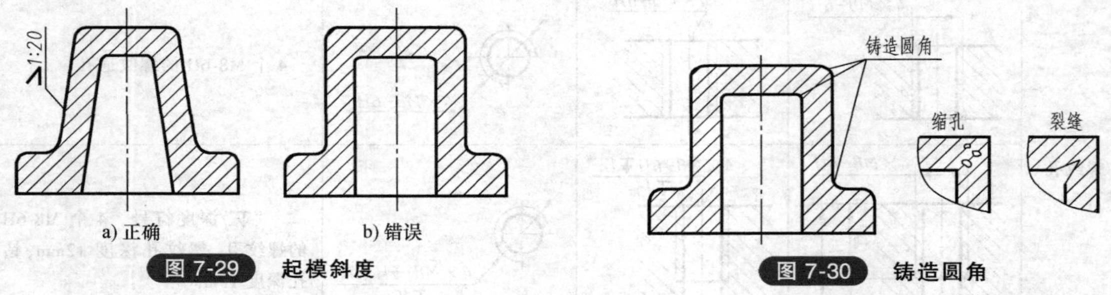

图 7-29　起模斜度

图 7-30　铸造圆角

（3）过渡线　由于铸造圆角的存在，铸件表面的各部分交线变得不够明显，为了便于看图时明确相邻两形体的分界线，画零件图时，仍按理论相交的部位画出交线的投影，但在相交的两端或一端留出间隙，这种交线称为过渡线，仅对铸造件有效。过渡线规定用细实线绘出，只绘到理论位置，不与圆角轮廓接触。如图 7-31 是一些常见过渡线的画法。

（4）铸件壁厚　在浇注铸件时，因铸件壁厚不均匀会造成冷却速度的不同而产生缩孔或裂纹，所以在设计铸件时，要考虑铸件壁厚应大致相同或逐渐过渡，如图 7-32 所示。

2. 机械加工工艺结构

（1）倒角和倒圆　为了去除零件的锐边和便于装配，在轴和孔的端部，一般都加工成倒角，为避免应力集中而生产裂纹，常在轴肩处加工倒圆，如图 7-33 所示。

（2）退刀槽和砂轮越程槽　在切削过程中，为了方便退出刀具和砂轮，通常在零件待加工面的末端，先加工出退刀槽和砂轮越程槽，如图 7-34 所示。

（3）钻孔结构　用钻头加工不通孔时，底部自然会形成一个锥坑，在图中需画成 120°锥

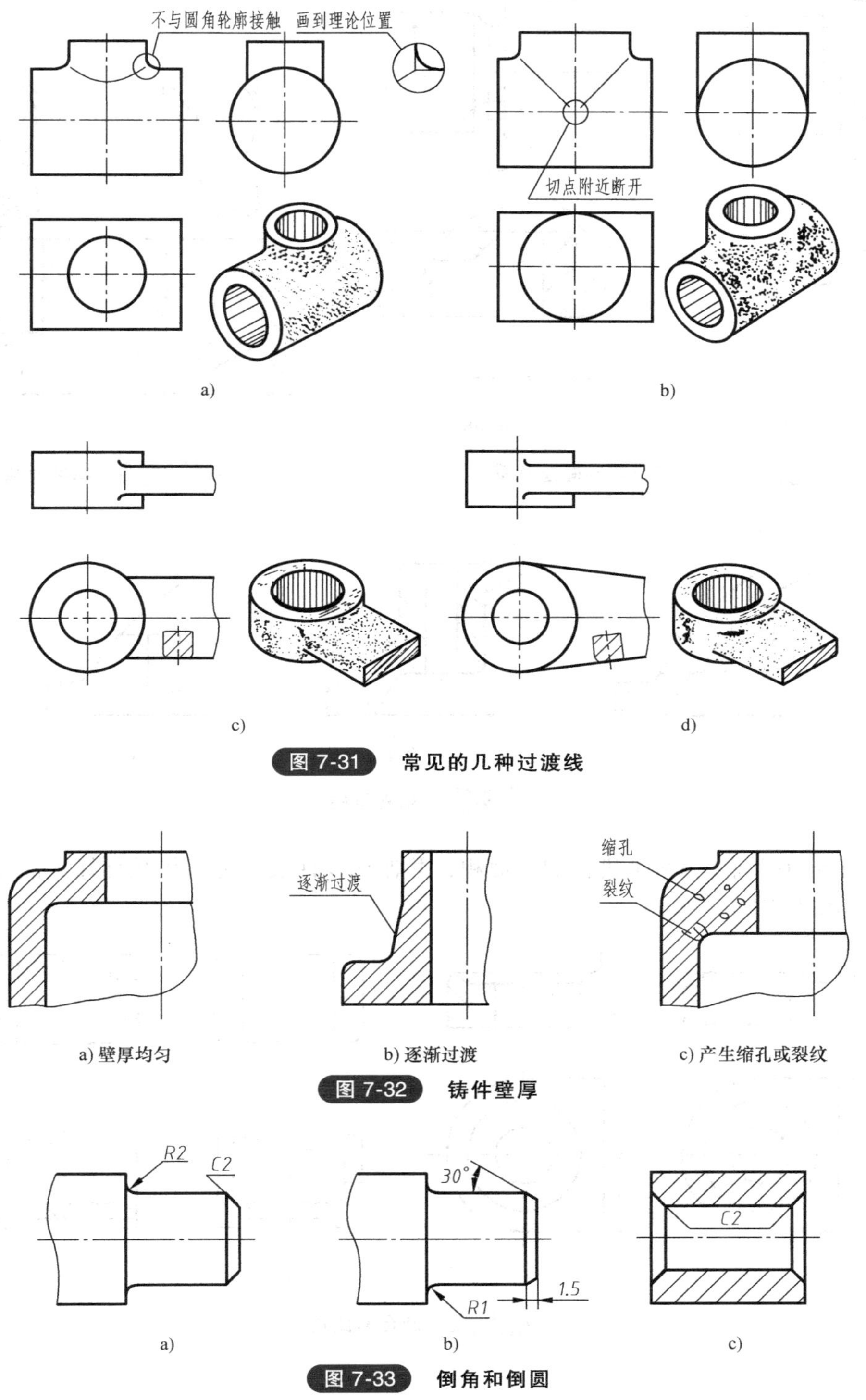

图 7-31　常见的几种过渡线

图 7-32　铸件壁厚

图 7-33　倒角和倒圆

坑，不需标注，钻孔深度不包括锥坑部分。对于阶梯钻孔，同样存在一个 120°圆锥面，如图 7-35 所示。

为了防止钻孔偏斜或钻头折断，钻孔端面应与钻头垂直。如图 7-36 所示。

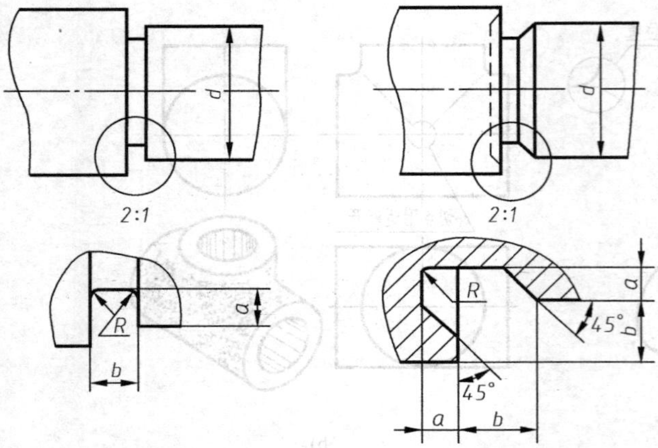

2:1

2:1

a) 退刀槽

b) 越程槽

图 7-34 退刀槽与砂轮越程槽

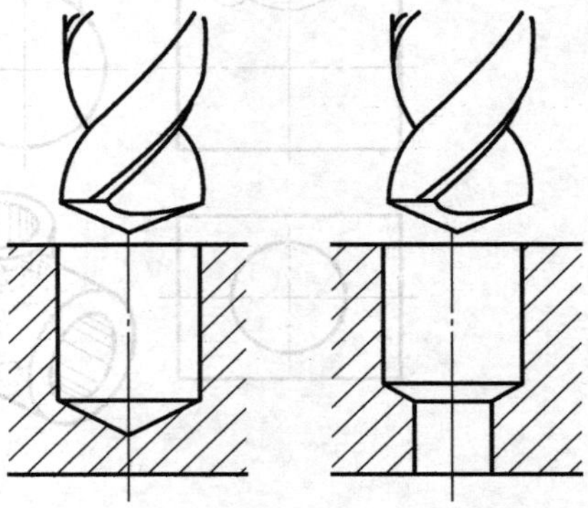

a) 钻不通孔

b) 钻头扩孔

图 7-35 钻孔结构 1

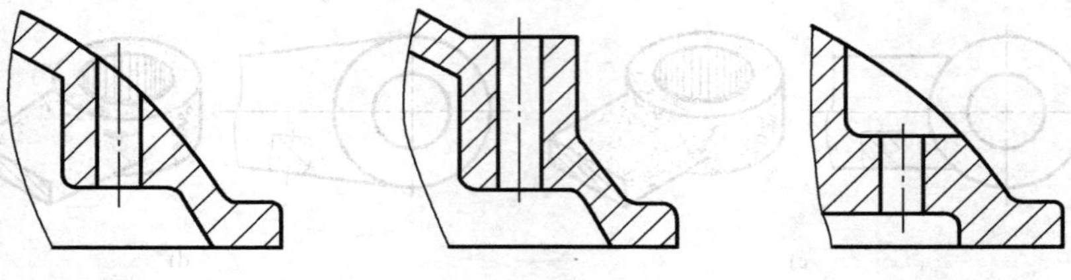

a) 不合理

b) 合理

c) 合理

图 7-36 钻孔结构 2

（4）凸台和凹坑　为减少机械加工面积，并保证零件表面之间接触良好，常加工成凸台和凹坑，如图 7-37 所示。

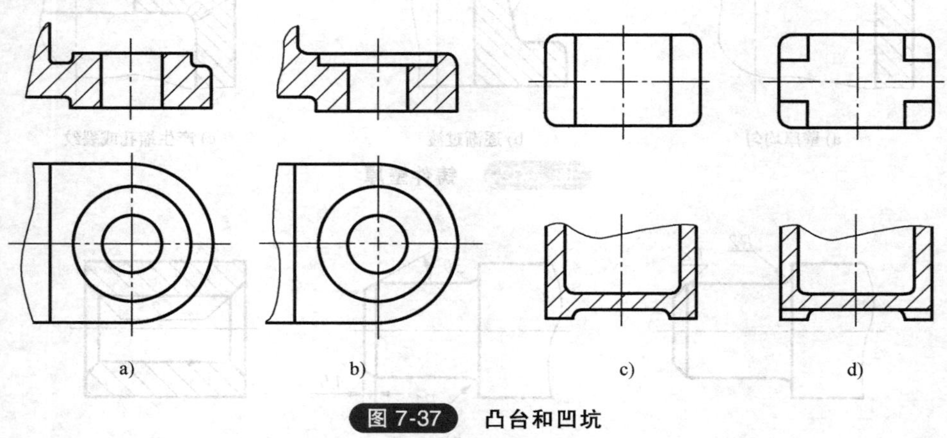

图 7-37 凸台和凹坑

任务实施

减速器从动轴零件图识读步骤：

1. 结构特点分析

减速器从动轴零件属轴套类零件，轴一般用来支撑零件和传递动力，套一般装在轴上起轴向定位、传动或连接等作用。轴和套筒的加工方法、结构特点、视图表达、基准选择、尺寸标注等基本相同。

图 7-23 所示轴的主体结构是由同一轴线上数段直径不同的回转体组成的，在主体结构上伴有键槽、砂轮越程槽、倒角等结构。

2. 表达方案分析

从动轴视图表达：用一个基本视图表达阶梯轴的各段长度及相对位置，同时也表达键槽、退刀槽、砂轮越轮槽的轴向位置。因轴主要在车床、磨床上加工成形，为了便于看图，该零件的基本视图按加工位置放置，即水平放置基本视图，采用了两个移出断面图表达键槽的断面，一个局部放大图表达砂轮越程槽的结构。

3. 分析尺寸

从动轴尺寸基准：基本视图的轴线为径向尺寸基准，由此注出同轴线的各段圆柱直径；长度方向的尺寸基准是 ϕ36mm 圆柱的左端面，由此注出尺寸 2mm（是长度为 25mm 的键槽定位尺寸）及 25mm 和 36mm 三个尺寸。

4. 了解技术要求

该图的技术要求有尺寸公差、几何公差、表面粗糙度和一些文字。

有配合要求的表面：两段圆柱 ϕ30j6（$^{+0.009}_{-0.004}$）与轴承配合；两段圆柱 ϕ32h6（$^{0}_{-0.016}$）和 ϕ24h6（$^{0}_{-0.013}$）与齿轮配合。有几何公差要求的表面：ϕ32mm 圆柱面对于两段 ϕ30mm 的圆柱轴线圆跳动误差不大于 0.012mm；两段 ϕ32mm 圆柱的圆柱度误差不大于 0.004mm。有表面粗糙度要求的表面有三处：有配合要求的四个表面因尺寸精度高，表面粗糙度值为 Ra1.6μm 最高；ϕ36mm 圆柱的两端是齿轮和轴承的重要定位面，表面粗糙度值为 Ra3.2μm 居中；零件上其他表面的表面粗糙度值为 Ra12.5μm，最低。

任务小结

1）轴的基本视图只有一个，均按工作位置放置，图物一致，便于识读；轴上的其他结构，如键槽、砂轮越程槽等，用相应表达方法如移出断面图和局部放大图等。

2）有配合要求的表面其表面粗糙度参数值要小，该零件上有两段柱面与轴承配合，两段柱面与齿轮配合，这四段配合面中其表面粗糙度值小，均为 Ra1.6μm，即表面要求光滑。

任务四　端盖零件图的识读

任务引入

识读图 7-38 端盖零件图。

任务分析

1）该零件的主视图按何种位置放置？主、左视图主要表达内容是什么？

2）如何确定该零件图三个方向的尺寸基准？

3）端盖的毛坯是铸造而成的，铸造圆角、起模斜度如何在图样里表达？

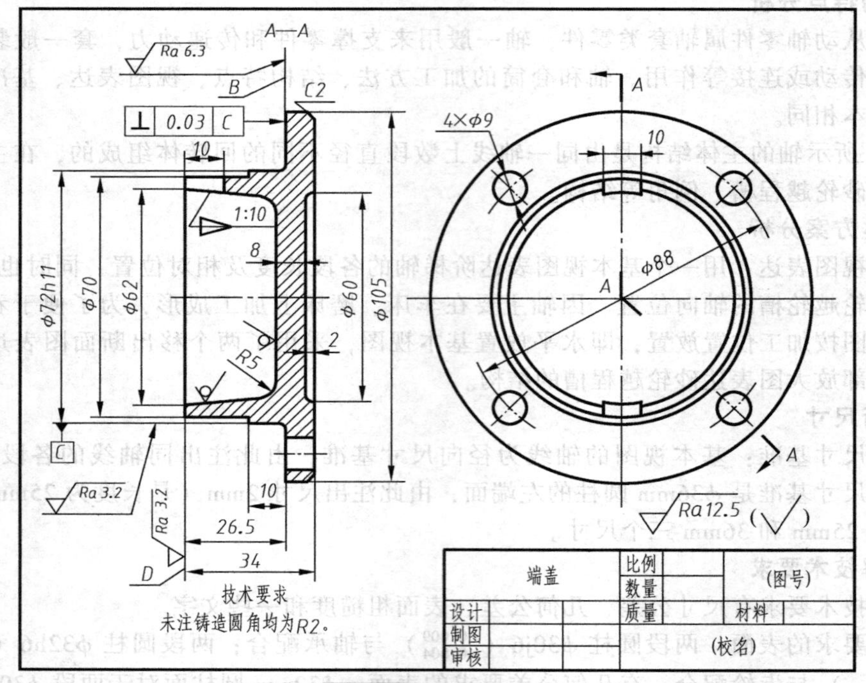

图 7-38 端盖零件图

任务实施

端盖零件图识读步骤：

1. 结构特点分析

端盖零件属轮盘类零件，轮盘类零件有：齿轮、手轮、带轮、法兰盘、端盖等。轮一般用来传递动力和转矩，盘主要起支撑、轴向定位等作用。

图 7-36 所示端盖的主体结构是同一轴线的回转体，以及均匀分布的圆孔和方槽。

2. 表达方案分析

端盖视图表达用两个基本视图。主视图按加工位置放置并做全剖（在车床上加工），主要表达端盖的内部结构；左视图主要表达外形和圆孔、方槽的分布。

3. 分析尺寸

端盖尺寸基准：ϕ105mm 圆柱轴线为径向尺寸基准，由此注出各部分同轴线的圆柱和圆孔直径及左视四个圆孔的定位尺寸 ϕ88mm；长度方向的尺寸基准是 ϕ105mm 圆柱左端面，由此注出 10mm 和 26.5mm 两个尺寸。

4. 了解技术要求

该图的技术要求有尺寸公差、几何公差、表面粗糙度和一些文字。

有配合要求的表面：ϕ72h11 该面与轴承孔是间隙配合，端盖不用工具可直接放入轴承孔。有几何公差要求的表面：要求 ϕ105mm 圆柱的左端面与 ϕ72mm 圆柱轴线的垂直度误差不大于 0.03mm，来确保该平面与箱体接合平稳。有粗糙度要求的表面有四处：有配合要求的表面粗糙度值为 *Ra*3.2μm，最高；有几何公差要求的表面粗糙度为 *Ra*6.3μm，居中；零件上其他表面粗糙度值为 *Ra*12.5μm，最低；零件上看不见的表面，从经济角度出发不加工，即不标注表面粗糙度。端盖是铸件，视图中的铸造小圆角 *R*2mm 不必画出，在技术要求栏中用文字说明。

任务小结

1）盘盖类零件的主视图轴线需水平放置。

2）盘盖类零件的视图表达一般用两个基本视图，主视图取剖视表内形，左视图取视图表外形。

3）宽度和高度方向的尺寸基准一般是回转体轴线，长度方向的尺寸基准是经过加工的大端面。

4）有配合要求和几何公差要求的表面，其表面粗糙度参数值较小。

任务五　支架零件图的识读

任务引入

识读图 7-39 轴承支架图。

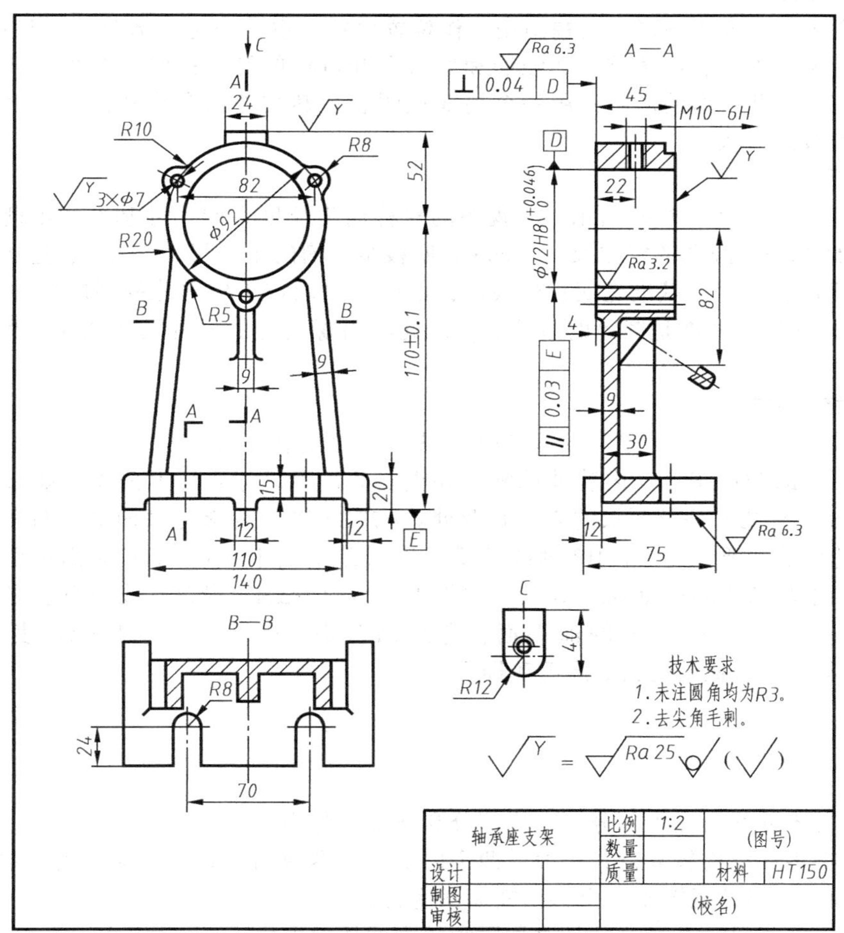

图 7-39　轴承座支架

任务分析

1. 轴承座支架的结构特点是什么？如何选择主视图？
2. 轴承座支架的连接部分是筋板结构，如何表达筋板断面形状？
3. 如何确定长、宽、高三个方向的尺寸基准？

任务实施

轴承座支架识读步骤：

1. 结构特点分析

轴承座支架属叉架类零件，叉架类零件有：各种用途的拨叉和支架。拨叉主要用在机床等各种机器的操纵机构上，操纵机器、调节速度；支架主要起支承和连接作用。支架零件的结构特点、视图表达、基准选择、尺寸标准等与叉架类零件相同。

图 7-39 所示轴承底支架由三部分组成：底板是支持部分；套筒是工作部分；中间是连接部分呈筋板结构。

2. 表达方案分析

支架视图表达用五个图形：主视图按工作位置放置，主要表达三部分的形状和连接关系；左视图采用阶梯剖主要表达螺纹、加强筋和底板上开口槽的形状；俯视图采用全剖表达筋板的横截面、底板及开口槽的形状；用一个局部视图表达螺纹处凸台形状；用一个移出断视图表达加强筋的截面形状。

3. 分析尺寸

支架尺寸基准：如图 7-39 所示，主视图的对称面为长度方向尺寸基准，由此注出工作部分圆筒直径 ϕ92mm、圆孔的定位尺寸 82mm、底板半圆槽的定位尺寸 70mm、连接部分大端尺寸 110mm；高度方向尺寸基准是底板的底面，由此注出确定工作部分的高度尺寸（170±0. 1）mm；宽度方向的尺寸基准是圆筒的后端面，由此注出螺纹孔的位置尺寸 22mm 和筋板位置尺寸 4mm。

4. 了解技术要求

该图的技术要求有尺寸公差、几何公差、表示粗糙度和技术要求。

有配合要求的轴承座孔（内装轴承座）和重要的位置尺寸要注上公差，如 $\phi72H8^{+0.046}_{0}$ 和 (170±0. 1)mm；有几何公差要求的表示有两处：ϕ72H8 轴线要求与底面的平行度误差不大于 0. 03，圆筒的后端面要求与 ϕ72H8 轴线的垂直度误差不大于 0. 04mm；表面粗糙度要求有三处：有配合要求的 ϕ72mm、ϕ8mm 孔表面粗糙度为 *Ra*3. 2μm，最高；支承部分的底面要求平整 *Ra*6. 3μm，居中；工作部分的前端面、螺纹凸台面，圆孔面要求偏低，表面粗糙度为 *Ra*25μm；支承板和筋板结构去尖脚毛刺即可。

任务小结

1）叉架类零件均由支承部分、工作部分和连接部分构成。

2）叉架类零件结构较复杂，一般需两个以上的基本视图来表达。支架用了主、俯、左三个基本视图和一个局部视图及一个移出断面图完善表达。

3）三个方向的尺寸基准分别是对称面和较大的加工平面。

4）表面粗糙度、尺寸公差、几何公差均要求不高。

5）叉架类零件一般是铸造件，起模斜度、铸造圆角要在技术要求中有文字说明。

任务六　箱体零件图的识读

任务引入

识读图 7-40 齿轮减速器箱体图。

任务分析

1）减速器箱体的主体结构是什么？

2）主视图按何位置放置？共用了几个视图表达它的形状特征？每个视图表达的主要形状特征是什么？

3）如何选择尺寸基准？如何标定形状和定位尺寸？

4）箱体上有哪些重要的孔和表面给出了几何公差？它们有尺寸公差要求吗？

任务实施

齿轮减速器箱体识读步骤：

1. 结构特点分析

减速器箱体属于箱体类零件，一般可起支承、容纳、定位等作用。

减速器箱体的主体结构：箱体中间的长方形空腔是容纳齿轮和润滑油的油池；箱体左下有油标孔，为观察润滑油的高度而设置。箱体内的润滑油需定期排放污油，为此，油池底面铸成向一端倾斜的斜面，并在最低端开有排油孔。箱体的前后各有半圆柱凸缘两处，是为了支承齿轮轴（主动轴）和从动轴上的滚动轴承而设置。箱体的顶面上有与箱盖联接的定位销孔和螺栓孔，以便最后将箱盖与箱体装配时先定位后联接。箱体底板上有四个安装孔，底板与半圆弧凸缘之间有加强筋使箱体牢固。从俯视图中还可以看到箱体顶面上有一圈矩形槽，使从油池溅到箱盖内表面的油流回油池内。

2. 表达方案分析

减速器结构形状用五个视图表达：主视图按工作位置放置，主要表达外形特征，并用五个局部剖分别表达油标孔、安装孔、螺栓联接孔、定位销孔、箱体壁厚和排油孔的形状特征。俯视图主要表达外形和螺栓孔、销孔、矩形槽的分布。左视图采用阶梯剖主要表达箱体内腔的高度、两处筋板的形状、排油孔的位置和给轴承定位的端盖孔的形状特征。*B* 向局部视图表达油标孔的形状特征。*G—G* 局部视图反映仰视时的凸台、沉孔以及起吊钩的形状特征。

3. 分析尺寸

箱体尺寸基准：主视图底面是高度方向尺寸基准，由此注出排油孔的位置尺寸 12mm、箱体的高度尺寸 $80_{-0.1}^{\ 0}$ mm 油池底面的斜面尺寸 10mm 和 8mm。长度方向的尺寸基准是 $\phi62H7_{\ 0}^{+0.030}$ 轴承孔轴线（为保证 $\phi47_{\ 0}^{+0.025}$ mm 和 $\phi62_{\ 0}^{+0.030}$ mm 两处轴承座孔的圆度，加工时必须将箱体与箱盖装配在一起后进行最后加工，所以此处的半圆要以直径 ϕ 注出），由此注出螺栓孔的定位尺寸 50mm 和箱体右端定位尺寸 95mm。宽度方向的尺寸基准是箱体的前后对程面，由此注出销孔的定位尺寸 23mm、螺栓孔宽度定位尺寸（74±0.3）mm、箱体内腔的宽度尺寸 40mm、定位端盖孔的尺寸（96±0.1）mm。

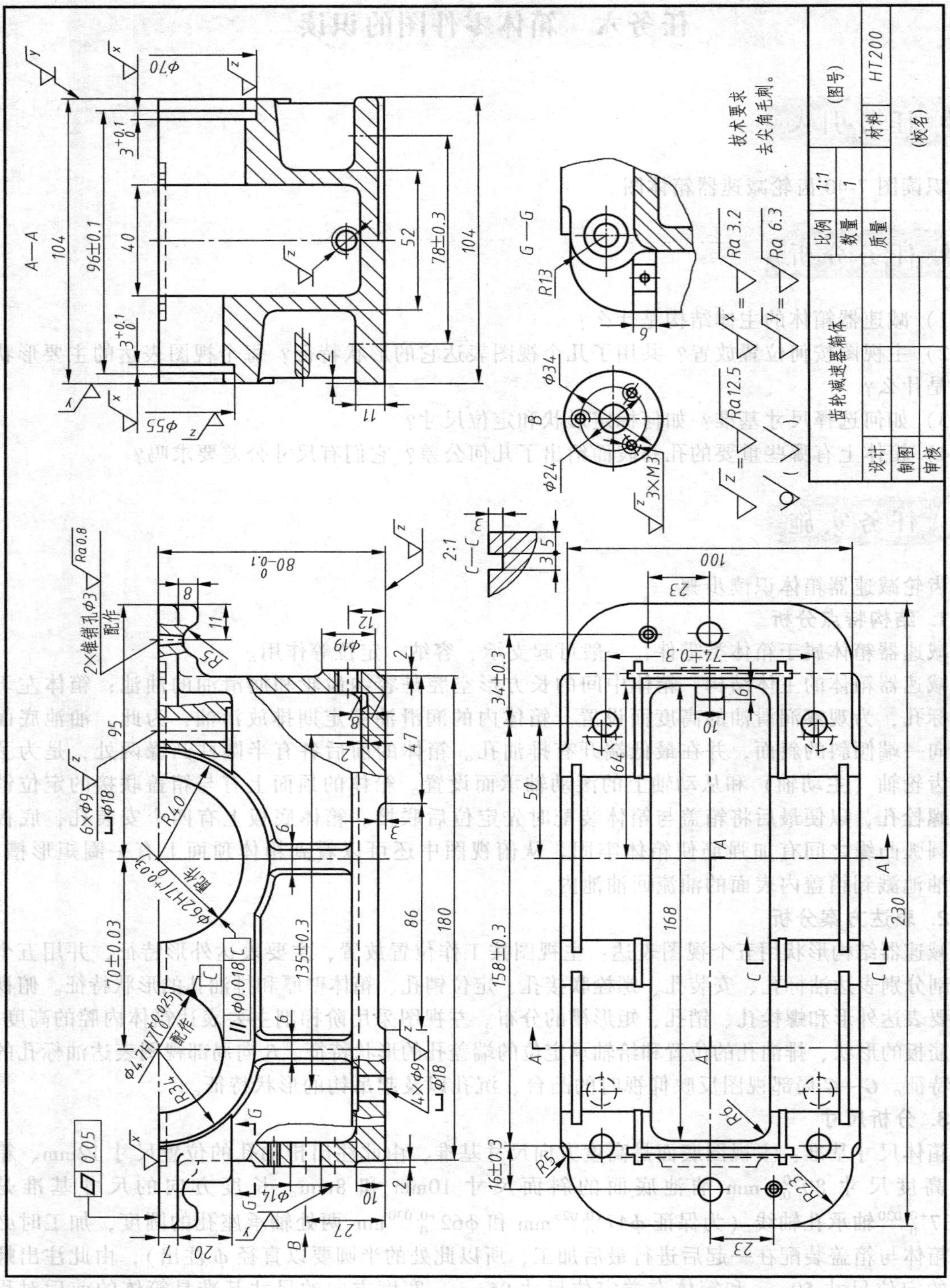

图 7-40 齿轮减速器箱体

2X 锥销孔 $\phi3$mm 配作表示：箱体与箱盖装配在一起同时加工锥销孔 $\phi3$mm。

4. 了解技术要求

该图的技术要求有尺寸公差、几何公差、表面粗糙度和一些文字（省略）。

有配合要求的表面有两处：$\phi47H7^{+0.025}_{0}$mm 和 $\phi62^{+0.030}_{0}$mm 两处轴承座孔与轴承的配合；重要的尺寸也要有尺寸公差，如主动轴和从动轴两轴线的位置尺寸（70±0.03）mm，安装孔的定位尺寸（135±0.3）mm 和（78±0.3）mm 等。

有几何公差要求的要素：为保证一对齿轮啮合好，要求两轴线的平行度误差不大于 $\phi0.018$mm；为使箱盖与箱体接触平稳，要求箱体顶面的平面度误差不大于 0.05mm。有粗糙要求的表面有五处：锥孔是箱体与箱盖的精确定位孔，表面粗糙度值为 $Ra0.8\mu m$，最高；有配合要求的轴承座孔和重要的接触面，表面粗糙度值为 $Ra3.2\mu m$，偏高；箱体前后轴承孔的外表面要求美观，表面粗糙度值为 $Ra6.3\mu m$，居中；未注表面粗糙度的表面为不加工面，去掉铸造毛刺即可。

任务小结

1）箱体要经过较多工序制造而成，所以主视图是按工作位置配置并尽可能多地反映其形状特征确定的。

2）箱体的外部结构形状较为复杂，内部结构较简单，所以主视图主要表达外形结构，对其内部结构采用了五个局部剖视图分别表示。

3）主视图中反映箱体底面左高右低的结构是用虚线绘制的，这说明表示重要结构特征时仍应画出虚线。

4）它们的长度方向、宽度方向、高度方向的尺寸基准是孔的中心线、中间平面和较大的加工平面。

5）定形尺寸用形体分析法标注，较多的定位尺寸要直接标注。

6）对精度要求较高的轴承孔除表面粗糙度数值小外，还要控制尺寸公差和几何公差。

任务七　MDS 绘制减速器从动轴零件图

任务引入

绘制图 7-41 减速器从动轴零件图。

任务分析

1）如何使用参数化设计快捷绘制轴的零件图？

2）在 MDS 中如何标注零件的形位公差符号？

3）如何编写技术说明？

任务实施

MDS 提供了轴的参数化设计方法，通过设置轴的外形参数，自动生成轴的主视图。下面是用 MDS 绘制轴零件图的步骤：

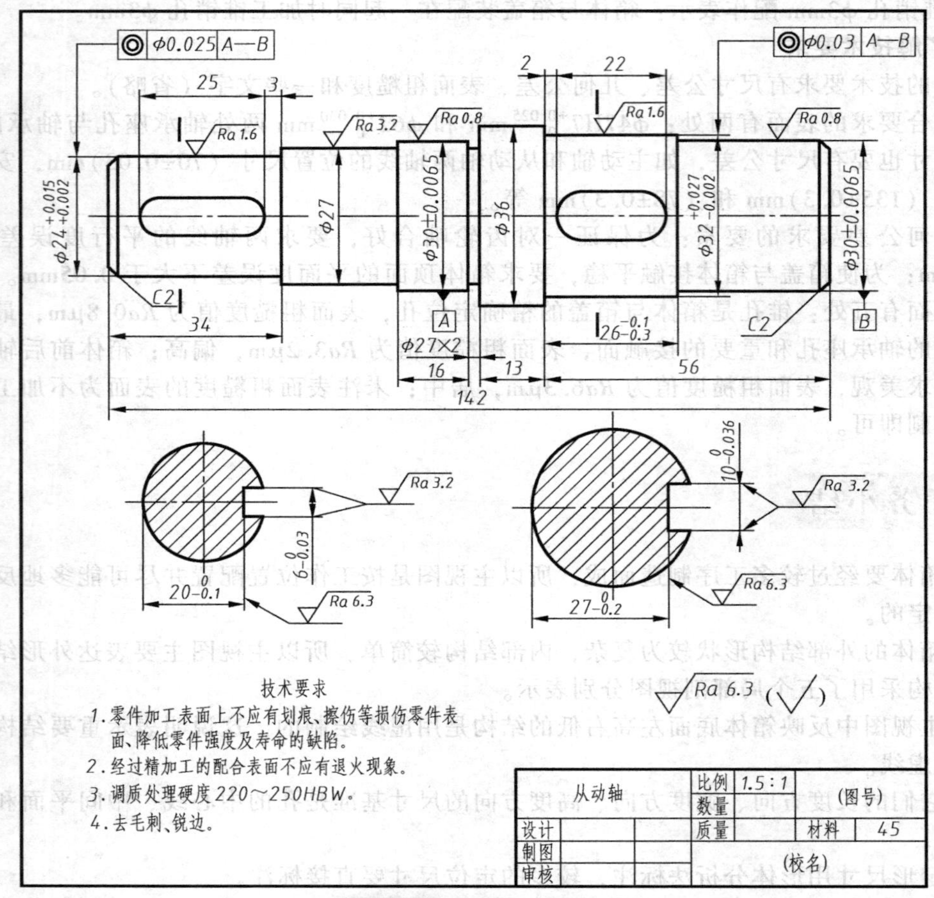

图 7-41 从动轴零件图

(1) 画图框 在下拉菜单栏，单击“机械→画图框”，在弹出来的对话框中选取 A4 图框，比例为 1∶1，横向放置，明细栏选择“零件图明细栏 FAT”，单击“确定”，返回绘图界面。

(2) 打开“轴”对话框 在下拉菜单栏，单击“机械→轴 SHAFT”（或者直接键盘输入 SHAFT 命令），弹出来“轴”对话框，如图 7-42 所示。在此对话框中填写基本数据画轴。“轴”对话框数据输入原则是：先将轴按照直径不同由左至右分为若干段，依次输入每一段轴的长度和直径（输入顺序是由轴的左端至右端），并依次添加到数据列表中，在图形预览栏中，可以看到每增加一组数据轴的变化；完成每段轴的初步绘制后，再进行倒角、画槽等细节绘制，最后进行工程标注。

按照这个原则，先将本例中的从动轴分为七段，由左至右依次为 φ24mm×34mm、φ27mm×23mm、φ30mm×14mm、φ27mm×2mm、φ36mm×13mm、φ32mm×26mm、φ30mm×30mm。

(3) 画第一段轴 在“轴”对话框中，在“长度”后的输入框内输入 34，“直径”后的输入框内输入“24”，单击“数据操作”栏框中的“A 增加”，则在“图形预览”栏框中自动生成此段轴的图形预览。

(4) 画第二段轴 由于此段轴的长度没有直接给出，我们可以通过相关的算术表达式计算得到。“轴”对话框中，在“算术表达式”后的输入框中输入算术表达式“142-56-13-16-34”，然后单击计算，计算结果“23”就会自动显示在“长度”后的输入框中；接着在“直径”后的输入框中输入直径值“27”，“图形预览”栏框中自动生成加上第二段轴后的图形预览。

(5) 画其他段轴　在“算术表达式”后的输入框中输入“16-2”进行计算，“直径”后的输入框输入“30”，生成第三段 ϕ30mm×14mm；依次在“长度”后的输入框输入“2、13、26”，“直径”后的输入框输入“27、36、32”，生成第四段 ϕ27mm×2mm、第五段 ϕ36mm×13mm 和第六段 ϕ32mm×26mm；在“算术表达式”后的输入框中输入“56-26”进行计算，“直径”后的输入框输入“30”，生成第七段 ϕ30mm×30mm。

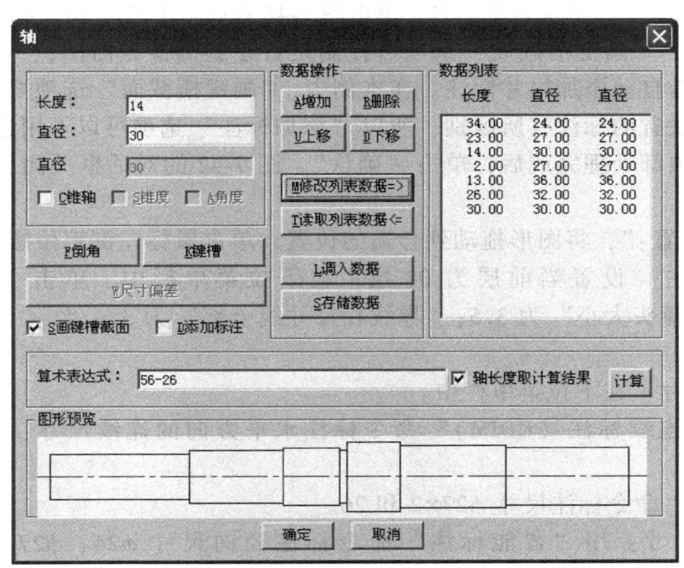

图 7-42 “轴”对话框

(6) 绘制轴上的倒角　继续在“轴”对话框中操作。移动光标选择“数据列表”中的第一行数据（第一段轴的数据），单击“T 读取列表数据”（注意观察，此时“长度”“直径”后的输入框中显示第一段轴的数据），然后单击“F 倒角”，弹出来“倒角”对话框，如图 7-43所示。在“宽度（半径）”下的输入框中输入数值 2，“类型”下面的输入框中选择“左边倒角”，单击“确定”返回“轴”对话框。

重复以上操作，选择第七段轴，在倒角对话框中选择“右边倒角”，单击“确定”返回“轴”对话框。

(7) 绘制键槽　继续在“轴”对话框中操作。移动光标选择“数据列表”中的第一行数据，单击“T 读取列表数据”，然后单击“K 键槽”，弹出来“键槽”对话框，如图 7-44 所

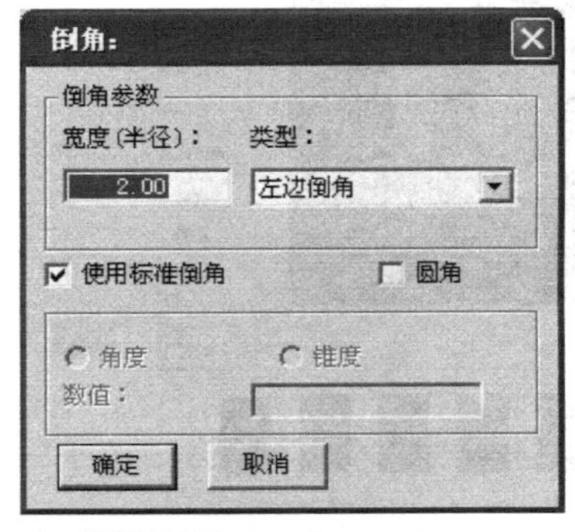

图 7-43 “倒角”对话框

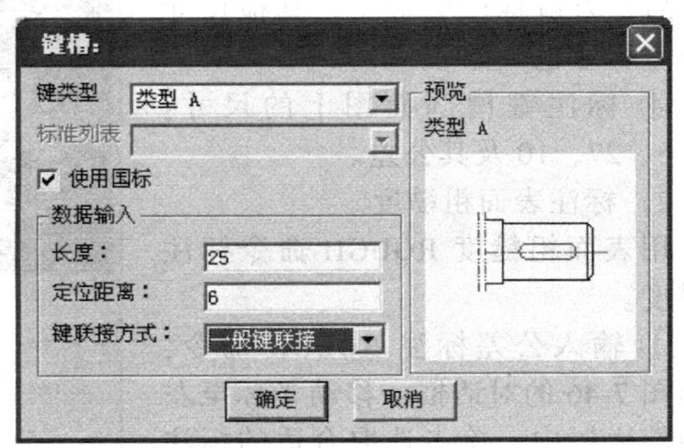

图 7-44 “键槽”对话框

示。在“键类型”后选择“类型 A”，在“长度”后的输入框中输入“25”，“定位距离”后输入“6”，“键联接方式”中选择“一般键联接”。单击“确定”返回“轴”对话框。

重复以上操作，选择第六个轴段，在倒角对话框中，在“长度”后的输入框中输入“22”，“定位距离”后输入“2”，“键联接方式”中选择“一般键联接”。单击“确定”返回“轴”对话框。

（8）数据存储　数据输入完毕后，如果为了下次方便修改，可以选择“存储数据”将轴的数据保存到指定的目录下，下次要使用时，单击图 7-42 对话框中的“调入数据”调入即可。

（9）附加选项　“画键槽截面”选项可控制是否绘制键槽截面图；“添加标注”选项控制所绘制的图形是否自动添加尺寸标注。在本例中，“画键槽截面”选项要选择，而因为图样要求的尺寸标注与缺省的标注有所区别，所以“添加标注”选项可以不用选。

全部数据、选项都处理完成后，单击“确认”，图 7-42 的对话框关闭，返回到绘图界面，系统提示：

“请输入插入位置:”，将图形拖动到合适的位置，单击鼠标左键定位图形。

（10）工程标注　设置当前层为 08 层；在下拉菜单栏中，单击“标注→标注模式（DDIM）”，设置“箭头大小”为 3.5；“界线在尺寸线上部”为 3。

1）标注尺寸。

① 标注轴向尺寸：在下拉菜单栏中。

单击“标注→连续标注（CDIM）”命令标注水平方向的连续尺寸：34 和 142；16、13 和 56。

用“智能标注”命令标注尺寸 $\phi27\times2$ 和 26。

② 标注径向尺寸：用“智能标注”命令标注径向尺寸 $\phi24$、$\phi27$、$\phi30$、$\phi36$、$\phi32$、$\phi30$。除 $\phi27$、$\phi36$ 外，其余尺寸的前缀“ϕ”可以不标，等标注尺寸公差时，选择“前缀%%C”即可标上。

③ 用“尺寸公差”命令标注 $\phi24$、$\phi30$、$\phi32$、$\phi30$ 的尺寸公差。

用公差标注 TOLER 命令标注公差，具体如下：

输入公差标注 TOLER 命令，系统提示“选择标注实体（尺寸/文本）:”，移动光标至断面图的尺寸 $\phi24$ 上，单击左键选取尺寸 $\phi24$，弹出来图 7-45 的公差对话框，移动光标至右上部分，单击“线型标注”（如果标注的是直径的公差就点“直径标注”，其他选项同样意义），根据实际公差要求在“上偏差”处填写上偏差值，“下偏差处”填写下偏差值（也可以在左边的公差表中单击左键选取合适的公差），移动光标至最下一行，左键单击“确定”，返回绘图界面，尺寸 $\phi24$ 的公差就标注完成了。其他尺寸的公差标注也一样。

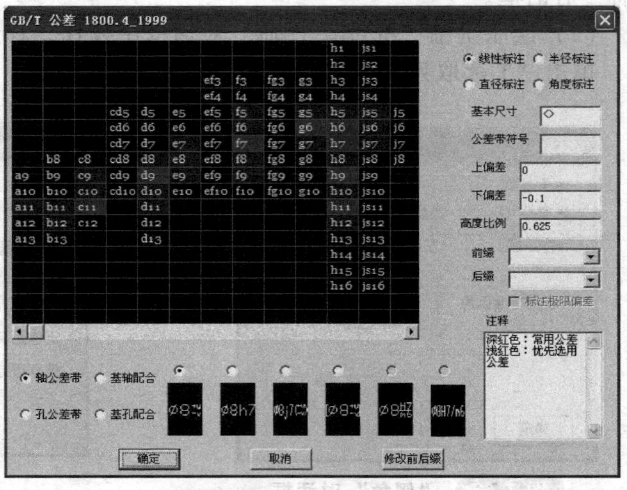

图 7-45 “公差”对话框

④ 标注键槽剖面图上的尺寸：20、6、27、10 及其公差。

2）标注表面粗糙度。

用表面粗糙度 ROUGH 命令标注粗糙度。

① 输入公差标注 ROUGH 命令，弹出图 7-46 的对话框，移动光标至左上角的栏框中，单击选取合适的标注格式，图中选了第一个；在“a2 常用

值（Ra）”下面的栏框中，选取合适的值，（如选取“6.3”）。“标注方式”中，如果标注位置需要引出或延长标注就选择“引出”或“延长”，不需要就选择“传统”，其他选项按标注要求做相对应的选择或填写，最后左键单击“确定”，返回到绘图界面。

② 在需标注粗糙度的表面附近单击左键（此时最好暂时关掉“对象捕捉”），系统自动按照不同的表面位置显示合适方位的粗糙度标注。相同的表面粗糙度依次单击标注，需标注不同的表面粗糙度时键盘“Esc”键，退出后重新从①开始。直到断面图中的表面粗糙度全部标注完毕。

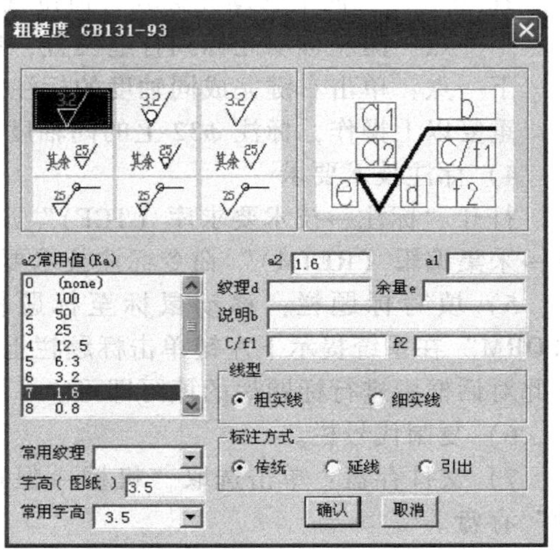

图 7-46　“粗糙度”对话框

3）标注形位公差（注意随时局部放大）。

① 标注基准符号“A”“B”。

标注基准符号“A”的操作如下：

标注→形位公差（SP），弹出图 7-47“形位公差选择”对话框；在对话框中点取基准符号（垂直方向为 A 的符号），单击“确认”。系统提示及输入如下：

从点：（光标移到左边的 ϕ30 下轮廓线某处，单击左键选取）。

基准符号：（输入 A，并拖动符号上下移动到合适的位置，单击左键，完成标注。）

重复以上步骤，标注右端 ϕ30 上的基准符号“B”。

② 标注形位公差：标注 ϕ24 和 ϕ32 上的同轴度公差。

标注 ϕ24 上的同轴度公差操作如下：

命令：标注→形位公差，弹出图 7-47 的对话框；单击选取其中的同轴度符号；单击选取“添加”，弹出图 7-48“形位公差”对话框；“精度”选择 8 级，按照“主参数”的范围选择对应的“公差值”。ϕ24 处于“主参数”下面列表中“>18~30”的范围，单击选取此数值，其对应的“公差值”为“0.025”也同时被选中；在“基准 1”后的输入框中输入“A-B”；最后单击处于对话框右上方位置的“确认”；返回上一级对话框图 7-47 中，单击“确认”。

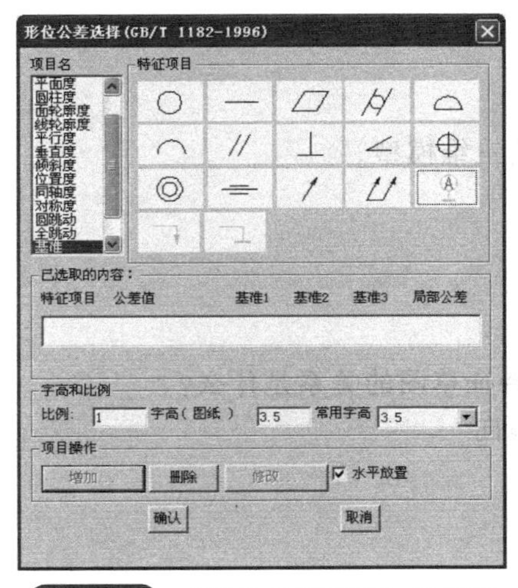

图 7-47　“形位公差选择”对话框

图 7-48　“形位公差”对话框

接下来系统提示及输入如下：

请选择标注实体：将光标移到 ϕ24 尺寸线上边、尺寸线与尺寸界线的交点上，单击左键选取此点。

To 下一点：向上移动光标到合适位置，单击左键确定。

下一点：向左移动光标到合适位置，单击左键确定。

下一点：单击右键完成同轴度的标注。

重复以上操作，标注 ϕ32 上的同轴度公差。

4）标注技术要求

打开“标注→技术要求库（TCF）”浏览是否有所需要的技术要求，如果没有，则用“标注→采集编辑（RETM）”命令标注技术要求，并入库保存。

5）填写标题栏：移动鼠标至标题栏上，对着线条或文字双击左键，或者输入命令“FORM”在系统提示下左键单击标题栏上的线条，均可弹出同一个用于填写标题栏的对话框，在此对话框中进行标题栏的填写即可。

6）复制代号栏。

7）文件存盘：单击选取“机械→保存图纸（TKSAVE）”，以图号加图名“JSX-28 从动轴”存盘。

任务小结

1）轴属于 MDS 中能够用参数化设计方法绘制的零件，填写对话框中的数据即可自动生成轴的零件图。

2）MDS 提供了方便的形位公差标注方式：单击下拉菜单“标注→形位公差（SP）”，在弹出的“形位公差选择”对话框中进行设置后，选取图形中的标注位置即能自动生成所需的形位公差。

3）打开“标注→技术要求库（TCF）”可以进行技术说明的编辑。即可以直接调用库中合适的技术说明，也可以在对话框中自己编写新内容，并入库保存。

任务八　SolidWorks 减速器箱体建模

任务引入

分析图 7-40 所示齿轮减速器箱体的结构特点，创建其三维模型。

任务分析

1）减速器箱体的的建模思路和规划是什么？

2）减速器箱体的轴承座部分和支承墙的最佳截面与特征草图的关系是什么？

3）创建对称结构时，在草图中镜向[⊖]，还是用特征镜向？

4）特征阵列的方法是什么？

5）减速器上的螺孔如何创建？

⊖ 应为“镜像”为与软件统一，此处用“镜向”。

一、镜向特征

镜向特征是将一个或多个特征沿指定的平面复制，生成平面另一侧的特征。镜向所生成的特征是与源特征相关的，源特征的修改会影响到镜向的特征。

创建“镜向”的操作步骤如下：

1）单击“特征”工具栏上的“镜向”，或选择下拉菜单“插入”→“特征”→“镜向”命令，出现“镜向”属性管理器，如图 7-49 所示。

2）设定属性管理器选项。

3）单击“确定”，生成镜向特征，如图 7-50 所示。

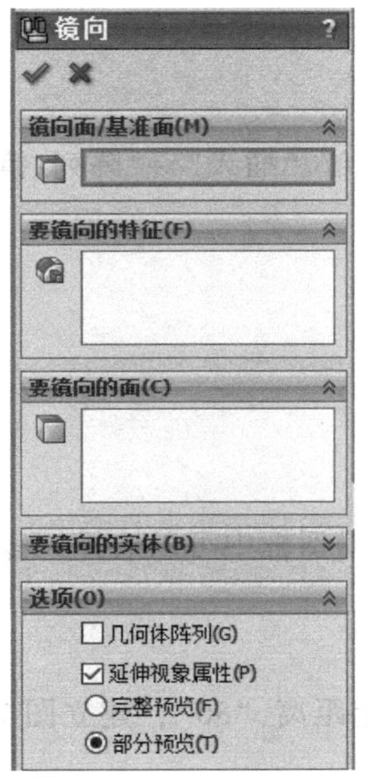

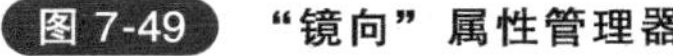

图 7-49 “镜向”属性管理器

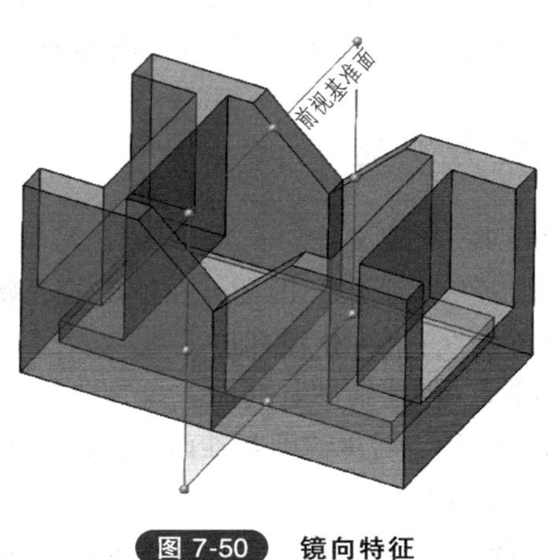

图 7-50 镜向特征

二、阵列特征

阵列特征是指将特征沿线性、圆周或其他曲线进行均匀的复制。阵列有很多类型，常用的类型有线性阵列和圆周阵列。

1. 线性阵列

将特征沿一条或两条直线路径阵列称为线性阵列，如图 7-51 所示。创建“线性阵列”的操作步骤如下：

1）生成一个或多个将要用来复制的特征。

2）单击“特征”工具栏上的“线性阵列”按钮，或选择下拉菜单“插入”→“阵列/镜向”→“线性阵列”命令，设定“线性阵列”属性管理器选项。

3）单击“确定”，生成线性阵列。

2. 圆周阵列

将特征绕一轴线方式生成多个特征实例称为圆周阵列，如图 7-52 所示。圆周阵列必须有一个供环状排列的轴，此轴可为实体边线、基准轴、临时轴 3 种。

图 7-51 线性阵列　　图 7-52 圆周阵列

创建“圆周阵列”的操作步骤如下：

1）生成一个或多个将要用来复制的特征。

2）生成一个中心轴，此轴将作为圆周阵列时的圆心位置。

3）单击“特征”工具栏上的“圆周阵列”，或选择下拉菜单“插入”→“阵列/镜向”→“圆周阵列”命令，设定“圆周阵列”属性管理器选项。

4）单击“确定”，生成圆周阵列。

任务实施

步骤 1：新建文件。

单击“新建”图标，在弹出的“新建 SolidWorks 文件”对话框中可以选择“零件”→单击“确定”，进入建模环境。

步骤 2：创建辅助基准面。

1）选择创建辅助基准面，左键单击“上视基准面”，指定距离“80”，建立图 7-53 所示“基准面 1”。

2）选择创建辅助基准面，左键单击“右视基准面”，指定距离“70”，建立图 7-53 所

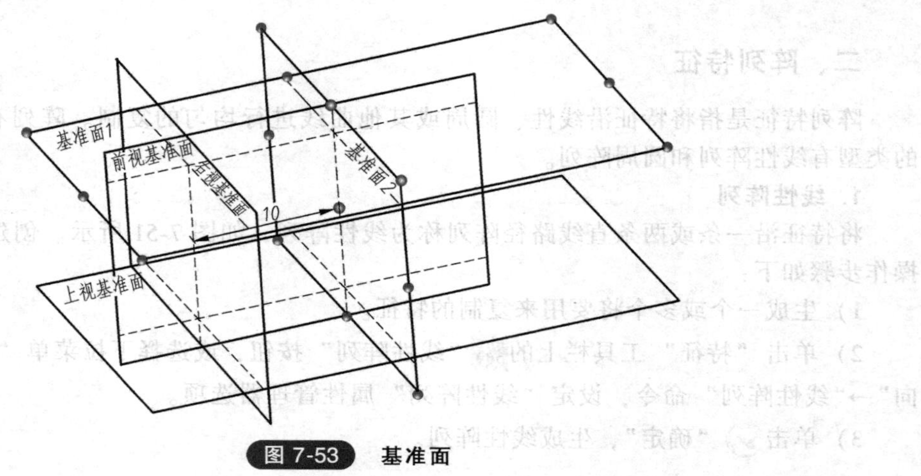

图 7-53 基准面

示“基准面 2”。

步骤 3：零件主体造型——叠加几何体。

如图 7-54 所示，用叠加几何体的方法完成零件主体造型阶段 1 的建模。

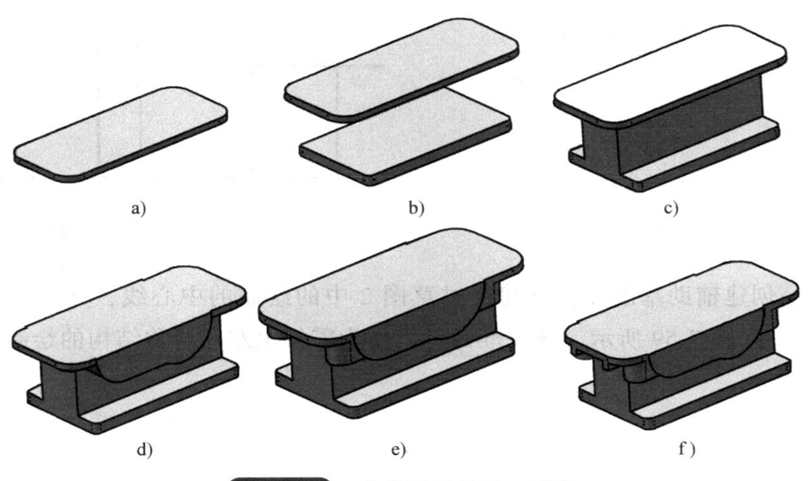

图 7-54 主体造型阶段 1 过程

1）选择“草图绘制”工具，选择基准面 1 为草绘平面，绘制图 7-55 所示的草图。

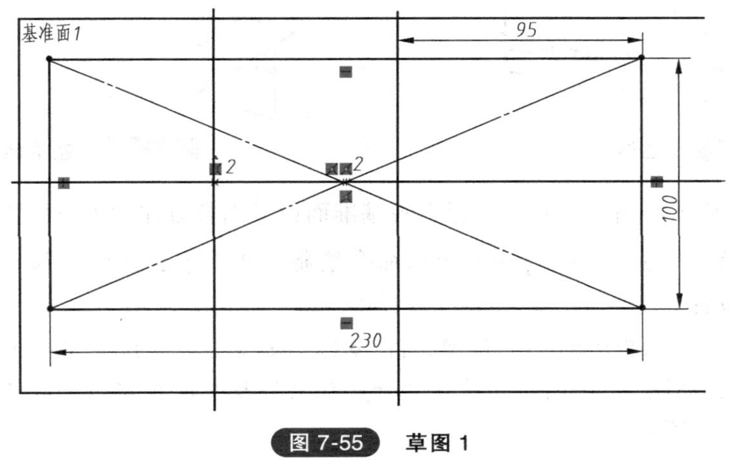

图 7-55 草图 1

2）单击“特征”面板中的“拉伸凸台/基体”命令，设置拉伸“终止条件”为“给定深度”，“深度”设为“7”，方向朝下，如图 7-56 所示。

3）单击“特征”面板中的“圆角”命令，创建半径为 R23mm 的圆角，效果如图 7-54a 所示。

4）选择“草图绘制”工具，选择上视基准面为草绘平面，绘制图 7-57 所示的草图。注意中心线与“拉伸 1”的边线中点重合。

5）单击“特征”面板中的“拉伸凸台/基体”命令，设置拉伸“终止条件”为“给定深度”，“深度”设为“11”，方向朝上，如图 7-58 所示。

6）单击“特征”面板中的“圆角”命令，创建圆角半径为 R6mm 的圆角，效果如图 7-54b 所示。

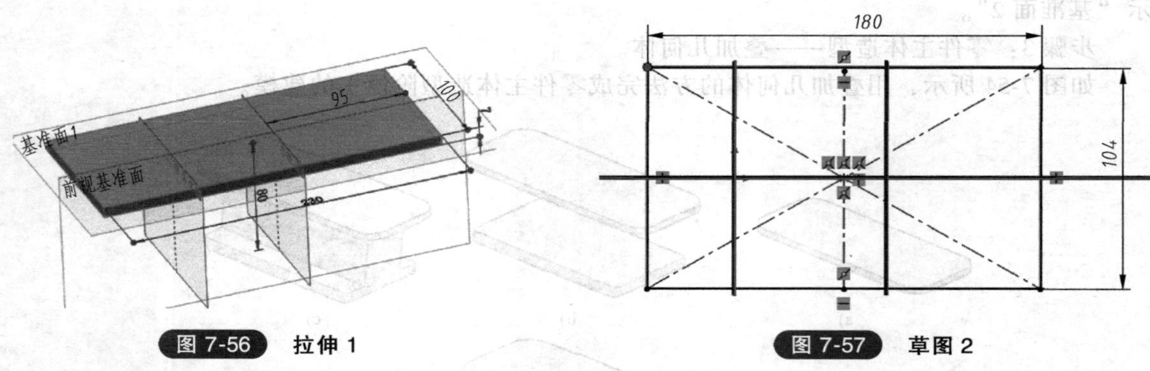

图 7-56 拉伸 1　　图 7-57 草图 2

7）选择 创建辅助基准面，创建通过草图 2 中的绘制的中心线，并与右视基准面平行的“基准面 3”，如图 7-59 所示。该基准面可以作为零件中左右对称结构的绘制基准。

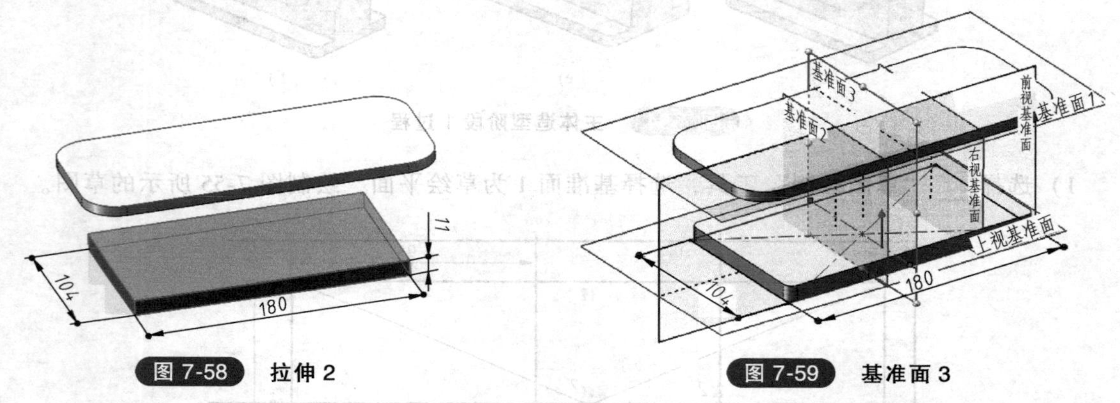

图 7-58 拉伸 2　　图 7-59 基准面 3

8）选择 “草图绘制”工具，选择上视基准面或下面长方体的上表面为草绘平面，绘制图 7-60 所示的草图。注意使用 中心矩形命令绘制，并将中心放在“基准面 3”和“前视基准面”的交点位置。

9）单击“特征”面板中的 “拉伸凸台/基体”命令，设置拉伸“终止条件”为“完全贯穿”，方向朝上，如图 7-54c 所示。选择“合并结果”及“所有实体”选项使拉伸的 3 个几何体合并成为一个实体。

10）选择 “草图绘制”工具，选择“前视基准面”为草绘平面，绘制图 7-61 所示的草图。

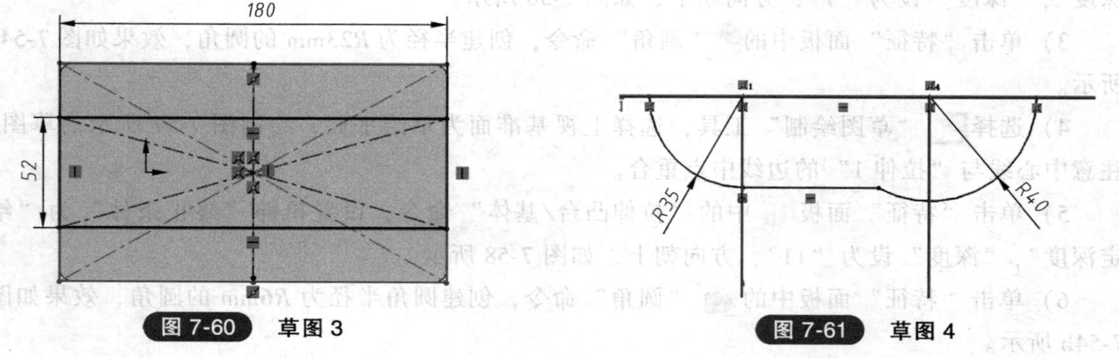

图 7-60 草图 3　　图 7-61 草图 4

11）单击“特征”面板中的“拉伸凸台/基体”命令，设置拉伸的“终止条件”为“两侧对称”，“深度”为“104”，拉伸效果如图 7-54d 所示。

12）选择“草图绘制”工具，选择实体上端面为草绘平面，绘制图 7-62 所示的草图。

13）单击“特征”面板中的“拉伸凸台/基体”命令，设置拉伸的“终止条件”为“给定深度”，“深度”为“28”，方向朝下。拉伸效果如图 7-54e 所示。

14）选择“草图绘制”工具，选择实体上端面为草绘平面，绘制图 7-63 所示草图。

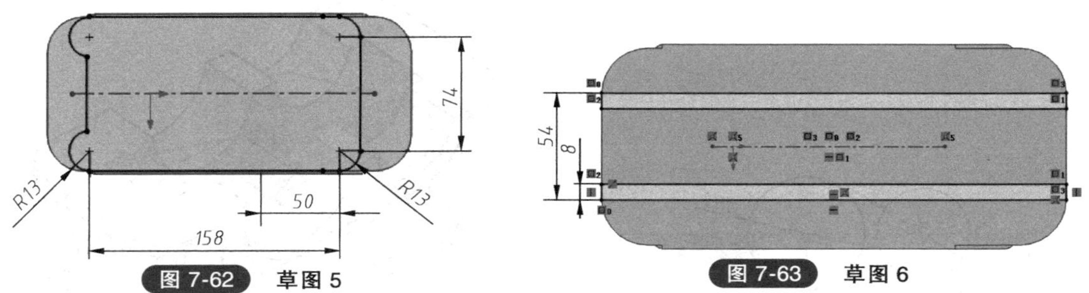

图 7-62　草图 5　　图 7-63　草图 6

15）单击“特征”面板中的“拉伸凸台/基体”命令，设置“终止条件”为“给定深度”，“深度”为“15”，方向朝下。拉伸效果如图 7-54f 所示。

步骤 4：零件主体造型阶段 2——切除几何体

按图 7-64 所示用切除的方法完成零件主体造型阶段 2 的建模。

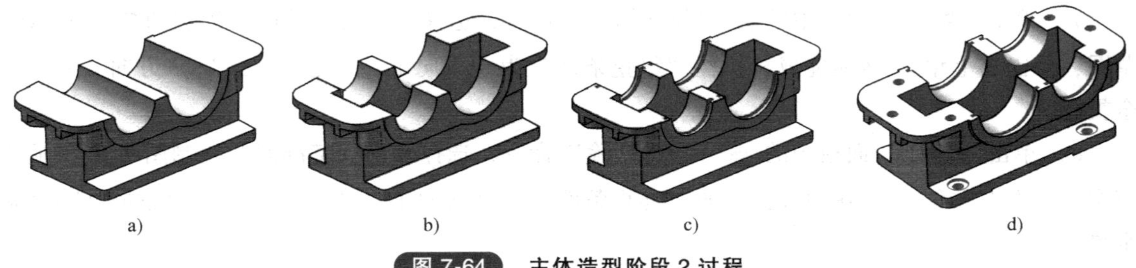

图 7-64　主体造型阶段 2 过程

选择“草图绘制”工具，选择“前视基准面”为草绘平面，绘制图 7-65 所示的草图。

1）单击“特征”面板中的“拉伸切除”命令，设置“终止条件”为“两侧对称”，“深度”为“104”。拉伸效果如图 7-64a 所示。

2）选择“草图绘制”工具，选择实体上端面为草绘平面，绘制图 7-66 所示草图。

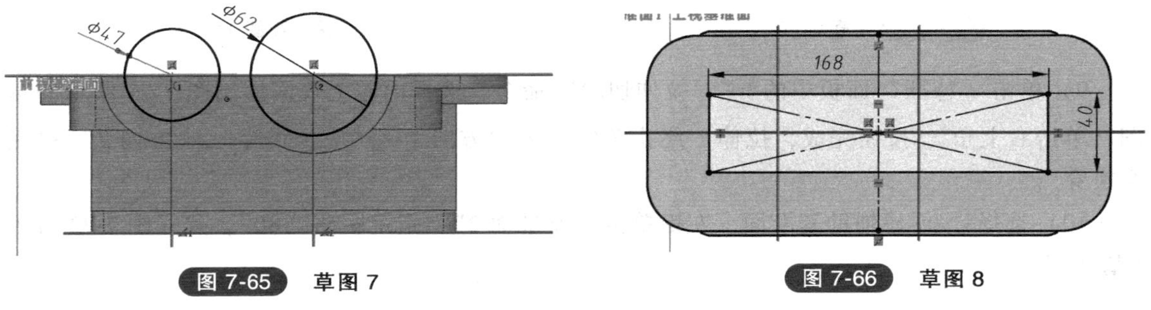

图 7-65　草图 7　　图 7-66　草图 8

3）单击“特征”面板中的“拉伸切除”命令，设置“终止条件”为“到离指定面指定的距离”，“距离”为“8”，参考面为实体的下端面。拉伸效果如图 7-64b 所示。

4）选择“草图绘制”工具，选择“前视基准面”为草绘平面，绘制图 7-67 所示的草图。

5）单击“特征”面板中的“拉伸切除”命令，设置拉伸“开始条件”为“等距”，距离为“48”；拉伸“终止条件”为“给定深度”，深度为“3”，方向朝向前视基准面，如图 7-68 所示。

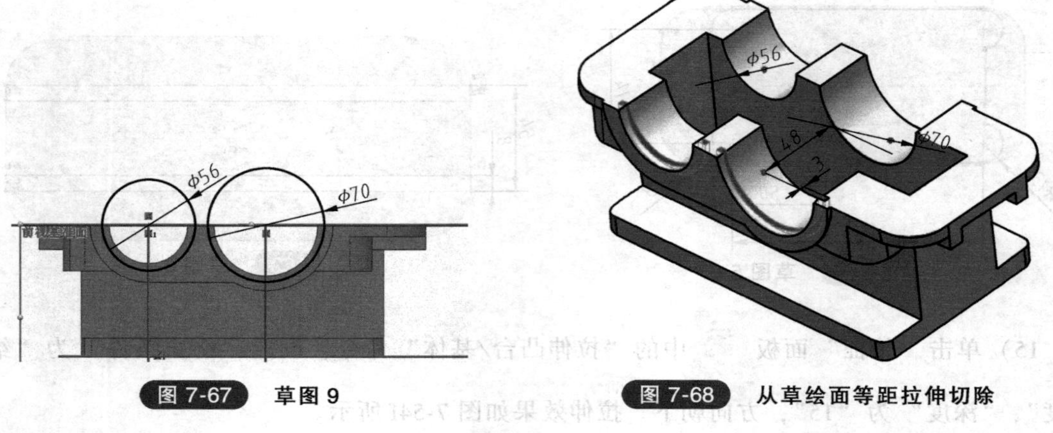

图 7-67 草图 9　　图 7-68 从草绘面等距拉伸切除

6）单击“特征”面板中的“镜向”命令，将前一步创建的拉伸切除特征进行镜向，选择“前视基准面”为对称镜向中心。

7）单击“特征”面板中的“拉伸切除”命令，选择“前视基准面”绘制图 7-69 所示的草图，单击右上角按钮完成，拉伸“终止条件”为“方向 1”→“完全贯穿”，“方向 2”→“完全贯穿”。

8）单击“特征”面板中的“拉伸切除”命令，选择“前视基准面”绘制图 7-70 所示的草图，单击右上角按钮完成，拉伸“终止条件”为“方向 1”→“完全贯穿”，“方向 2”→“完全贯穿”。

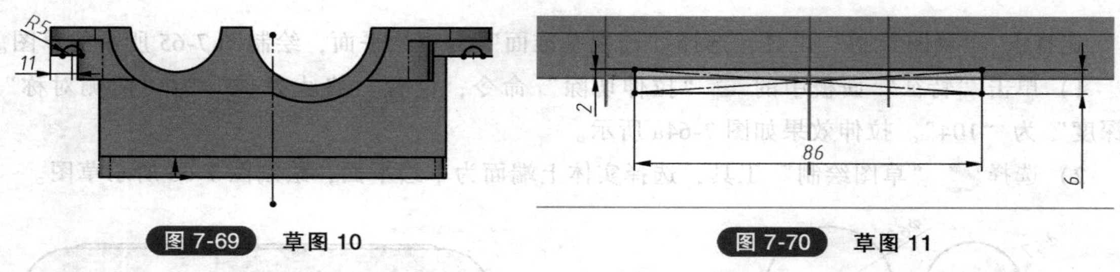

图 7-69 草图 10　　图 7-70 草图 11

9）单击“特征”面板中的“拉伸切除”命令，选择内腔上表面绘制图 7-71 所示的草图，单击右上角按钮完成，拉伸“终止条件”为“方向 1”→“完全贯穿”，“方向 2”→“完全贯穿”。

10）选择创建辅助基准面，左键单击“基准面 2”，指定距离“80”，建立图 7-72 所示“基准面 4”。

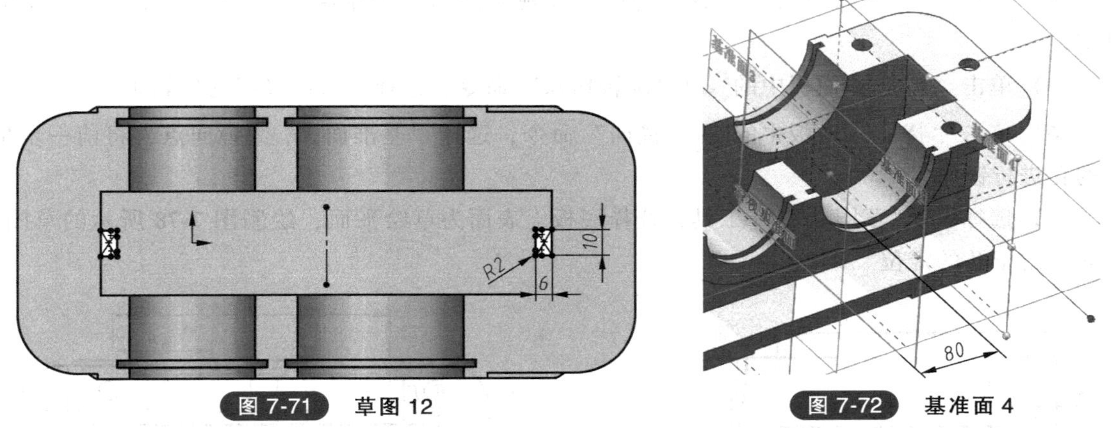

图 7-71　草图 12　　图 7-72　基准面 4

11）选择“草图绘制”工具，选择“基准面 4”为草绘平面，绘制图 7-73 所示的草图。

12）单击“特征”面板中的“旋转切除”命令，选择最长的竖线为旋转轴，效果如图 7-74 所示。

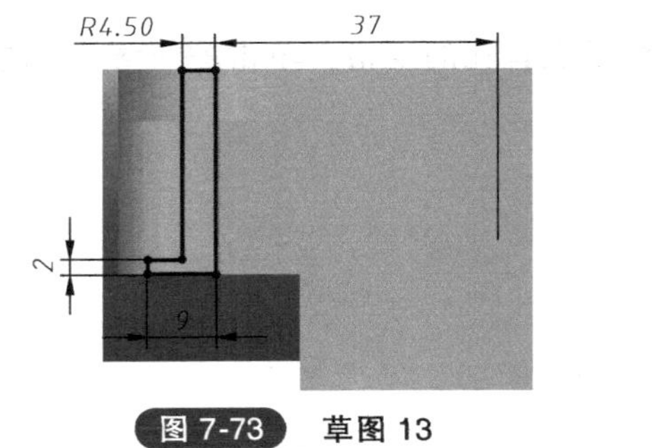

图 7-73　草图 13

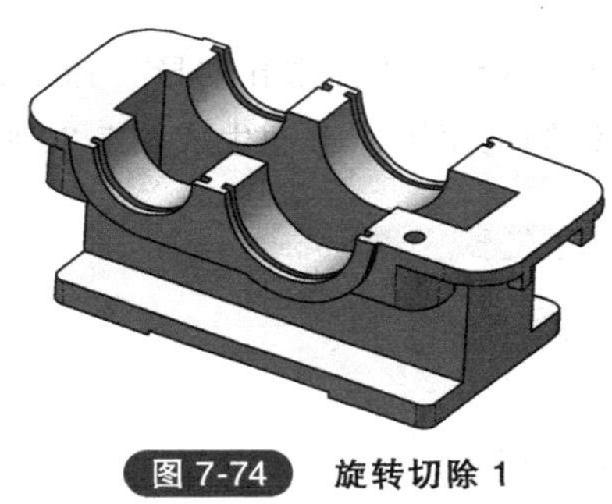

图 7-74　旋转切除 1

13）选择“线性阵列”命令，选择旋转切除特征，按图 7-75 所示设置阵列参数，完成效果如图 7-76 所示。

图 7-75　线性阵列 1

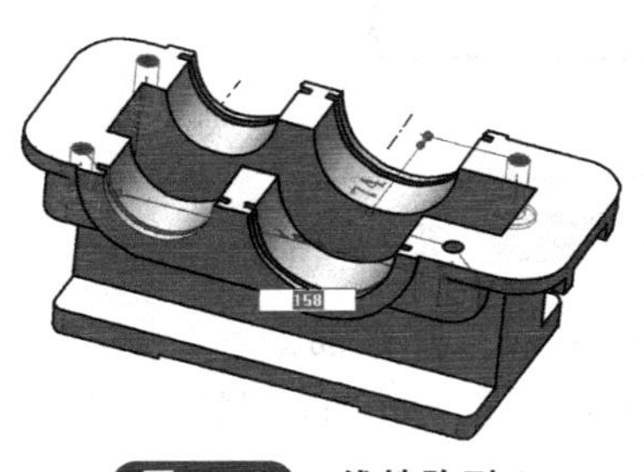

图 7-76　线性阵列 2

14）选择“草图绘制”工具，选择“前视基准面”为草绘平面，绘制图 7-77 所示的草图。

15）单击“特征”面板中的“旋转切除”命令，选择最长的竖线为旋转轴。

16）单击“特征”面板中的“镜向”命令，选择“基准面 3”为镜向点，将前一步生成的孔进行镜向。

17）选择“草图绘制”工具，选择底板上表面为草绘平面，绘制图 7-78 所示的草图，点元素用于孔的定位。

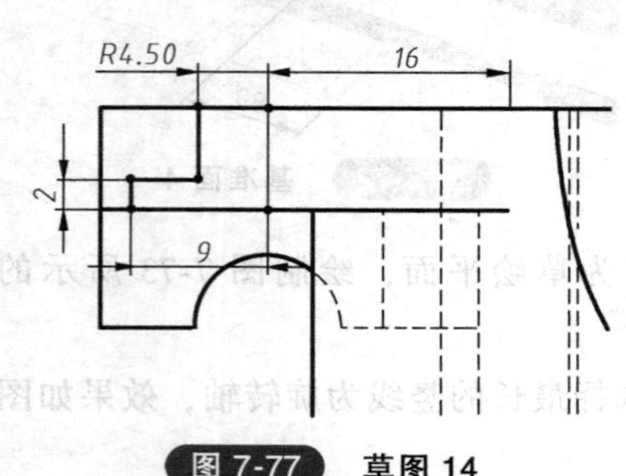

图 7-77 草图 14

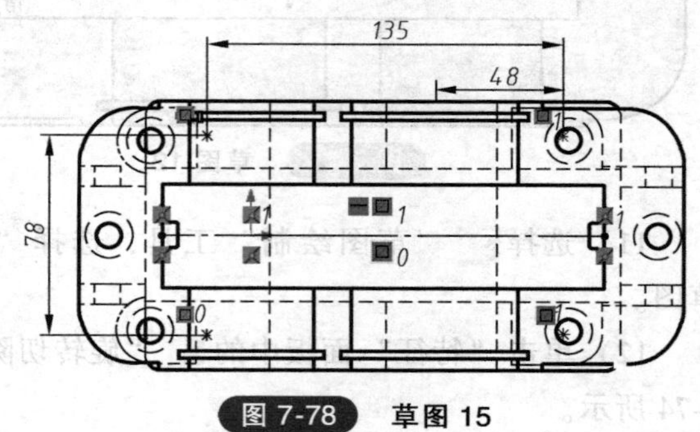

图 7-78 草图 15

18）选择“异型孔向导”命令，按图 7-79 所示设置孔的规格，单击位置，选择上一步骤绘制的草图，自动生成图 7-80 所示的孔。

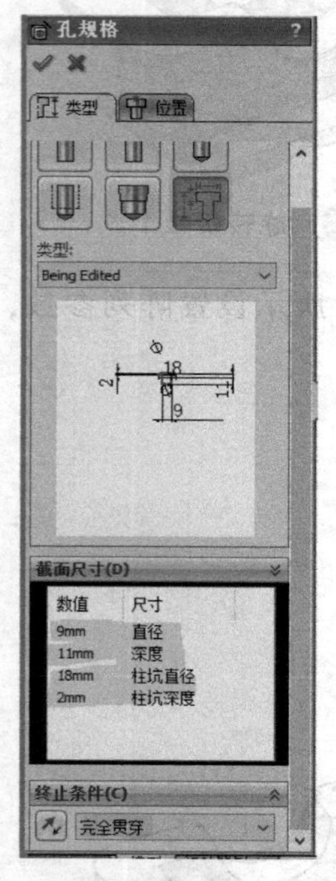

图 7-79 孔 1

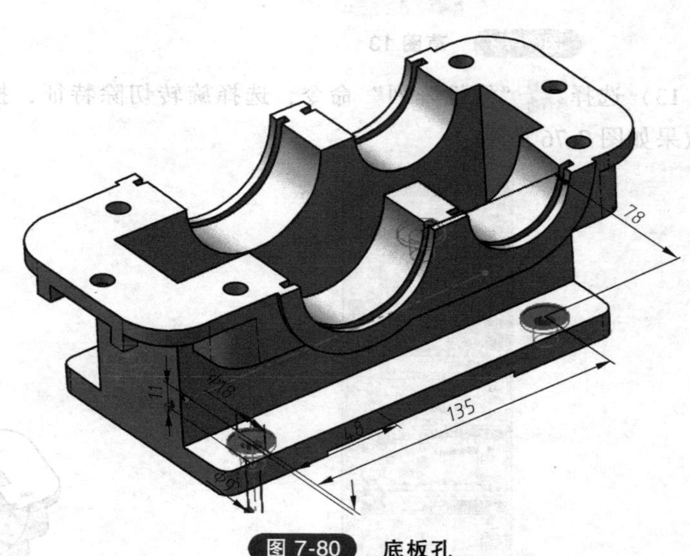

图 7-80 底板孔

步骤 5：创建加强筋。

1）选择“草图绘制”工具，选择“基准面 2”为草绘平面，绘制图 7-81 所示的草图。

2）单击“特征”面板中的“筋”命令，按图7-82所示设置厚度方向为“两侧6mm”，拉伸方向为线的右侧。

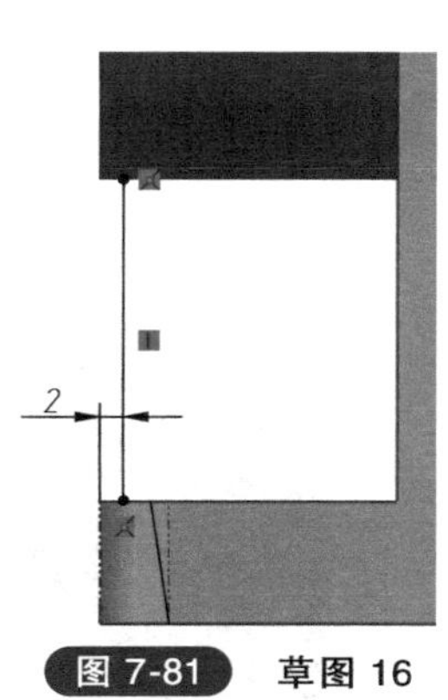

图7-81　草图16

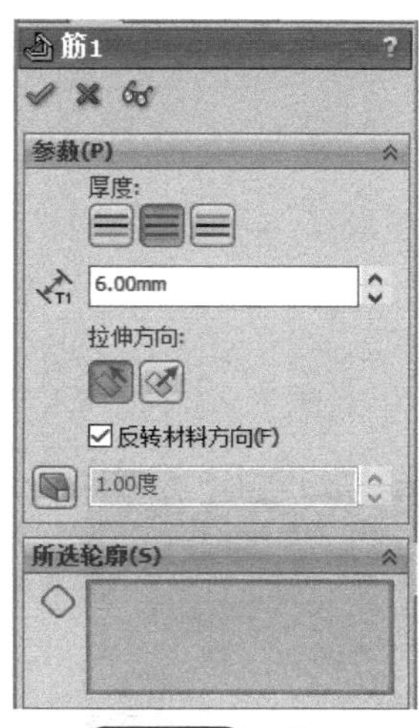

图7-82　筋1

3）同上所述，选择“右视基准面”为草绘平面，完成另一条筋的创建。

4）单击“特征”面板中的“镜向”命令，以“前视基准面”为镜向中心，完成图7-83所示筋的镜向。

步骤6：创建左右凸台。

1）单击“特征”面板中的“拉伸凸台/基体”命令，选择箱体左端面绘制图7-84所示的草图，单击右上角按钮完成，拉伸“终止条件”为“给定深度”，深度值“2mm”。

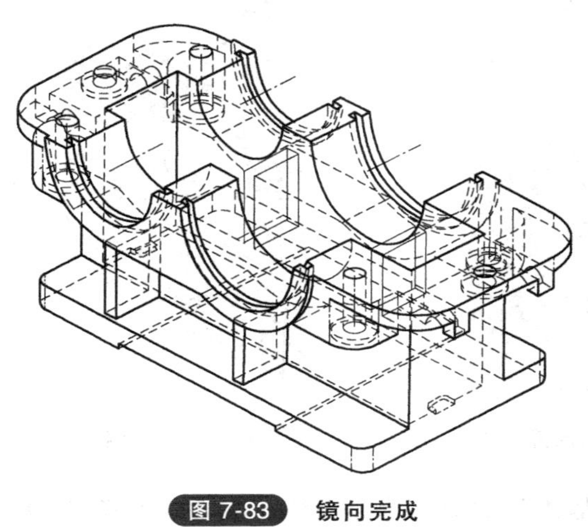

图7-83　镜向完成

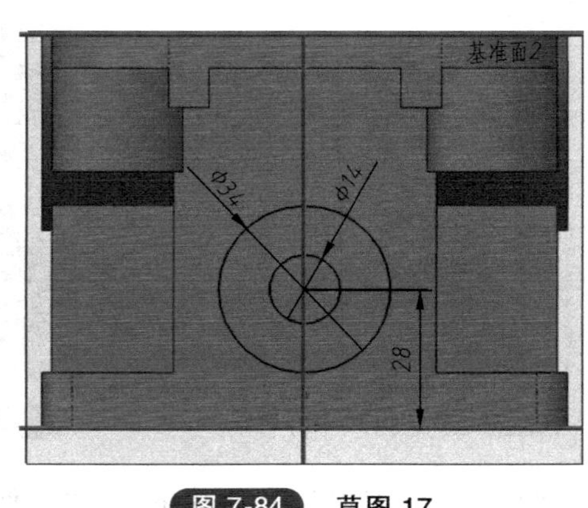

图7-84　草图17

2）单击“特征”面板中的“拉伸切除”命令，选择凸台外表面绘制图7-85所示的草图，单击右上角键完成，拉伸“终止条件”为“成形到下一面”，方向朝向箱体内部。

3）选择“异型孔向导”命令，按图7-86所示设置孔的规格，单击位置，选择上一步骤绘制的草图，自动生成图7-87所示的孔。

4）选择“圆周阵列”命令，按图7-88所示设置参数，单击圆柱面作为阵列轴，生成

图 7-89 所示的孔。

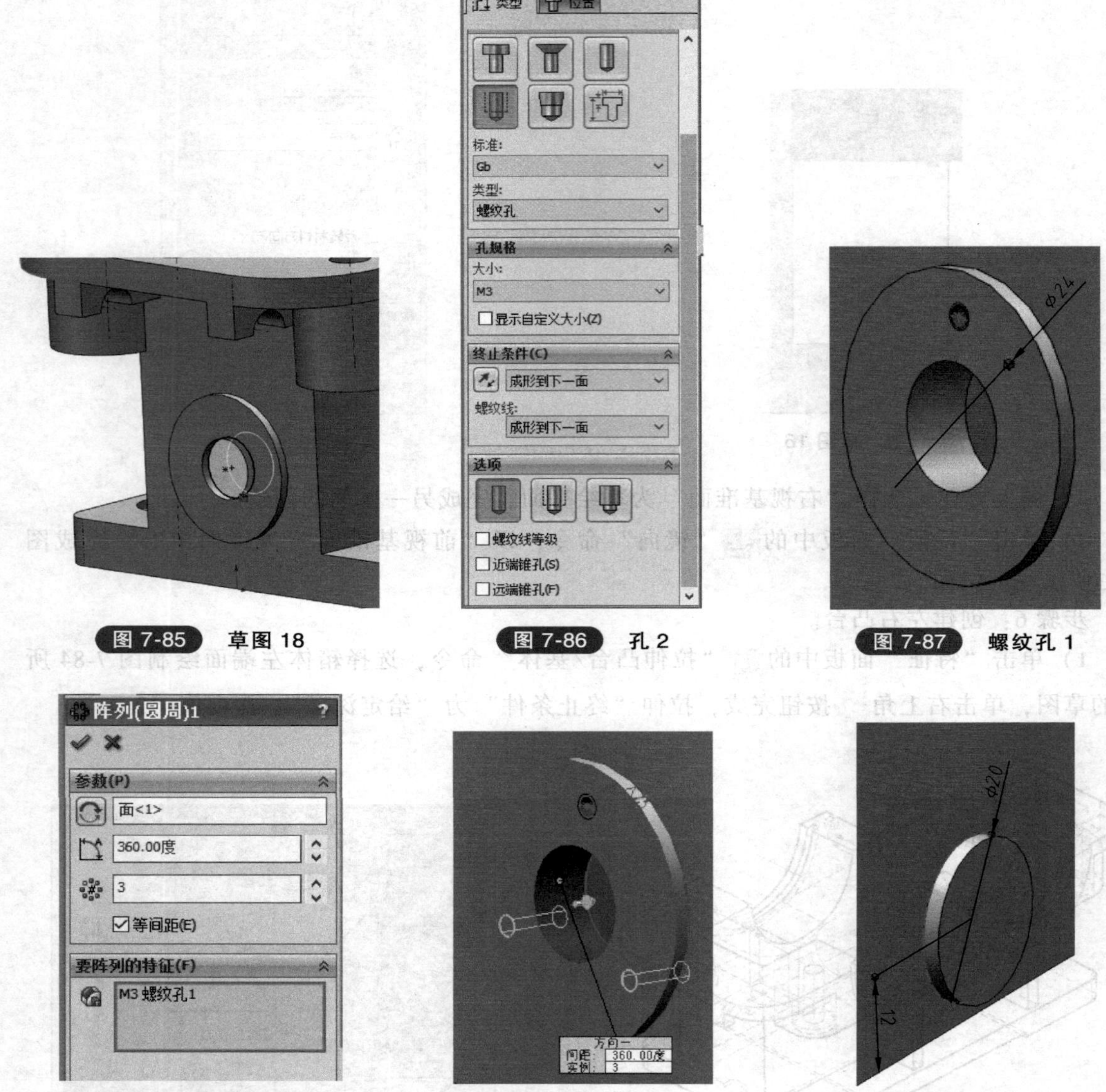

图 7-85 草图 18

图 7-86 孔 2

图 7-87 螺纹孔 1

图 7-88 圆周阵列属性

图 7-89 圆周阵列轴

图 7-90 草图 19

5）单击“特征”面板中的“拉伸凸台/基体”命令，选择箱体左端面绘制图 7-90 所示的草图，单击右上角键完成，拉伸“终止条件”为“给定深度”，深度值“2mm”，朝向箱体外侧。

6）选择“草图绘制”工具，选择凸台外端面为草绘平面，绘制图 7-91 所示草图。注意：是一个落在圆心上的“点”元素，用于螺纹的定位。

7）选择“异型孔向导”命令，按图 7-92 所示设置孔的规格，单击 位置 ，选择上一步骤绘制的草图，自动生成图 7-93 所示的孔。

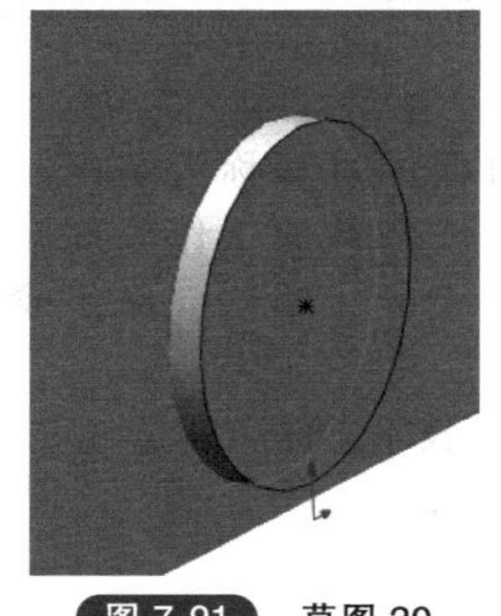
图 7-91　草图 20

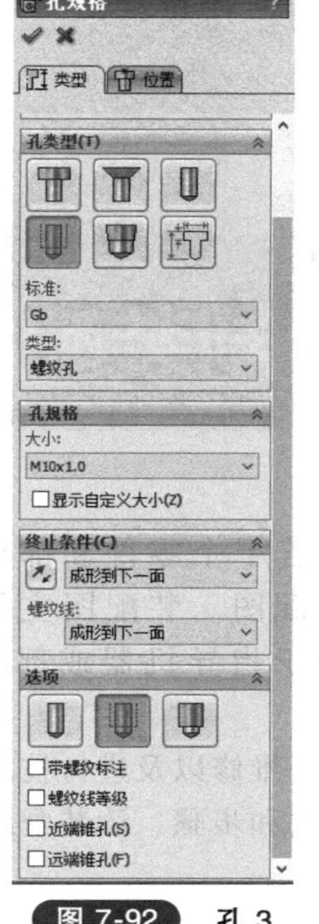

图 7-92　孔 3

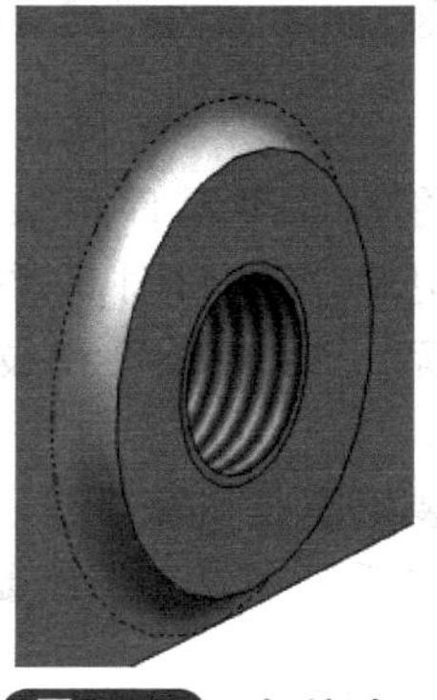
图 7-93　螺纹孔 2

步骤 7：圆角。

非造型用的圆角，通常在主体结构完成之后再进行。由于本例结构复杂，圆角需按一定的次序分步进行，可参照光盘中所附模型进行，此处不再赘述。倒角后的模型如图 7-94 所示，圆角的切边用双点画线表示。

单击“文件”→“保存”，或 图标，将文件保存为“减速器→箱体 . sdlprt”。

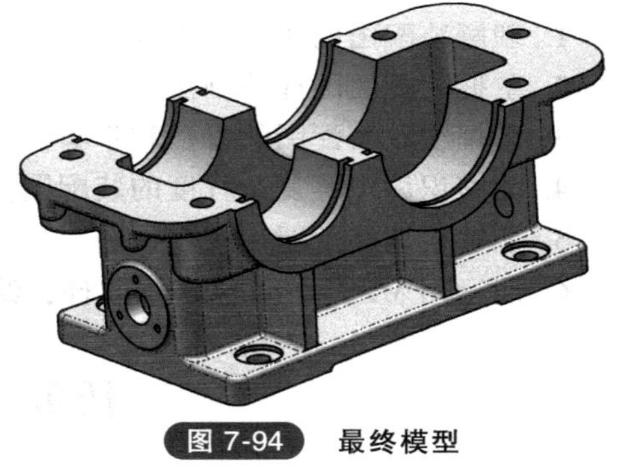
图 7-94　最终模型

任务小结

1）齿轮减速器箱体结构比较复杂，按先叠加后切除，先主体后部分的方式建模，能够较好地反映零件的结构特点，建模思路比较清晰。

2）模型上的孔有两种建模方法：一种是用异型孔的形式直接生成，孔的位置由草图确定；一种是用切除特征及阵列生成，孔的位置由阵列控制。

3）拉伸特征是零件建模中常用的特征工具，拉伸的生成方法本例中应用了多种不同的控制方式，需认真学习体会。

4）对称的结构建模通常采用特征镜向，易于生成和控制。

项目八

绘制装配图

将若干个零件组装成部件或将若干个零件和部件组装成机器的过程称为装配。用来表达机器或部件的图样，称为装配图。装配图主要表达机器或部件的工作原理、装配关系、结构形状和技术要求，用于指导机器或部件的装配、检验、调试、操作或维修等。

装配图是机械设计、制造、使用、维修以及进行技术交流的重要技术文件。

本项目主要介绍绘制装配图的方法和步骤、读装配图和拆画零件图。

教学目标

1. 理解装配图的作用与内容。
2. 掌握装配图图样的画法。
3. 掌握绘制装配图的方法和步骤。
4. 能够识读中等复杂程度的装配图。
5. 能够根据装配图拆画零件图。
6. 能运用 MDS、SolidWorks 软件，绘制装配体视图、建立装配体的三维模型。

任务一　读装配图

任务引入

图 8-1 所示为齿轮泵的装配图，图 8-2 所示是齿轮泵的轴测图（拆去端盖）的结构。齿轮泵运用在机器的润滑系统中，它的工作原理是：当一对齿轮在密闭的泵体内啮合传动时，啮合区一侧的压力降低，油池内的油在大气压的作用下，从吸油口进入齿轮泵低压区，随着齿轮的转动，被齿槽带至啮合区另一侧的压油口，把油高压压出。图 8-1 所示齿轮泵由 11 种零件组成。

任务分析

1）使用哪些表达方案能将齿轮泵中各个零件的装配、联接关系表达清楚？

2）如何展示齿轮泵的工作原理、传动关系、装配要求？

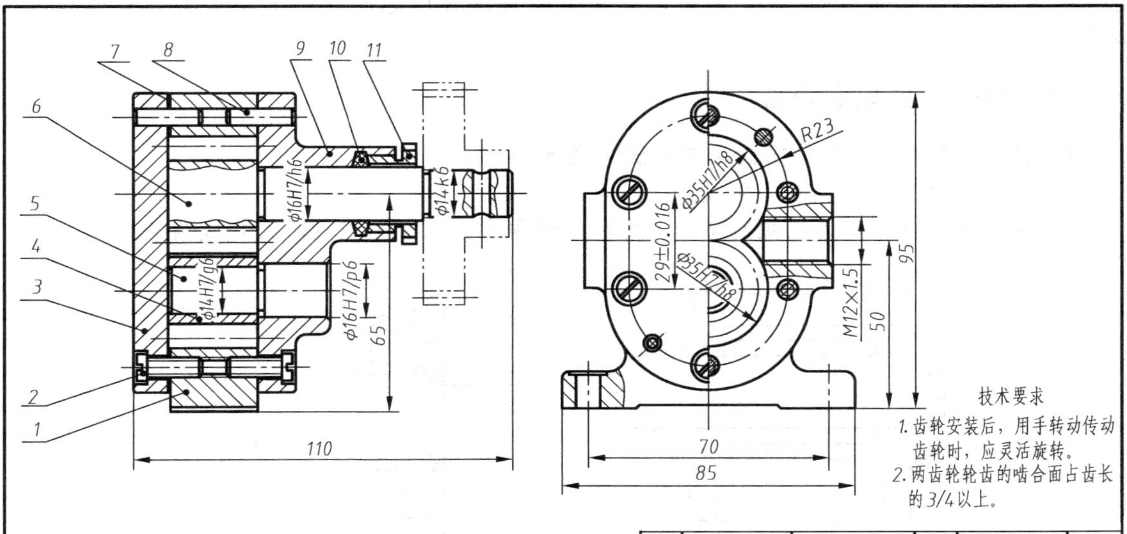

技术要求

1. 齿轮安装后，用手转动传动齿轮时，应灵活旋转。
2. 两齿轮轮齿的啮合面占齿长的3/4以上。

序号	代号	名称	数量	材料	备注
11		压紧螺塞	1	Q235	
10		填料	1	毛毡	
9		泵座	1	HT200	
8	GB/T119.2—2000	圆柱销5×20	4	Q235	
7		垫片	1	工业用纸	
6	m=3 z=9	主动齿轮	1	45	
5		从动轴	1	45	
4	m=3 z=9	从动齿轮	1	45	
3		泵盖	1	HT200	
2	GB/T65—2000	螺钉M6×16	12	Q235	
1		泵体	1	HT200	

齿轮泵		比例		图号
		数量		
设计		质量		材料
制图		（校名）		
审核				

图 8-1　齿轮泵装配图

相关知识

图 8-2　齿轮泵装配轴测图

一、装配图的内容

从图 8-1 可以看出，装配图包含以下内容：

1. 一组视图

用一组视图表达机器或部件的工作原理、零件之间的相互位置、联接关系、装配关系和主要零件的结构。

图 8-1 中的主视图采用全剖视图，反映了组成齿轮泵的各个零件间的装配关系。左视图采用了半剖视图和局部剖视图，清楚地反映了这个齿轮泵的外形，齿轮的啮合情况以及吸、压油的工作原理。局部剖视图反映吸、压油口的情况。

2. 必要的尺寸

在装配图上标注出机器或部件的零件间的配合尺寸、规格（性能）尺寸、外形尺寸、机器或部件的安装尺寸，关键零件定形和相互位置尺寸。

3. 技术要求

用文字或符号说明机器或部件的装配、安装、调试、检验、使用与维护等方面的要求。

4. 零件序号、明细栏和标题栏

按一定的格式，将零件、部件进行编号，在明细栏内注写零件的名称、数量、材料等。

标题栏表示机器或部件的名称、填写设计和生产管理等信息，有利于装配图的阅读和生产管理。

二、装配图的规定画法

1. 相邻零件接合面和非接合面的画法（图 8-3）

1）接触面或配合面只画一条线。

2）非接触面或非配合面画两条线，即使间隙很小，也必须将其夸大画成两条线。

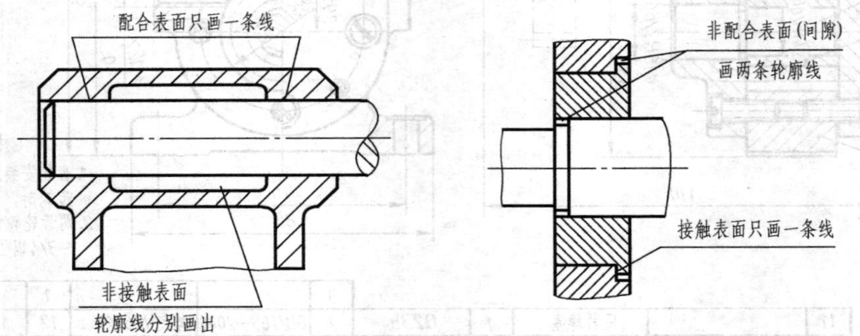

图 8-3 相邻零件接合面和非接合面的画法

2. 相邻零件剖面线的画法（图 8-4）

1）相邻两零件的剖面线方向应相反；若剖面线方向相同，则间隔不同且相互错开。

2）同一零件在不同视图中的剖面线方向、间隔要一致。

3）在图形中零件厚度小于 2mm 时，剖切后允许以涂黑代替剖面符号。

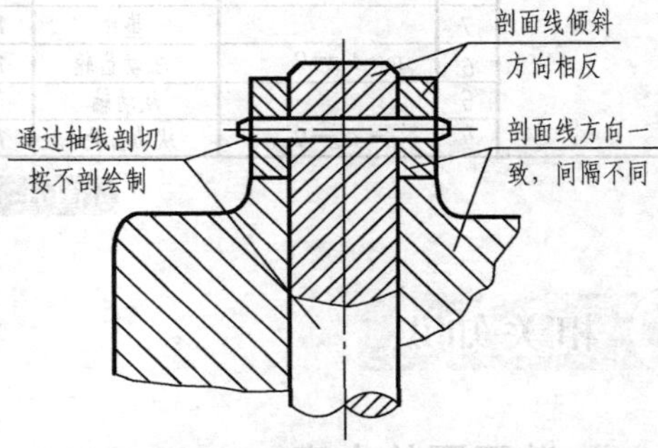

图 8-4 相邻零件剖面线的画法

3. 实心零件和标准件的规定画法（图 8-5）

1）对紧固件、销、键以及轴、手柄、连杆、球等实心零件，若纵向剖切，按不剖绘制。

2）若需表示零件上的孔、槽、螺纹、键、销或与其他联件联接，可用局部剖视。

三、装配图的特殊表达方法

1. 拆卸画法

在装配图的某一视图中，若要表达某些被一个或几个零件遮挡的装配关系或其他零件，可假想拆去一个或几个遮挡零件，只画出所表达的部分视图。这种画法称为拆卸画法。应用拆卸画法绘图，应在视图上方标注“拆去件××”等字样，如图 8-6 所示。

2. 假想画法

为表达运动零件的极限位置，可用细双点画线画出该零件在极限位置的外轮廓图。

当需要表达与本部件有关的相邻零件或部件的安装关系时，也可用细双点画线画出相邻零件或部件的轮廓，如图 8-7 所示 。

3. 展开画法

为了表达某些重叠的装配关系及传动路线，可假想将空间轴系按传动顺序展开在同一平面上，在剖视图中应标注“×-×展开”，如图 8-7 所示。

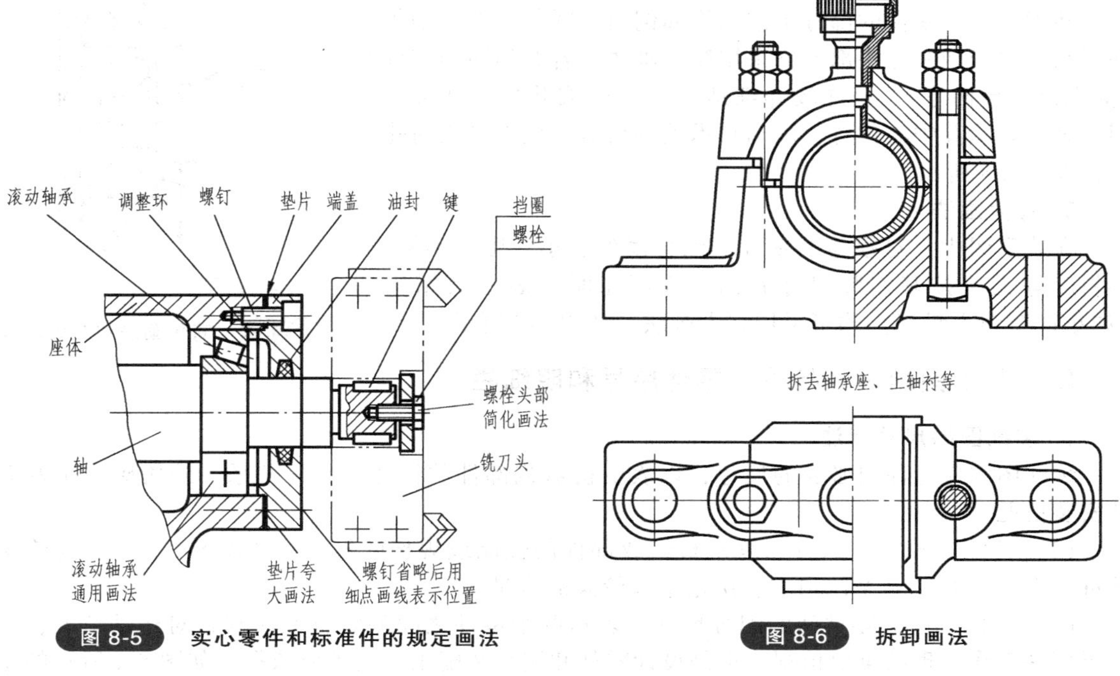

图 8-5　实心零件和标准件的规定画法

图 8-6　拆卸画法

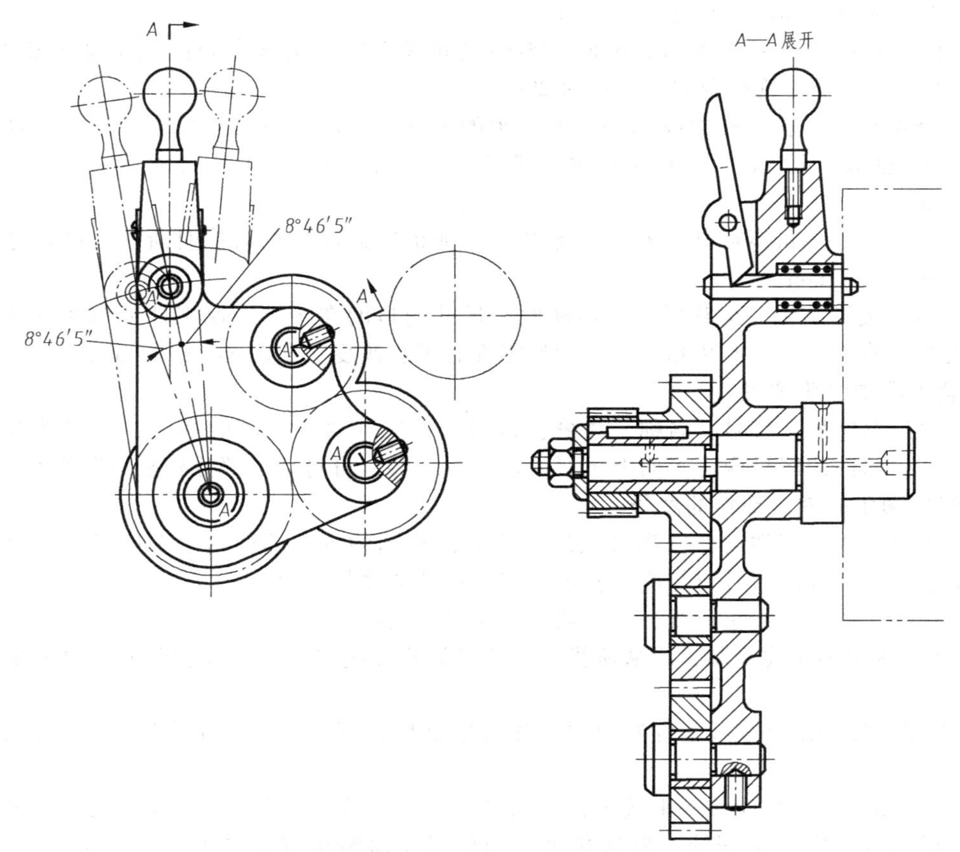

图 8-7　假想画法和展开画法

4. 简化画法

装配图中，零件的部分工艺结构如倒角、圆角、退刀槽等允许不画；螺母和螺栓头部允许采用简化画法；若有相同的零件组(如螺纹联接件等)，允许较详细地画出一处或几处，其余可只用点画线表示其中心位置；滚动轴承被剖切时，允许采用简化画法，如图 8-8 所示。

5. 夸大画法

在装配图中，对很薄的垫片、细金属丝、小间隙、小锥度、小斜度等无法按其实际尺寸画出，或不能明显表达其结构的(如小锥度和小斜度)均可采用夸大画法，如图 8-8 所示 。

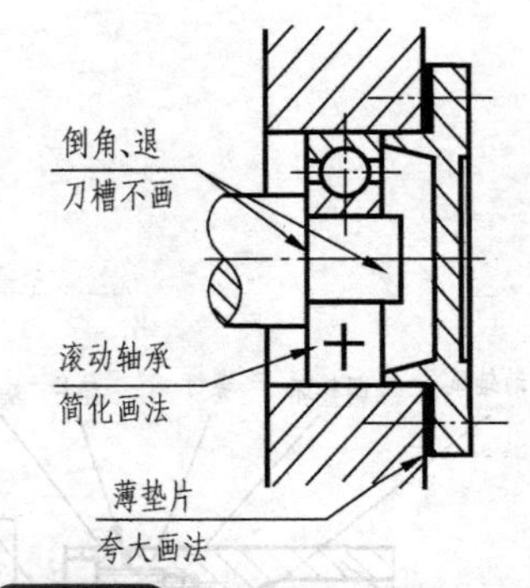

图 8-8 简化画法和夸大画法

四、装配图的尺寸标注、零件序号和明细栏

1. 装配图的尺寸标注

装配图中应标注出必要的尺寸，以表明机器或部件的性能、装配关系、外轮廓大小及对外安装情况。

(1) 性能（规格）尺寸　表示机器或部件的性能或规格的尺寸。如图 8-1 所示，齿轮泵的进、出油口的尺寸 M12×1.5，决定了齿轮泵的流量。

(2) 装配尺寸　零件间的配合尺寸，表示两个零件之间的配合性质和相对运动情况，是分析部件工作原理的重要依据，也是设计零件和制订装配工艺的重要依据，如图 8-1 所示的主动齿轮轴与泵体上孔的配合尺寸 ϕ16H7/h6。

重要的相对位置尺寸，表示装配时，零件之间或它们与机座之间必须保证的相对位置。如图 8-1 所示，两个齿轮啮合的中心距为 29mm。

(3) 外形尺寸　表示机器或部件外形轮廓的尺寸，也就是总长、总宽、总高。这些是机器或部件在包装、运输、厂房设计和安装时需要考虑的尺寸。如图 8-1 中的 110mm、85mm、95mm。

(4) 安装尺寸　机器或部件安装在地基或其他机器或部件相联接时所需要的尺寸，如图 8-1 中的 70mm、50mm。

(5) 零件关键结构、形状尺寸　标注此类尺寸的目的在于，确保零件上与实现部件功能有直接关系的关键结构的形状和大小在设计零件时不被改变，如图 8-1 中的 ϕ14k6。

2. 装配图中的明细栏

明细栏是由序号、代号、名称、数量、材料、备注等内容组成的栏目，一般放置在标题栏上方，零、部件的序号应自下而上填写。若地方不够，可将余下部分移至标题栏左方。

3. 装配图中的零、部件的序号

装配图中的所有零件或部件都必须编写序号，相同的零、部件用一个序号，一般只标注一次。图中零、部件的序号应与明细栏中该零、部件的序号一致。

零、部件序号包括：指引线、序号数字和序号排列顺序。

1) 指引线用细实线绘制，应从所指零件的可见轮廓线内引出，并在起始端画一圆点，如图 8-1 所示。

2) 在指引线的水平横线上注写序号，序号字高应比图中尺寸数字高度大一号，如图 8-1 所示。

3) 装配图中的序号应按水平或垂直方向排列整齐（在一条线上）。优先采用不分视图地按顺时针或逆时针方向全图统一顺次排列。为确保无遗漏地顺序排列，可以先引出指引线，画出末端水平线，检查，确认无遗漏、无重复后，再统一写序号，再填写明细栏。

五、常见的装配结构

在设计和绘制装配图的过程中，应该考虑到装配结构的合理性，以保证机器和部件的性能，并给零件的加工和装拆带来方便。

1. 接触面或配合面的结构

1）当两零件接触时，在同一方向上只能有一对接触面，这样既可满足装配要求，制造也较方便，如图 8-9 所示。

2）当轴孔配合，且轴肩与孔的端面相互接触时，应在接触端面制成倒角、圆角或在轴肩部切槽，以保证两零件接触良好，如图 8-10 所示。

3）尽可能合理地减少零件间的接触面积，以使机械加工面积减少，保证良好接触，降低加工成本，如图 8-11 所示。

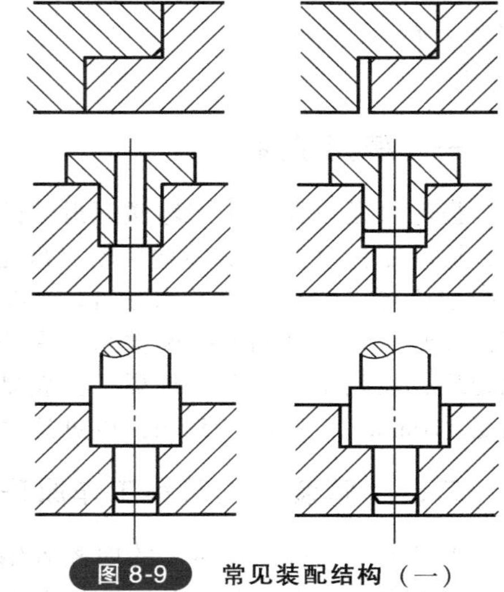

图 8-9　常见装配结构（一）

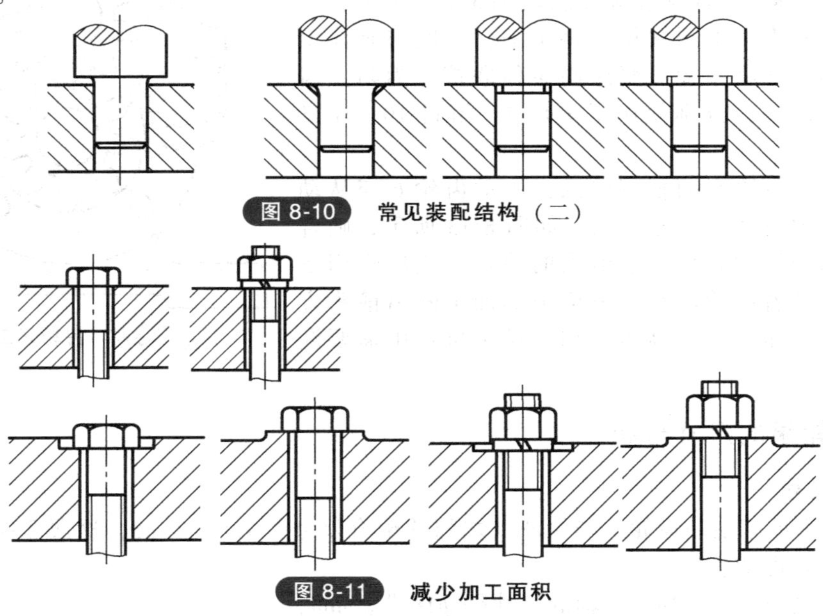

图 8-10　常见装配结构（二）

图 8-11　减少加工面积

2. 螺纹紧固件的防松结构（图 8-12）

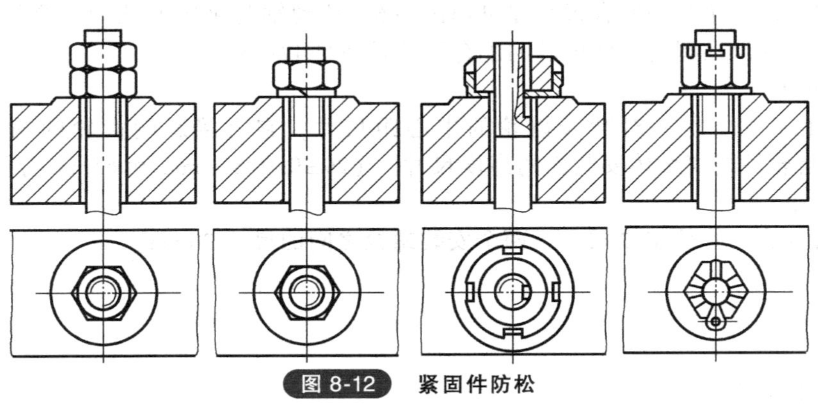

图 8-12　紧固件防松

任务实施

一、概括了解

齿轮泵是机器中用来输送润滑油的一个部件。如图 8-1 所示的齿轮泵是由泵体、左、右泵盖、运动零件（主、从传动齿轮，齿轮轴等）、密封零件以及标准件等所组成。对照零件序号及明细栏可以看出，齿轮泵由 11 种零件装配而成，采用两个视图表达。主视图采用全剖视图，反映了各零件间的装配关系。左视图采用了半剖视图，并且在吸、压油口处进行局部剖视处理，反映了齿轮泵的外形、齿轮啮合情况以及吸压油的工作原理。齿轮泵的外形尺寸分别是 110mm、85mm、95mm，可见这个齿轮泵的体积并不大。

二、了解装配关系和工作原理

如图 8-1 所示，泵体 1 的内腔容纳一对啮合的齿轮。将主动齿轮 6、从动齿轮 4 套装在从动轴 5 上，从动轴装入左侧的泵座 9 上。由圆柱销 8 将泵盖、泵座与泵体定位后，再用螺钉 2 将泵盖、泵座与泵体联接。为防止齿轮泵结合部位漏油，分别使用了垫片 7、填料 10、压紧螺塞 11 密封。

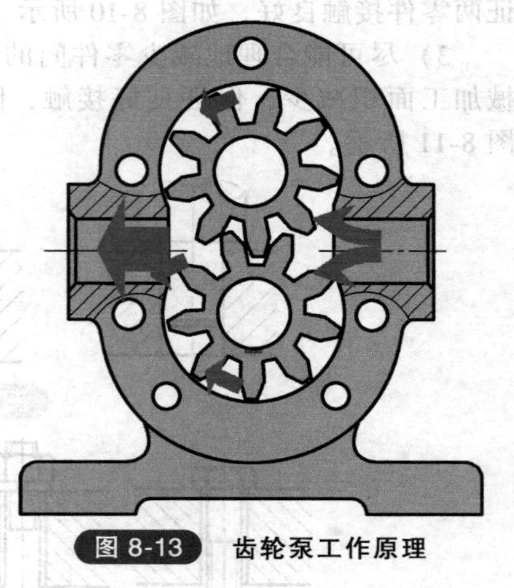

图 8-13 齿轮泵工作原理

运动由主动齿轮 6 的轴端输入，主动齿轮 6 与从动齿轮 4 在密闭的空间中啮合转动。如图 8-13 所示，啮合区内右边空间的压力降低，油池内的油在大气压作用下进入吸油口，随着齿轮转动，齿槽中的油不断沿箭头方向被带至左边的压油口，高压输出，送至机器中需要润滑的部分。

三、齿轮泵的尺寸分析

1. 配合尺寸

如图 8-1 所示，主动齿轮 6 与泵座 9 之间的配合尺寸是 ϕ16H7/h6；这属于基孔制间隙配合，查阅公差表可知：

孔的尺寸是 $\phi 16^{+0.018}_{0}$mm，轴的尺寸是 $\phi 16^{0}_{-0.011}$mm，

配合的最大间隙 = 0.018mm+0.011mm = +0.029mm，配合的最小间隙 = 0mm−0mm = 0mm。

从动轴和从动齿轮孔的配合尺寸是 ϕ14H7/g6；从动轴与泵座的孔的配合尺寸是 ϕ16H7/p6；主从动齿轮的齿顶圆与泵体内腔的配合尺寸是 ϕ35H7/h8。

2. 其他尺寸

(29±0.016) mm 是一对啮合齿轮的中心距尺寸，它直接影响齿轮的啮合传动精度。65mm 是主动齿轮轴线离泵体安装面的高度尺寸。(29±0.016) mm 和 65mm 分别是设计和安装所要求的尺寸。

吸、压油口的尺寸是 M12×1.5，两个安装螺栓之间的尺寸 70mm。

任务小结

读装配图的步骤：

1. 概括了解

1）阅读标题栏、说明书，了解机器或部件的名称和用途。

2）了解机器或部件中的标准件、非标零件、部件和组件的名称与数量；对照零、部件和组件序号，在装配图上查找它们的位置。

3）分析装配图的视图表达，明确视图间的投影关系，剖视图、断面图的剖切位置和投影方向，搞清各视图的表达重点。

2. 了解装配关系和工作原理

分析各条装配干线，弄清楚零件间的相互配合要求、定位和连接方式、密封等问题；进一步搞清运动零件与非运动零件的相对运动关系；综合观察分析，了解机器或部件的工作原理和装配关系。

3. 分析装配图上的重要尺寸，了解机器或部件的技术要求

4. 分析零件，读懂主要零件的结构形状

当零件在装配图中表达不完整时，可以对有关的其他零件仔细观察和分析，然后再进行结构分析，从而确定该零件的内外形状。

任务二　绘制装配图

机器或部件是由若干零件装配而成的，将零件按规定的技术要求组装起来，并经过调试、检验使之成为合格产品的过程称为装配。根据零件图及有关资料，可以看清楚各零件的结构形状，了解机器或部件的用途、工作原理、连接和装配关系，就可以拼画成机器或部件的装配图。本任务介绍由零件图绘制装配图的方法和步骤。

根据齿轮泵各主要零件的零件图，如图 8-14 ~ 图 8-18 所示，绘制图 8-1 所示的齿轮泵装配图。

任务实施

一、确定表达方案

1. 装配图的主视图选择

为便于设计和指导装配，机器或部件的安放位置，应与其工作位置相符。确定机器或部件的工作位置后，选择主视图的投射方向，要选择能清楚地反映主要装配关系和工作原理的视图作为主视图，并运用适当的表达方法，清晰地表达各主要零件以及零件间的相互关系。

图 8-1 为齿轮泵装配图的主视图，采用的旋转全剖视图，反映了组成齿轮泵的各个零件间的装配关系。

2. 其他视图的选择

根据确定的主视图，再选取能反映其他装配关系、外形及局部结构的视图。齿轮泵装配图的左视图，采用半剖视，并在吸、压油口处画出了其中一处的局部剖视图，既反映了齿轮泵的外形，又表达了齿轮的啮合情况以及吸、压油的工作原理。

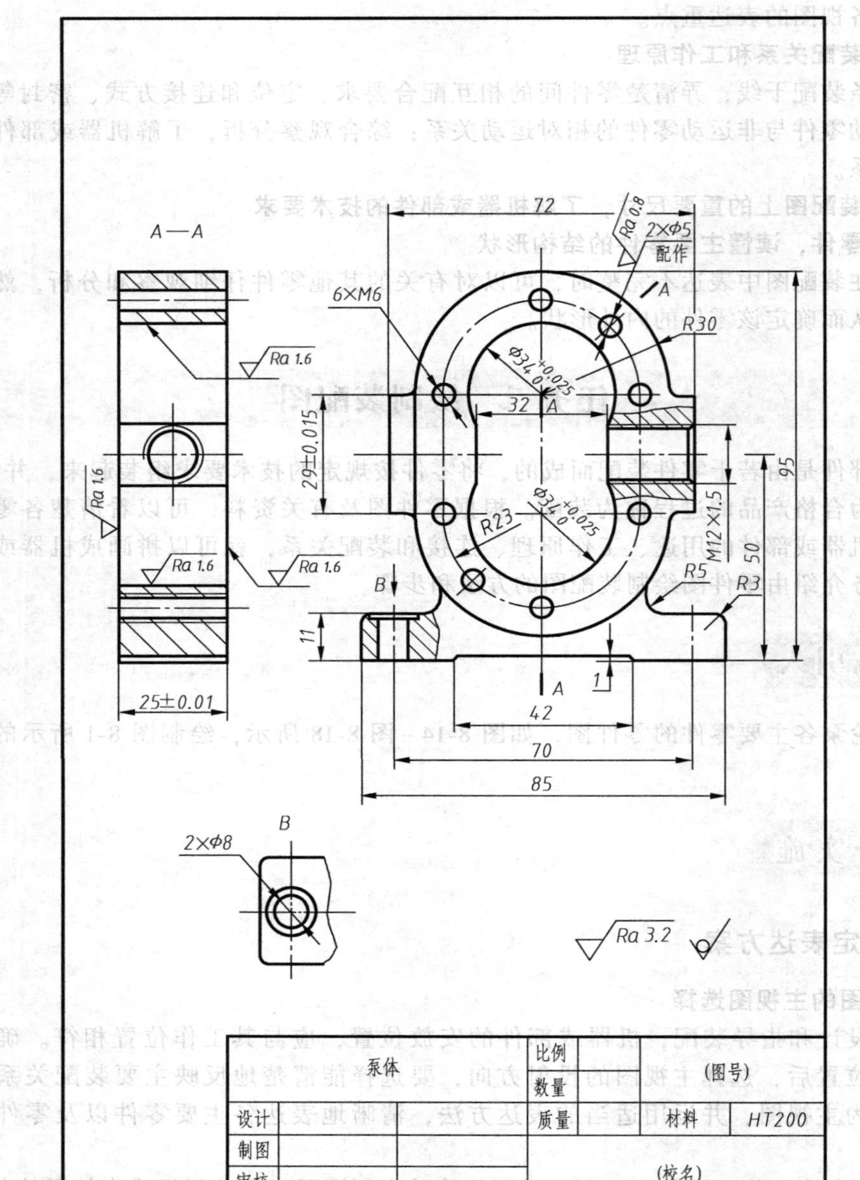

A—A
72
Ra 0.8
2×Φ5
配作
6×M6
A
R30
Ra 1.6
Φ34+0.025 0
32
A
29±0.015
95
Ra 1.6
R23
Φ34+0.025 0
M12×1.5
50
Ra 1.6
Ra 1.6
B
R5
R3
11
1
A
25±0.01
42
70
85
B
2×Φ8
Ra 3.2
泵体
比例
数量
(图号)
设计
质量
材料
HT200
制图
审核
(校名)

图 8-14 泵体零件图

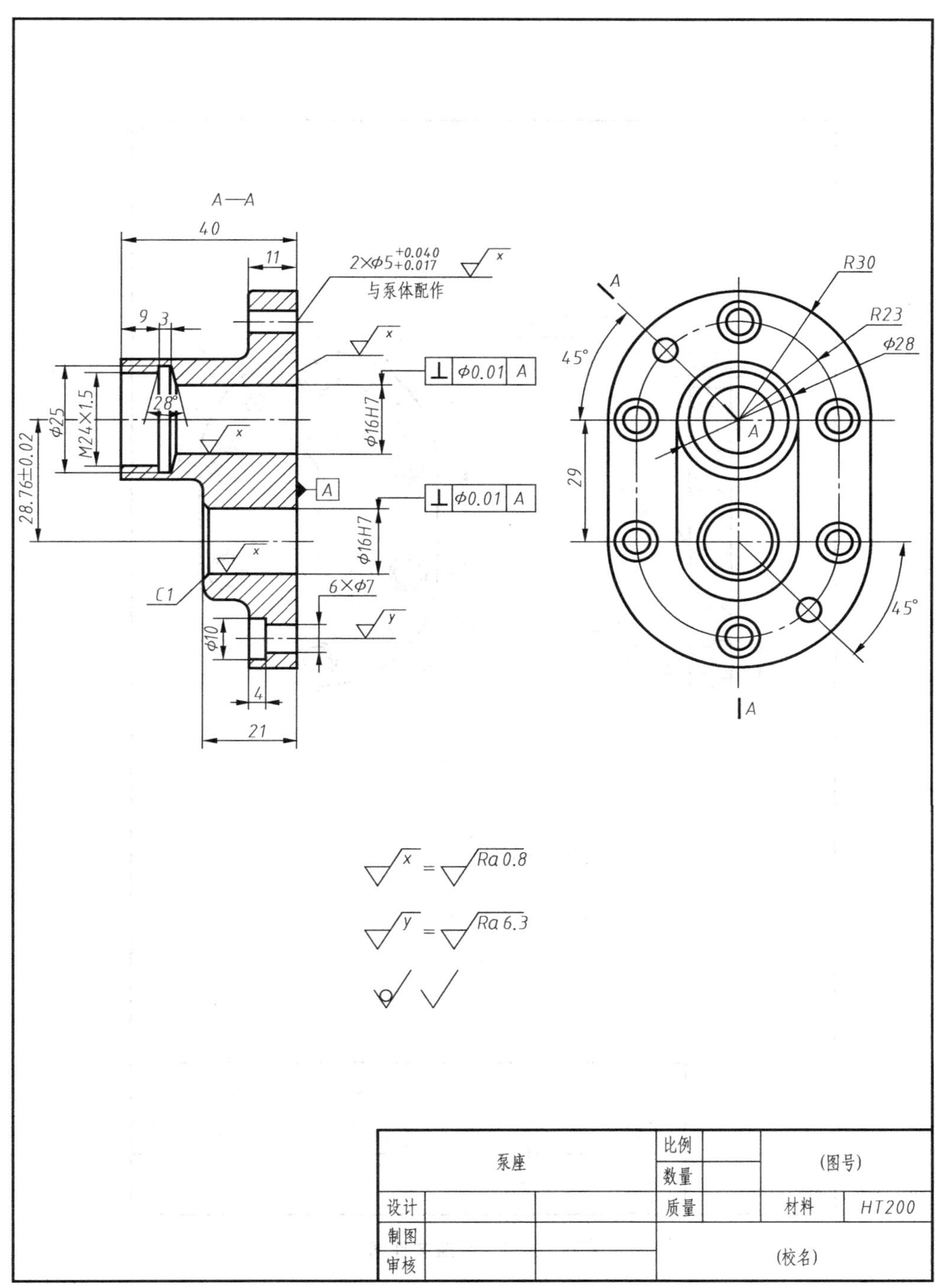
A—A
40
11
2×Φ5+0.040 +0.017
与泵体配作
9 3
28°
Φ25
M24×1.5
28.76±0.02
⊥ Φ0.01 A
Φ16H7
A
C1
6×Φ7
Φ10
4
21
R30
R23
Φ28
45°
29
Ra 0.8
Ra 6.3
泵座
比例
数量
(图号)
设计
质量
材料
HT200
制图
审核
(校名)

图 8-15　泵座零件图

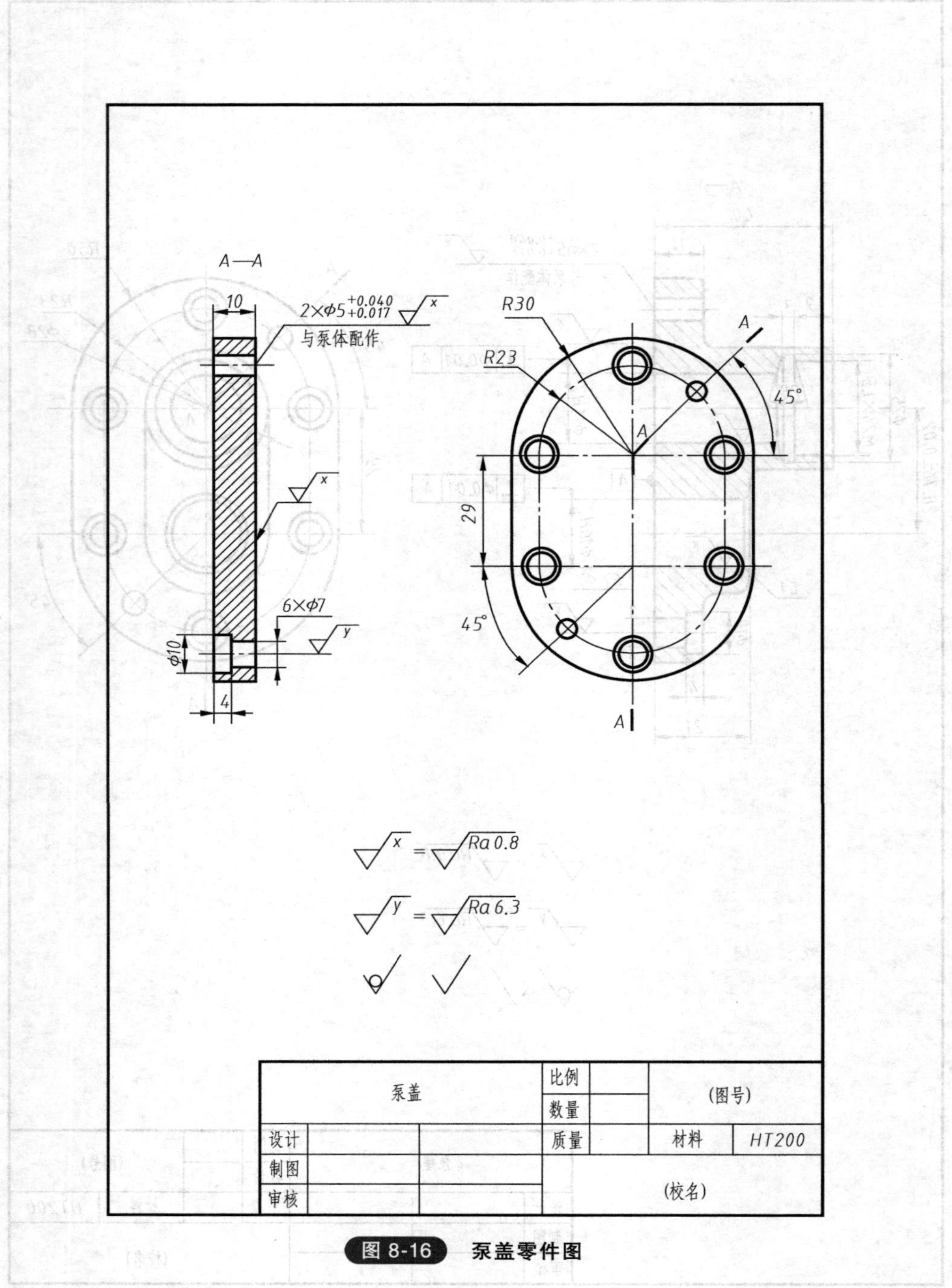

A—A
10
2×Φ5+0.040 +0.017
与泵体配作
6×Φ7
Φ10
4
R30
R23
A
45°
29
45°
A
A
Ra 0.8
Ra 6.3
泵盖
比例
数量
(图号)
设计
质量
材料
HT200
制图
审核
(校名)

图 8-16 泵盖零件图

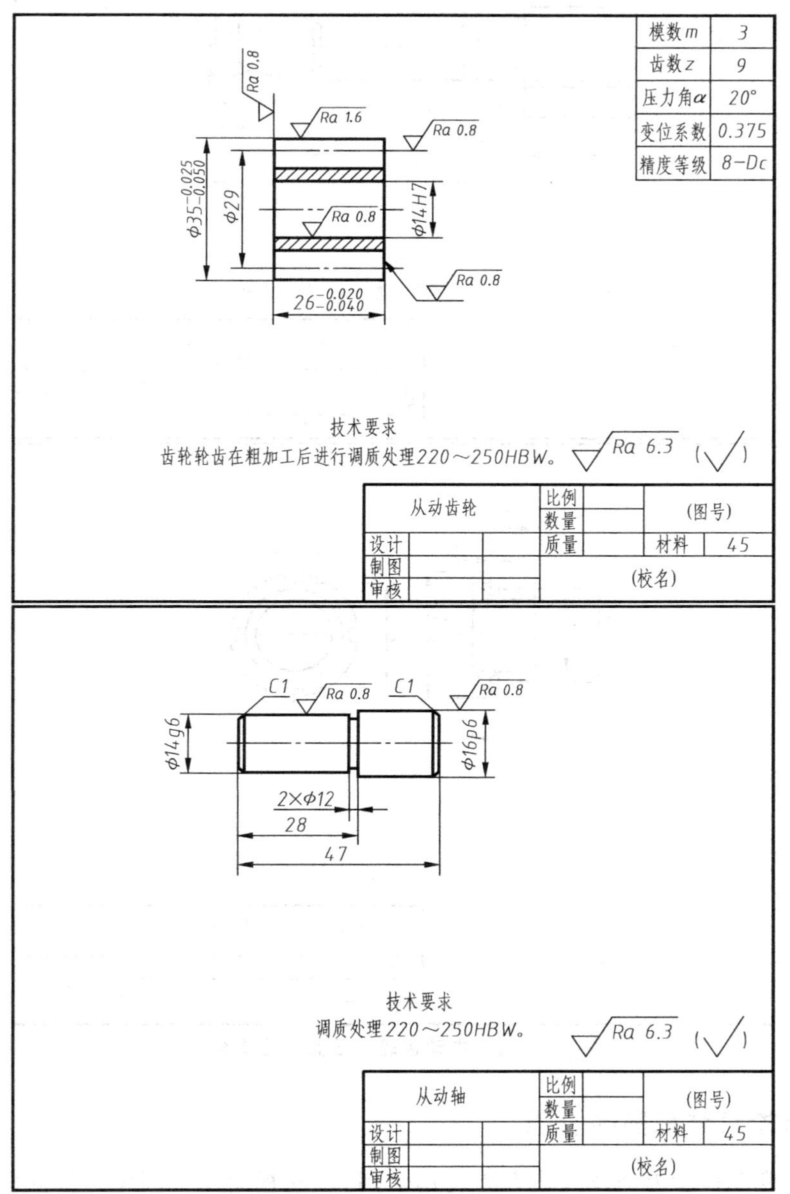

图 8-17　从动齿轮和从动轴零件图

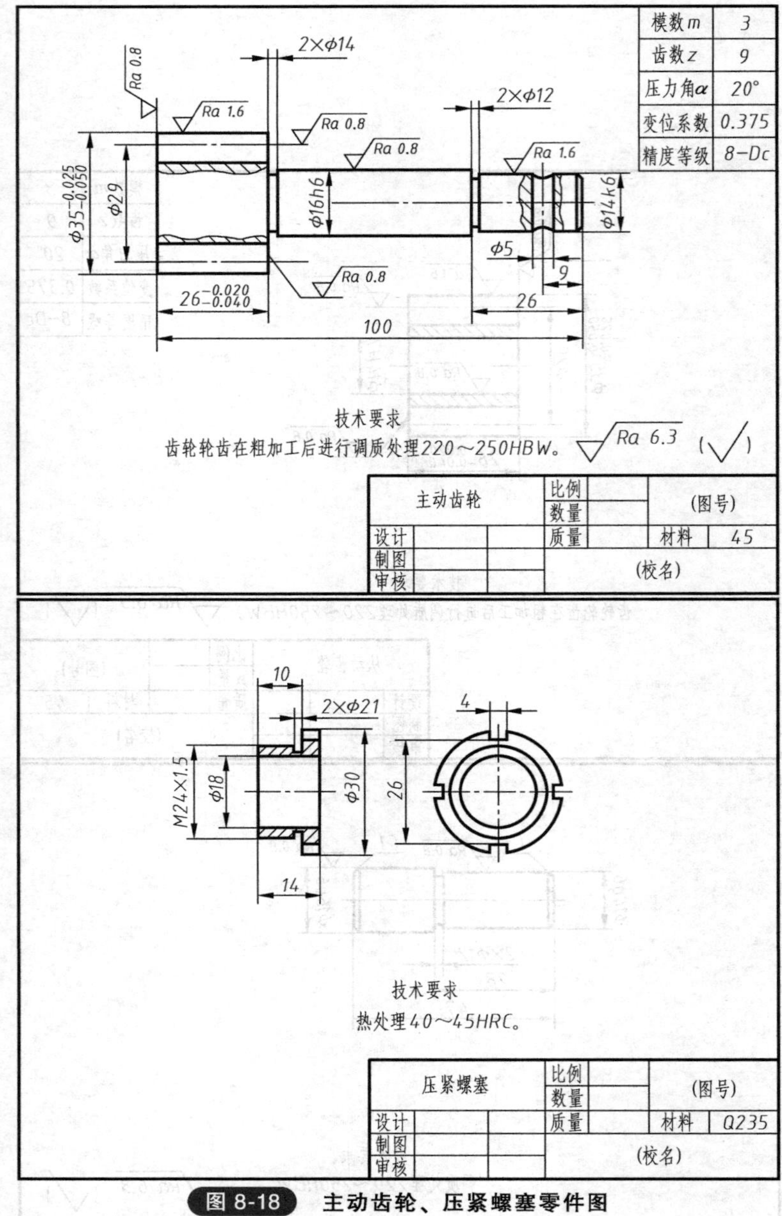

图 8-18 主动齿轮、压紧螺塞零件图

二、画齿轮泵装配图的步骤

1）选择主视图投影方向及表达方法（用全剖）、左视图用半剖图，根据机器或部件的大小与复杂程度，选取适当比例，安排各视图的位置，选定图幅，绘图框、标题栏和明细栏。

2）进行图形布局，画出主左视图的主要轴线（装配干线）、对称中心线和作图基线，如图 8-19 所示。

3）从内到外绘图，根据两轴距离定位，先绘制一对齿轮轴，注意单个齿轮及齿轮啮合的规定画法，如图 8-20 所示。

4）绘制泵盖的全剖主视图、沿泵体泵盖接合面剖切的半剖左视图（画出半个泵盖外形），如图 8-21 所示。

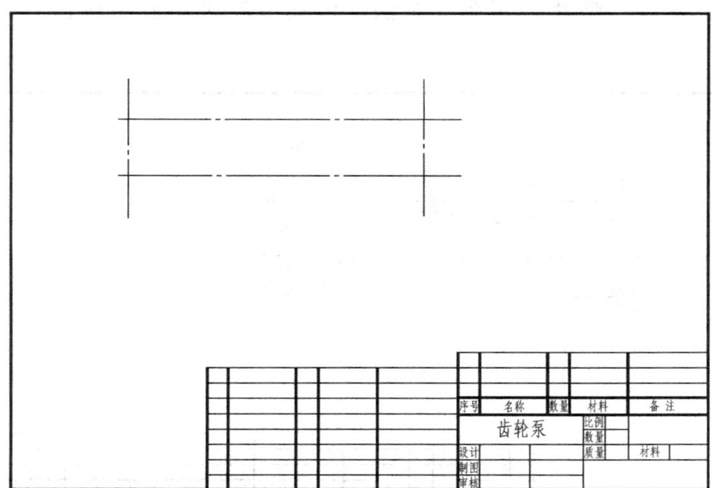

图 8-19　画出各视图的主要轴线（装配干线）、对称中心线和作图基线

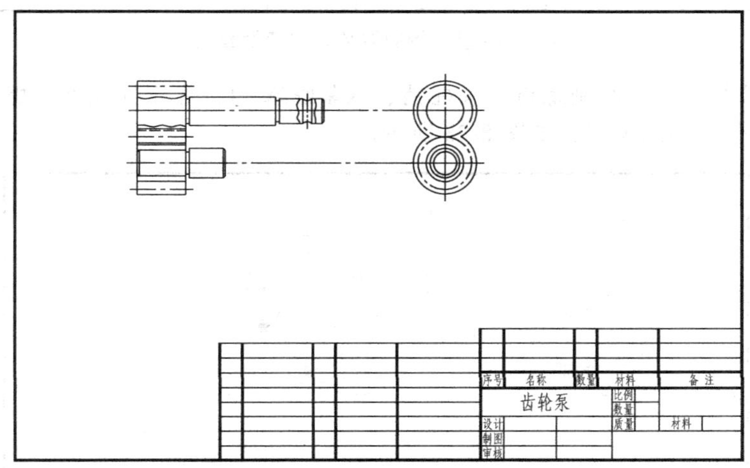

图 8-20　绘制一对啮合的齿轮及轴

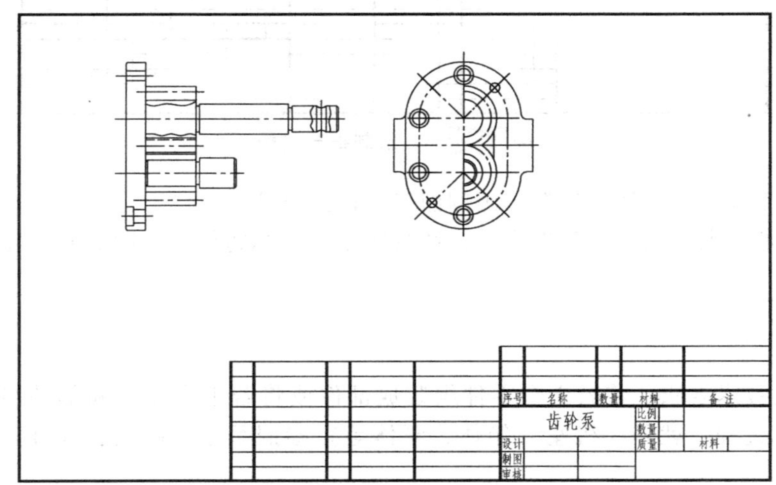

图 8-21　绘制泵盖主、左视图

5）绘制泵体、泵座，垫片采用夸大画法，传动齿轮采用假想画法（双点画线），如图8-22所示。

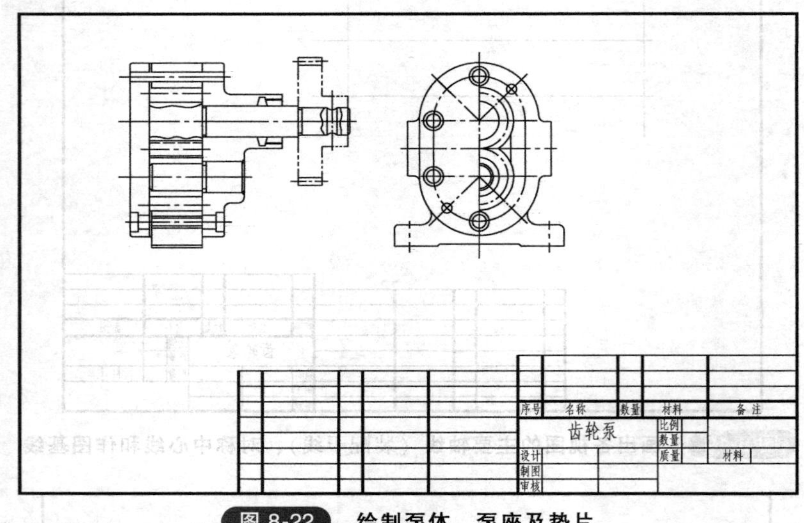

图 8-22 绘制泵体、泵座及垫片

6）绘制细节结构：①绘制螺钉、圆柱销、压紧螺塞 11，注意标准件、螺纹联接的规定画法；②绘制进油孔局部剖视图，如图 8-23 所示。

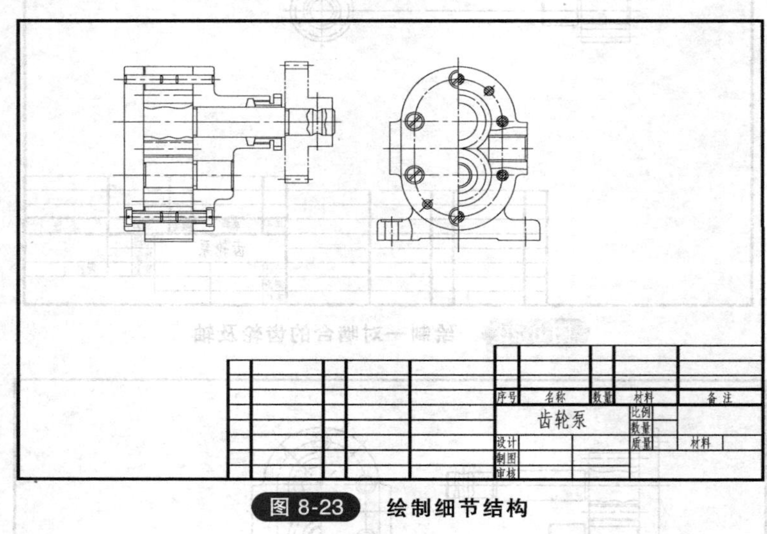

图 8-23 绘制细节结构

7）底稿线完成后，校核、加深，画剖面线，标注尺寸。

8）注写技术要求，编写零部件序号，填写明细栏、标题栏，如图 8-1 所示。

任务小结

按照规定的技术要求，将若干个零件组装成部件或将若干个零件和部件组装成机器过程称为装配。装配过程，就是在机座（箱体、泵体等）参照系中，确定各零件间的相互位置和运动。

装配干线、装配关系和工作原理的分析是视图选择的基础，不断以“每条装配干线上零件的装配关系是否表达清楚了”来检查视图选择。主要装配干线用基本视图表达，次要装配干线和零散装配点用辅助视图表达。

绘制装配图时，先根据机器或部件的工作原理，绘制装配干线，然后考虑各零件的定位，以装配干线为基准，在视图中把零件绘制在适当的位置上。运用装配图的规定画法，分析投影的遮挡关系，保留或擦除零件的轮廓线。先主后次，先内后外，先定位置后画结构形状，先粗（主体结构形状轮廓）后细（细节），按装配次序画好每一条装配干线上的零件。

任务三　根据装配图拆画零件图

读装配图的目的，是从装配图中了解机器或部件的装配关系和工作原理，分析和读懂其中主要零件的结构形状。

在机械设计时，经常是按照功能要求先设计、绘制机器或部件的装配图，确定零件主要结构，然后再根据装配图画零件图，将各零件结构、形状和大小完全确定。根据装配图画零件图的工作称为“拆画”，拆画的过程往往也是完成设计零件的过程。

任务引入

读如图 8-24 所示减速器的装配图，并拆画主要零件。根据装配图画零件图的技术关键是：读懂装配图的工作原理，深入分析各零件或部件的连接、装配关系，根据视图构型主要零件的形状和结构，遵照分、补、变、标的顺序拆画零件图。

任务实施

减速器是安装在电动机和工作机械之间，用来降低转速、改变转矩的独立传动部件。减速器由封闭在箱体内的齿轮机构（圆柱齿轮、锥齿轮、蜗轮蜗杆等）实现减速。

图 8-25 为单级圆柱齿轮减速器的轴测分解图，减速器的核心部分是一对齿轮和两轴组成的传动系统。

一、概括了解

从图 8-24 所示的减速器装配图的明细栏可知，该减速器由 37 种零件组成，其中标准件 14 种，主要零件是轴系零件、齿轮、箱体和箱盖等。

1）俯视图采用沿箱体和箱盖接合面的全剖视图，表达了两轴系上的各零件及其传动关系。为了反映两齿轮的啮合关系，在啮合区的齿轮轴采用了局部剖视方法。

2）主视图按减速器工作位置放置，表达减速器前后的外形特征。主视图上作了六处局部剖视，分别反映油标、观察窗、油池、排油孔、定位销和螺栓联接等装置的内部结构。

3）左视图补充表达减速器的外形轮廓，反映油标和起吊钩的外形和位置，顶部采用拆卸画法，去掉了通气塞，简化了制图，还可显示观察窗的形状。

4）装配图上还有必要的尺寸，(70±0.03) mm 是两齿轮中心距的规格尺寸，$80_{-0.1}^{\ 0}$ mm、(78±0.3) mm、(135±0.3) mm 等属于安装尺寸，ϕ32H7/h6、ϕ62H7/g6、ϕ47H7/g6 等属于配合尺寸。

二、减速器的工作原理

减速器的减速功能是通过一对啮合齿轮齿数差来实现的，用传动比表示为

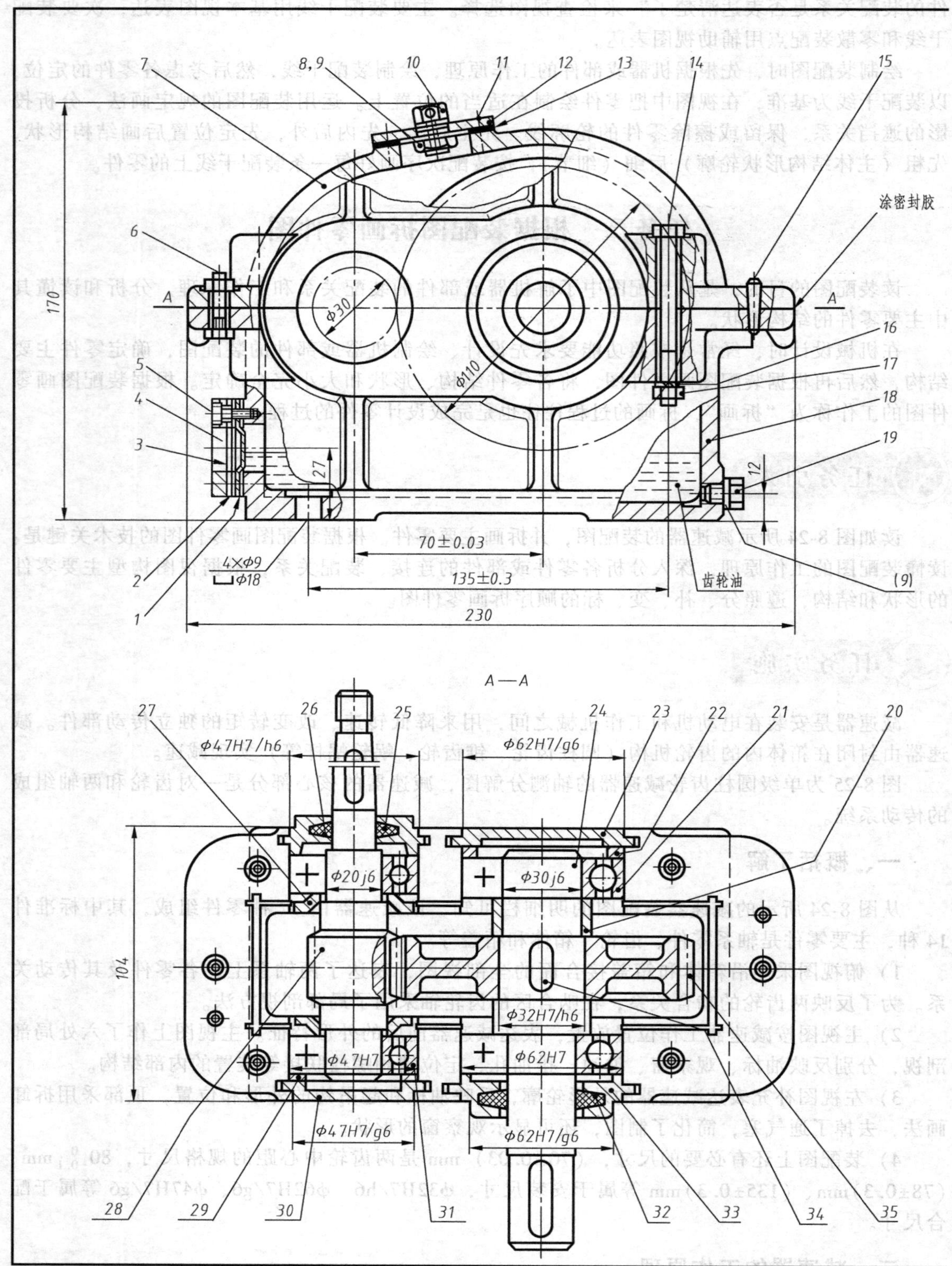

1
2
3
4
5
6
7
8, 9
10
11
12
13
14
15
16
17
18
19
涂密封胶
A
A
Φ30
Φ110
170
27
12
4×Φ9
⌴Φ18
70±0.03
135±0.3
230
齿轮油
(9)
A—A
20
21
22
23
24
25
26
27
Φ47H7/h6
Φ62H7/g6
Φ20j6
Φ30j6
104
Φ32H7/h6
Φ47H7
Φ62H7
Φ47H7/g6
Φ62H7/g6
28
29
30
31
32
33
34
35

图 8-24 减速器的

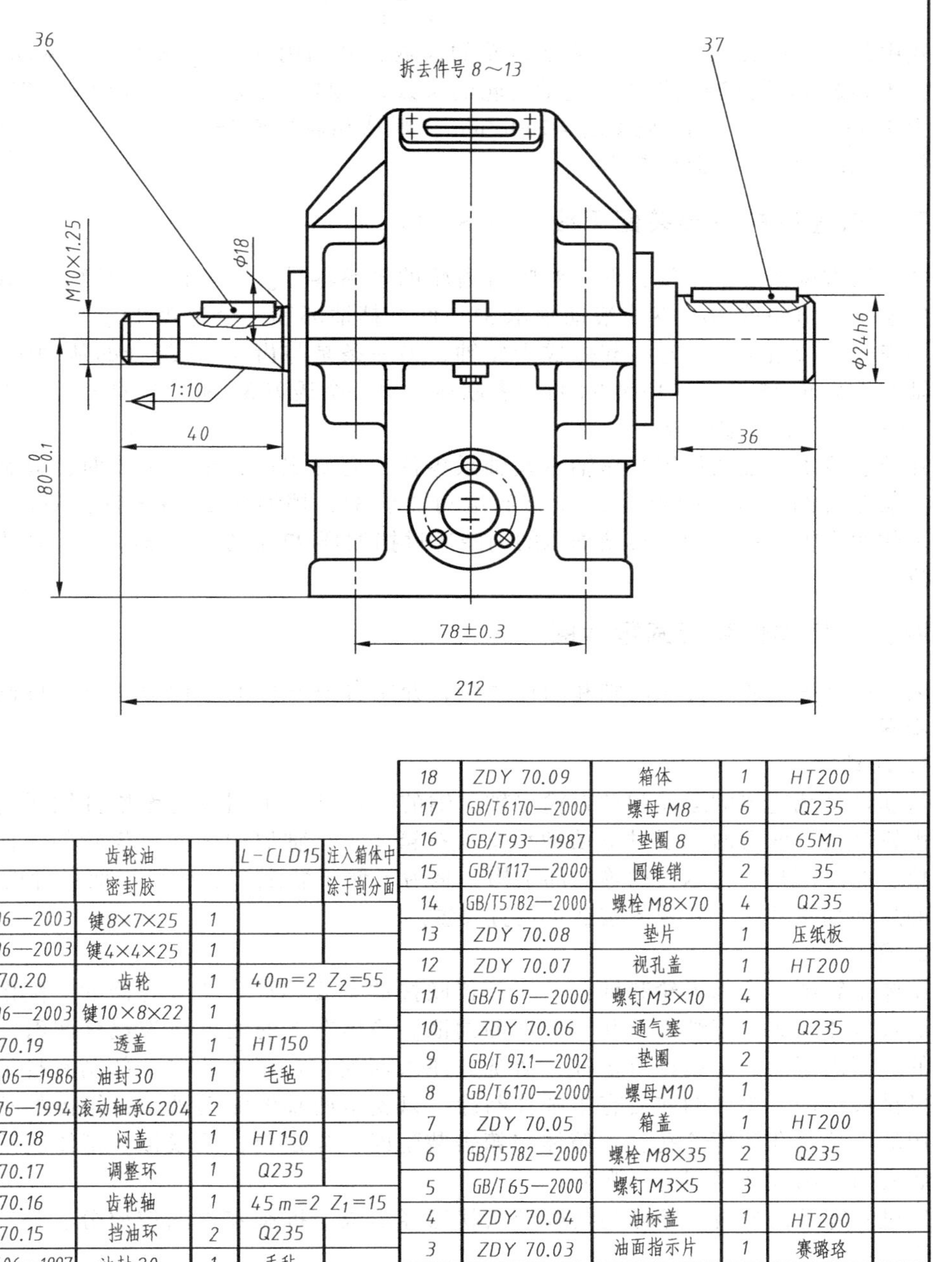

序号	代号	名称	数量	材料	备注
		齿轮油		L-CLD15	注入箱体中
		密封胶			涂于剖分面
37	GB/T1096—2003	键8×7×25	1		
36	GB/T1096—2003	键4×4×25	1		
35	ZDY70.20	齿轮	1	40	$m=2\ Z_2=55$
34	GB/T1096—2003	键10×8×22	1		
33	ZDY70.19	透盖	1	HT150	
32	JB/ZQ4606—1986	油封30	1	毛毡	
31	GB/T 276—1994	滚动轴承6204	2		
30	ZDY70.18	闷盖	1	HT150	
29	ZDY70.17	调整环	1	Q235	
28	ZDY70.16	齿轮轴	1	45	$m=2\ Z_1=15$
27	ZDY70.15	挡油环	2	Q235	
26	JB/ZQ4606—1997	油封20	1	毛毡	
25	ZDY70.14	透盖	1	HT150	
24	ZDY70.13	从动轴	1	45	
23	ZDY70.12	闷盖	1	HT150	
22	ZDY70.11	调整环	1	Q235	
21	GB/T 276—1994	滚动轴承6206	2		
20	ZDY70.10	轴套	1	Q235	
19	JB/ZQ4450—1986	螺塞M10×1	1	Q235	
18	ZDY 70.09	箱体	1	HT200	
17	GB/T6170—2000	螺母M8	6	Q235	
16	GB/T93—1987	垫圈8	6	65Mn	
15	GB/T117—2000	圆锥销	2	35	
14	GB/T5782—2000	螺栓M8×70	4	Q235	
13	ZDY 70.08	垫片	1	压纸板	
12	ZDY 70.07	视孔盖	1	HT200	
11	GB/T 67—2000	螺钉M3×10	4		
10	ZDY 70.06	通气塞	1	Q235	
9	GB/T 97.1—2002	垫圈	2		
8	GB/T6170—2000	螺母M10	1		
7	ZDY 70.05	箱盖	1	HT200	
6	GB/T5782—2000	螺栓M8×35	2	Q235	
5	GB/T65—2000	螺钉M3×5	3		
4	ZDY 70.04	油标盖	1	HT200	
3	ZDY 70.03	油面指示片	1	赛璐珞	
2	ZDY 70.02	垫片	2	毛毡	
1	ZDY 70.01	反光片	1	铝	

减速器		比例		ZDY70.00	
		数量	1		
设计		质量		材料	
制图		(校名)			
审核					

装配图

$$i=\frac{n_1}{n_2}=\frac{z_2}{z_1}$$

式中的 z_1、z_2 分别表示主、从动齿轮的齿数，分别用 n_1、n_2 表示主、从动齿轮的转速。例如，图 8-24 所示的减速器中，主动齿轮的齿数 $z_1=23$，从动齿轮的齿数 $z_2=72$，则传动比 i 近似为 3.13，若主动轮的转速 $n_1=750\text{r/min}$，则从动轮的转速降为 $n_2=n_1/i\approx 239\text{r/min}$。可见，传动比越大，转速降低越多。

三、减速器的主要装配干线（图 8-24）

减速器有两条装配干线，即一对啮合齿轮的轴系零件。一条以主动轴为公共轴线，其上小齿轮居中，由闷盖 30、两个滚动轴承 31、两个挡油环和一个透盖 25、一个油封 26 装配而成，小齿轮的齿数少，与轴一起做成齿轮轴；另一条是与齿轮 35 配合的从动轴 24 的轴线为公共轴线，齿轮 35 居中，用键 34 将两者联接，由一个透盖 33 和一个闷盖 23、两个滚动轴承 21 和一个油封 32 装配而成。

在减速器中，轴的位置是靠轴承及轴系零件一起确定的，轴在工作时，只旋转不作轴向移动，从俯视图来看，齿轮轴 28 上装有滚动轴承 31、挡油环 27 等零件，闷盖 30 和透盖 25 分别顶住两个轴承的外圈，滚动轴承的内圈通过挡油环 27 靠在轴的轴肩上，使齿轮轴实现轴向定位。

四、分析零件和拆画零件图

以减速器中主要零件从动轴和箱体为例，介绍分析零件的结构形状以及拆画零件图的方法和步骤。

1. 从动轴

从动轴是减速器的运动和动力输出轴，轴的伸出端和中间段的键槽分别通过键与外部设备和齿轮联接；前后两端通过滚动轴承支承在箱体上；轴肩用于固定齿轮的轴向位置。轴上有倒角、退刀槽和砂轮越程槽等局部结构，是为了便于装配和装配可靠而设计的。图 8-26 是拆画的从动轴零件图，其视图按加工位置放置。

2. 箱体

箱体是容纳、支承齿轮和轴，并与箱盖联接的重要零件。从减速器的装配图分析：箱体中间的长方体空腔是容纳齿轮和润滑油的油池。箱体左下的油标是为观察润滑油液面高度而设置的。箱内润滑油定期排放污油，清洗并注入新油，在箱体的右下部制有排油螺孔，拧出螺塞可排放污油。箱体的前后有半圆柱凸缘，以支承两轴的滚动轴承；箱体的顶面有与箱盖联接用的定位销孔和螺栓孔，在箱体与箱盖装配时，先定位，后联接。箱体底部有四个安装孔，底板与半圆柱凸缘间有加强筋。

经过对零件的分析，箱体的结构形状就已经形成。拆画零件图按照分、补、变、标的步骤展开：

1）根据箱体以及箱体各部分构造的功用，从装配图中分离出投影轮廓，如图 8-27 所示。

2）结合与箱体有装配、联接关系的其他零件，分析和想象箱体的结构形状，考虑装配图中投影的遮挡关系，补齐箱体的投影。对于装配图上省略的一些工艺结构，如圆角、倒角、退刀槽、越程槽等，要设计出来并在零件图上补全。

3）完整标注零件的所有尺寸。注写技术要求、标题栏等。

核对箱体零件图，检查与它联接的各零件的相关内容是否画全，零件的名称、材料、数量是否与减速器装配图的明细栏一致等。

图 8-28 是拆画的箱体零件图，其视图按工作位置放置。另外，附箱盖零件图（图 8-29）。

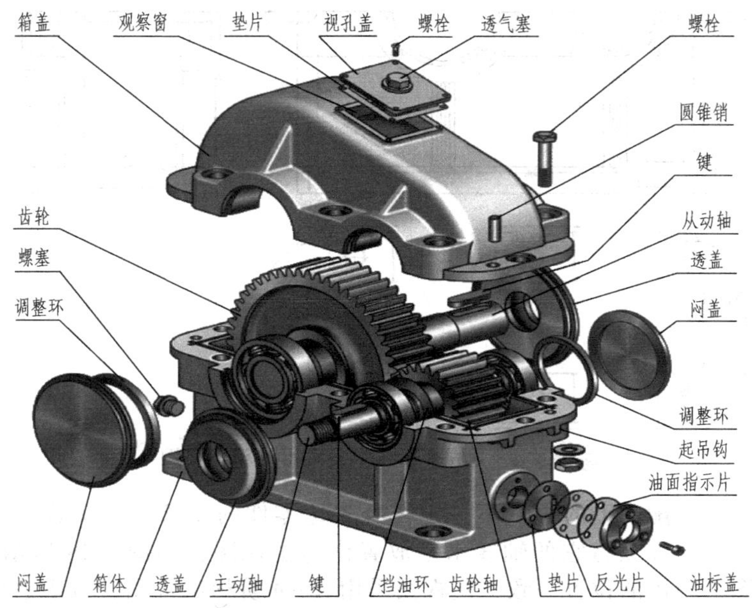

图 8-25 齿轮减速器轴测分解图

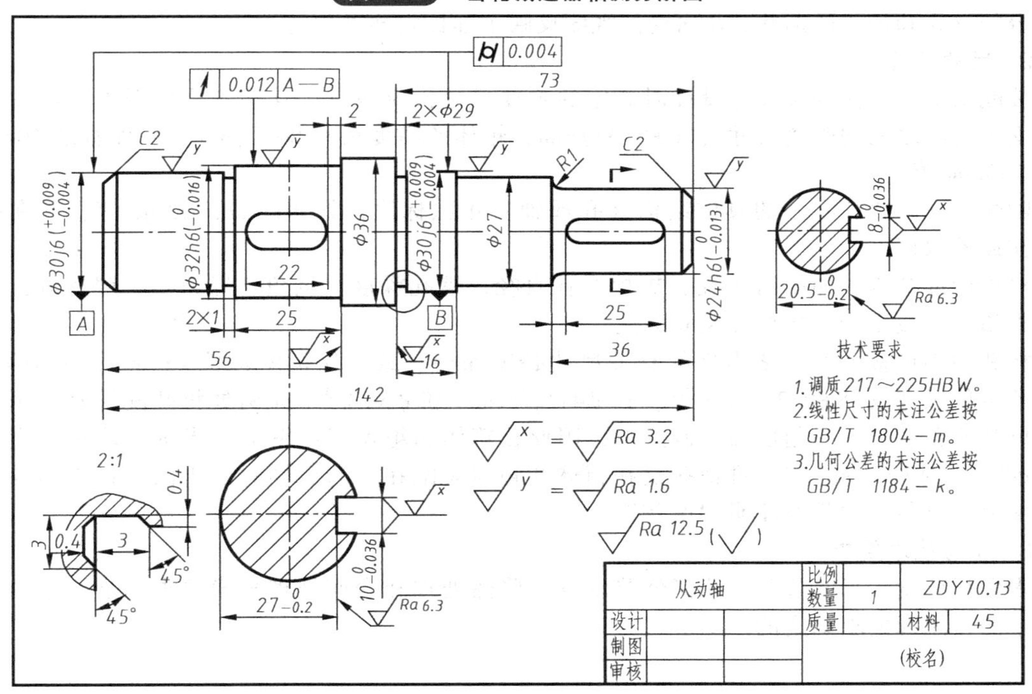

图 8-26 传动轴零件图

五、拆画零件图注意事项

根据装配图拆画的零件图，要符合设计和工艺要求，零件结构形状合理，尺寸、配合性质和技术要求等应该协调一致。拆画零件图应该注意：

1. 选择视图

从装配图上拆画零件图，必须根据零件的具体结构形状，按照零件图的视图选择原则考

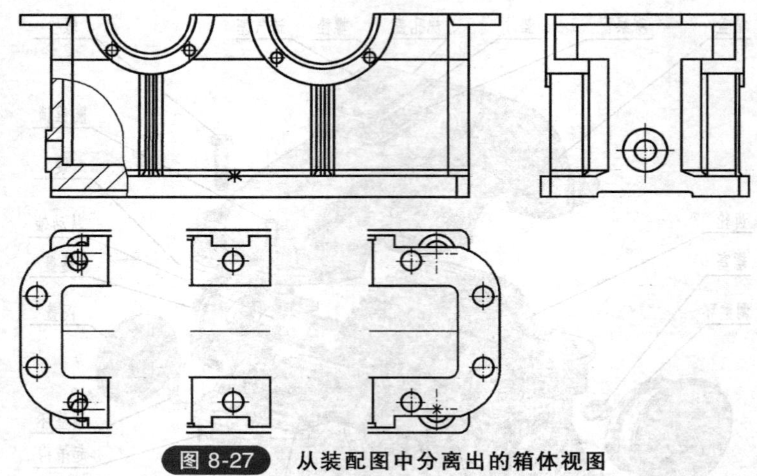

图 8-27 从装配图中分离出的箱体视图

虑，因为有些零件在装配图上的位置不一定符合表达零件的要求，如从装配图拆画的从动轴 24 零件图（图 8-26），应该将它的轴线水平放置作为主视图；如图 8-28 所示的箱体零件图，其主视图与装配图上箱体的位置一致，左视图采用 *A—A* 阶梯剖视图，以表达内腔在高度上的形体特征，俯视图表达外形特征，增加一些表达局部细节结构的视图，如 *G—G* 局部仰视图反映凸台的沉孔和吊钩的形状，*B* 向局部视图反映了油标安装部位的结构。

2. 尺寸标注

装配图上已标注的尺寸是设计时确定的主要尺寸，应该直接移注到零件图上。如图 8-28 所示安装两轴之间的距离尺寸（70±0.03）mm，箱体的高度尺寸 $80_{-0.1}^{0}$mm、底面宽度 104mm、总长 230mm 等。

配合尺寸，要视零件的具体结构（孔或轴）单独标注，如 ϕ47H7、ϕ30j6 等，并在括号内加注偏差数值。

对于标准结构，如螺钉沉孔、螺栓通孔直径、螺孔深度、倒角、退刀槽、键槽等，其尺寸要查阅标准或手册，按标准尺寸标注。

相邻两零件接触面、紧固件的有关尺寸必须保持一致。如箱体总长 230mm、宽 104mm、螺栓孔定位尺寸（78±0.3）mm 等。孔 $\phi47_{0}^{+0.025}$mm 和 $\phi62_{0}^{+0.03}$mm 两处将装配滚动轴承，是将箱体和箱盖装配在一起后加工制造的，因此在箱体和箱盖零件图上的半圆处均标注直径尺寸“ϕ”，并注明“配作”。锥销孔是在箱体和箱盖装配在一起后同时加工的，在它们各自的零件图上的直径尺寸都要注明“配作”。

3. 注写技术要求

表面粗糙度、尺寸公差、几何公差以及一些热处理和表面处理技术要求，是根据零件在机器中的作用和要求确定的。

任务小结

从装配图拆画零件，形成完整的零件图，可以按照下列四步进行：

1）分——从装配图各视图中分离出所拆画的相关线框。

2）补——补上在装配图中被遮挡住的线；补全装配图上未表达完全和未确定的结构形状。

3）变——局部变化画法，如螺纹联接，拆图后外螺纹、内螺纹大小经的粗细变化；配合尺寸的变化，零件的具体结构（孔或轴）单独标注公差；零件视图方案是否作相应的变化。

4）标——在零件图上标注完整的尺寸，技术要求（符号、文字等），填写标题栏。

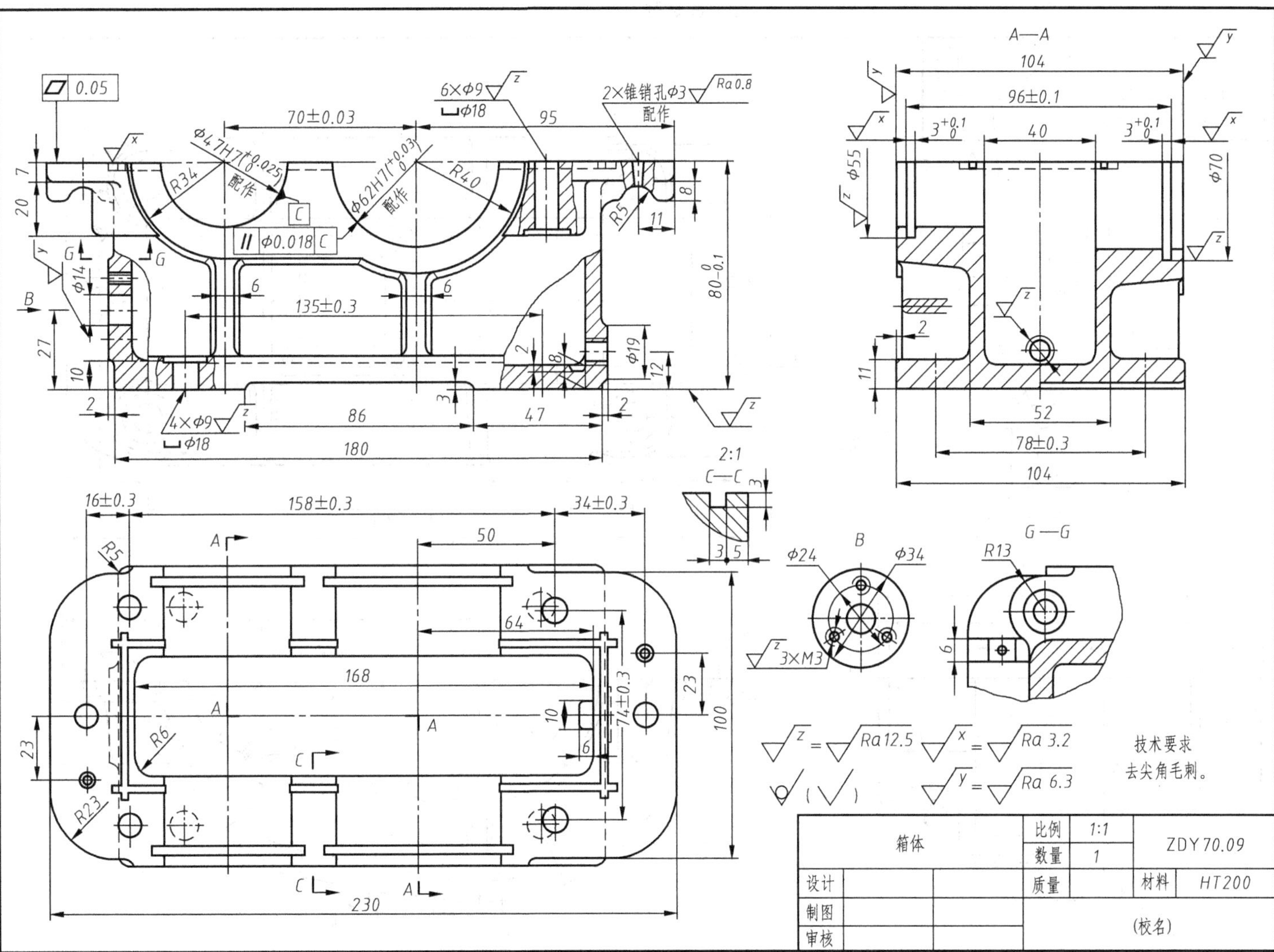
A—A
G—G
B
2:1
C—C
技术要求
去尖角毛刺。
箱体
比例
1:1
数量
1
ZDY70.09
设计
质量
材料
HT200
制图
审核
(校名)

图 8-28　箱体零件图

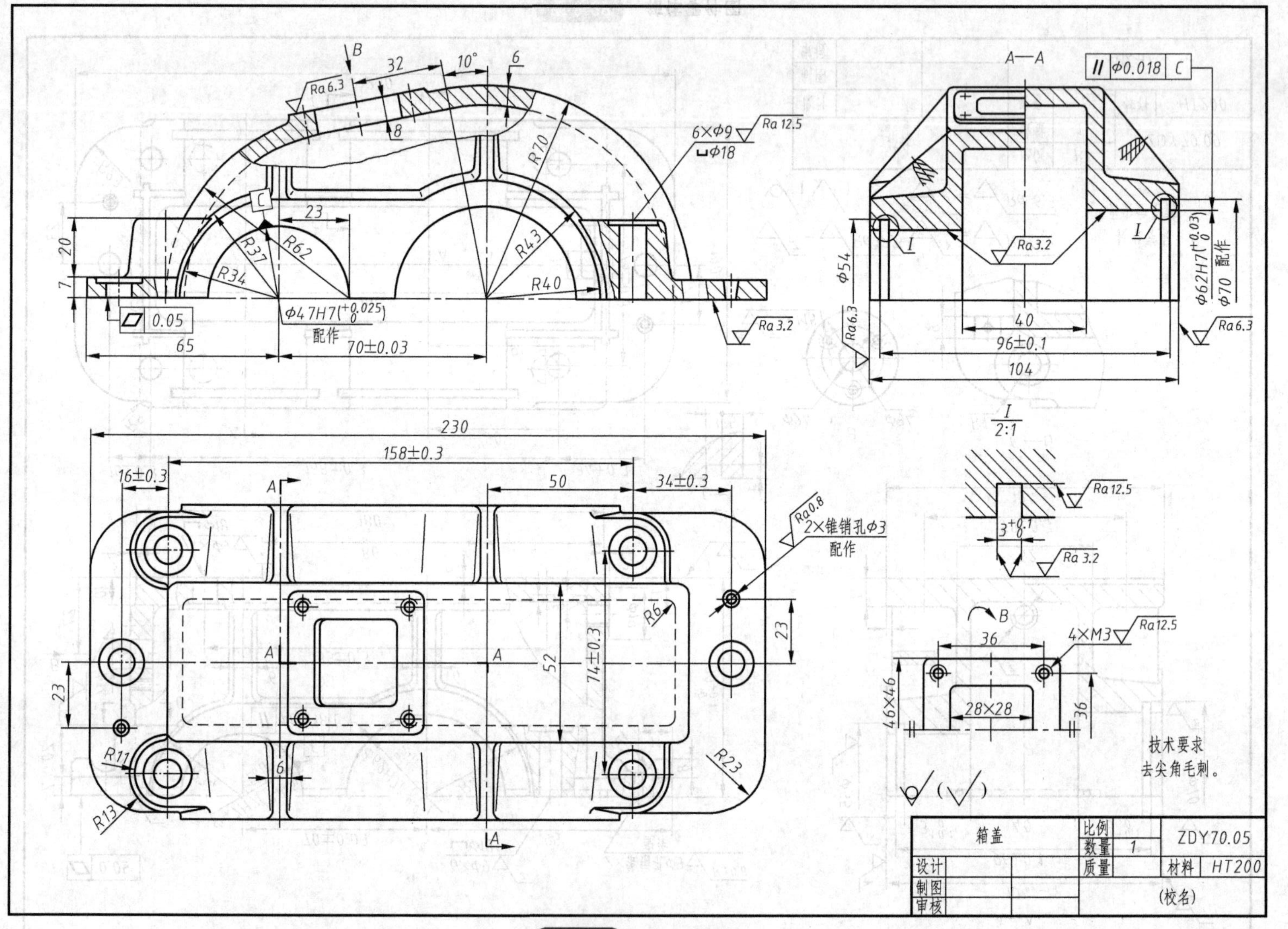
B
Ra6.3
32
10°
6
8
6×Φ9
⊔Φ18
Ra12.5
R70
C
23
20
7
R37
R62
R43
R34
R40
0.05
Φ47H7(+0.025 0)
配作
Ra3.2
65
70±0.03
A—A
Φ0.018 C
I
Ra3.2
Φ54
Ra6.3
Φ62H7(+0.03 0)
配作
Φ70
Ra6.3
40
96±0.1
104
I
2:1
Ra12.5
3+0.1 0
Ra3.2
230
158±0.3
16±0.3
A
50
34±0.3
Ra0.8
2×锥销孔Φ3
配作
R6
23
52
74±0.3
23
R11
6
R23
R13
A
B
36
4×M3
Ra12.5
46×46
28×28
36
技术要求
去尖角毛刺。
箱盖
比例
数量 1
质量
ZDY70.05
材料 HT200
设计
制图
审核
(校名)

图 8-29 箱盖零件图

任务四 MDS 绘制减速器装配图

使用 MDS 绘制图 8-24 所示减速器装配图。

1）使用 MDS 绘制装配图时，如何调用零件图？如何调用图库中的标准件？装配后零件的重叠线段如何快速消除？

2）如何标注装配图中的公差配合？

3）如何标注装配图中零件的序号？

4）如何绘制明细栏？如何编辑、输出明细栏中的内容？

一、装配图的尺寸标注

对配合尺寸中配合公差的标注方法如下：

输入公差标注 TOLER 命令，系统提示“选择标注实体（尺寸/文本）：”，移动光标至需标注配合公差的尺寸上，单击左键选取该尺寸，弹出来图 8-30 所示的公差对话框，对此对话框进行设置操作。

二、装配图的零件序号绘制

1. 零件序号的操作（LABEL）

使用 LABEL 命令，或者鼠标左键单击选取：机械→标注零件序号，弹出“零、部件序号编排形式选择”对话框。在其中选择一种形式，单击选取“确认”。按以下提示进行相应的操作：

点取标记的目标：(在标注的零件适当位置左键单击选取)

标号的位置：(拖动引线到适当位置，确定)

公共引线的个数<1>：(默认值为 1。如果是 1 个，直接按 Enter 键；如果是一组件，输入零件个数)

序号<x>：↙

线下标注：(按需要标注，无标注直接按 Enter 键)

弹出“明细表输入与编辑”对话框，如图 8-31 所示。

再输入区填写完成后，单击选取“生成明细”，退出对话框，于是在标题栏上方生成一个序号的明细栏，同时在图中标注出一个序号。

2. 复制零件序号（COPY_LABEL）

命令：机械→明细表处理→复制序号或者明细表（COPY_LABEL）

装配图上有多个相同零件，如果需要在多处标注相同序号的时候用此命令。

3. 插入零件序号（LABEL）

命令：机械→标注零件序号（LABEL）

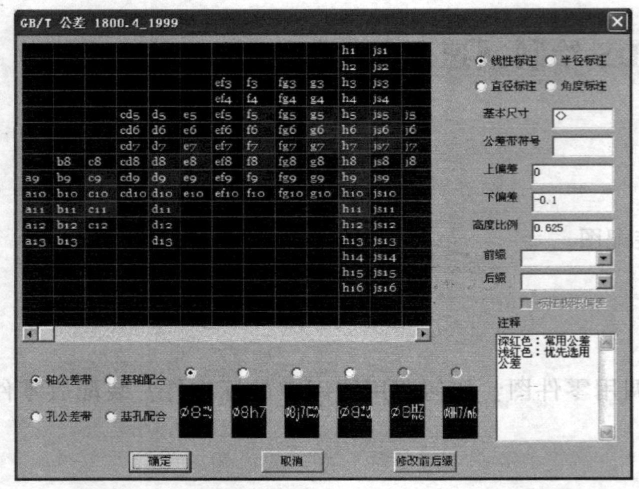

图 8-30 公差对话框

图 8-31 “明细表输入与编辑”对话框

如果需要在两个零件序号之间插入一个序号，在命令行出现“序号<x>”后，直接输入插入的零件序号，则原来的序号和明细表会依此顺延。如：在序号 2 和 3 之间插入序号 3，原来的序号“3”会自动升级为“4”，原来的“3”后面的序号都将自动依次加 1。

使用该命令可以在已经标注的零件序号中间插入一个序号。

4. 删除零件序号（DEL_ITEM）

命令：机械→明细表处理→删除序号或者明细表（DEL_ITEM）

使用该命令可以在装配图上删除一个零件序号。

5. 设置零件序号引出点的大小（DOTSZ）

命令：机械→明细表处理→明细表参数（DOTSZ）

在弹出的“明细表参数设置对话框”中，直接修改“H”的值。使用该命令可以修改引出点的直径大小。

三、装配图的明细表的生成

1. 设定明细表高度（BOM_HEIGHT）

在生成明细表之后，应根据图纸空间合理布局明细表的位置。如是单列放置还是多列放置，如是多列放置，则要设定明细表的高度。

例如：在装配图上要填写 50 行的一个明细表，按两列放置，一列 30 行，一列 20 行，设定明细表高度的命令、系统提示和操作如下：

命令：机械→明细表处理→设定明细表高度（BOM_HEIGHT）

请输入明细表所需的大致列数：<4> 2

在明细表的第 1 列的大概最高位置点取一点：在标题栏上方约 30 行的地方点取

在明细表的第 2 列的大概最高位置点取一点：在标题栏上方约 20 行的地方点取

操作结束。

设定明细表高度后，对原来生成的明细表，需通过“机械→明细表处理→明细表修复（REBILL）”命令来实现最终的结果。执行该命令，系统提示：

换行后是否需要表头？需要 Y/不需要 N/(N)：(根据需要输入 Y 或者 N)

操作完成，明细表按两列布局。如果由于高度位置点取不合适出现不理想的布局，可以用“明细表重排（LAYBILL）”命令重新布局。

2. 生成明细表

如果不标注零件序号，只填写明细表，可以通过“明细表输入与编辑（BILL）”命令专门来绘制表格。

命令：机械→明细表输入与编辑（BILL）

1）插入。

将光标移到项目框中，左键单击选取，输入文字插入符，输入文本（也可以点取“字典”，从中选择所需词汇）。填写完一个序号的内容后，选取“插入”，序号自动增值1；依次填写各个序号的内容后，单击“确认”，退出对话框，在标题栏上方生成明细表。

2）查询与修改。

单击选取“查询”键，显示已经输入的内容，如果发现错误，则选中错误所在行，单击“确认”，屏幕上显示改行内容，对其进行编辑修改后，单击“修改”键，修改内容被确认。

3）删除。

单击“删除”按钮，可以删除当前序号指定的内容。

四、明细表的处理

1. 明细表修复（REBILL）

生成明细表时，在没有使用NEW、OPEN命令的前提下，可以输入REBILL命令修复明细表。

2. 明细表重排（LAYBILL）

当发现生成的明细表布局不理想时，可使用该命令重排明细表。操作如下：

命令：机械→明细表处理→明细表重排（LAYBILL）

第1列重排后的行数<30>：(输入需要的行数)

第2列重排后的行数<30>：(输入需要的行数)

插入明细表表头吗？N/<Y>？(根据需要输入N或者Y)

重复操作，直至各列重排完毕。

每次输入新行数后，系统会自动计算下一列的行数，如果不想改变，按Enter键即可。

当操作失误而使图面混乱时，可以使用“明细表修复（REBILL）”命令来恢复。

如果零件的最大行数小于6而需要重排时，只能通过“设定明细表高度（BOM_HEIGHT）”命令进行重排明细表。

3. 明细表刷新（FSHBILL）

当多次使用UNDO命令后，如果图面上的明细表内容与存储的数据不一致时，使用改命令可以刷新存储数据，使存储数据与明细表数据保持一致。一般情况下不使用该命令。

4. 明细表分页

如果需要将明细表单独输出到图纸上，可以使用该命令，无论单列或多列均可输出。

例如：一张装配图上的明细表按三列布局，共74行，将其分页，操作如下：

1）打开装配图图形文件

2）单击选取机械→明细表处理→明细表参数（BOMPARA）。

在明细表分页参数项中，选择“分页”，标题栏格式选择“同主图格式”，单击“确认”，生成分页的明细表，同时系统提示：

换行后是否需要表头？需要Y/不需要N/(N)：(根据需要输入Y或者N)

使用缩放命令显示全图。

执行结束，将原明细表分成两页显示在屏幕上。

5. 明细表输出与输入

1）明细表输出（OUTPUT）。

该命令可以将明细表内容输出到一个数据文件中。操作过程如下：

打开装配图文件：例如：j200

单击选取菜单：机械→明细表处理→明细表内容输出（OUTPUT），弹出“输出文件格式”对话框。

在对话框中选择明细表的项目和输出格式（文本格式、DBF格式或数据库管理格式）。

在“文件名”编辑框中填入输出文件的名字，例如“dt1”等，后缀为“*.dat”或“*.dbf”，或直接输入其他后缀。

按下“保存”按钮，系统将明细表内容输出到刚才指定的文件（dt1）中。

这种数据文件可用于明细表汇总，打印报表或建立数据库，可以在写字板、Word等文字编辑器中浏览。

2）读入明细表（LOADBOM）

该命令用于读入“OUTPUT”命令输出的数据文件。具体操作为：

单击选取菜单：机械→明细表处理→明细表内容输出（OUTPUT），弹出“输入文件格式”对话框。

在框中选择一种格式，然后输入数据文件名字，例如“dt1”。

单击“打开”，于是自动在标题栏上方输出明细表。

如果没有标题栏，将提示输入插入点，在指定位置插入明细表。

3）提高生成和编辑明细表的效率

填写明细表的工作一般是在装配图画完之后进行，这时，图面上的实体数量已经很多，而在使用BILL命令生成和编辑明细表时，图面可能反复多次切换，大量与明细表无关的实体存在会影响编辑速度。如果把BILL命令、OUTPUT命令和LOADBOM命令合起来使用，可以使明细表操作与图形分离，可以提高工作效率，其操作如下：

① 调出一个图框，最好与所画装配图的图幅大小一致。

② 用BILL命令填写明细表。

③ 用OUTPUT命令输出明细表，例如数据文件名为asl. dat。

④ 调出原装配图，用LOADBOM命令读入明细表文件asl. dat。

⑤ 操作结束，自动生成明细表。

6. 明细表汇总（STAT）

由“明细表内容输出（OUTPUT）”命令输出的DBF文件，可以通过FOXPRO对明细表进行汇总和排序。

由“明细表内容输出（OUTPUT）”命令输出的DAT文件，可以通过系统提供的“明细表汇总（STAT）”命令进行汇总和排序。下面以汇总三个明细表为例介绍汇总的操作过程。

1）分别调出三个装配图，用“明细表内容输出（OUTPUT）”命令输出三个数据文件：dt1. dat，dt2. dat，dt3. dat。

2）调用明细表汇总（Stat）命令，即机械→明细表处理→明细表汇总（Stat）。

弹出“明细表汇总”对话框，其操作如下：

单击选取“增加文件”按钮，在弹出的“明细表数据文件”对话框中，选择相关路径下的数据文件或在“文件名”编辑框中直接填入数据文件的名字dt1，单击选取“打开”，返回上一窗口。再单击选取“增加文件”按钮，以相同的方法增加数据文件dt2、dt3。

单击选取“存文件清单”，在“文件名”编辑框中填入汇总文件的名字，例如：huz1，省缺后缀为“sum”，单击选取“保存”，返回上一窗口。

从“类型”中选择某一零件类型，如：标准件。

在“汇总数据文件”后的输入框内填写汇总生成的文件名。如：BZJ1。

单击选取“统计”按钮，系统提示：

文件 BZJ1 已生成。

排序，汇总结束。

按照同样的方式汇总其他类型的零件。

单击选取“退出”按钮，退出明细表汇总对话框。

在写字板、Word 等文字编辑器中可以浏览“huz1. sum”汇总文件和“huz1. lst”文件。如果希望在 MDS 系统文件中生成汇总表文件，可通过“汇总表绘制（STATDRAW）”来实现。

7. 汇总表绘制

命令：机械→明细表处理→汇总表绘制（STATDRAW）。

汇总表经过多少行后开始换行<36>：

系统弹出“打开表格处理的数据文件”，选择相关的汇总文件，如：BZJ1. SUM，单击“打开”。

输入左上角基点：确定插入点。

汇总表后输出吗？No/<Yes>？Y

按照同样的方法可绘制其他类型的汇总表。

五、消隐处理

零件拼装后不可避免地会互相遮挡，被遮挡地图线称为隐藏线，应予以消除，消除隐藏线（简称消隐）分三步走：

1）零件集成：用“零件集成（PART）”命令赋予各个零件消隐信息

2）定义遮挡关系：用“遮挡定义（ABOVE）”命令定义各个零件之间的遮挡关系。在两个互相遮挡的消隐图块中，定义上方的图块为遮挡图块，定义下方的图块为被遮挡图块。如果这时出现多个互相遮挡的图块，应从下到上定义遮挡关系。例如：互为上、中、下位置的三个消隐图块 A、B、C，应先定义 B 遮挡 C，再定义 A 遮挡 B，才能产生正确地消隐效果。

3）执行“消隐（HIDE）”命令，生成消隐装配图。

任务实施

MDS 绘制装配图的步骤。

一、画装配图的方法

画装配图的基本方法是把代表每一个零件的视图按照零件之间的装配关系进行拼装和消隐。

二、画装配图的步骤

打开 MDS 后，在“drawing1”文档窗口中画装配图。

1）画图框：打开“机械→图框”，本例选用 A1 装配图图框，比例设为 1∶1。

2）调用零件图。

通过多文档窗口依次打开装配图中的各个零件的零件图，并复制到装配图中。

例如，将前面已经完成的轴复制到装配图中，操作如下：

① 选择“JSX-28 从动轴”文件，打开。

② 关闭与图块无关的层，例如尺寸标注（08）层、文字（11）层等。

命令：点取工具栏上的“图层”，在弹出来的图层控制对话框中依次点取 08、11、12 层，将“打开”前的选项去掉，单击“确定”，三个层被关闭。

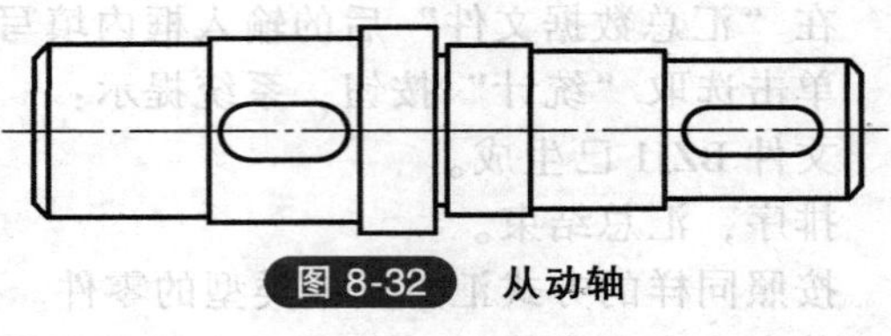

图 8-32 从动轴

③ 删除主视图周围的其他无关实体，得到如图 8-32 所示图形。注意：此时不要存盘，否则将会将原来的轴文件覆盖。

④ 复制轴轮廓。

命令：编辑→复制 COPYCLIP

选择实体：用窗口选择整个轮廓。

⑤ 将轴轮廓粘贴到装配图中。

命令：窗口→选择“drawing1”，切换到装配图窗口中

命令：编辑→粘贴 PASTECLIP

其他零件也按上面操作，全部粘贴到“drawing1”中。

注意：部分需要保留剖面线的零件，“02”层不要关闭。

3）插入标准件：MDS 提供了国标中所有标准件的图库，只需按需要调用即可。比如：轴承、螺栓、螺母、垫圈、销等。以 GB/T 276—1994 轴承 6206 为例：

命令：图库→滚动轴承库 95.6→深沟球轴承 6000 型，弹出“深沟球轴承 6000 型国标菜单，双击“深沟球轴承 6000 型 GB/T 276—1994”，弹出“插入”对话框，单击“type”项目下的“6206”；在插入选项中，将“炸开”设为选中。单击“确认”。

命令：将光标拖动到适当位置，定位轴承实体。

其他标准件在“图库”中按类似操作选取“插入”。

以从动轴上的各零件为例，全部粘贴到装配图上后如图 8-33 所示。

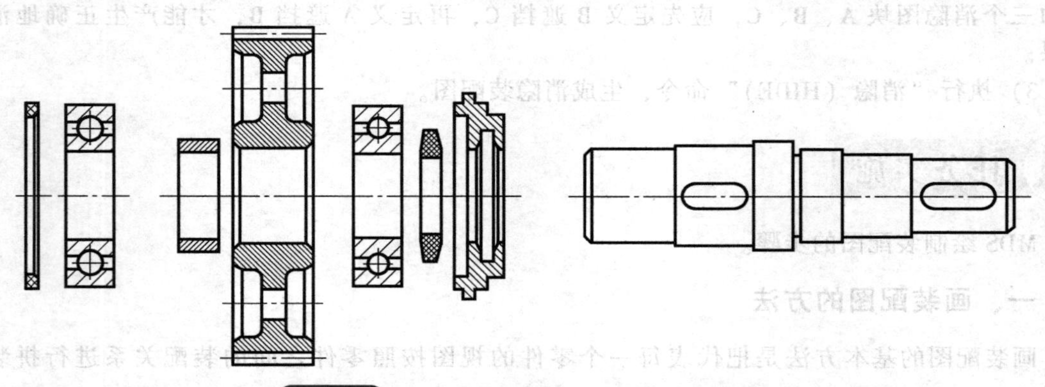

图 8-33 粘贴从动轴及其上各零件至装配图

4）消隐处理（以俯视图中从动轴上各零件的装配关系为例）。

① 定义消隐图块

用 PART 命令将每一个零件定义为消隐图块，以从动轴为例：

命令：显示→消隐→零件集成（PART）

选择实体：用窗口选取整个轴实体（轴的视图变为虚线）

选择实体：↙
找到 12 个
定义零件视图块的内边界
单击选取内孔或按 Enter 键：↙
请输入零件视图名：1（可任意命名，但不能与其他零件重复）
输入零件视图的基准点：（捕捉轴上任意一点）
其他零件按照相同的方法定义为消隐图块。
注意：对有孔的零件必须选取内孔定义内边界！

② 使用“移动（MOVE）”命令，按照图 8-34 所示将每个零件放在指定的位置。

③ 定义遮挡关系和消隐处理

定义各零件间的遮挡关系：
命令：显示→消隐→遮挡定义（ABOVE）
拾取上方（遮挡）零件视图：选取从动轴
拾取上方（遮挡）零件视图：↙
拾取被遮挡的图元：选取齿轮

命令：单击右键，重复以上操作，定义轴上其他几个零件之间的遮挡关系，具体遮挡定义关系如下：

从动轴遮挡轴套。
从动轴遮挡调整环。
从动轴遮挡轴承。
油封遮挡透盖。
从动轴遮挡油封。
从动轴遮挡透盖。

④ 消隐。

命令：显示→消隐→消隐（HIDE）。
拼装消隐结束，得到如图 8-35 所示的装配图。

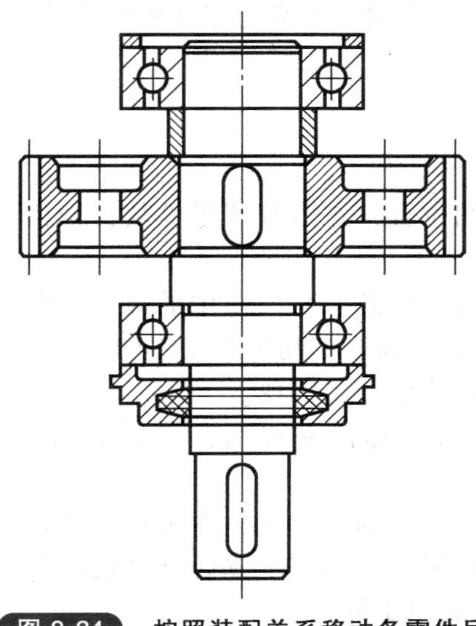

图 8-34　按照装配关系移动各零件后

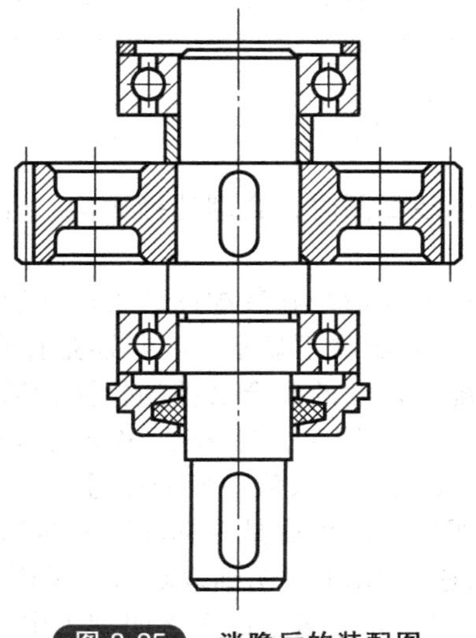

图 8-35　消隐后的装配图

注意：检查各个零件是否准确到位，如需调整，可通过 MOVE（移动）命令来实现，但调整完之后，原来被消隐的图线又会重新出现。这时，一定要注意再执行一次 HIDE（消隐）命令。

其他零件、其他视图的装配消隐，均按照以上方法进行。

5）标注相关尺寸和技术要求。

按照前面介绍的标注方法标注各尺寸及技术要求。

6）保存图纸。

按要求填写标题栏，用 TKSAVE（保存图纸）命令，按照“ZDY70”保存当前图形。

三、标注零件序号，完成装配图

用 LABLE 命令按顺序标注零件序号，并填写明细栏相关信息。

保存当前图形，完成整张装配图的绘制。

知识拓展

消隐命令操作须知：

1）拼装图块与消隐图块的区别在于后者具有消隐信息，因此它要求图块的内外轮廓线必须是封闭的。所以在进行图块处理之前应保证各个基本实体之间准确连接或相交，以避免在拼装消隐过程出现错误。

2）对消隐图块进行复制、移动等操作，会破坏图块的消隐功能，此时可使用 REGEN（重新生成）和 HIDE（消隐）命令进行恢复。鉴于此，应当尽量在图块处理之前将视图编辑修改到位。

3）对消隐后的装配图使用编辑修改命令或显示控制命令时，隐藏线会重新出现，这时再执行 HIDE（消隐）命令即可。

4）如果要对图块进行编辑，必须先使用 EXPLODE（炸开）命令将其分解，再进行编辑修改，然后再进行图块处理。

5）如果要对消隐图块进行编辑，应当先用 UNPART（图元还原）命令将消隐图块还原为一般图块，编辑修改之后再用 PART（零件集成）命令将其重新定义为消隐图块。

任务小结

1）画装配图时，合理选择比例、合理布置各视图位置，注意按照零件数目预留明细栏的位置。

2）用消隐命令画装配图的可以快速隐藏被遮线段。注意：装配图中的被遮线段，用消隐命令只是将其隐藏不显示，实际还是存在的，这与用剪切命令剪切掉本质不同。

3）配合尺寸的配合公差的标注，通过设置公差对话框即可实现。

4）标注序号时，序号值 MDS 会默认按顺序增加；标注完成后，如需插入某个序号，MDS 会自动调整插入值后面的序号。

5）明细表的生成是在标注序号时输入零件信息后自动同步生成，在不标注零件序号的时候也可以通过 BILL（明细表输入与编辑）命令进行编制。明细表生成后可以根据需要进行各种编辑操作，并能通过命令将明细表中的内容输出为表格文件。

6）在选用标准件时，注意将“炸开”设为选中，如果没有选中，在定义为消隐图块之前要用 EXPLODE（炸开）命令全部炸开。

任务五　SolidWorks 减速器装配设计

任务引入

使用 SolidWorks 绘制图 8-24 所示减速器装配体。

任务分析

1）使用 SolidWorks 创建装配体：插入零部件、设置配合关系。

2）SolidWorks 创建装配体时第一个装配零件如何选择？

3）SolidWorks 创建装配体的装配顺序如何？

4）SolidWorks 装配中的配合关系有哪些？

相关知识

SolidWorks 装配体设计是将各种零件导入到装配体环境中，利用配合方式将其安装到正确的位置，使其构成一部件或机器。

一、装配的顺序

机器的种类繁多，结构各不相同，装配的方法需要合理划分零部件的层次，然后按以下基本思路进行："先下后上、先内后外"；"先不动件（机架）、后运动件"；"先主动件、后从动件"；"先连架杆、后连杆体"。

二、装配的第一个零件

进行零件装配设计时，必须合理选择第一个装配的零件。它是其他零部件定位的基础，与后面装配的零部件形成父子关系，若删除第一个零件，则整个装配模型都将删除。

第一个装配的零件应满足以下两个条件：

1）此零件是整个装配模型中最为关键的零件。

2）用户在以后的工作中不会删除该零件。

三、装配配合关系

装配配合是限制零件自由度及各零件相对位置关系的定义，其作用是限制装配体中零部件的自由度数量，从而保证生成正确的装配。图 8-36 所示为装配配合属性面板，本书仅介绍标准配合。

图 8-36　配合属性面板

标准配合如下：

- 重合：使两个零件的面、线或点元素之间产生重合的几何关系，如图 8-37 中 *A* 所示配合关系。
- 平行：使两个零件的面、线相互平行，如图 8-37 中 *B* 所示配合关系。
- 垂直：使两个零件的面、线以彼此间 90°角度而放置，如

图 8-37 中 *C* 所示配合关系。

• 相切：使两个零件的面、线以彼此间相切状态放置（至少有一选择项必须为圆柱面、圆锥面或球面），如图 8-37 中 *D* 所示配合关系。

• 同轴心：使两个零件的轴线或直线处于重合位置，常用于轴类零件的配合，如图 8-37 中 *E* 所示配合关系。

• 锁定：保持两个零部件之间的相对位置和方向。

• 距离：使所选配合实体以彼此间指定的距离而放置。

• 角度：使所选配合实体以彼此间指定的角度而放置。

• 配合对齐：设置配合对齐条件。配合对齐条件包括“同向对齐”和“反向对齐”。“同向对齐”指与所选面正交的向量指向同一方向。“反向对齐”指与所选面正交的向量指向相反方向。

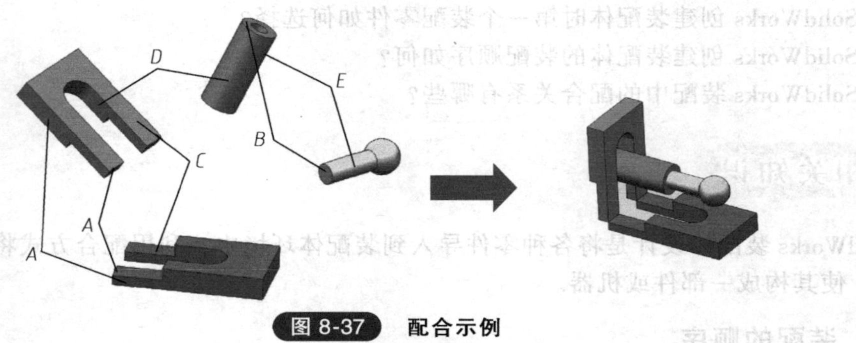

图 8-37　配合示例

步骤 1：单击“新建”图标，在弹出的“新建 SolidWorks 文件”对话框中可以选择“装配体”→单击“确定”。

步骤 2：装配第一个零件→“1-减速器-箱体”。

在弹出的开始装配体属性面板，浏览打开“1-减速器-箱体”零件，按完成。注意：直接完成，第一个零件将固定定位。

步骤 3：主动齿轮轴-部件装配：

单击“插入零部件”按钮，浏览打开“主动齿轮轴—部件”，将鼠标移到绘图区，在安装位置附近单击放置零件，进行装配配合设计，如图 8-38 所示。

图 8-38　主动齿轮轴—部件装配

配合关系：主动轴与箱体安装孔“同轴”；端盖内侧面与箱体安装槽内侧面“重合”。

步骤 4：从动齿轮轴—部件装配。

单击“插入零部件”按钮，浏览打开“从动齿轮轴—部件”，将鼠标移到绘图区，在安装位置附近单击放置零件，进行装配配合设计，如图 8-39 所示。

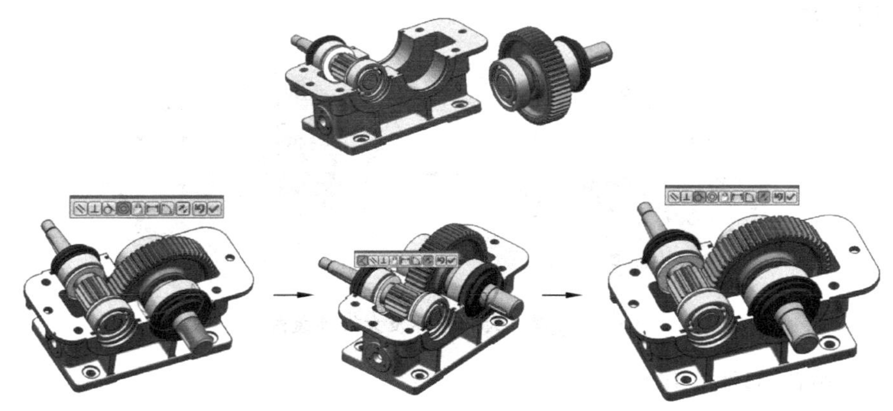

图 8-39　从动齿轮轴—部件装配

配合关系：从动轴与箱体安装孔“同轴”；端盖与箱体安装槽面“重合”；从动齿轮与主动齿轮的轮齿侧面“相切”。

步骤 5：“30-小调整环”装配。

单击“插入零部件”按钮，浏览打开“30-小调整环”零件，将鼠标移到绘图区，在安装位置附近单击放置零件，进行装配配合设计，如图 8-40 所示。

图 8-40　调整环装配

配合关系：调整环与安装孔“同轴”；安装环侧面与轴承端面“重合”。

步骤 6：“29-小端盖”装配。

单击“插入零部件”按钮，浏览打开“29-小端盖”零件，将鼠标移到绘图区，在安装位置附近单击放置零件，进行装配配合设计，如图 8-41 所示。

图 8-41　小端盖装配

配合关系：小端盖与安装孔“同轴”；小端盖内侧面与安装槽内侧面“重合”。

步骤 7：“21-大调整环”及“20-大端盖”装配。

参照步骤 5、步骤 6 的装配方法，完成从动轴部件“21-大调整环”及“20-大端盖”零件的装配，如图 8-42 所示。

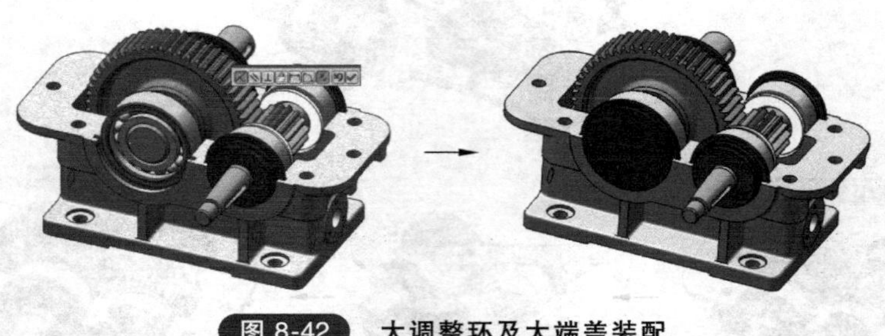

图 8-42 大调整环及大端盖装配

步骤 8："箱盖-部件"装配。

单击"插入零部件"按钮，浏览打开"箱盖-部件"零件，将鼠标移到绘图区，在安装位置附近单击放置零件，进行装配配合设计，如图 8-43 所示。

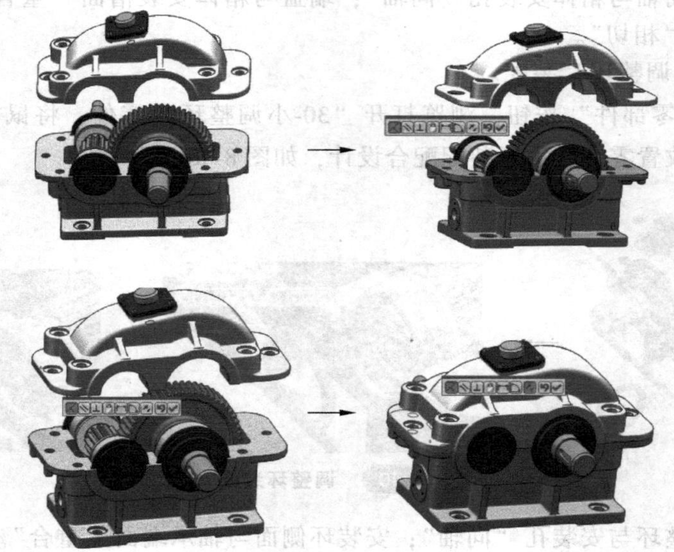

图 8-43 箱盖部件装配

配合关系：如图 8-44 所示，箱盖部件和箱体零件采用的是三个不同方向的"重合"关系进行装配。

步骤 9：螺栓装配 1。

1）单击"插入零部件"按钮，浏览打开"15-螺栓-M8-65""17-垫圈-M8""18-螺母-M8"三个零件，如图 8-44a 所示进行装配。

2）选择"线性零部件阵列"命令，按图 8-44b 所示效果进行零部件阵列。阵列参数如图 8-45 所示。

步骤 10：螺栓装配 2。

1）单击"插入零部件"按钮，浏览打开"16-螺栓-M8-25""17-垫圈-M8""18-螺母-M8"三个零件，如图 8-46a 所示进行装配。

2）单击"插入零部件"按钮右侧的下拉箭头，选择 随配合复制 命令，按图 8-47 所示设置，将螺栓等零件放置到右侧孔位，如图 8-46b 所示。

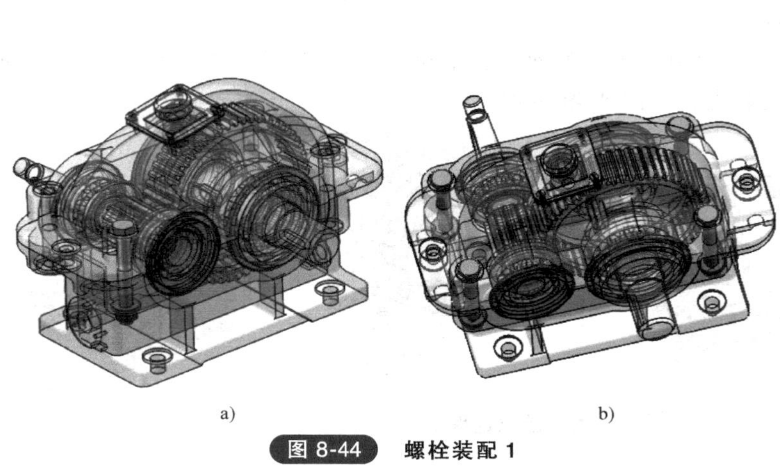

a)　　　　　　　　b)

图 8-44　螺栓装配 1

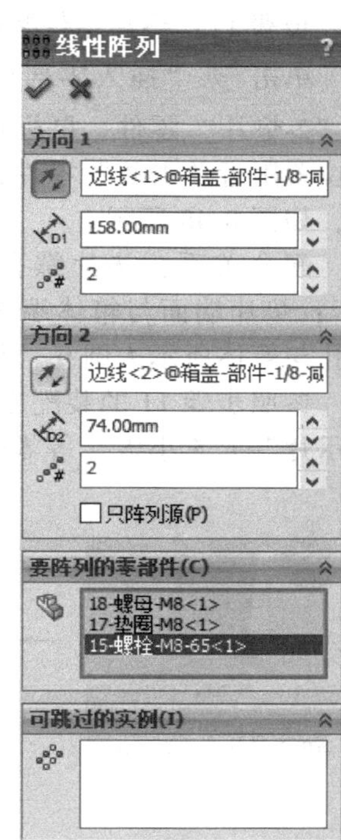

图 8-45　阵列

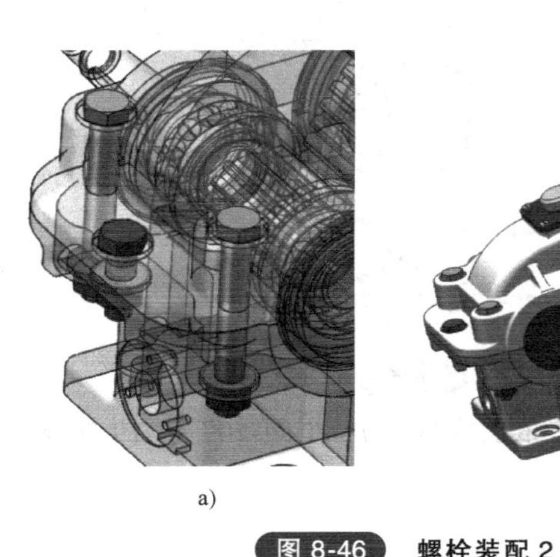

a)　　　　　　　　b)

图 8-46　螺栓装配 2

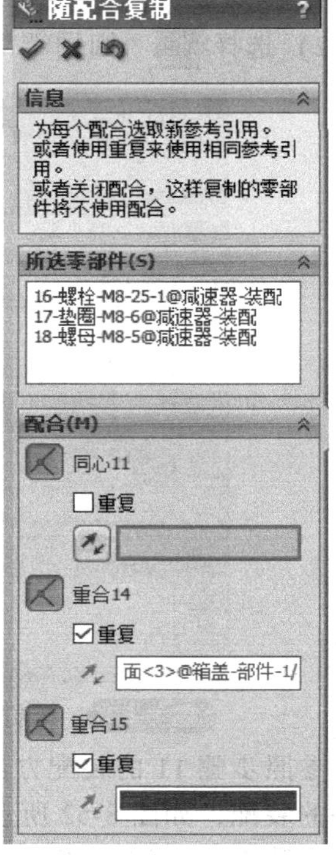

图 8-47　随配合复制

步骤 11：垫片零件装配。

单击“插入零部件”按钮，浏览打开“2-垫片”零件，鼠标移到绘图区，在安装位置附近单击放置零件，进行装配配合设计，如图 8-48 所示。

配合关系：垫片螺孔与箱体螺孔“同轴”；垫片端面与箱体端面“重合；垫片大圆孔与箱体所示大圆孔“同轴”。

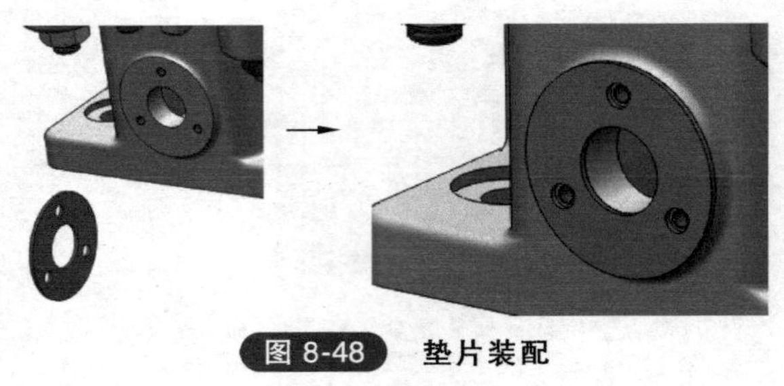

图 8-48 垫片装配

参照步骤 11 的装配方法，按照由内到外的次序，依次“3-反光片”→“2-垫片”→“4-油面指示片”→“5-小盖”等零件的装配，如图 8-49 所示。

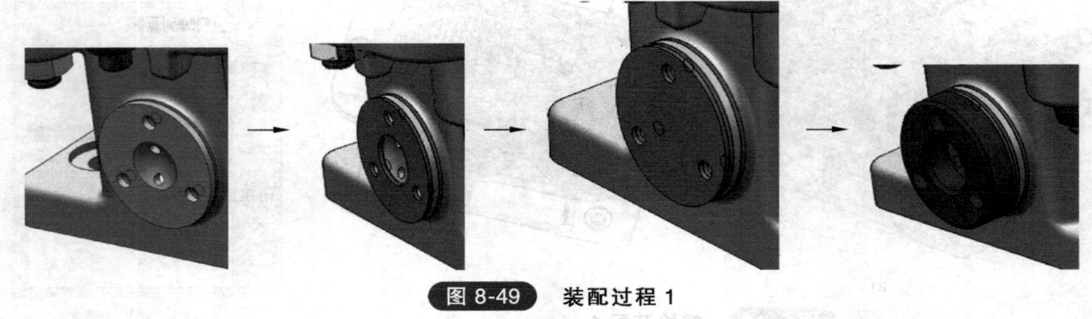

图 8-49 装配过程 1

步骤 12：螺钉装配。

1）单击“插入零部件”按钮，浏览打开“6-螺钉 M3-16”零件，进行装配配合设计，如图 8-50 所示。

2）选择“圆周零部件阵列”命令，按图 8-51 所示效果进行零部件阵列。

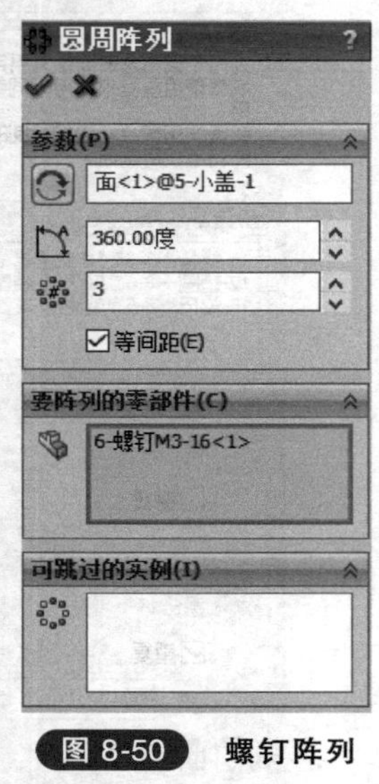

图 8-50 螺钉阵列

图 8-51 螺钉装配

参照步骤 11 的装配方法，按照由内到外的次序，依次完成“11-垫圈-10”→“19-螺塞”等零件的装配，如图 8-52 所示。

步骤 13：保存文件

单击“文件”→“保存”，或单击，将文件保存为“减速器-装配 . sdlasm”。

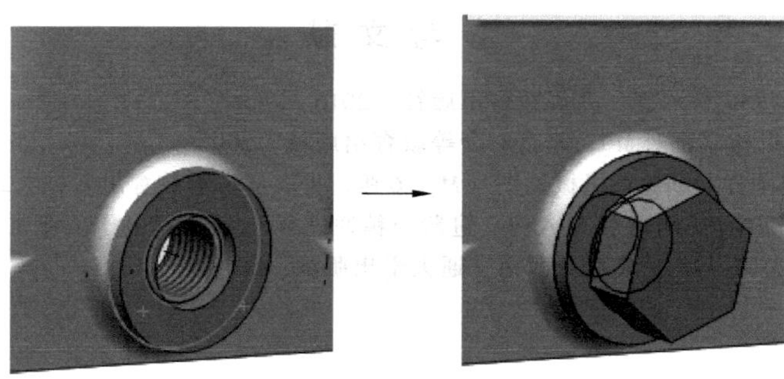

图 8-52　装配过程 2

任务小结

1）减速器按功能结构分成三个部件及若干零件，装配由里到外进行。

2）减速器箱体是装配的基础，作为装配设计的第一个零件。

3）减速器装配的过程中较多用到的配合关系是重合、同轴。

4）由于螺栓等标准件较多，且按规律分布，通常装配好一个部分，然后用阵列方式生成多个。

参 考 文 献

[1] 何铭新. 机械制图 [M]. 北京: 高等教育出版社, 2016.
[2] 刘小年, 杨月英. 机械制图 [M]. 北京: 高等教育出版社, 2007.
[3] 大连理工大学工程图样教研室. 机械制图 [M]. 6版. 北京: 高等教育出版社, 2010.
[4] 湛迪强, 孔杰. SolidWorks2014 快速入门、进阶与精通 [M]. 北京: 电子工业出版社, 2014.
[5] 张春来. AutoCAD2010 [M]. 成都: 西南交通大学出版社, 2014.